职业教育“十三五”规划教材

金属加工与实训

主　编　陈爱午　苏　辉
副主编　鞠兴祥
主　审　周　勇

中国轻工业出版社

图书在版编目（CIP）数据

金属加工与实训／陈爱午，苏辉主编. —北京：中国轻工业出版社，2019.12
职业教育“十三五”规划教材
ISBN 978-7-5184-2509-9

Ⅰ. ①金… Ⅱ. ①陈… ②苏… Ⅲ. ①金属加工-职业教育-教材 Ⅳ. ①TG

中国版本图书馆CIP数据核字（2019）第167151号

内容简介

本教材以江苏省泰兴中等专业学校制定的《金属加工与实训》课程要求为依据，在校企合作模式下，以减速机加工制造过程为主线，以其中各典型零件加工为载体，将车、钳、铣、磨、镗、齿轮加工、热处理等工种的技术技能和基本知识整合序化，增强专业课程的职业性、实效性，以培养学生的职业情感和工匠精神。

本教材详细介绍了通用减速机械加工制造所要求掌握的最新实用知识和技能。全书共分四个模块单元，主要内容包括箱体的加工与检测、输出轴的加工与检测、齿轮和齿轮轴的加工与检测、减速机整机装配与测试。每一项目后安排了巩固提高题，供读者巩固和检验学习效果时使用。

本教材可作为金属加工相关工种职业技能培训与鉴定考核用书，也可供相关人员参加就业培训和岗位培训使用。

责任编辑：张文佳　　责任终审：孟寿萱　　封面设计：锋尚设计
版式设计：砚祥志远　　责任校对：晋　洁　　责任监印：张　可

出版发行：中国轻工业出版社（北京东长安街6号，邮编：100740）
印　　刷：三河市国英印务有限公司
经　　销：各地新华书店
版　　次：2019年12月第1版第1次印刷
开　　本：720×1000　1/16　印张：19.75
字　　数：410千字
书　　号：ISBN 978-7-5184-2509-9　定价：49.80元
邮购电话：010-65241695
发行电话：010-85119835　传真：85113293
网　　址：http：//www.chlip.com.cn
Email：club@chlip.com.cn
如发现图书残缺请与我社邮购联系调换
190348J3X101ZBW

前　言　PREFACE

减速机作为通用机械广泛应用于起重运输、水泥建材、重型矿山、冶金、电力和航空船用等国民经济及国防工业的各个领域，行业发展前景看好，因此减速机的加工制造及铸件、锻件、热处理和齿轮加工等配套产业也面临良好的发展机遇。而产业的迅猛发展，急需大量掌握减速机加工制造一技之长的机电及相关类技能应用型人才。因此，我们组织相关人员编写了这本《金属加工与实训》，以满足区域减速机特色和支柱产业发展对人才的需求。

本教材在编写过程中，力求突出以下特点：

在编写原则上，突出工作过程系统化。教材编写贯穿"以职业标准为依据，以工作过程为导向，以职业能力为核心"的理念，对减速机的金属加工领域进行工作过程系统化分析，由典型减速机械加工制造的工作过程导出行动领域，再由行动领域整合形成学习领域，最后通过具体的项目来组织教材编写。

在使用功能上，注重服务于培训和鉴定。根据职业发展的实际情况和需求，教材力求体现职业培训的规律，反映职业鉴定考核的基本要求，满足培训对象参与各级各类鉴定考试的需要。

在编写模式上，采用项目化编写。教材以江苏省泰兴中等专业学校《金属加工与实训》课程标准为依据，按照减速机加工制造过程分项目展开，内容安排以必需、够用为原则，坚持三贴近，即贴近行业产业实际、贴近生产过程实际、贴近培训对象实际，突出理论与实践相结合，将理论知识和实践技能有机融合，使教材内容尽量体现"宽、浅、新"，在教材结构和叙述方法上遵循循序渐进、由浅入深的认知规律。

在内容安排上，增强教材的可读性。为便于在有限的时间内把最重要的知识和技能传授给学习对象，同时也便于学习对象迅速抓住重点，提高学习效率，在教材中精心设置了"任务描述""任务目标""知识链接""任务实施""知识拓展"等栏目，以提示应该达到的目标，需要掌握的重点、难点、鉴定点和有关的扩展知识。另外，每个项目均安排了"巩固提高"，方便学习对象及时巩固和检验学习效果。

本书可供各类中等职业学校及成人院校机电技术应用、机电设备安装与维修、机械加工技术等相关专业作为教材使用，也可供工业企业中从事金属加工的工程技术人员作为参考或培训教材。

本书由江苏省泰兴中等专业学校陈爱午和苏辉共同担任主编，鞠兴祥担任副主编、卢蓉芝、丁锁平、马留婉、张正、戴艮生参编，周勇主审。

本书在编写过程中得到了课题组全体成员、学校、系部主要领导及来自企业人员的大力支持和热情帮助，在此一并表示感谢。

编写教材是一项开拓性的工作，由于时间仓促，加上编者的水平和经验有限，书中不足之处在所难免，恳请广大读者批评指正，以便修订时加以完善。

编者

2019.6

目　录

CONTENTS

项目一　箱体的加工与检测

任务一　箱体的铸造与质量检测

任务描述

该项目根据企业工作流程完成ZDY80减速机箱体的铸造与质量检测，让学生熟知铸造基本知识和基本技能，体验企业工作过程，感知企业文化，培养学生综合职业能力。

任务目标

1. 能识读ZDY80减速机箱体结构图。
2. 能识读ZDY80减速机箱体铸造工艺过程卡。
3. 能根据工艺文件准备箱体铸造所需零部件、设备、工具、量具、辅助材料等。
4. 能正确规范进行箱体的砂型铸造和质量检测。
5. 培养学生观察、思考和分析解决实际问题的能力。

知识链接

一、金属材料的性能

金属材料的性能分为使用性能和工艺性能。使用性能是指金属材料为保证机械零件或工具正常工作应具备的性能，即在使用过程中所表现出的特性。金属材料的使用性能包括力学性能、物理性能和化学性能等；工艺性能是指金属材料在制造机械零件和工具的过程中，适应各种冷、热加工的性能，主要包括铸造性能、锻造性能、焊接性能、热处理性能及切削加工性能等。

1. 金属材料的力学性能

力学性能指金属材料在外力或能的作用下所表现出来的性能，主要包括强度、塑性、硬度、冲击韧度和疲劳强度等，也包括在高低温、腐蚀、表面介质吸附、冲刷、磨损、空蚀（氧蚀）、粒子照射等力或机械能不同程度结合作用下的性能。力学性能反映了金属材料在各种形式外力作用下抵抗变形或破坏的某些能力，是选用金属材料的重要依据。

（1）强度。强度是指金属材料在力的作用下，抵抗永久变形和断裂的能力，是一般零件设计、选材时的重要依据。根据载荷作用形式不同，强度可分为抗拉强度、抗压强度、抗剪强度、抗扭强度和抗弯强度。通常以抗拉强度代表材料的强度指标。

抗拉强度可以通过拉伸试验测定。拉伸试验是指用静拉伸力对试样进行轴向拉伸，测量拉伸力和相应的伸长，并测其力学性能的试验。

1）拉伸试样。通常采用圆柱形拉伸试样，如图 1－1－1 所示。将原始标距与原始横截面积的平方根的比值 k 为常数的试样称为比例试样，$k=5.65$ 的试样称为短比例试样，$k=11.3$ 的试样称为长比例试样，短试样 $L_0=5d_0$，长试样 $L_0=10d_0$。试验时，一般优先选用短比例试样，但要保证原始标距不小于 15mm，否则，建议选用长比例试样或其他类型试样。

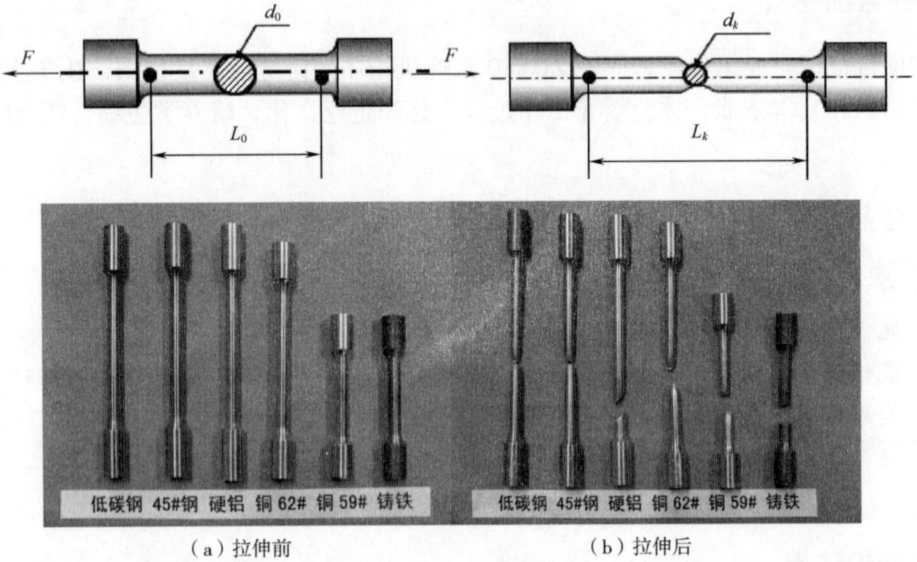

（a）拉伸前　　（b）拉伸后

图 1－1－1　圆柱形拉伸试样

2）试验方法。在进行拉伸试验前，测定低碳钢试件的直径 d_0 和标距 L_0。实验时，首先将试件安装在电子万能试验机的上、下夹头内，如图 1－1－2 所示。并在实验段的标记处安装引伸计，以测量实验段的变形，如图 1－1－3 所示。然后开动实验机，缓慢加载，与电子万能试验机相联的电脑记录下实验过程中的应力和应变，并自动绘制出拉伸力 F 和试样伸长量 ΔL 之间的关系曲线，即力－伸长曲线或称载荷－变形曲线，如图 1－1－4所示。或应力－应变曲线，即 $R-\varepsilon$ 曲线，如图 1－1－5 所示。

3）变形特征。根据低碳钢应力－应变曲线不同阶段的变形特征，试样从开始拉伸到断裂要经过弹性变形阶段、屈服阶段、变形强化阶段、颈缩与断裂四个阶段，见表 1－1－1。

图 1－1－2　WDW－T 微机控制电子万能试验机

图 1－1－3　引伸计

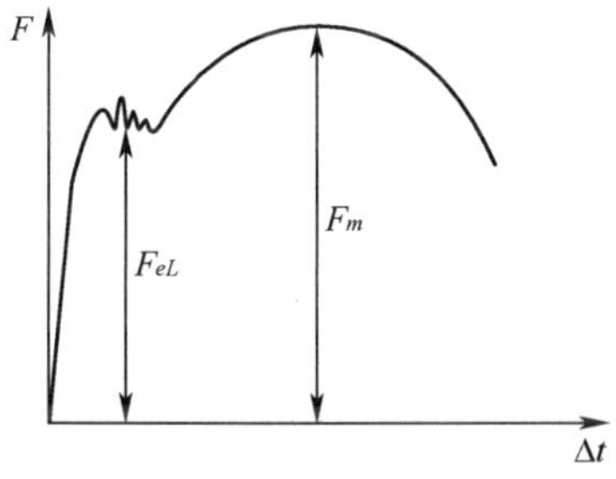

图 1－1－4　$F-\Delta L$ 曲线

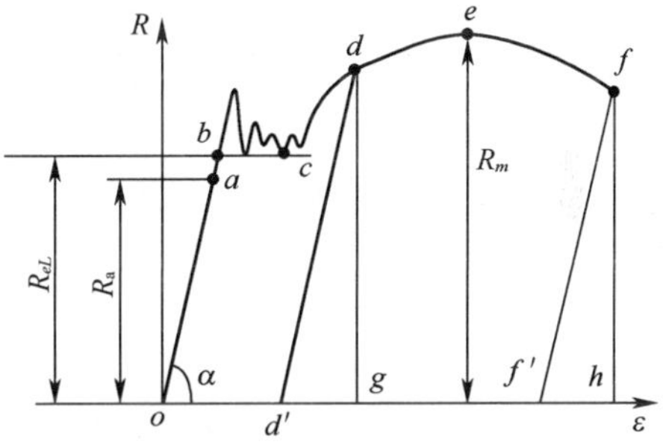

图 1－1－5　$R-\varepsilon$ 曲线

表 1－1－1　　低碳钢应力－应变曲线不同阶段的变形特征

序号	阶段	对应曲线	变形特征
1	弹性阶段	*ob* 段	在拉伸的初始阶段，随着拉伸力的增加，试样长度呈正比例增加。当去除拉伸力后试样伸长变形完全消失，并恢复其原有形状，变形表现为弹性变形。F_a 是试样保持弹性变形的最大拉伸力
2	屈服阶段	*bc* 段	当拉伸力不断增加超过 F_a 后，试样开始产生塑性变形，即当外力解除后，变形不能完全恢复，而残留下一部分变形。当拉伸力不断增加超过 F_{eL}后，应力只是在某一微小范围内上下波动，而应变却急剧增长，此现象称为屈服，使材料发生屈服的拉伸力 F_S 称为屈服拉伸力，应力 R_{eL}称为屈服强度
3	变形强化阶段	*ce* 段	当拉伸力超过屈服拉伸力 F_{eL}后，曲线呈上升趋势，试样的抗变形能力增强，此现象称为应变硬化。即随着变形的增大，试样抵抗变形的能力也逐渐加大，要使它继续变形必须增加拉力
4	颈缩与断裂阶段	*ef* 段	当拉伸力增大至 F_m 后，试样某一薄弱的横截面处发生急剧的局部收缩，这一现象称为颈缩。颈缩出现后，使试件继续变形所需载荷减小，故应力－应变曲线呈现下降趋势，直至最后在 *f* 点断裂。F_m 是试样拉断前所能承受的最大拉伸力，称为极限拉伸力，最高点对应的应力 R_m 称为材料的强度极限

4）强度指标。金属材料的强度指标主要包括屈服点 R_s、规定残余伸长应力 $R_{p0.2}$、抗拉强度 R_m 等。

①屈服强度和规定残余伸长应力。屈服强度是指试样在拉伸试验过程中，载荷不再增加而试样仍继续发生塑性变形而伸长时的应力，用符号 R_s 表示，单位为 N/mm^2 或 MPa。GB/T 228—2002 规定应区分上屈服强度 R_{eH} 和下屈服强度 R_{eL}，上屈服强度是指试样发生屈服而首次下降前的最大应力，下屈服强度是指在屈服期间，不计初始瞬时效应时的最小应力。在正常试验条件下，由于下屈服强度 R_{eL} 的数值较为稳定，再现性较好，所以常将下屈服强度 R_{eL} 选作屈服强度指标。

用下式计算：

$$R_{eL} = \frac{F_{eL}}{S_o}$$

规定残余伸长应力是指试样卸除拉伸力后，其标距部分的残余伸长与原始标距的百分比达到规定值时的应力，用应力符号 R 并加角标“p 和规定残余伸长率”表示，如 $R_{p0.2}$ 表示规定残余伸长率为 0.2% 时的应力作为没有明显产生屈服现象金属材料的屈服点。往往采用 $R_{p0.2}$ 作为屈服阶段的特征值，称为屈服强度。

②抗拉强度。指试样在拉断前承受的最大标称拉应力值，用符号 R_m 表示，其计算公式为：

$$R_m = \frac{F_m}{S_0}$$

式中：F_m——试样拉断时所承受的最大力，N（牛顿）；

S_0——拉伸试样原始横截面积尺寸，mm^2。

断裂是零件最严重的失效形式，所以，抗拉强度是工程设计和选材的主要指标，特别是对脆性材料来讲。

（2）塑性。塑性是指金属材料在断裂前发生不可逆永久变形的能力。金属材料的塑性指标也可以通过拉伸试验测得。

金属材料在受到拉伸时，长度和横截面积都要发生变化，因此，金属的塑性可以用断后伸长率和断面收缩率两个指标来衡量。

1）断后伸长率。试样拉断后的标距伸长量与原始标距的百分比称为断后伸长率，用符号 A 或 $A_{11.3}$ 表示。

$$A = \frac{L_u - L_0}{L_0} \times 100\%$$

式中：A——断后伸长率，%；

L_u——拉断拉伸试样对接后测出的标距长度，mm；

L_0——拉伸试样原始标距，mm。

使用短试样测定的断后伸长率用符号 A 表示，使用长试样测定的断后伸长率用符号 $A_{11.3}$ 表示。同一种金属材料的断后伸长率 A 和 $A_{11.3}$ 的数值是不相等的，因此两者不能直接进行比较，通常短试样的 A 值大于长试样的 $A_{11.3}$ 值。

2）断面收缩率。金属试样在拉断后，其缩颈处横截面积的最大缩减量与原始横截面积的百分比，称为断面收缩率，以符号 Z 表示。

$$Z=\frac{S_0-S_u}{S_0}\times 100\%$$

式中：Z——断面收缩率,% ;

S_u——拉伸试样原始横截面积，mm^2；

S_0——拉伸试样断口处的横截面积，mm^2。

金属材料的断后伸长率和断面收缩率越大，表示该材料的塑性越好，即材料能承受较大的塑性变形而不破坏。一般把断后伸长率大于5%的金属材料称为塑性材料（如低碳钢等），而把断后伸长率小于5%的金属材料称为脆性材料（如灰口铸铁等）。

塑性好的材料，它能在较大的宏观范围内产生塑性变形，并在塑性变形的同时使金属材料因塑性变形而强化，从而提高材料的强度，保证了零件的安全使用。此外，塑性好的材料可以顺利地进行某些成型工艺加工，如冲压、冷弯、冷拔、校直等。因此，选择金属材料作机械零件时，必须满足一定的塑性指标。

目前，金属材料的室温拉伸试验相关参数采用的是新标准，金属材料强度与塑性的新、旧标准名称和符号对照见表1－1－2。

表1－1－2　　金属材料强度与塑性的新、旧标准名称和符号对照

GB/T 228—2002 标准 GB/T 228—2010 新标准		GB/T 228—1987 旧标准	
名称	符号	名称	符号
屈服强度	—	屈服点	σ_s
上屈服强度	R_{eH}	上屈服点	σ_{sH}
下屈服强度	R_{eL}	下屈服点	σ_{sL}
规定残余延伸强度	$R_{p0.2}$	规定残余延伸应力	$\sigma_{0.2}$
抗拉强度	R_m	抗拉强度	σ_b
断后伸长率	A 或 $A_{11.3}$	断后伸长率	δ_5 或 δ_{10}
断面收缩率	Z	断面收缩率	ψ

（3）硬度。硬度是衡量金属材料软硬程度的一种性能指标，也是指金属材料抵抗局部变形，特别是塑性变形、压痕或划痕的能力。

硬度测定方法有压入法、划痕法、回弹高度法等。在压入法中根据载荷、压头和表示方法的不同，常用的硬度测试方法有布氏硬度（HBW、HBS）、洛氏硬度（HRA、HRB、HRC等）和维氏硬度（HV），见表1－1－3。

（4）韧性。金属在塑性变形和断裂过程中吸收变形能量的能力，称为韧性。韧性越好，则发生脆性断裂的可能性越小。衡量材料韧性的指标分为冲击韧性和断裂韧性。

表 1－1－3　　常用的硬度测试方法

序号	硬度	试验压头	符号	标注含义	特点	适用场合
1	布氏硬度	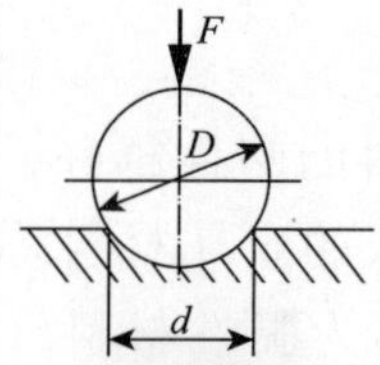 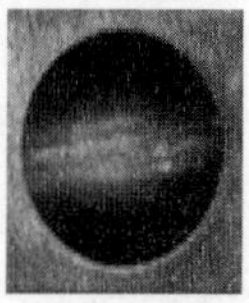	HBS－淬火钢球压头 HBW－硬质合金球压头	符号之前的数字表示硬度值，符号后面的数字按顺序分别表示球体直径、载荷及载荷保持时间，如：120HBS10/1000/30 表示直径为 10mm 的钢球在 1000kgf（9.807kN）载荷作用下保持 30s 测得的布氏硬度值为 120	测量误差小，数据稳定。压痕大，但不能用于太薄件、成品件及比压头还硬的材料	主要用于测定原材料的硬度，如铸铁、有色金属、经退火或正火或调质处理的金属材料等
		测定方法	用一定直径的硬质合金球，以相应的试验力压入试样表面，经规定的保持时间后，卸除试验力，测量试样表面的压痕直径 d，然后根据压痕直径 d 计算其硬度值			
2	洛氏硬度	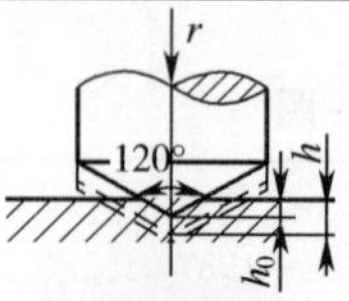 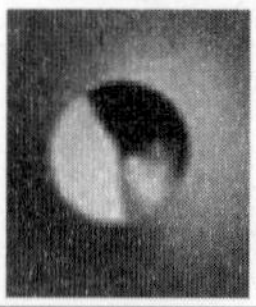	HRA－金刚石圆锥压头；HRB－ϕ1.588mm 的硬质合金球压头；HRC－120°金刚石圆锥压头	测定的硬度数值写在符号“HR”的前面，符号“HR”后面写使用的标尺，如 50HRC 表示用“C”标尺测定的洛氏硬度值为 50	操作简便，压痕小，适用范围广，但测量结果分散度大	主要用于测定成品或半成品的硬度，尤其是经过淬火处理的材料
		测定方法	以锥角为 120°的金刚石圆锥体或直径为 1.588mm 的硬质合金球（淬火钢球或硬质合金球），压入试样表面，试验时先加初试验力，然后加主试验力，压入试样表面之后，去除主试验力，在保留初试验力时，根据试样残余压痕深度增量来衡量试样的硬度大小			
3	维氏硬度	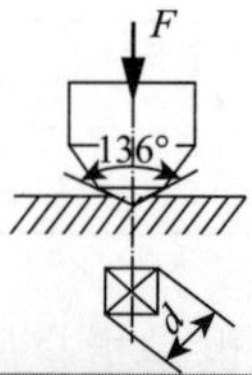 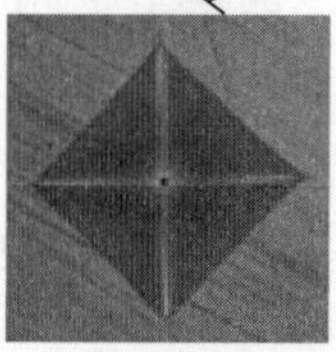	HV－136°正四棱锥体金刚石	符号前的数字为硬度值，后面的数字按顺序分别表示载荷值及载荷保持时间，640HV30/20 表示用 30kgf（294.2N）的试验力，保持 20s 测定的维氏硬度值是 640	适用范围宽，但对试样表面的质量要求高，测量效率较低	主要用于测定从很软到很硬的材料，尤其适用于零件表面层硬度的测试
		测定方法	是以面夹角为 136°的正四棱锥体金刚石为压头，试验时，在规定的试验力 F（49.03～980.7N）作用下，压入试样表面，经规定保持时间后，卸除试验力，则试样表面上压出一个正四棱锥形的压痕，测量压痕两对角线 d 的平均长度，可计算出其硬度值			

1）冲击韧性。冲击韧性是评定金属材料受冲击载荷作用时抵抗变形和断裂的能力，以冲击韧度 α_K 或冲击吸收功 A_K 来度量，其单位分别为 J/cm^2 和 J。冲击韧度是通过冲击实验来测定的，这种实验在一次冲击载荷作用下显示试件缺口处的韧性或脆性等力学特性，可以作为判断材料脆化趋势的一个定性指标，还可作为检验材料热处理工艺的一个重要手段。

测定冲击韧度的试验方法有多种。国际上大多数国家所使用的常规试验为简支梁式的冲击弯曲试验。在室温下进行的实验一般采用 GB/T 229—2007 标准《金属材料夏比摆锤冲击试验方法》。

①夏比摆锤冲击试样。冲击韧性的数值与试样的尺寸、缺口形状和支撑方式有关。国家标准规定夏比摆锤冲击试样有 V 形缺口试样和 U 形缺口试样两种，如图 1－1－6 所示。带 V 形缺口的试样，称为夏比 V 形缺口试样；带 U 形缺口的试样，称为夏比 U 形缺口试样。

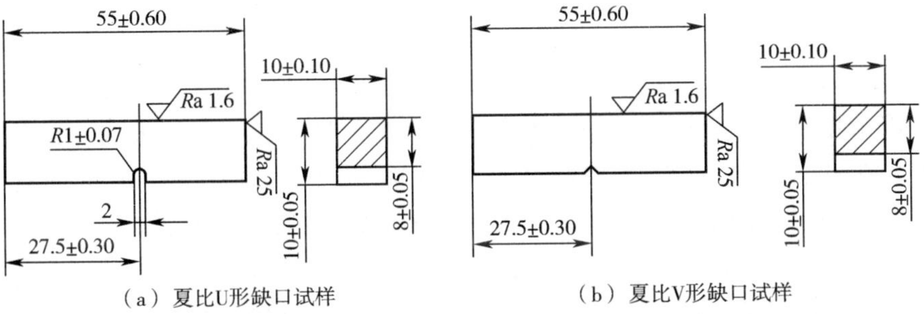

图 1－1－6　夏比摆锤冲击试样

②夏比摆锤冲击试验方法。冲击实验机由摆锤、机身、支座、度盘、指针等几部分组成，如图 1－1－7 所示。试验前，先测量试样的几何尺寸及缺口处的横截面尺寸，并根据估计材料冲击韧性来选择试验机的摆锤和表盘。实验时，将带有缺口的试样安放于

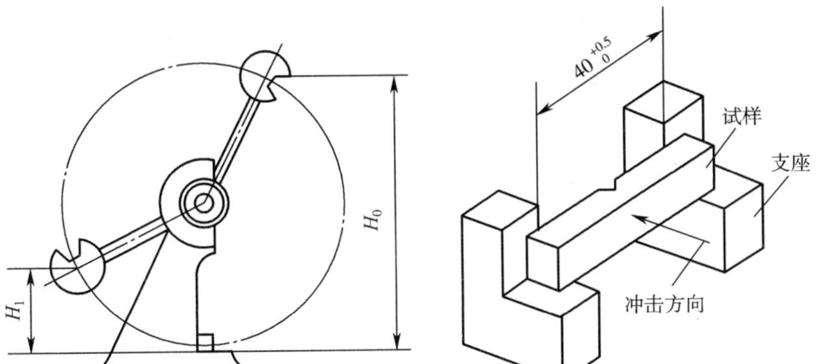

图 1－1－7　冲击实验机

试验机的支座上，将摆锤举起到高度为 H 处并锁住，然后释放摆锤，冲断试样后，待摆锤扬起到最大高度，再回落时，立即刹车，使摆锤停住。若摆锤的重量为 G，冲击中摆锤的质心高度由 H_0 变为 H_1，势能的变化为 $G(H_0-H_1)$，它等于冲断试样所消耗的功 W，亦即冲击中试样所吸收的功为：

$$A_K = W = G(H_0 - H_1)$$

记录表盘上所示的冲击功 A_K 值，取下试样，观察断口。试验完毕，将试验机复原。

③计算冲击韧性值 α_K。

$$\alpha_K = \frac{A_K}{S_0} \quad (\mathrm{J/cm^2})$$

式中：A_K——缺口试样的冲击吸收功（J）；

S_0——试样缺口处断面面积（cm^2）。

冲击韧性值 α_K 是反映材料抵抗冲击载荷的综合性能指标，它随着试样的绝对尺寸、缺口形状、试验温度等的变化而不同。

④多次冲击试验。金属材料在多次冲击下的破坏过程由裂纹产生、裂纹扩张和瞬时断裂三个阶段组成。其破坏是每次冲击损伤积累发展的结果，不同于一次冲击的破坏过程。

多次冲击弯曲试验在一定程度上可以模拟零件的实际服役过程，为零件设计和选材提供了理论依据，也为估计零件的使用寿命提供了依据。在小能量多次冲击条件下，金属材料的多次冲击抗力大小，主要取决于金属材料强度的高低；在大能量多次冲击条件下，金属材料的多次冲击抗力大小，主要取决于金属材料塑性的高低。

2）断裂韧性。断裂韧性是材料阻止或抵抗裂纹扩展的能力，也是材料抵抗脆性破坏的韧性参数。确切地说是阻止裂纹产生临界扩展的能力，常用 k_{Ic} 或 k_c 表示。k_{Ic} 是表示平面应变状态下的断裂韧度，k_c 表示平面应力状态下的断裂韧度。它是材料固有的特性，只与材料本身、热处理及加工工艺有关，和裂纹本身的大小、形状及外加应力大小无关。

（5）疲劳强度。实际生产中，有许多机械零件是在大小和方向随时间发生周期性变化的交变应力下工作，零件工作时承受的应力通常都低于屈服强度。机件在这种交变载荷作用下经过长时间工作也会发生破坏，这种破坏现象通常称为金属的疲劳。金属在循环应力作用下能经受无限多次循环，而不断裂的最大应力值称为金属的疲劳强度。即循环次数值 N 无穷大时所对应的最大应力值，称为疲劳强度，用 R_{-1} 表示，疲劳曲线如图1-1-8所示。钢铁材料规定循环基数 N_0 为 10^7，有色金属合金为 10^8。

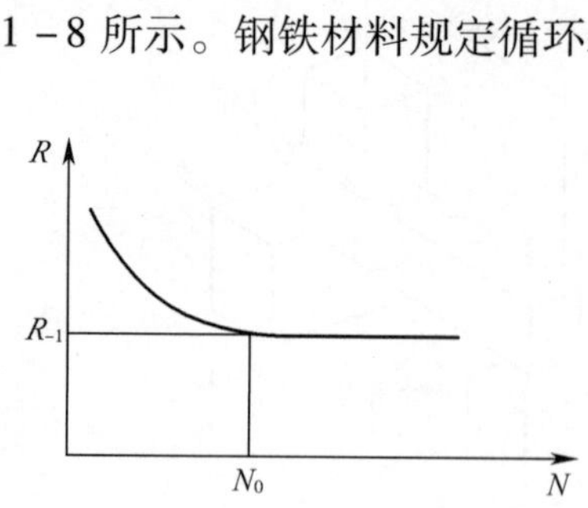

图1-1-8　疲劳曲线

据统计，约80%的机件失效为疲劳破坏，影响疲劳强度的因素主要包括内部缺陷、表面划痕、残留应力等，因此通过改善材料的形状结构，减少表面缺陷，提高表面光洁度，进行表面强化等方法可提高材料疲劳抗力。

2. 金属材料的工艺性能

（1）铸造性能。金属材料能用铸造的方法获得合格铸件的能力称为铸造性能。金属材料铸造成形的能力，常用流动性、收缩性和偏析来衡量。

1）流动性。流动性是指液态金属充满铸模的能力。流动性好的金属容易充满铸型，从而获得外形完整、尺寸精确、轮廓清晰的铸件。

2）收缩性。铸锭或铸件在凝固和冷却过程中，其体积和尺寸减小的现象称为收缩性。铸件收缩不仅影响尺寸，还会使铸件产生缩孔、疏松、内应力以及变形与开裂等缺陷，故铸造用金属材料的收缩率越小越好。

3）偏析。金属在冷却凝固过程中，因结晶先后差异而造成铸锭或铸件化学成分和组织的不均匀现象称为偏析。偏析会使铸件各部分的力学性能有很大的差异，从而降低铸件质量。一般来说，铸铁比钢的铸造性能好。

（2）锻造性能。金属锻造成形的能力称为锻造性能。它主要取决于金属的塑性和变形抗力，塑性越好、变形抗力越小，金属的锻造性能越好。它包括在热态或冷态下能够进行锤锻、轧制、拉伸、挤压等加工。例如纯铜在室温下就有良好的锻造性能，碳钢在加热状态下锻造性能较好，铸铁则不能锻造。

（3）切削加工性能。金属材料被刀具切削加工后而成为合格工件的难易程度称为切削加工性能。一般用允许的切削速度、加工后工件的表面粗糙度和刀具的使用寿命来衡量。影响切削加工性能的因素有工件的化学成分、力学性能、热导率和形变硬化程度等。通常是用硬度和韧性作为切削加工性好坏的大致判断。一般来讲，金属材料的硬度越高越难切削，硬度虽不高，但韧性大，切削也较困难。所以灰铸铁比钢的切削加工性能好，碳钢比高合金钢切削加工性能好。改变钢的化学成分和进行适当的热处理可改善钢的切削加工性。

金属具有适当的硬度（170～230HBS）和足够的脆性时切削性能良好。

（4）焊接性能。金属在一定的焊接工艺条件下，能焊接成具有一定使用性能的焊接接头的特性称为焊接性能。在机械工业中，焊接的主要对象是钢材，碳质量分数及合金元素含量是决定金属焊接性的主要因素，碳质量分数和合金元素含量越高，焊接性能越差。例如，低碳钢具有良好的焊接性，而高碳钢、铸铁的焊接性不好。

（5）热处理性能。金属经热处理可使性能顺利改善的性质称为热处理性能。它与材料的化学成分有关。常见的热处理方法有退火、正火、淬火、回火及表面热处理等。

二、箱体常用材料

1. 箱体类零件的功用

箱体类零件是机器的基础零件之一，用于将一些轴、套和齿轮等零件组装在一起，使其保证正确的相互位置，并按照一定的规律传递运动和动力。

2. 箱体类零件的共同结构特点

箱体类零件结构复杂，内部呈空腔，腔壁较薄且不均匀。箱体上有许多精度要求比较高的轴承孔和装配基准面，除此之外，还有一些精度要求不太高的紧固孔和平面。所以，箱体类零件加工部位较多，加工难度也较大。

3. 箱体类零件所用材料

箱体应有足够的强度，以免受载后变形过大而影响传动质量。绝大多数减速机的箱体由中等强度的铸铁铸成，重型减速机采用高强度铸铁或铸钢。少量生产时也可以采用碳素结构钢焊接而成。大量生产小型减速机时也可采用板材冲压箱体。

根据碳的存在形式的不同，铸铁可分为白口铸铁、灰铸铁和麻口铸铁；根据铸铁中石墨形态的不同，灰铸铁又可分为普通灰铸铁（简称灰铸铁）、可锻铸铁、球墨铸铁和蠕墨铸铁；根据铸铁化学成分的不同，还可将铸铁分为普通铸铁和合金铸铁。

灰铸铁的抗拉强度和弹性模量均比钢低得多，通常为120～250MPa，抗压强度与钢接近，一般可达600～800MPa，塑性和韧度近于零，属于脆性材料，不能锻造和冲压；焊接时产生裂纹的倾向大，焊接区常出现白口组织，焊后难以切削加工，焊接性差；灰铸铁的铸造性能优良，铸件产生缺陷的倾向小；由于石墨的存在切削加工性能好，切削加工时形成崩碎切屑，通常不需加切削液；灰铸铁的减振能力为钢的5～10倍，是制造机床床身、机座、减速机箱体的主要材料。

我国灰铸铁的牌号为HT×××，其中“HT”表示“灰铁”二字的汉语拼音字首，而后面的×××为最低抗拉强度值，单位为MPa。灰铸铁牌号共六种，其中HT100、HT150、HT200为普通灰铸铁；HT250、HT300、HT350为孕育铸铁。

三、箱体铸造基础知识

铸造是指将熔化后的金属液浇入铸型中，待凝固、冷却后获得具有一定形状和性能铸件的成形方法。

1. 铸造的特点

（1）优点。

1）铸造可以生产各种形状复杂的毛坯，特别适用于生产具有复杂内腔的零件毛坯，如箱体、床身、机架、缸体、叶片、叶轮等。

2）适用范围广，铸件几乎不受金属材料、尺寸大小和重量的限制。铸件材料可以是各种铸铁、铸钢、铝合金、铜合金、镁合金、钛合金、锌合金和各种特殊合金材料；铸件可以小至几克，大到数百吨；铸件壁厚可以从0.5mm～1m；铸件长度可以从几毫米到十几米。

3）铸造原材料来源广泛，可直接利用成本低廉的报废机件或切屑，工艺设备费用小，成本较低。

4）铸件的形状、尺寸与零件很接近，既节约金属材料，又节省切削加工工时。

5）铸造工艺灵活，生产率高，既可以手工生产，也可以机械化生产。

（2）缺点。

1）铸件质量不稳定，生产工序繁多，影响因素复杂，工艺过程较难控制，易产生多种铸造缺陷。

2）铸件的尺寸均一性差，尺寸精度低。

3）和相同形状、尺寸的锻件比，铸件的晶粒粗、缺陷多，力学性能不如锻件。

4）工作环境差，温度高、粉尘多，工人劳动强度大。

因此铸件一般不适宜制作受力复杂和受力大的重要零件，而主要用于受力不大或受简单静载荷的零件。随着铸造合金和铸造工艺技术的发展，特别是新型铸造合金的成功应用和精密铸造的发展，铸件的表面质量、力学性能均有显著提高，铸件的应用范围日益扩大。

2. 铸造的分类

减速机箱体铸造生产方法很多，常见的有砂型铸造和特种铸造两大类。

（1）砂型铸造。以型砂为主要造型材料制备铸型的铸造工艺方法。型砂来源广泛，价格低廉，且砂型铸造方法适应性强，生产准备简单，因而是目前生产中应用最广的铸造方法。

（2）特种铸造。是除砂型铸造以外其他铸造方法的总称，如熔模铸造、金属型铸造、压力铸造、低压铸造、离心铸造和实型铸造等。特种铸造一般具有铸件质量好、生产率高等优点，具有很大的发展潜力。

3. 箱体的砂型铸造

砂型铸造是在砂型中生产铸件的铸造方法。由于其造型材料来源广泛，成本低廉，是最常用的铸造方法，目前我国砂型铸件约占铸件产量的80%。

砂型铸造工艺流程如图1－1－9所示，齿轮毛坯的砂型铸造工艺流程如图1－1－10所示。

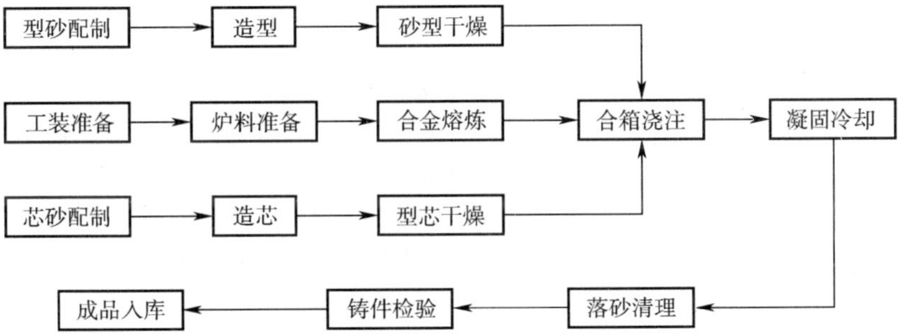

图1－1－9　砂型铸造工艺流程图

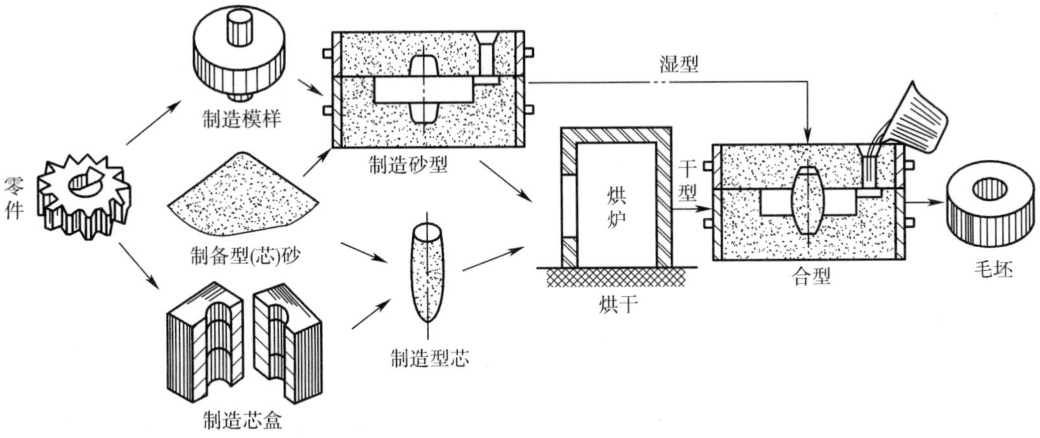

图1－1－10　齿轮毛坯的砂型铸造

（1）造型材料、造型工具及砂型组成。

1）型砂和芯砂。

①型砂和芯砂的主要组成。型砂主要由原砂（山砂或河砂）、黏结剂和水按一定比例混合而成，其中黏土约为9%，水约为6%，其余为原砂。为提高型砂和芯砂的性能，有时还加入少量煤粉、植物油、木屑等附加物。根据型砂中采用黏结剂种类的不同，型砂可分为黏土砂、树脂砂、水玻璃砂、油砂等。芯砂因需求量少，故一般采用手工配制。因型芯所处的环境相对恶劣，故芯砂性能要求比型砂高。同时芯砂中的黏土或油类等黏结剂的比重应比型砂中的要大一些，故其透气性不及型砂。另外，制芯时要做出透气道或透气孔，同时为改善型芯的退让性，要加入木屑等附加物。有些要求高的小型铸件往往采用油砂芯，油砂芯是由桐油与砂子混合，经烘烤至黄褐色而成。

②型砂和芯砂的性能特点。型砂和芯砂的质量将直接影响铸件的质量，故其应具备良好的性能，否则会使铸件产生气孔、砂眼、粘砂、夹砂等铸造缺陷。良好的型砂应具备的性能见表1－1－4。

表1－1－4　型砂和芯砂应具备的性能

序号	具备性能	定义	特点
1	良好的透气性	透气性是指型砂能让气体透过的性能	铸型的透气性受砂的粒度、黏土含量、水分含量及砂型紧实度等因素的影响。砂的粒度越细，黏土及水分含量越高，砂型紧实度越高，透气性则越差。高温金属液浇入铸型后，型内充满大量气体，这些气体必须由铸型内顺利排出去，否则将使铸件产生气孔、浇不足等缺陷
2	足够的强度	强度是指型砂抵抗外力破坏的能力	型砂必须具备足够高的强度才能在造型、搬运、合箱过程中不引起塌陷，浇注时也不会破坏铸型表面。型砂的强度也不宜过高，否则会因透气性、退让性的下降使铸件产生缺陷
3	较高的耐火性	耐火性是指型砂抵抗高温热作用的能力	耐火性差，铸件易产生粘砂。型砂中SiO_2含量越多，型砂颗粒越大，耐火性越好
4	较强的可塑性	可塑性是指型砂在外力作用下变形，去除外力后能完整地保持已有形状的能力	可塑性强，造型操作方便，制成的砂型形状准确、轮廓清晰
5	较好的退让性	退让性是指铸件在冷凝时，型砂可被压缩的能力	退让性不好，铸件易产生内应力或开裂。型砂越紧实，退让性越差。在型砂中加入木屑等物可以提高退让性

③型砂和芯砂的性能判定。在单件小批生产的铸造车间里，常用手捏法来粗略判断制造的型砂或芯砂是否符合性能要求。方法是用手抓起一把型砂或芯砂，捏紧时感到柔软容易变形，放开后砂团不松散、不粘手，并且手印清晰；把它折断时，断面平整均匀并没有碎裂现象，同时感到具有一定强度，即可认为型砂具备了合适的性能要求，如

图1－1－11所示。

图1－1－11　手捏法检验型砂

2）造型工具、修型工具与量具。制造铸形用的工具称为造型工具，制好的砂型（芯）还要用各种形状的修型工具把其缺陷修补好，使砂型（芯）质量合格，而其是否合格需进行相应测量与检测。常用的造型、修型工具及量具见表1－1－5。

表1－1－5　常用的造型、修型工具及量具

序号	工量具	图例	作用
1	砂箱		便于造型，便于翻转砂型及搬运砂型
2	模底板	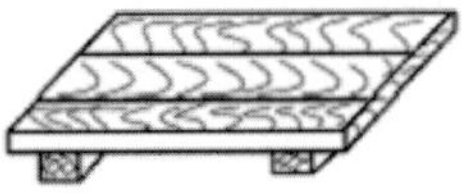	造型时用来托住模样、砂箱和砂型
3	铁锹	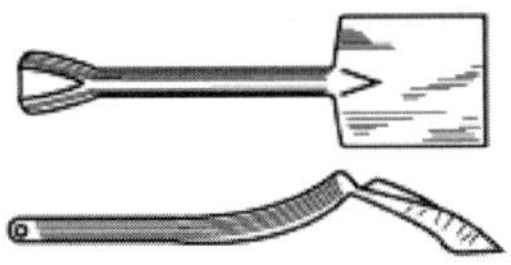	用来铲运和拌和型（芯）砂
4	筛子		方形筛用来筛分原砂或型砂；圆形筛一般为手筛，用于将面砂筛到模样表面
5	砂舂	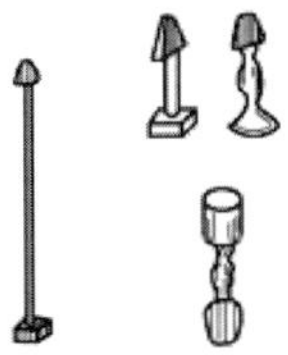	扁头用来舂实模样周围及砂箱靠边处或狭窄部分的型砂，平头用来舂平砂型表面

续表

序号	工量具	图例	作用
6	刮板	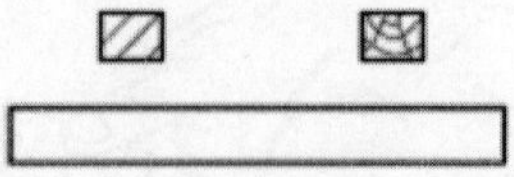	在砂型舂实后，用来刮去高出砂箱的型砂
7	通气针	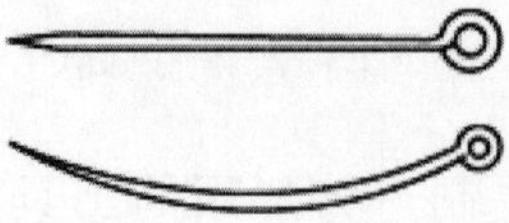	用来扎出通气的孔眼
8	起模针和起模钉	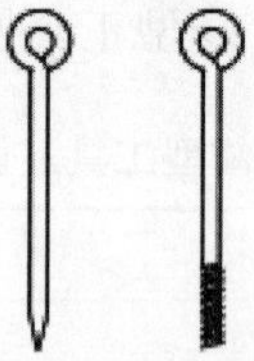	用于起出模样
9	掸笔	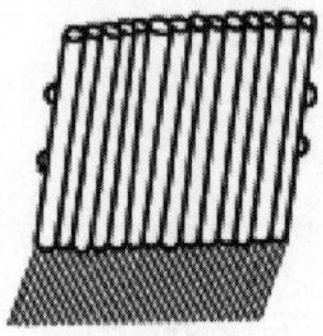	用来在起模前润湿模样边缘的型砂，或在小的砂型和砂芯上涂刷涂料
10	排笔	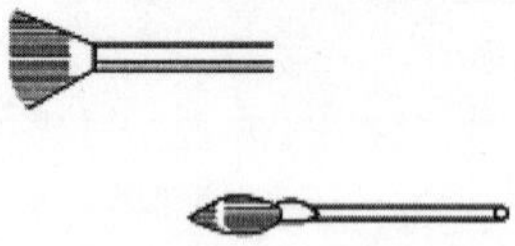	用来在砂型大的表面刷涂料或清扫砂型（芯）上的灰砂
11	皮老虎	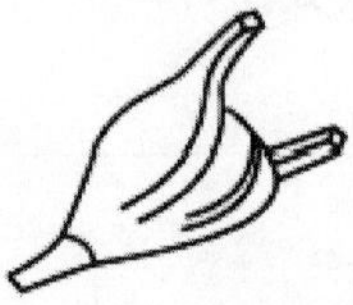	用来吹去砂型上散落的灰土和砂粒
12	风动捣固器	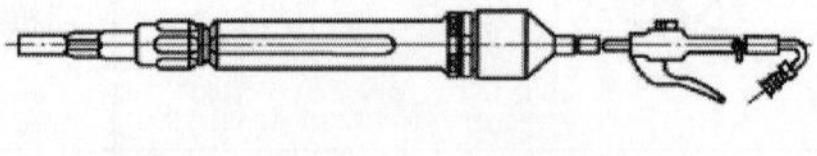	由压缩空气带动，用来舂实较大的砂型和砂芯
13	镘刀	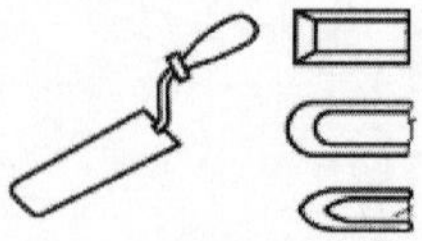	用来修理砂型（芯）的较大平面，开挖浇冒口，切割大的沟槽及在砂型插钉时把钉子拍入砂型等

续表

序号	工量具	图例	作用
14	提钩	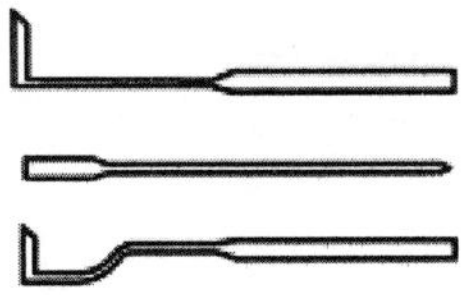	用于修理砂型（芯）中深而窄的底面和侧壁及提出落在砂型中的散砂
15	半圆（竹爿梗或平光杆）		用来修整垂直弧形的内壁和它的底面
16	法兰梗（光槽镘刀）		供修理砂型（芯）的深窄底面及管子两端法兰的窄边用
17	成型镘刀	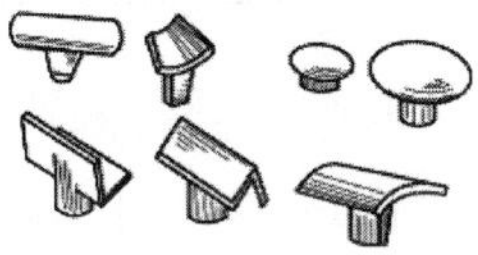	用来修整镘光砂型（芯）上的内外圆角、方角和弧形面等
18	压勺		供修理砂型（芯）较小平面，开设较小浇口时使用
19	双头铜勺（秋叶）		用来修整曲面或窄小的凹面
20	卷尺	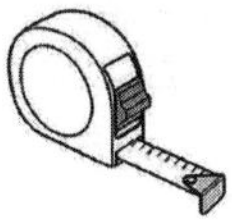	用来测量长度
21	钢板尺		测量长度、外径和内径等尺寸
22	铁角尺	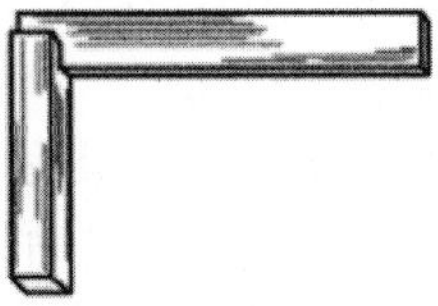	用来画线或检查被测物体的垂直度

续表

序号	工量具	图例	作用
23	水平仪	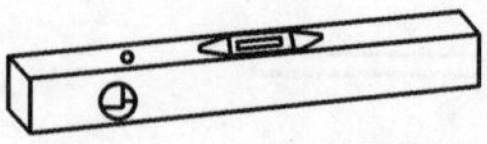	用来测量被测平面是否水平
24	卡钳	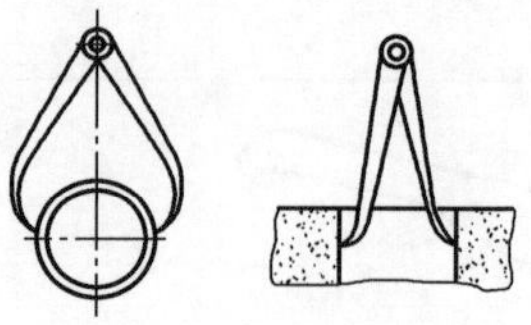	与钢板尺配合使用，用来测量砂型（芯）的外径与内径、凹槽宽度等
25	湿态砂型硬度计	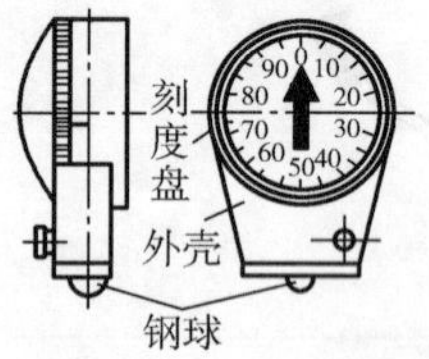	用来测量砂型（芯）表面硬度

3）砂型组成。铸型是根据零件形状用造型材料制成的，铸型可以是砂型，也可以是金属型。砂型是由型砂（型芯砂）作造型材料制成的。它是用于浇注金属液，以获得形状、尺寸和质量符合要求的铸件。铸型一般由上型、下型、型芯、型腔和浇注系统组成，如图 1－1－12 所示。铸型组元间的接合面称为分型面。铸型中造型材料所包围的空腔部分，即形成铸件本体的空腔称为型腔。液态金属通过浇注系统流入并充满型腔，产生的气体从出气口等处排出砂型。

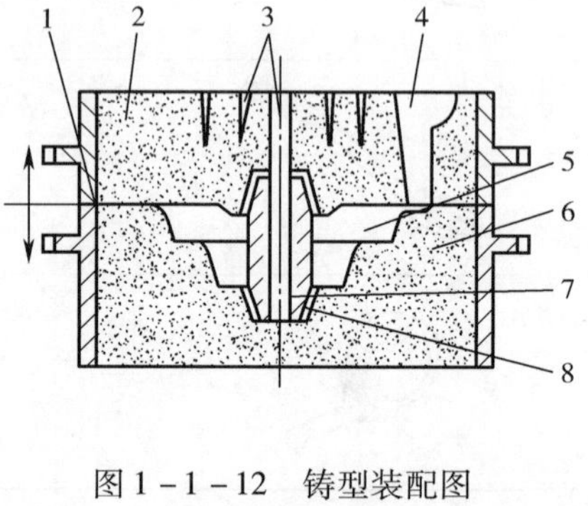

图 1－1－12　铸型装配图

1—分型面　2—上型　3—出气孔　4—浇注系统　5—型腔　6—下型　7—型芯　8—芯头芯座

（2）造型方法。用型砂及模样等工艺装备制造铸型的过程称为造型。型砂造型是砂型铸造最基本的工序，根据生产性质不同，造型方法可分为手工造型和机器造型两大类。

1）手工造型。手工造型是全部用手工或手动工具完成的造型工序，其具有操作方便灵活、适应性强、模样生产准备时间短等优点，但同时也存在生产率低、劳动强度大、铸件质量不易保证等缺点，故只适用于单件小批量生产。

常用手工造型方法的特点及其适用范围见表1－1－6。

表1－1－6　　常用手工造型方法的特点和应用范围

造型方法		简图	主要特点	应用
按砂箱特征区分	两箱造型	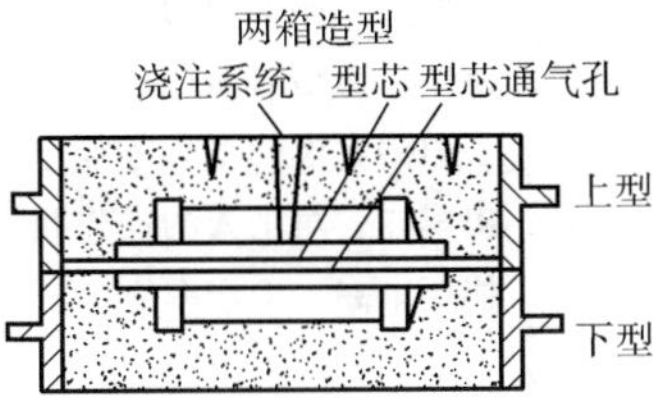	铸型由上型和下型组成，造型、起模、修型等操作方便	适用于各种生产批量，各种大、中、小铸件
	三箱造型	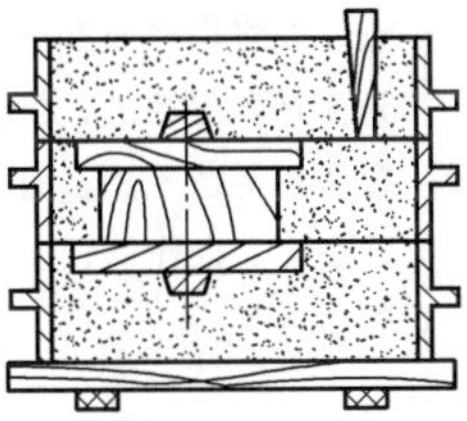	铸型由上、中、下三砂箱组成，有两个分型面，铸件中间截面小，用两砂箱时取不出模样，必须分模，中型的高度须与铸件两个分型面的间距相适应。三箱造型费工，尽量避免使用	主要用于单件小批生产具有两个分型面的铸件，如中间截面小、两端截面大的铸件
	脱箱造型	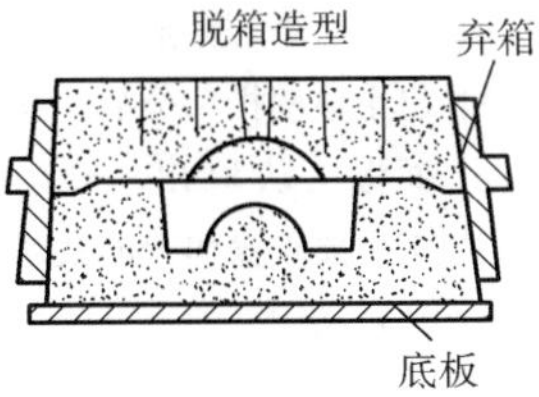	铸型合型后，将砂箱脱出，重新用于造型。浇注前，须用型砂将脱箱后的砂型周围填紧，也可在砂型上加套箱	主要用在生产小铸件，砂箱尺寸较小
按模样特征区分	整模造型	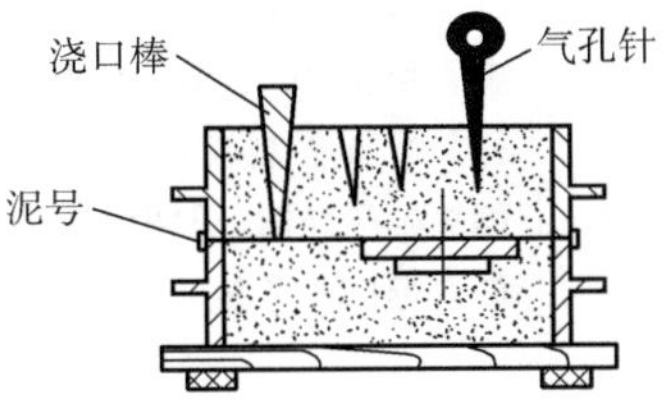	模样为整体，分型面为平面，型腔在同一砂箱中，造型简单，铸件不会产生错型缺陷	适用于最大截面在端部且为一平面的铸件，应用较广
	分模造型	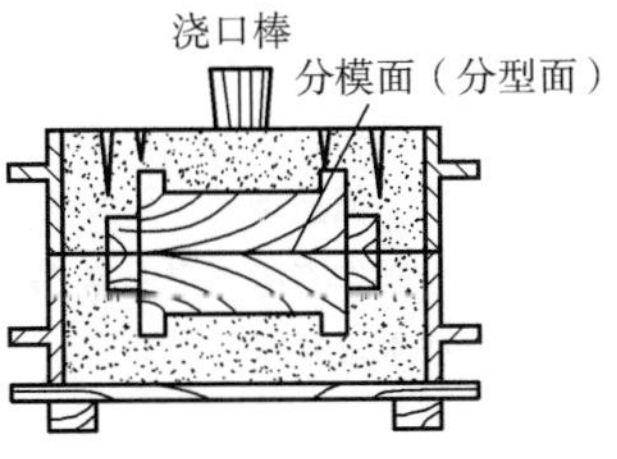	将模样沿最大截面处分开，型腔分别位于上、下型中，操作简单，节省工时	适用于最大截面在中部的回转体类等铸件

续表

造型方法		简图	主要特点	应用
按模样特征区分	挖砂造型	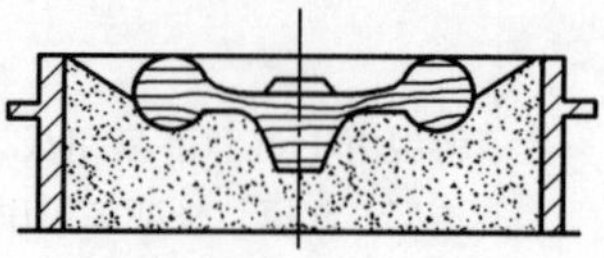	模样为整体，但铸件的分型面为一曲面，为了起模方便，造型时需用手工挖去阻碍起模的型砂才能取出模样，对工人的操作技能要求高，生产率低	适用于单件或小批量生产分型面不是平面的铸件
	假箱造型	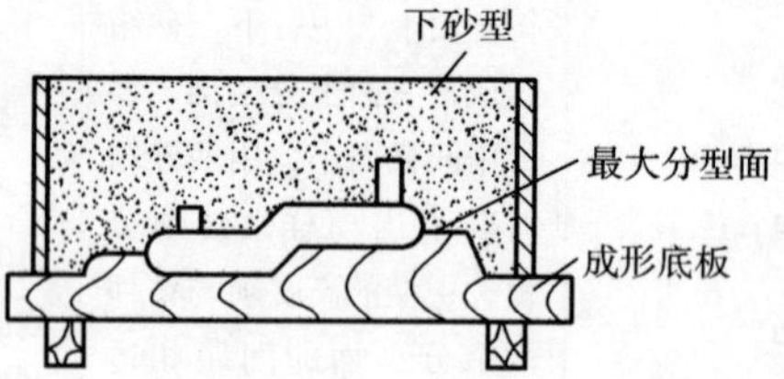	为了克服挖砂造型的缺点，先将模样放在一个预先作好的假箱上，然后放在假箱上造下型，省去挖砂操作。操作简便，分型面整齐	适用于批量生产分型面不是平面的铸件
	活块造型	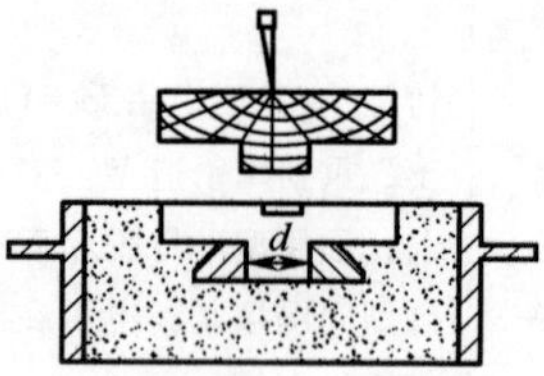	制模时将妨碍起模的小凸台、肋条等做成活块，取出主体模样部分后，从侧面将活块取出，造型费工，要求操作者的技术水平较高	适用于单件小批生产带有凸起部分、难以起模的铸件
	刮板造型	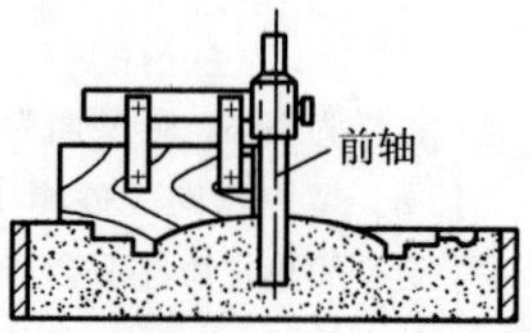	刮板形状和铸件截面相适应，用刮板代替实体模样，可省去制模的工序，缩短生产周期。但生产率低，操作要求高	适用于单件小批生产大、中型有等截面的轮类、管类等铸件
	地坑造型		在车间地坑内造型，用地坑代替下砂箱，只要一个上砂箱，可减少砂箱的投资。但造型费工，而且要求操作者必须具备较高的技术水平	适用于砂箱数量不足时制造批量不大的大、中型铸件

2）机器造型。手工造型生产率低，铸件表面质量差，要求工人技术水平高，劳动强度大，因此在批量生产砂型时，一般均采用机器造型。机器造型能够改善劳动条件，显著提高劳动生产率和铸件的尺寸精度、表面质量，减小加工余量。

机器造型是将造型过程中的紧砂与起模操作实现机械化。根据紧砂和起模方式不同可将机器造型分为气动微振压实造型、射压造型、高压造型、抛砂造型。

其中气动微振压实造型机最为常用，其工作过程包括填砂→振击紧砂→辅助压实→起模，紧砂原理如图 1－1－13 所示。振击时频率为 150～500 次/分，振幅为 25～80mm，微振击时频率为 700～1000 次/分，振幅为 5～10mm。其具有结构简单、价格低等优点，但噪声大、生产率不够高、铸型的紧实度不高，主要适合于中、小型铸型。

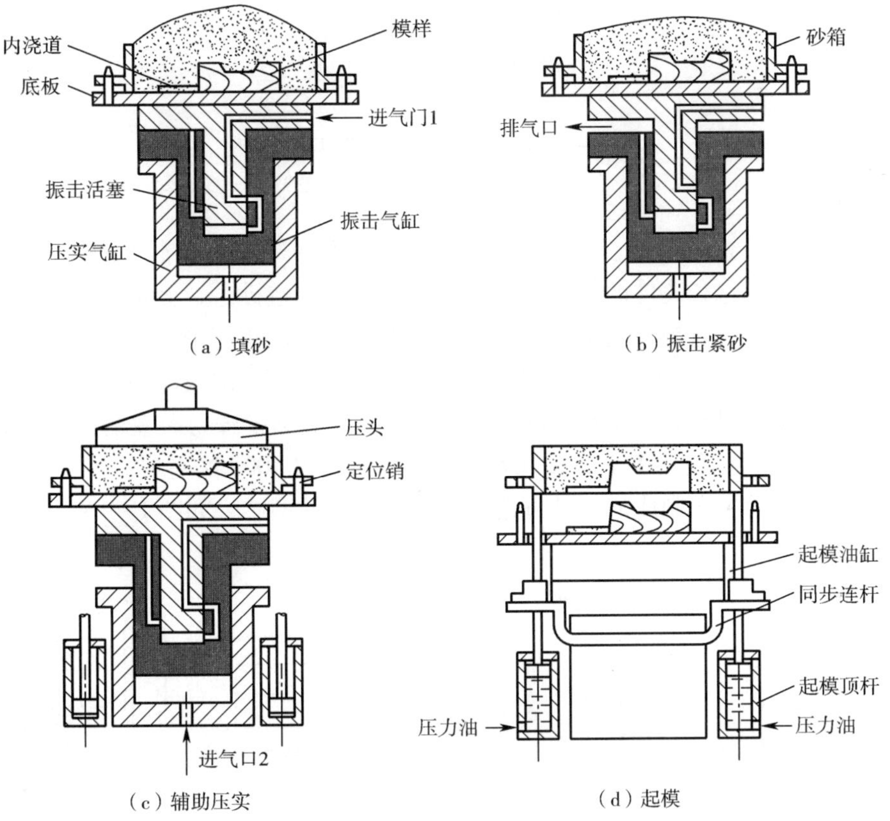

（a）填砂　（b）振击紧砂　（c）辅助压实　（d）起模

图 1－1－13　气动微振压实造型机紧砂原理

多触头高压造型通常也配备气动微振装置，以便增加工作适应能力。多触头由许多可单独动作的触头组成，可分为主动伸缩的主动式触头和浮动式触头。使用较多的是弹簧复位浮动式多触头，如图 1－1－14 所示。当压实活塞 1 向上推动时，触头 4 将型砂从余砂框 3 压入砂箱 2，而自身在多触头箱体 5 的相互连通的油腔内浮动，以适应不同形状的模样，使整个砂箱得到均匀的紧实度。

高压造型砂型紧实度高，铸件尺寸精度较高，铸件表面粗糙度低，铸件致密性好，噪声小，生产率高；与脱箱或无箱射压造型相比，高压造型辅机多，砂箱数量大，造价高，需造型流水线配套。比较适用于像汽车制造这类生产批量大、质量要求高的现代化生产，我国各大汽车制造厂已有这类生产线的引进。

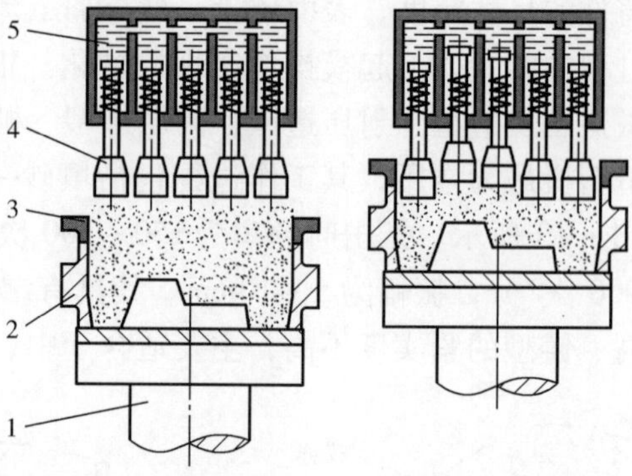

（a）原始位置　　（b）压实位置

图 1－1－14　多触头高压造型工作原理

1—压实活塞　2—砂箱　3—余砂框　4—高压触头　5—多触头箱体

（3）模样和芯盒的制造。模样和芯盒是用来造型和造芯的基本工艺装备。模样用于形成铸型的型腔，它和铸件的外形相适应；芯盒用于制造砂芯，其内腔与砂芯的形状和尺寸相适应，开式芯盒制芯是常用的手工制芯方法，适用于圆形截面的较复杂型芯，其制芯过程如图 1－1－15 所示。在单件、小批量生产时广泛采用木材制作模样和芯盒，在大批量生产时多采用金属、塑料等制作模样和芯盒。金属模样与芯盒的使用寿命长达 10 万～30 万次，塑料的使用寿命最多几万次，而木质的仅 1000 次左右。

型芯一般是用芯盒制成的，其可造出形状较复杂的型芯，如图 1－1－15 所示。

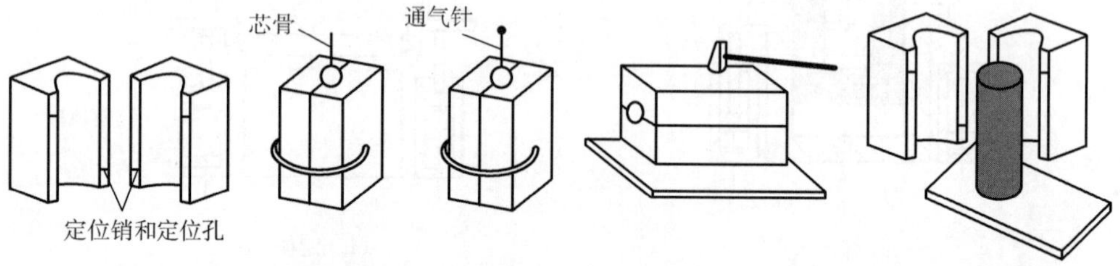

（a）准备芯盒　（b）夹紧芯盒，分次加入芯砂、芯骨，舂砂　（c）刮平、扎通气孔　（d）松开夹子，轻敲芯盒　（e）打开芯盒，取出砂芯，上涂料

图 1－1－15　对开式芯盒制芯

（4）浇注系统。浇注系统是为金属液流入型腔和冒口而开设于铸型中的一系列通道。典型的浇注系统由外浇口、直浇道、横浇道和内浇道四部分组成，如图 1－1－16 所示。对形状简单的小铸件可以省略横浇道。其作用主要包括平稳、迅速地注入金属液；阻止熔渣、砂粒等进入型腔；调节铸件各部分温度，补充金属液在冷却和凝固时的体积收缩。

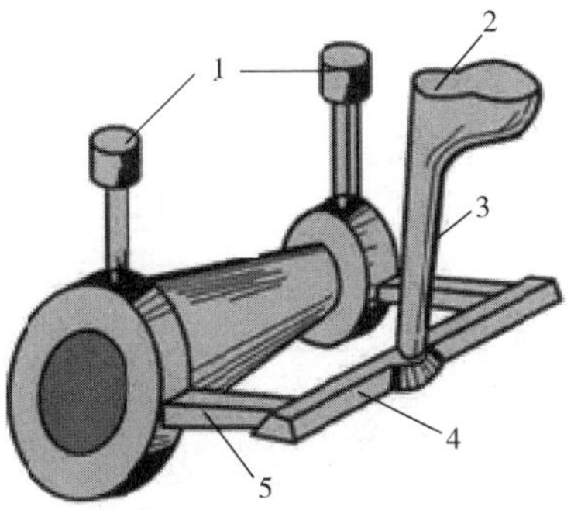

图 1-1-16　典型浇注系统

1—冒口　2—外浇口　3—直浇道　4—横浇道　5—内浇道

正确地设置浇注系统，对保证铸件质量、降低金属的消耗量有重要的意义。若浇注系统不合理，铸件易产生冲砂、砂眼、渣孔、浇不足、气孔和缩孔等缺陷。

1）外浇口。其作用是容纳注入的金属液并缓解液态金属对砂型的冲击。小型铸件通常为漏斗状（称浇口杯），较大型铸件为盆状（称浇口盆）。

2）直浇道。它是连接外浇口与横浇道的垂直通道。改变直浇道的高度可以改变金属液的静压力大小和改变金属液的流动速度，从而改变液态金属的充型能力。如果直浇道的高度或直径太大，会使铸件产生浇不足的现象。为便于取出直浇道棒，直浇道一般做成上大下小的圆锥形。

3）横浇道。它是将直浇道的金属液引入内浇道的水平通道，一般开设在砂型的分型面上，其截面形状一般是高梯形，并位于内浇道的上面。横浇道的主要作用是分配金属液进入内浇道和起挡渣作用。

4）内浇道。它是直接与型腔相连，并能调节金属液流入型腔的方向和速度、调节铸件各部分的冷却速度。内浇道的截面形状一般是扁梯形和月牙形，也可为三角形。

5）冒口。常见的缩孔、缩松等缺陷是由于铸件冷却凝固时体积收缩而产生的。为防止缩孔和缩松，往往在铸件的顶部或厚实部位设置冒口。冒口是指在铸型内特设的空腔及注入该空腔的金属。冒口中的金属液可不断地补充铸件的收缩，从而使铸件避免出现缩孔、缩松。冒口是多余部分，清理时要切除掉。冒口除了补缩作用外，还有排气和集渣的作用。

（5）熔炼。熔炼是指使金属由固态转变成熔融状态的过程。熔炼的目的是要获得化学成分和温度均符合要求的金属熔液。不同类型的金属，需要采用不同的熔炼方法及设备。如钢的熔炼是用转炉、平炉、电弧炉、感应电炉等；铸铁的熔炼使用冲天炉、电弧炉、工频炉等，而非铁金属如铝、铜合金等的熔炼，则用坩埚炉。电弧炉用得最多，平炉仅用于重型铸钢件，感应电炉主要用于合金钢中、小型铸件的生产，冲天炉已逐步淘汰。

1）电弧炉炼钢。利用电极与金属炉料间电弧产生的热量来熔炼金属，如图 1-1-17 所示。炉子容量为 1～15 吨。钢液质量较高，熔炼速度快，一般为 2～3 小时一炉，温度容易控制。炼钢的金属材料主要是废钢、生铁和铁合金等。其他材料有造渣材料、氧化剂、还原剂和增碳剂等。

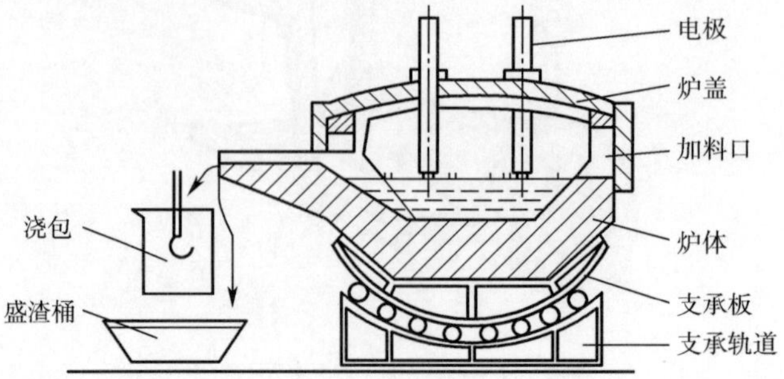

图 1-1-17　三相电弧炉示意图

2）感应电炉炼钢。在精密铸造和高合金钢铸造中应用最普遍。感应电炉的构造如图 1-1-18 所示。利用感应线圈中交流电的感应作用，使坩埚内的金属炉料及钢液产生感应电流发出热量使炉料熔化。

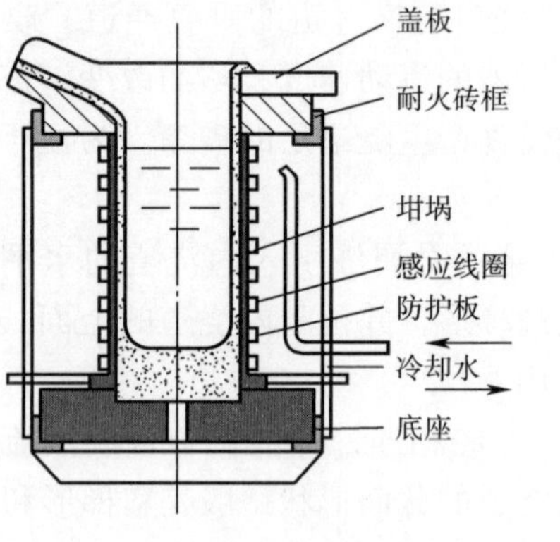

图 1-1-18　感应电炉炉体构造图

优点：加热速度较快，热量散失少，热效率较高，氧化熔炼损耗较小，吸收气体较少。

缺点：炉渣温度较低，化学性质不活泼，不能充分发挥炉渣在冶炼过程中的作用，基本上是炉料的重熔过程。

感应电炉类型：高频感应电炉，频率 1000Hz 以上，容量在 100kg 以下；中频感应电炉，频率 300～500Hz，容量一般是 60～1000kg；工频感应电炉，工业频率 50Hz，容量一般是 100～10000kg。

（6）合型。将上型、下型、型芯、浇口盆等组合成一个完整铸型的操作过程称为合型，又称合箱。合型是制造铸型的最后一道工序，直接关系到铸件的质量。即使铸型和型芯的质量很好，若合型操作不当，也会引起气孔、砂眼、错箱、偏芯、飞边和跑火等缺陷。合型工作包括：

1）铸型的检验和装配。下芯前，应先清除型腔、浇注系统和型芯表面的浮砂，并检查其形状、尺寸和排气道是否通畅。下芯应平稳、准确。然后导通砂芯和砂型的排气道；检查型腔主要尺寸；固定型芯；在芯头与砂型芯座的间隙处填满泥条或干砂，防止浇注时金属液钻入芯头而堵死排气道。最后，平稳、准确地合上上型。

2）铸型的紧固。为避免由于金属液作用于上砂箱引发的抬箱力而造成的缺陷，装配好的铸型需要紧固。单件小批生产时，多使用压铁压箱，压铁重量一般为铸件重量的3~5倍。成批、大量生产时，可使用压铁、卡子或螺栓紧固铸型。紧固铸型时应注意用力均匀、对称；先紧固铸型，再拔合型定位销；压铁应压在砂箱箱壁上。铸型紧固后即可浇注，待铸件冷凝后，清除浇冒口便可获得铸件。

（7）浇注。将金属液在一定的温度范围内按规定的速度浇入铸型的过程称为浇注。浇注时既可采用手动浇注，也可采用自动烧注，自动浇注通常用于自动造型线、离心铸管机等。浇注是铸造生产中的一个重要环节。浇注工艺是否合理，不仅影响铸件质量，还涉及工人的安全。

1）浇注工具。浇注常用工具有浇包、挡渣钩等，浇包如图1－1－19所示。浇注前应根据铸件大小、批量选择合适的浇包，并对浇包和挡渣钩等工具进行烘干，以免降低金属液温度及引起液体金属的飞溅。

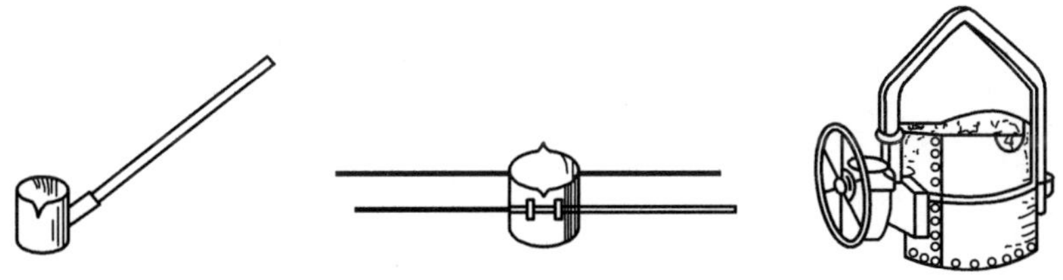

（a）手提浇包　　（b）抬包　　（c）吊包

图1－1－19　浇包

2）浇注工艺。

①浇注温度。浇注温度过高，铁液在铸型中收缩量增大，易产生缩孔、裂纹及粘砂等缺陷；温度过低则铁液流动性差，又容易出现浇不足、冷隔和气孔等缺陷。合适的浇注温度应根据合金种类和铸件的大小、形状及壁厚来确定。对形状复杂的薄壁灰铸铁件，浇注温度为1400℃左右；对形状较简单的厚壁灰铸铁件，浇注温度为1300℃左右即可；而铝合金的浇注温度一般在700℃左右。

②浇注速度。浇注速度过慢，使型腔表面烘烤时间过长，导致砂层翘起脱落，铁液冷却快，易产生浇不足、冷隔以及夹渣等缺陷；浇注速度过快，则会使铸型中的气体来不及排出而产生气孔，同时易造成冲砂、抬箱和跑火等缺陷。铝合金液浇注时勿断流，以防铝液氧化。

③浇注操作。浇注前应估算好每个铸型需要的金属液量，安排好浇注路线，浇注时应注意挡渣。浇注过程中应保持外浇口始终充满，这样可防止熔渣和气体进入铸型。浇注结束后，应将浇包中剩余的金属液倾倒到指定地点。

④浇注注意事项。浇注是高温操作，必须注意安全，必须穿着白帆布工作服和工作

皮鞋；浇注前，必须清理浇注时行走的通道，预防意外跌撞；必须烘干烘透浇包，检查砂型是否紧固；浇包中金属液不能盛装太满，吊包液面应低于包口 100mm 左右，抬包和端包液面应低于包口 60mm 左右。

（8）落砂清理与检验。落砂是指用手工或机器使铸件与型砂、砂箱分开的操作。清理是采用铁锤敲击、机械切割或气割等方法清除铸件表面粘砂、型砂、多余金属（包括浇冒口、飞翅和氧化皮）的过程。检验就是用肉眼或借助于尖嘴锤找出铸件表层或皮下的铸造缺陷，如气孔、砂眼、粘砂、缩孔、冷隔、浇不到等，对铸件内部的缺陷还可采用耐压试验、磁粉探伤、超声波探伤、金相检验、力学性能试验等方法。

铸件铸造的缺陷很多，其常见缺陷见表 1－1－7。一般情况下，铸件有轻微缺陷，可以直接使用；铸件有中等缺陷，可允许修补后使用；铸件有严重缺陷，则只能报废。

表 1－1－7　　铸件常见缺陷

序号	缺陷名称	图例	特征	产生的主要原因
1	气孔	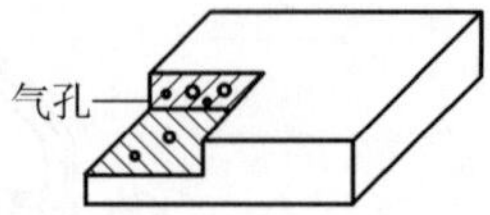	在铸件内部或表面有大小不等的光滑孔洞	①炉料不干或含氧化物、杂质多；②浇注工具或炉前添加剂未烘干；③型砂含水过多或起模和修型时刷水过多；④型芯烘干不充分或型芯通气孔被堵塞；⑤舂砂过紧，型砂透气性差；⑥浇注温度过低或浇注速度太快等
2	缩孔与缩松	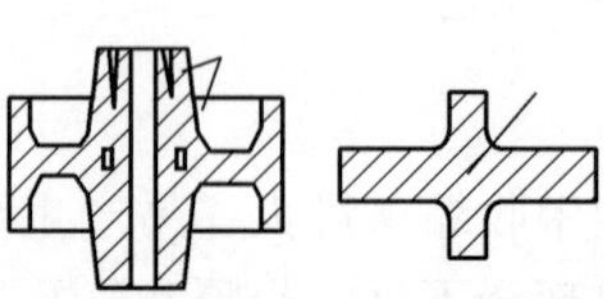	缩孔多分布在铸件厚断面处，形状不规则，孔内粗糙	①铸件结构设计不合理，如壁厚相差过大，厚壁处未放冒口或冷铁；②浇注系统和冒口的位置不对；③浇注温度太高；④合金化学成分不合格，收缩率过大，冒口太小或太少
3	砂眼	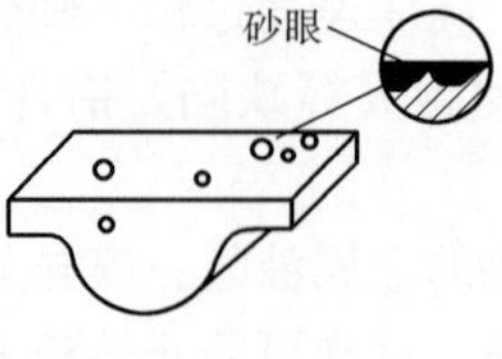	在铸件内部或表面有型砂充塞的孔眼	①型砂强度太低或砂型和型芯的紧实度不够，型腔表面不致密，导致型砂被金属液冲入型腔；②型砂耐火性差；③合箱时砂型局部损坏；④浇注系统不合理，内浇口方向不对，金属液冲坏了砂型；⑤合箱时型腔或浇口内散砂未清理干净

续表

序号	缺陷名称	图例	特征	产生的主要原因
4	粘砂	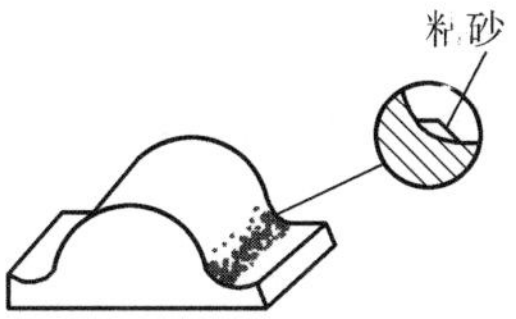	铸件表面或内腔粗糙，粘有一层难以清除的砂粒	①原砂耐火度低或颗粒度太大；②型砂含泥量过高，耐火度下降；③浇注温度太高；④湿型铸造时型砂中煤粉含量太少；⑤干型铸造时铸型未刷涂料或涂料太薄
5	夹砂	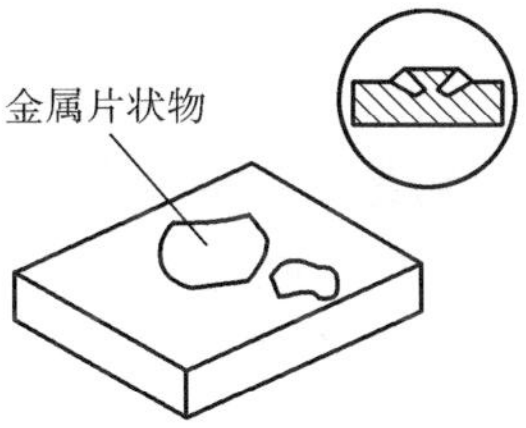	铸件表面产生金属片状凸起物，其与铸件之间夹有一层型砂	①型砂热湿拉强度低，型腔表面受热烘烤而膨胀开裂；②砂型局部紧实度过高，水分过多，水分烘干后型腔表面开裂；③浇注位置选择不当，型腔表面长时间受高温铁水烘烤而膨胀开裂；④浇注温度过高，浇注速度太慢
6	错型	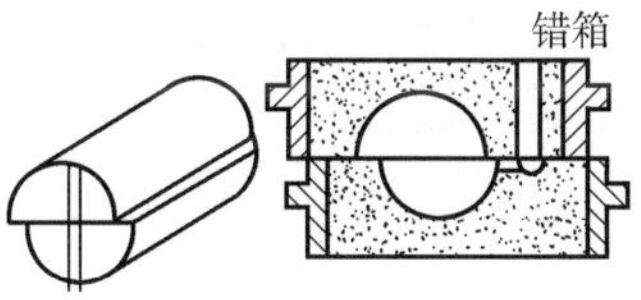	铸件在分型面处发生相对位置错移	①模样的上半模和下半模未对准；②合箱时，上下砂箱错位；③上下砂箱未夹紧或上箱未加足够压铁，浇注时产生错箱；④定位销或记号不准
7	冷隔	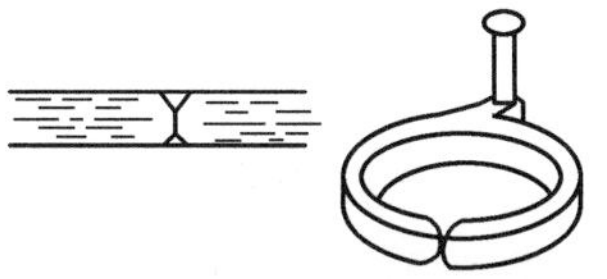	铸件上有未完全融合的缝隙或洼坑，交接处圆滑	①浇注温度太低，合金流动性差；②浇注速度太慢或浇注中有断流；③浇注系统位置开设不当或内浇道横截面积太小；④铸件设计不合理，壁太薄；⑤直浇道（含浇口杯）高度不够；⑥浇注时金属量不够，型腔未充满
8	浇不足		铸件未被浇满	
9	裂纹	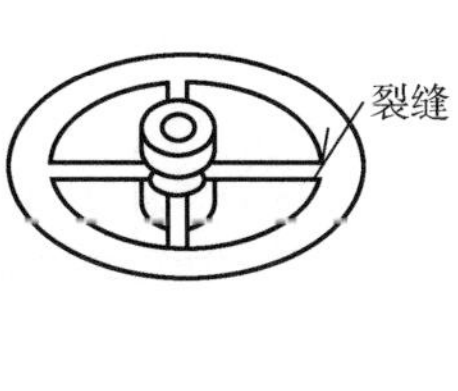	在铸件转角处或厚薄壁交接处出现条状裂纹	①铸件结构设计不合理，壁厚相差太大，冷却不均匀；②砂型和型芯的退让性差，或舂砂过紧；③落砂过早；④浇口位置不当，致使铸件各部分收缩不均匀；⑤合金含硫或磷过高

续表

序号	缺陷名称	图例	特征	产生的主要原因
10	变形	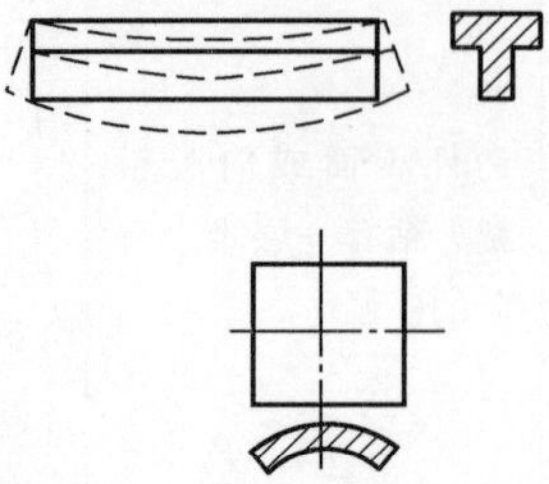	铸件发生弯曲或扭曲变形	①落砂过早或过晚；②铸件壁厚不均匀；③铸件形状设计不合理

4. 特种铸造

特种铸造是指铸型用砂较少或不用砂、采用特殊工艺装备进行铸造的方法，如熔模铸造、金属型铸造、压力铸造、低压铸造、离心铸造、陶瓷型铸造和实型铸造等。特种铸造具有铸件精度和表面质量高、铸件内在性能好、原材料消耗低、工作环境好等优点，有些方法更适宜于高熔点、低流动性、易氧化合金铸件的铸造，有的能明显改善劳动条件，并便于实现机械化和自动化生产而提高生产率。但铸件的结构、形状、尺寸、重量、材料种类往往受到一定限制。

（1）熔模铸造。熔模铸造通常是指把易熔材料制成模样，在模样表面包覆若干层耐火材料制成型壳，再将模样熔化排出型壳，从而获得无分型面的铸型，经高温焙烧后即可填砂浇注的铸造方案。由于模样广泛采用蜡质材料来制造，故常将熔模铸造称为“失蜡铸造”。

1）熔模铸造的工艺过程。

①制造蜡模。蜡模材料常用50%石蜡和50%硬脂酸配制而成。如图1－1－20（a）所示。为提高生产率，常把数个蜡模熔焊在蜡棒上，成为蜡模组，如图1－1－20（b）所示。

②制造型壳。在蜡模组表面浸挂一层以水玻璃和石英粉配制的涂料，然后在上面撒一层较细的硅砂，并放入固化剂（如氯化铵水溶液等）中硬化。使蜡模组外面形成由多层耐火材料组成的坚硬型壳（一般为4～10层），型壳的总厚度为5～7mm，如图1－1－20（c）所示。

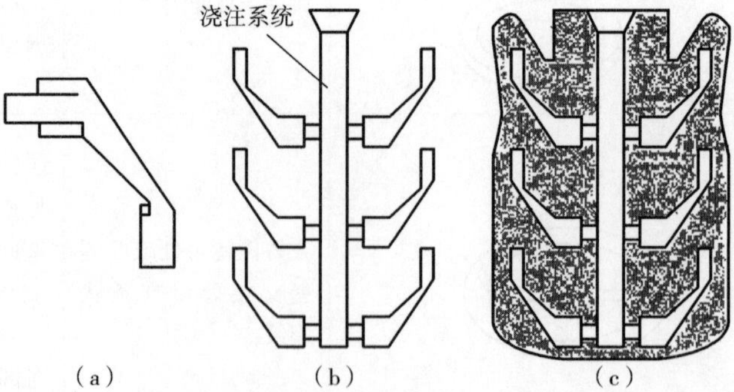

图1－1－20　熔模铸造的工艺过程

③熔化蜡模（脱蜡）。通常将带有蜡模组的型壳放在 80 ~ 90℃ 的热水中，使蜡料熔化后从浇注系统中流出。

④型壳的焙烧。把脱蜡后的型壳放入加热炉中，加热到 800 ~ 950℃，保温 0.5 ~ 2h，烧去型壳内的残蜡和水分，并使型壳强度进一步提高。

⑤浇注。将型壳从焙烧炉中取出后，周围堆放干砂，加固型壳，然后趁热（600 ~ 700℃）浇入合金液，并凝固冷却。

⑥脱壳和清理。用人工或机械方法去掉型壳、切除浇冒口，清理后即得铸件。

2）熔模铸造铸件的结构工艺性。熔模铸造铸件的结构，除应满足一般铸造工艺的要求外，还具有其特殊性：

①铸孔不能太小和太深，否则涂料和砂粒很难进入蜡模的空洞内，只有采用陶瓷芯或石英玻璃管芯，工艺复杂，清理困难。一般铸孔应大于 2mm。

②铸件壁厚不可太薄，一般为 2 ~ 8mm。

③铸件的壁厚应尽量均匀。熔模铸造工艺一般不用冷铁，少用冒口，多用直浇口直接补缩，故不能有分散的热节。

3）熔模铸造的特点和适用范围。

①铸件精度高、表面质量好，其尺寸精度可达 IT11 ~ IT14，表面粗糙度为 Ra12.5 ~ 1.6μm。能显著减少产品的成形表面和配合表面的加工量，节省加工台时和刀具材料的消耗。如熔模铸造的涡轮发动机叶片，铸件精度已达到无加工余量的要求。

②既可铸出形状十分复杂的铸件，又可铸出壁厚为 0.3mm、孔径为 0.5mm、重量小至 1g 的铸件，还可以铸造组合的、整体的铸件。

铸造合金种类不受限制，用于高熔点和难切削合金，更具显著的优越性。

生产灵活性高、适应性强，生产批量基本不受限制，既适用于大批量生产，也适用小批量生产甚至单件生产。

③工序复杂，生产周期长，原辅材料费用比砂型铸造高，生产成本较高，铸件尺寸不能太大、太长，一般限于 25kg 以下。

熔模铸造法可以铸造碳钢、合金钢、球墨铸铁、铜合金和铝合金铸件，还可以铸造高温合金、镁合金、钛合金以及贵金属等材料的铸件。主要适用于生产汽轮机及燃气轮机的叶片，泵的叶轮，切削刀具，以及飞机、汽车、拖拉机、风动工具和机床上的小型零件。

（2）金属型铸造。金属型铸造又称硬模铸造，是将液体金属在重力作用下浇入金属铸型，以获得铸件的一种铸造方法。铸型用金属制成，可以反复使用几百次到几千次，故又称永久型铸造。

1）金属型的结构与材料。一般地，金属型用铸铁和铸钢制成。铸件的内腔既可用金属芯，也可用砂芯。根据分型面位置的不同，金属型可分为垂直分型式、水平分型式和复合分型式三种结构，其中垂直分型便于开设内浇口和取出铸件，易实现机械化，应用较广，如图 1－1－21 所示；水平分型多用来生产薄壁轮状铸件；复合分型的上半型是由垂直分型的两半型采用铰链连接而成，下半型为固定不动的水平底板，主要应用于较复杂铸件的铸造。

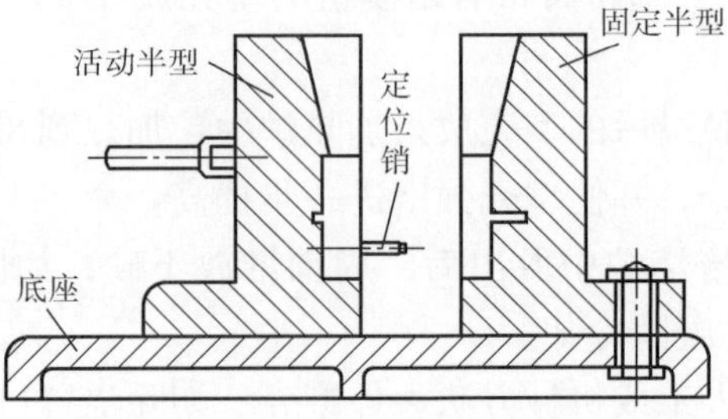

图 1－1－21　垂直分型式金属型

图 1－1－22 所示为铸造铝合金活塞用的垂直分型式金属型，它由两个半型组成。上面的大金属芯由三部分组成，便于从铸件中取出。当铸件冷却后，首先取出中间的楔片及两个小金属芯，然后将两个半金属芯沿水平方向向中心靠拢，再向上拔出。

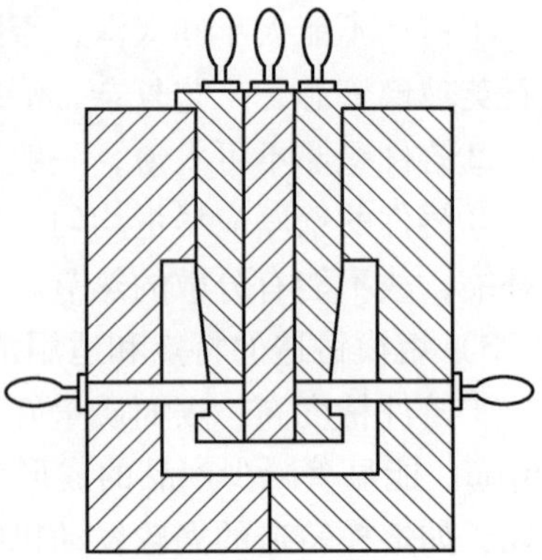

图 1－1－22　铝合金活塞的金属型简图

制造金属型的材料熔点一般应高于浇注合金的熔点。如浇注锡、锌、镁等低熔点合金，可用灰铸铁制造金属型；浇注铝、铜等合金，则要用合金铸铁或钢制金属型。金属型用的芯子有砂芯和金属芯两种。

2）金属型的铸造工艺措施。由于金属型导热速度快，没有退让性和透气性，使铸件易产生浇不足、冷隔、裂纹及白口等缺陷。此外，金属型反复经受灼热金属液的冲刷，会降低使用寿命，为了确保获得优质铸件和延长金属型的使用寿命，为此应采用以下辅助工艺措施：

①预热金属型。浇注前预热金属型，可减缓铸型的冷却能力，有利于金属液的充型及铸铁的石墨化过程。生产铸铁件，金属型预热至 250～350℃；生产有色金属件预热至 100～250℃。

②刷涂料。为保护金属型和方便排气，通常在金属型表面喷刷耐火涂料层，以免金属型直接受金属液冲蚀和热作用。因为调整涂料层厚度可以改变铸件各部分的冷却速度，并有利于金属型中的气体排出。浇注不同的合金，应喷刷不同的涂料。如铸造铝合金件，应喷刷由氧化锌粉、滑石粉和水玻璃制成的涂料；对灰铸铁件则应采用由石墨粉、滑石粉、耐火黏土粉及桃胶和水组成的涂料。

③浇注。金属型的导热性强，因此采用金属铸型时，合金的浇注温度应比采用砂型高出 20～30℃。一般铝合金为 680～740℃；铸铁为 1300～1370℃；锡青铜为 1100～1150℃。薄壁件取上限，厚壁件取下限。铸铁件的壁厚不小于 15mm，以防白口组织。

④开型。开型越晚，铸件在金属型内收缩量越大，取出越困难，而且铸件在铸型中停留时间过长，易引起过大的铸造应力而导致铸件开裂。因此，铸件冷凝后，应及时从铸型中取出。通常铸铁件的出型温度 700～950℃，开型时间为浇注后 10～60s。

3）金属型铸件的结构工艺性。

①铸件结构一定要保证能顺利出型，铸件结构斜度应较砂型铸件为大。

②铸件壁厚要均匀，壁厚不能过薄（Al－Si 合金 2～4mm，Al－Mg 合金为 3～5mm）。

③铸孔的孔径不能过小、过深，以便于金属型芯的安放和抽出。

4）金属型铸造的特点和适用范围。

①铸件的尺寸精度高，机械加工余量小。公差等级为 IT12～IT14，表面粗糙度较低，Ra 为 12.5～6.3μm。

②金属型对铸件的冷却能力强，故铸件的晶粒较细、组织致密，机械性能高。

③可实现一型多铸，节省了造型材料和造型工时，提高了劳动生产率。同时金属型铸造不用砂或用砂少，改善了劳动条件。

④金属型的制造成本高、周期长、工艺要求严格，不宜生产大型、形状复杂和薄壁铸件；由于冷却速度快，铸铁件表面易产生白口，切削加工困难；受金属型材料熔点的限制，熔点高的合金不适宜用金属型铸造。

金属型铸造主要适用于铜合金、铝合金等有色合金铸件的大批量生产，如飞机、汽车、内燃机等用的活塞、连杆、汽缸盖、铜合金的轴瓦和轴套等；对黑色合金铸件，也只限于形状较简单的中、小铸件，其尺寸限制在 300mm 以内，质量不超过 8kg，如电熨斗底板等。

（3）压力铸造。压力铸造是在高压作用下将金属液以较高的速度压入高精度的型腔内，力求在压力下快速凝固，以获得优质铸件的高效率铸造方法。它的基本特点是高压（5～150MPa）和高速（5～100m/s）。

1）压铸机和压铸工艺过程。压铸机根据压室工作条件不同，分为冷压室压铸机和热压室压铸机两类。热压室压铸机的压室与坩埚连成一体，而冷压室压铸机的压室是与坩埚分开的。冷压室压铸机又可分为立式和卧式两种，目前以卧式冷压室压铸机应用较多。完整的压铸型组成中包括型体部分、导向装置、抽芯机构、顶出铸件机构、浇注系统、排气和冷却系统等部分。

压铸铸型是压力铸造生产铸件的模具，主要由活动半型和固定半型两大部分组成。固定半型固定在压铸机的定型座板上，由浇道将压铸机压室与型腔连通。活动半型随压铸机的动型座板移动，完成开合型动作。铸造时将定量金属液浇入压室，柱塞向前推进，金属液经浇道压入压铸模型腔中，经冷凝后开型，由推杆将铸件推出，其工作原理如图 1－1－23 所示。

2）压铸件的结构工艺性。

①为保证压铸件从压型中能顺利取出，压铸件上应避免内侧凹。

②压力铸造可铸出细小的孔、齿、螺纹和文字等，但有一定的限制。

③压铸件通常为壁厚均匀的薄壁件，由于压铸时金属浇注和冷却速度都很快，厚壁处不易得到补缩而形成缩孔、缩松。锌合金适宜的壁厚为 1～4mm，铝合金为 1.5～5mm，铜合金为 2～5mm。

④对于复杂而无法取芯的铸件或局部有特殊性能（如耐磨、导电、导磁和绝缘等）

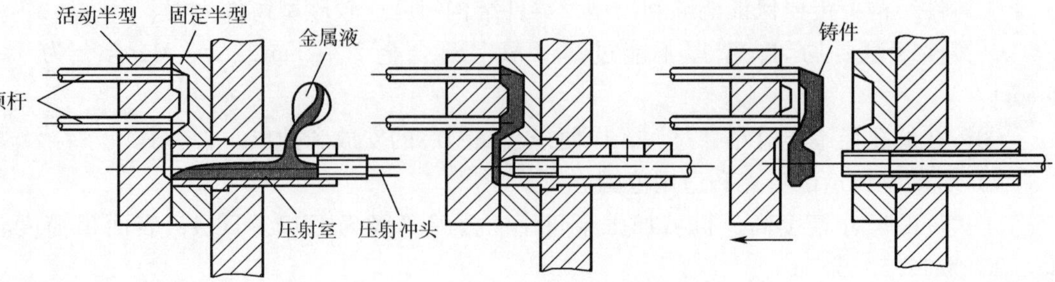

图 1-1-23　卧式冷压室压铸机工作原理

要求的铸件，可采用嵌铸法，把镶嵌件先放在压型内，然后和压铸件铸合在一起。

3）压力铸造的特点和适用范围。

①压铸件尺寸精度高，表面质量好，尺寸公差等级为 IT11 ~ IT13，表面粗糙度 *Ra* 值为 6.3 ~ 1.6μm，可不经机械加工直接使用，而且互换性好。

②可以压铸壁薄、形状复杂以及具有很小孔和螺纹的铸件，如锌合金的压铸件最小壁厚可达 0.8mm、最小铸出孔径可达 0.8mm、最小可铸螺距达 0.75mm。还能压铸镶嵌件。

③压铸件的强度和表面硬度较高。压力下结晶，加上冷却速度快，铸件表层晶粒细密，其抗拉强度比砂型铸件高 25% ~ 40%。

④生产率高，可实现半自动化及自动化生产。

⑤压铸时气体难以排出，压铸件易产生皮下气孔，压铸件不能进行热处理，也不宜在高温下工作；金属液凝固快，厚壁处来不及补缩，易产生缩孔和缩松；设备投资大，铸型制造周期长、造价高，不宜小批量生产。

压力铸造主要适用于生产锌合金、铝合金、镁合金和铜合金等铸件，广泛应用于汽车、拖拉机制造业、仪表和电子仪器工业及农业机械、国防工业、计算机、医疗器械制造业等。

（4）低压铸造。低压铸造是指使液体金属在 0.02 ~ 0.06MPa 的较低压力作用下充填铸型，并在压力下结晶以形成铸件的方法。

1）低压铸造的工艺过程。低压铸造工艺过程如图 1-1-24（a）所示。铸造时把熔炼好的金属液倒入保温坩埚，装上密封盖，升液导管使金属液与铸型相通，锁紧铸型，缓慢地向坩埚炉内通入干燥的压缩空气，金属液受气体压力的作用，由下而上沿着升液管和浇注系统充满型腔，并在压力下结晶，铸件成型后撤去坩埚内的压力，升液管内的金属液降回到坩埚内金属液面。开启铸型，取出铸件。

2）低压铸造的特点和适用范围。

①浇注时金属液的上升速度和结晶压力可以调节，故可适用于各种不同铸型（如金属型、砂型等），铸造各种合金及各种大小的铸件。

②充型采用底注式，充型平稳，金属液无飞溅现象，可避免冲刷型壁和型芯及气体的卷入，故铸件的气孔、夹渣等缺陷少，提高了铸件的合格率。

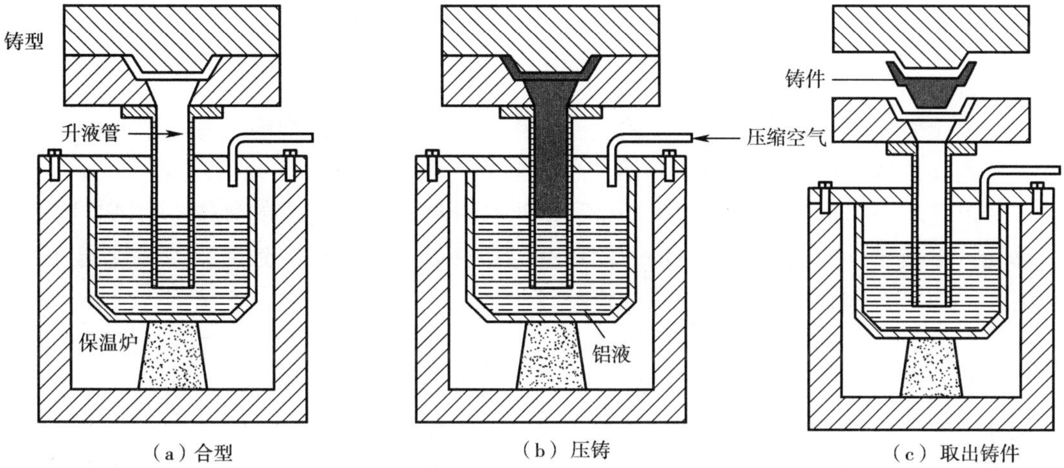

图 1－1－24　低压铸造示意图

③因铸件在压力下结晶，故铸件具有致密的组织、清晰的轮廓、光洁的表面和较高的力学性能，特别有利于大薄壁件的铸造。

④因可省去补缩冒口，故金属利用率高，可达 90% ~98% 。

⑤铸造劳动条件好，劳动强度低，设备简易，易实现机械化和自动化。

⑥铸造升液管寿命短，且在保温过程中金属液易氧化和产生夹渣。

低压铸造主要适用于铸造一些质量要求高的铝合金和镁合金铸件，如汽车发动机缸体、缸盖、活塞、叶轮等薄壁件。

（5）离心铸造。离心铸造是指将熔融金属浇入高速旋转（250 ~ 1500r/min）的铸型中，使其在离心力作用下充填铸型并凝固成形的一种铸造方法。

1）离心铸造的类型。离心铸造的铸型可为金属型或砂型。根据铸型旋转轴线在空间的位置，离心铸造可分为卧式和立式两种，卧式离心铸造是指铸型的旋转轴线处于水平状态或与水平线夹角很小（ <4°）时的离心铸造，立式离心铸造是指铸型的旋转轴线处于垂直状态时的离心铸造，如图 1－1－25 所示。

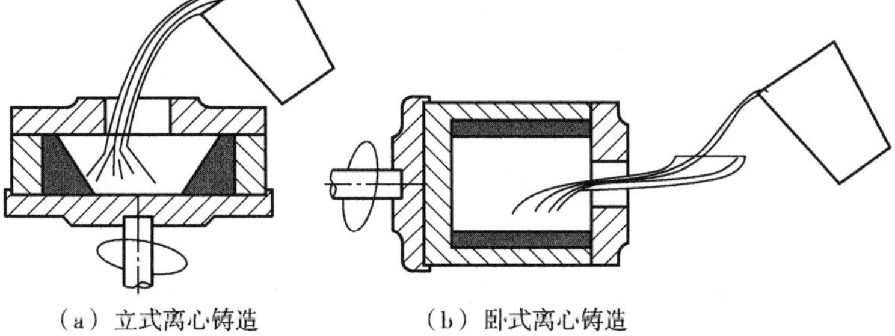

图 1－1－25　离心铸造示意图

2）离心铸造的特点和适用范围。

①液体金属能在铸型中形成中空的自由表面，不用型芯即可铸出中空铸件，简化了套筒、管类铸件的生产过程。

②由于旋转时液体金属所产生的离心力作用，金属充填铸型能力好，因此可用其铸造一些流动性较差的合金和薄壁铸件。

③由于离心力的作用，密度大的金属被推往外壁，而密度小的气体、熔渣向自由表面移动，形成自外向内的定向凝固，因此补缩条件好，铸件组织致密，力学性能好，产生缩孔、缩松、气孔和夹杂等缺陷的概率较小。

④用离心铸造生产空心旋转体铸件时，可省去型芯、浇注系统和冒口，节约金属。

⑤金属中的气体、熔渣等夹杂物，因密度较轻而集中在铸件的内表面上，所以内孔的尺寸不精确，质量也较差；铸件易产生成分偏析和密度偏析。

离心铸造主要适用于铸铁管、汽缸套、铜套、双金属轴承、特殊钢的无缝管坯、造纸机滚筒等铸件的生产。

（6）陶瓷型铸造。

1）工艺过程。陶瓷型铸造的工艺过程，如图 1－1－26 所示。

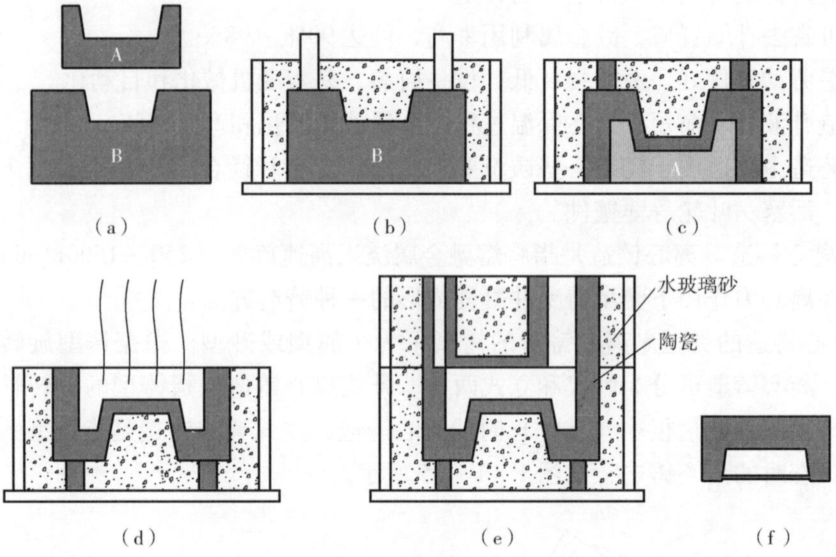

图 1－1－26　陶瓷型铸造的工艺过程

①砂套造型：先用水玻璃砂制出砂套。制造砂套的模样 B 比铸件模样 A 应大一个陶瓷料厚度，如图 1－1－26（a）所示。砂套的制造方法与砂型铸造相同，如图 1－1－26（b）所示。

②灌浆与胶结：其过程是将铸件模样固定于模底板上，刷上分型剂，扣上砂套，将配制好的陶瓷浆料从浇注口注满砂套，如图 1－1－26（c）所示，经数分钟后，陶瓷浆料便开始结胶。

陶瓷浆料由耐火材料（如刚玉粉、铝矾土等）、黏结剂（如硅酸乙酯水解液）等组成。

③起模与喷烧：浆料浇注 5 ~ 15min 后，趁浆料尚有一定弹性便可起出模样。为加速固化过程提高铸型强度，必须用明火喷烧整个型腔，如图 1 - 1 - 26（d）所示。

④焙烧与合型浇注前要加热到 350 ~ 550℃，焙烧 2 ~ 5h，烧去残存的水分，并使铸型的强度进一步提高。

⑤浇注浇注温度可略高，以便获得轮廓清晰的铸件。

2）陶瓷型铸造的特点和适用范围。

①陶瓷面层在具有弹性的状态下起模，同时陶瓷面层耐高温且变形小，故铸件的尺寸精度和表面粗糙度等与熔模铸造相近。

②陶瓷型铸件的大小几乎不受限制，可从几公斤到数吨。

③在单件、小批量生产时，投资少、生产周期短，在一般铸造车间即可生产。

④陶瓷型铸造不适于生产批量大、重量轻或形状复杂的铸件，生产过程难以实现机械化和自动化。

陶瓷型铸造主要适用于厚大的精密铸件，广泛用于生产冲模、锻模、玻璃器皿模、压铸型和模板等，也可用于生产中型铸钢件等。

（7）实型铸造。实型铸造又称消失模铸造、干砂实型铸造、负压实型铸造，简称 EPC 铸造。是采用聚苯乙烯发泡塑料模样（包括浇注系统）代替普通模样，造好型后不取出模样就浇入金属液，在浇注金属液的作用下，塑料模样燃烧、气化、消失，金属液取代原来塑料模所占据的空间位置，冷却凝固后获得所需铸件的铸造方法。

1）实型铸造工艺过程。实型铸造工艺过程如图 1 - 1 - 27 所示。铸造时将与铸件尺寸形状相似的发泡塑料模型黏结组合成模型簇，刷涂耐火涂层并烘干后，埋在干石英砂中振动造型，上覆盖塑料薄膜，用真空泵抽负压成实体铸型，然后浇注液体金属，使模型气化并占据模型位置，凝固冷却后形成所需铸件。

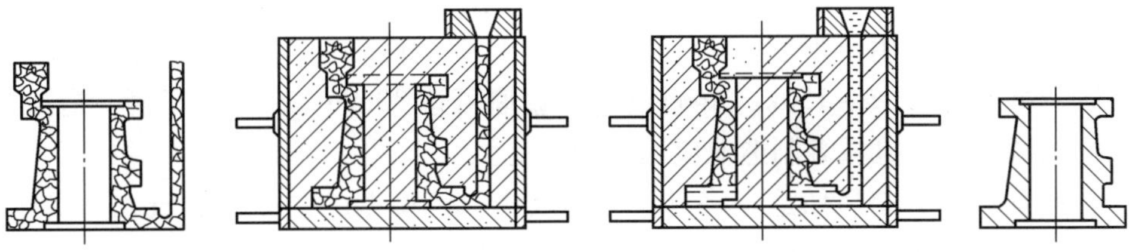

（a）泡沫塑料模型　（b）造型　（c）浇注　（d）铸件

图 1 - 1 - 27　实型铸造工艺过程

2）实型铸造特点和适用范围。

①由于采用了遇金属液即气化的泡沫塑料模样，无须起模，无分型面，无型芯，因而无飞边毛刺，铸件的尺寸精度和表面粗糙度接近熔模铸造，但尺寸却可大于熔模铸造。

②各种形状复杂铸件的模样均可采用泡沫塑料模黏合，成形为整体，减少了加工装配时间，可降低铸件成本 10% ~ 30%，也为铸件结构设计提供充分自由度。

③简化了铸件生产工序，缩短了生产周期，使造型效率比砂型铸造提高2~5倍。

④实型铸造的模样只能使用一次，且泡沫塑料的密度小、强度低，模样易变形，影响铸件尺寸精度。浇铸时模样产生的气体污染环境。

实型铸造主要用于不易起模等复杂铸件的批量及单件生产。

（8）磁型铸造。磁型铸造是在实型铸造的基础上发展起来的。

1）磁型铸造工艺过程。利用磁丸（又称铁丸）代替干砂，并微震紧实，再将砂箱放在磁型机里，磁化后的磁丸相互吸引，形成强度高、透气性好的铸型，浇注时气化模在液体金属热的作用下气化消失，金属液替代了气化模的位置，待冷却凝固后，解除磁场，磁丸恢复原来的松散状，便能方便地取出铸件。磁型铸造原理如图1－1－28所示。

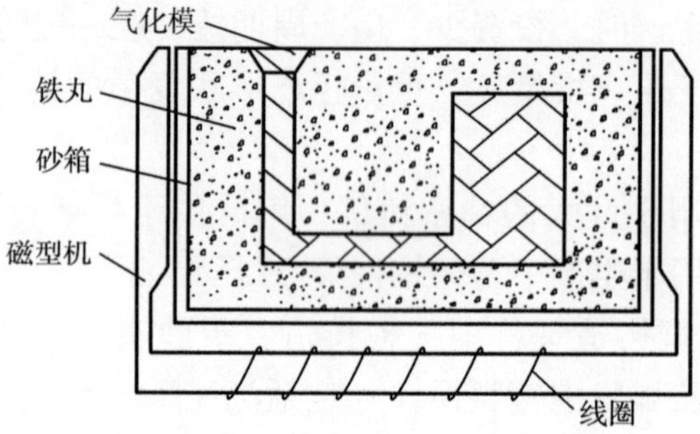

图1－1－28　磁型铸造原理示意图

2）磁型铸造的特点和适用范围。

①提高了铸件的质量。因为磁型铸造无分型面，不起模，不用型芯，造型材料不含黏结剂，流动性和透气性好，可以避免气孔、夹砂、错型和偏芯等缺陷。

②所用工装设备少，通用性大，易实现机械化和自动化生产。

③节约了金属及其他辅助材料，改善了劳动条件，降低了铸件成本。

磁型铸造主要适用于形状不十分复杂的中、小型铸件的生产，以浇注黑色金属为主。其质量范围为0.25~150kg，铸件的最大壁厚可达80mm，在机车车辆、拖拉机、兵器、农业机械和化工机械等制造业应用较为广泛。

（9）挤压铸造。挤压铸造是将定量金属液浇入铸型型腔内并施加较大的机械压力，使其凝固、成形后获得毛坯或零件的一种工艺方法。

挤压铸造按液体金属充填的特性和受力情况，可分为柱塞挤压、直接冲头挤压、间接冲头挤压和型板挤压四种，如图1－1－29和图1－1－30所示。

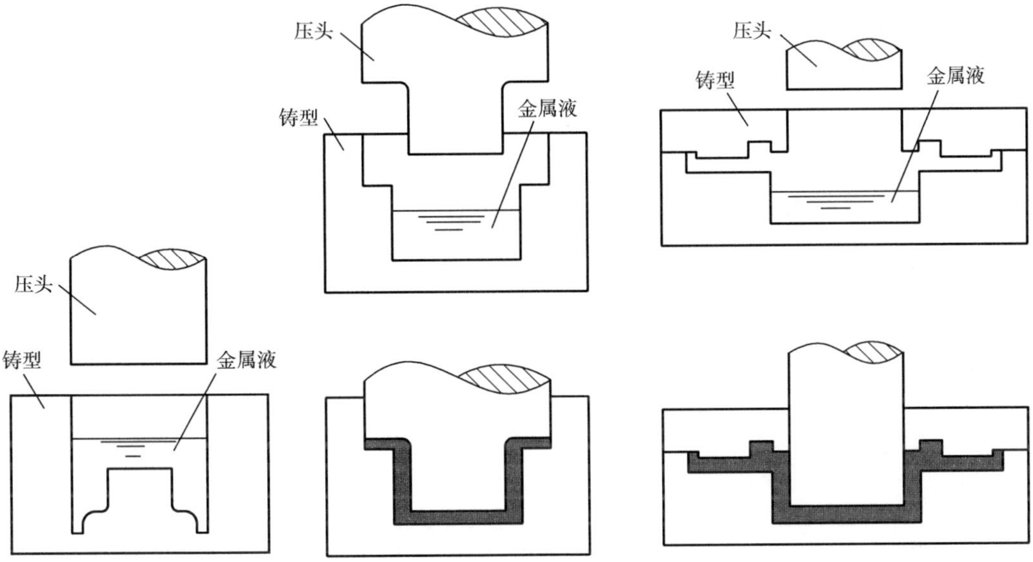

（a）柱塞挤压　（b）直接冲头挤压　（c）间接冲头挤压

图 1－1－29　三种挤压铸造原理图

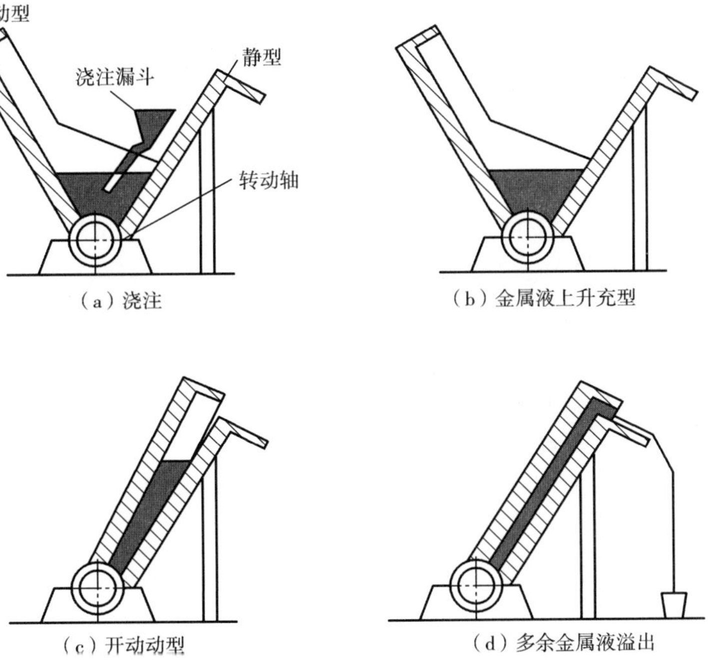

（a）浇注　（b）金属液上升充型　（c）开动动型　（d）多余金属液溢出

图 1－1－30　型板挤压铸造原理图

1）挤压铸造的工艺过程。挤压铸造的工艺过程如图 1－1－31 所示。

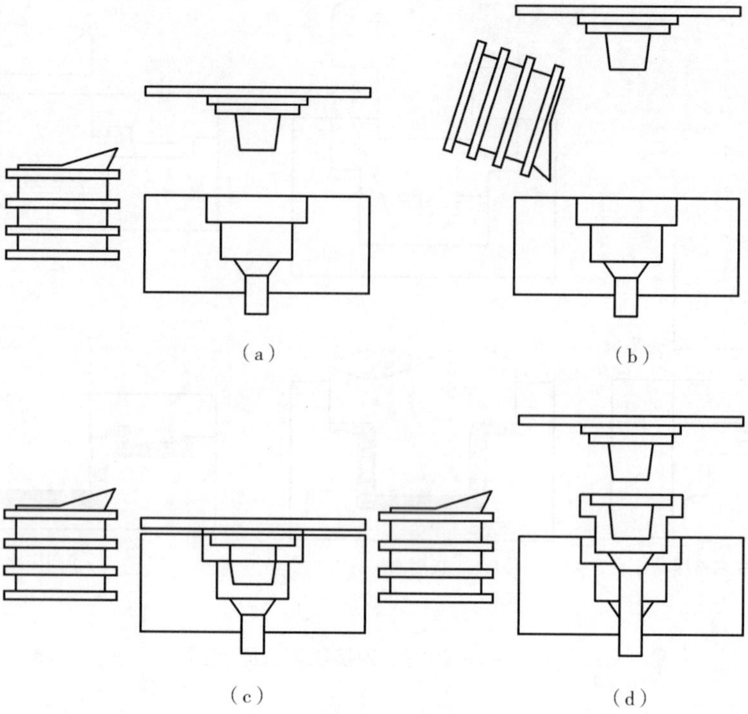

图 1－1－31　挤压铸造工艺过程示意图

①铸型准备：对铸型清理、型腔内喷涂料和预热等，使铸型处于待注状态。

②浇注：将定量的金属液浇入型腔。

③合型加压：将上、下型锁紧，依靠冲头压力使金属液充满型腔，进而升压并在预定的压力下保持一定时间，使金属液凝固。

④取出铸件：卸压、开型、取出铸件。

2）挤压铸造的特点和适用范围。

①压铸件的尺寸精度高（IT11～IT13），表面粗糙度小（$Ra6.3\sim1.6\mu m$），铸件的加工余量小。

②需设浇冒口，金属利用率高。

③铸件组织致密，晶粒细小，力学性能好。

④工艺简单，节省能源和劳动力，易实现机械化和自动化生产，生产率比金属型铸造高 1～2 倍。

⑤浇到铸型型腔内的金属液中夹杂物无法排出。挤压铸造要求准确定量浇注，否则影响铸件的尺寸精度。

挤压铸造主要适用于生产强度要求较高、气密性好、薄板类铸件，如各种阀体、活塞、机架、轮毂、耙片和铸铁锅等。

四、铸造工艺设计

铸造工艺设计包括选择及确定铸型分型面、砂型结构及铸造工艺参数等内容。

1. 分型面的选择

分型面是上、下砂型的分界面，选择分型面时必须使模样能从砂型中取出，并使造型方便和有利于保证铸件质量，其表示方法如图 1－1－32 所示。短线表示分型面的位置，箭头和“上”“下”两字表示上型和下型的位置。分型面的确定原则如下：

（1）分型面应选择在模样的最大截面处，如图 1－1－32（a）所示，以便于取模，挖砂造型时尤其要注意。

（2）应尽量减少分型面数目，成批量生产时应避免采用三箱造型。

（3）应使铸件中重要的机加工面朝下或垂直于分型面，便于保证铸件的质量，如图 1－1－32（b）所示。因为，浇注时液体金属中的渣子、气泡总是浮在上面，铸件的上表面缺陷较多，铸件的下表面和侧面质量较好。

（4）应使铸件全部或大部分在同一砂型内，以减少错箱、飞边和毛刺，提高铸件的精度，如图 1－1－32（c）所示。

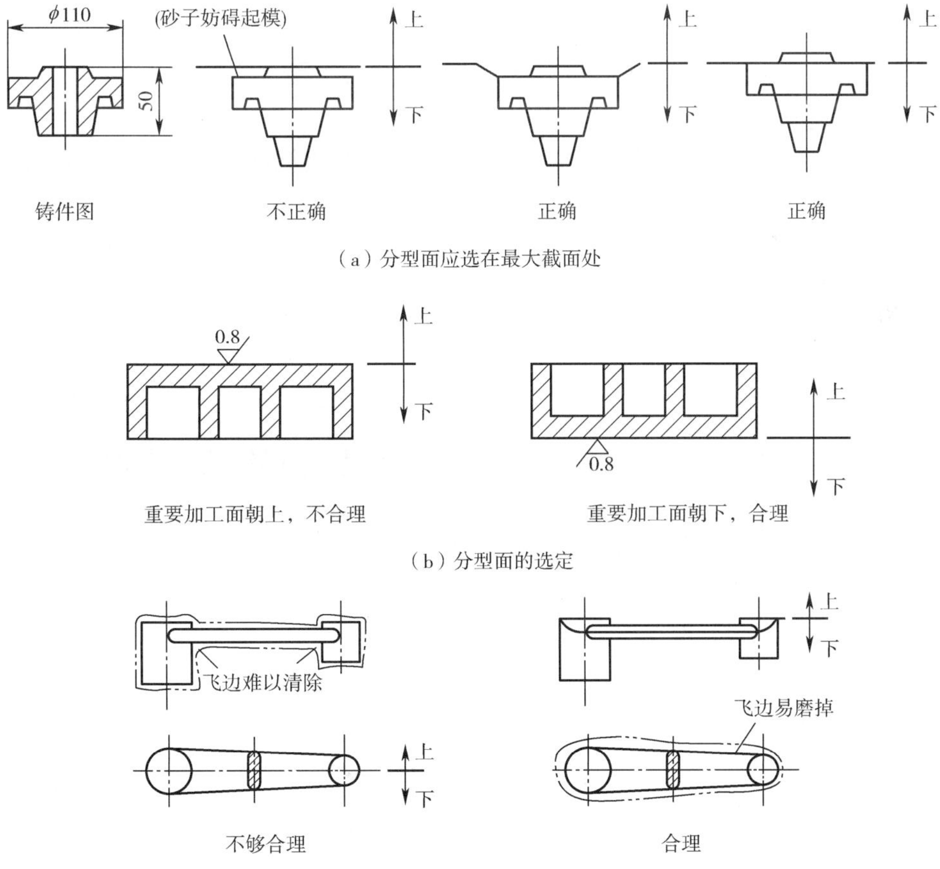

（a）分型面应选在最大截面处

（b）分型面的选定

（c）分型面的位置应能减少错箱、飞边

图 1－1－32　分型面的确定原则示意图

2. 型芯

型芯一般由芯体和芯头两部分组成。芯体的形状应与所形成的铸件相应部分的形状一致。芯头是型芯的外伸部分，落入铸型的芯座内，起定位和支承型芯的作用。芯头的形状取决于型芯的型式，芯头必须有足够的高度（h）或长度（l）及合适的斜度，如图 1－1－33 所示，才能使型芯方便、准确和牢固地固定在铸型中，以免型芯在浇注时飘浮、偏斜和移动。

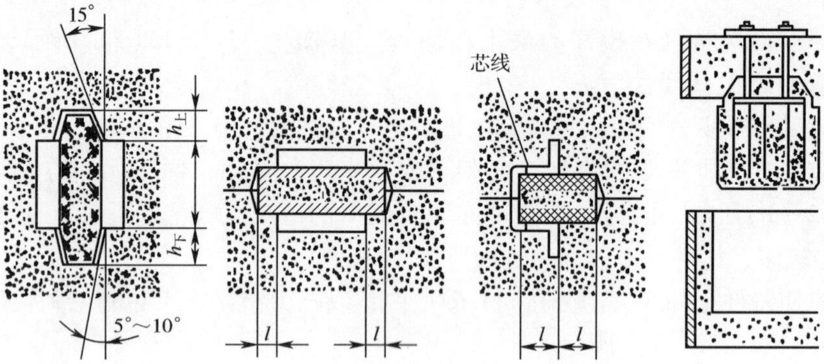

（a）垂直芯$h_下 > h_上$　（b）水平芯　（c）悬壁芯　（d）吊芯

图 1－1－33　芯头

3. 铸造工艺参数

（1）加工余量。指铸件需要加工的表面预先留出的机械加工切削金属层厚度。加工余量值与铸件大小、合金种类及造型方法等有关。单件小批量生产的小铸铁件的加工余量为 4.5～5.5mm；小型有色金属铸件的加工余量为 3mm；灰铸铁件的加工余量值可参阅相关标准。

（2）最小铸出的孔和槽。对过小的孔、槽，由于铸造困难，一般不予铸出。不铸出孔、槽的最大尺寸与合金种类、生产条件有关。单件小批生产的小铸铁件上直径小于 30mm 的孔一般不铸出。

（3）拔模斜度。指平行于起模方向的模样壁的斜度。其值与模样高度有关，模样矮时（≤100mm）为 3°左右，模样高时（101～160mm）为 0.5°～1°。

（4）铸件收缩率。铸件冷凝后体积要收缩，各部分尺寸均小于模样尺寸，为保证铸件尺寸要求，在模样（芯盒）上加一个收缩尺寸，它等于收缩率乘以铸件名义尺寸。收缩率的经验值见表 1－1－8。

表 1－1－8　砂型铸造时部分合金收缩率的经验值

合金种类		铸造收缩率（%）	
		自由收缩	受阻收缩
灰铸铁	中小型铸件	1.0	0.9
	中大型铸件	0.9	0.8
	特大型铸件	0.8	0.7

续表

合金种类	铸造收缩率（%）	
	自由收缩	受阻收缩
球墨铸铁	1.0	0.8
碳钢和低合金钢	1.6~2.0	1.3~1.7
锡青铜	1.4	1.2
无锡青铜	2.0~2.2	1.6~1.8
硅黄铜	1.7~1.8	1.6~1.7
铝硅合金	1.0~1.2	0.8~1.0

4. 铸造工艺设计的一般程序

铸造工艺设计是指在生产铸件之前，编制出控制该铸件生产工艺的技术文件。铸造工艺设计主要是画铸造工艺图、铸件毛坯图、铸型装配图和编写工艺卡片等，它们是生产的指导性文件，也是生产准备、管理和铸件验收的依据。因此，铸造工艺设计的好坏，对铸件的质量、生产率及成本起着决定性的作用。

一般大量生产的定型产品、特殊重要的单件生产的铸件，铸造工艺设计定得细致，内容涉及较多。单件、小批生产的一般性产品，铸造工艺设计内容可以简化。在最简单的情况下，只需绘制一张铸造工艺图即可。

铸造工艺设计的内容和一般程序见表1-1-9。

表1-1-9　铸造工艺设计的内容和一般程序

项目	内容	用途及应用范围	设计程序
铸造工艺图	在零件图上用规定的红、兰等各色符号表示出：浇注位置和分型面，加工余量，收缩率，起模斜度，反变形量，浇、冒口系统，内外冷铁，铸肋，砂芯形状、数量及芯头大小等	是制造模样、模底板、芯盒等工装以及进行生产准备和验收的依据 适用于各种批量的生产	①零件的技术条件和结构工艺性分析 ②选择铸造及造型方法 ③确定浇注位置和分型面 ④选用工艺参数 ⑤设计浇冒口、冷铁和铸肋 ⑥型芯设计
铸件图	把经过铸造工艺设计后，改变了零件形状、尺寸的地方都反映在铸件图上	是铸件验收和机加工夹具设计的依据，适用于成批、大量生产或重要铸件的生产	⑦在完成铸造工艺图的基础上，画出铸件图
铸型装配图	标示出浇注位置，型芯数量、固定和下芯顺序，浇冒口和冷铁布置，砂箱结构和尺寸大小等	是生产准备、合箱、检验、工艺调整的依据 适用于成批、大量生产的重要件，单件的重型铸件	⑧通常在完成砂箱设计后画出
铸造工艺卡片	说明造型、造芯、浇注、打箱、清理等工艺操作过程及要求	是生产管理的重要依据 根据批量大小填写必要条件	⑨综合整个设计内容

任务实施

一、减速机箱体的砂型铸造

为了制造减速机箱体零件，首先需要对零件进行结构分析，以确定采用铸造成形工艺方法来生产减速机毛坯。下面对减速机箱体的制造过程进行详细说明。

1. 零件分析

该 ZDY80 减速机功率为 5kW、传动比为 5、大齿轮齿数为 86、齿轮轴齿数为 17、模数为 1.5，其箱体零件如图 1-1-34 所示。上下箱体主要由剖分面、轴承座、轴承座端面凸台、底脚安装面、视孔及销孔等组成。要求铸件无气孔、缩孔和砂眼等缺陷，尤其剖分面和轴承座内孔在加工后不允许有气孔、砂眼等缺陷。

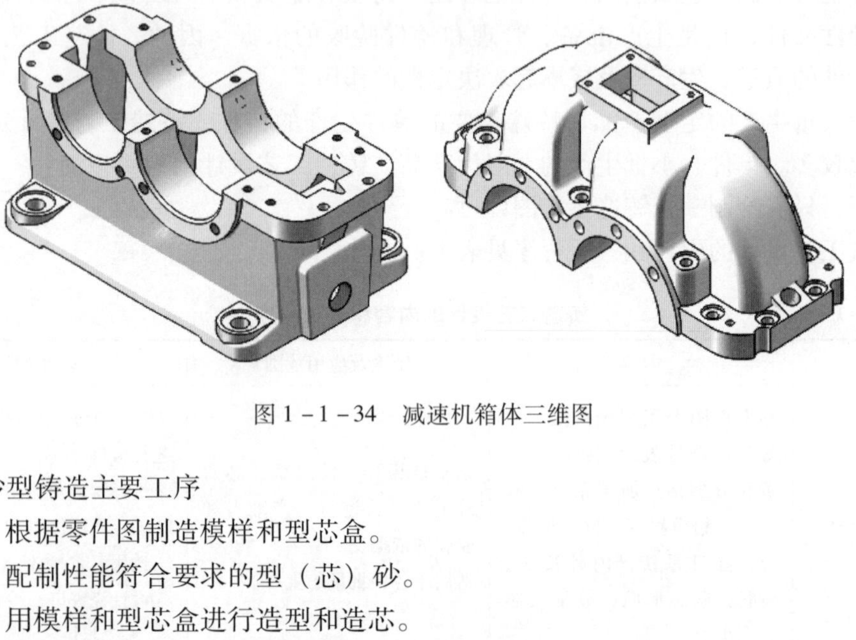

图 1-1-34　减速机箱体三维图

2. 砂型铸造主要工序

（1）根据零件图制造模样和型芯盒。

（2）配制性能符合要求的型（芯）砂。

（3）用模样和型芯盒进行造型和造芯。

（4）烘干型芯（或砂型）并合型。

（5）熔炼金属并进行浇注。

（6）落砂、清理和检验。

3. 箱体的砂型铸造主要步骤

ZDY80 减速机箱体的砂型铸造主要包括模具制作、混砂、造型（制芯）阶段、熔炼、浇注、清理与检验等。

（1）模具制作阶段。在减速机箱体砂型铸造中模具通常使用木材、金属或其他材料制成。目前大多数工厂使用的是木模，根据 ZDY80 减速机箱体零件图制作的木模如图 1-1-35所示。模样的外形与铸件的外形相似，不同的是铸件上如有孔穴，在模样上不仅实心无孔，而且要在相应位置制作出芯头。

图 1－1－35　木模

（2）混砂阶段。按照 ZDY80 减速机箱体砂型制造的要求，配制合格的型砂，以供造型与制芯所用。

（3）造型（制芯）阶段。包括 ZDY80 减速机机体和机盖的造型（用型砂形成铸件的形腔）、制芯（形成铸件的内部形状）、配模（把坭芯放入型腔里面，把上下砂箱合好）。造型是铸造中的关键环节，造型方法很多，但每种造型方法大都包括舂砂、起模、修型、合箱工序。

1）造型前的准备工作。

①准备造型工具，选择平整的底板和大小适宜的砂箱。砂箱选择过大，不仅消耗过多的型砂，而且浪费舂砂工时。砂箱选择过小，则木模周围的型砂舂不紧，在浇注的时候金属液容易从分型面即交界面间流出。通常，木模与砂箱内壁及顶部之间须留有 30～100mm 的距离，此距离称为吃砂量。吃砂量的具体数值视木模大小而定。

②擦净木模，以免造型时型砂粘在木模上，造成起模时损坏型腔。

③安放木模时，应注意木模上的斜度方向，不要把它放错。

2）舂砂。

①舂砂时必须分次加入型砂。对小砂箱每次加砂厚 50～70mm。加砂过多舂不紧，而加砂过少又费工时。第一次加砂时须用手将木模周围的型砂按紧，以免木模在砂箱内的位置移动。然后用舂砂锤的尖头分次舂紧，最后改用舂砂锤的平头舂紧型砂的最上层。

②舂砂应按一定的路线进行。切不可东一下、西一下乱舂，以免各部分松紧不一。

③舂砂用力大小应该适当，不要过大或过小。用力过大，砂型太紧，浇注时型腔内的气体跑不出来。用力过小，砂型太松易塌箱。同一砂型各部分的松紧是不同的，靠近砂箱内壁应舂紧，以免塌箱。靠近型腔部分，砂型应稍紧些，以承受液体金属的压力。远离型腔的砂层应适当松些，以利于透气。

④舂砂时应避免舂砂锤撞击木模。一般舂砂锤与木模相距 20～40mm，否则易损坏木模。

3）撒分型砂。

在造上砂型之前，应在分型面上撒一层细粒无黏的干砂（即分型砂），以防止上、下砂箱粘在一起开不了箱。撒分型砂时，手应距砂箱稍高，一边转圈、一边摆动，使分型砂经指缝缓慢而均匀散落下来，薄薄地覆盖在分型面上。最后应将木模上的分型砂吹掉，以免在造上砂型时，分型砂粘到上砂型表面，而在浇注时被液体金属冲下来落入铸件中，使其产生缺陷。

4）扎通气孔。

除了保证型砂有良好的透气性外，还要在已舂紧和刮平的型砂上，用通气针扎出通气孔，以便浇注时气体易于逸出。通气孔要垂直而且均匀分布。

5）开外浇口。

外浇口应挖成60°的锥形，大端直径60～80mm。浇口面应修光，与直浇道连接处应修成圆弧过渡，以引导液体金属平稳流入砂型。若外浇口挖得太浅而成碟形，则浇注液体金属时会四处飞溅伤人。

6）做合箱线。

若上、下砂箱没有定位销，则应在上、下砂型打开之前，在砂箱壁上作出合箱线。最简单的方法是在箱壁上涂上粉笔灰，然后用划针画出细线。需进炉烘烤的砂箱，则用砂泥粘敷在砂箱壁上，用墁刀抹平后，再刻出线条。合箱线应位于砂箱壁上两直角边最远处，以保证 x 和 y 方向均能定位，并可限制砂型转动。两处合箱线的线数应不相等，以免合箱时弄错。做线完毕，即可开箱起模。

7）起模。

1）起模前要用水笔沾些水，刷在木模周围的型砂上，以防止起模时损坏砂型型腔。刷水时应一刷而过，不要使水笔停留在某一处，以免局部水分过多而在浇注时产生大量水蒸气，使铸件产生气孔缺陷。

2）起模针位置要尽量与木模的重心铅锤线重合。起模前，要用小锤轻轻敲打起模针的下部，使木模松动，便于起模。

3）起模时，慢慢将木模垂直提起，待木模即将全部起出时，然后快速取出。起模时注意不要偏斜和摆动。

8）修型。

起模后，型腔如有损坏，应根据型腔形状和损坏程度，正确使用各种修型工具进行修补。如果型腔损坏较大，可将木模重新放入型腔进行修补，然后再起出。

9）合箱。

合箱是造型的最后一道工序，它对砂型的质量起着重要的作用。合箱前，应仔细检查砂型有无损坏和散砂，浇口是否修光等。如果要下型芯，应先检查型芯是否烘干，有无破损及通气孔是否堵塞等。型芯在砂型中的位置应该准确稳固，以免影响铸件准确度，并避免浇注时被液体金属冲偏。合箱时应注意使上砂箱保持水平下降，并应对准合箱线，防止错箱。合箱后最好用纸或木片盖住浇口，以免砂子或杂物落入浇口中。

（4）熔炼阶段。按照 ZDY80 减速机箱体材料 HT200 所需要的金属成分配好化学成分，选择合适的熔化炉熔化金属材料，形成成分与温度均合格的液态金属液。

（5）浇注阶段。把合格的融熔金属注入配好模的砂箱里。浇注阶段危险性比较大，要特别注意安全。

（6）清理与检验阶段。浇注后等融熔金属凝固后，清除减速机箱体表面的粘砂、型砂、多余金属（包括浇口、冒口、飞翅和氧化皮）等，进行打磨、矫正等精整工作。检查箱体表面有无明显气孔、砂眼等铸造缺陷，必要时进行内部缺陷的检验。

二、箱体的实型铸造

模型生产是消失模铸造工艺的第一道工序，对于减速机而言，至少需要两块泡沫模型分别制作，然后再胶合成一个整体模型。每个分块模型都需要一套模具进行生产，另外在胶合操作中还可能需要一套胎具，用于保持各分块的准确定位，模型的成型工艺分为两步，第一步是将泡塑珠粒预发到适当密度，一般通过蒸汽快速加热来进行，此阶段称为预发泡。消失模铸造专用的泡沫珠粒有三种：①可发性聚苯乙烯树脂珠粒（EPS）；②可发性甲基丙烯酸甲酯与苯乙烯共聚树脂珠粒（简称 STMMA）；③可发性聚甲基丙烯酸甲酯树脂珠粒（EPMMA）。常用可发性聚苯乙烯树脂珠粒（EPS），用于铸造有色金属、灰铁及一般钢铸。

1. 泡沫模型生产

（1）预发泡。如图 1－1－36 所示，EPS 珠粒在加入模具前，要先进行预发泡，以使珠粒膨胀到一定尺寸。预发泡过程决定了模型的密度、尺寸稳定性及精度，是关键环节之一。合适的珠粒预发泡的方法有热水预发泡、蒸汽预发泡和真空预发泡三种，蒸汽半自动预发泡机如图 1－1－37 所示。真空预发泡的珠粒发泡率高，珠粒干燥，应用较多。

图 1－1－36　EPS 珠粒

图 1－1－37　蒸汽半自动预发泡机

（2）熟化。经预发泡的 EPS 珠粒放置在干燥、通风的料仓中一定时间，以便使珠粒泡孔内外界压力平衡，使珠粒具有弹性和再膨胀能力，除去珠粒表面的水分，如图1－1－38所示。熟化时间在 8～48h。

图 1－1－38　EPS 珠粒熟化料仓

（3）发泡成型。将预发泡且熟化的 EPS 珠粒先进行稳定化处理，然后再送到成型机的料斗中，通过加料孔进行加料，填充到金属模具的型腔内，当模具型腔充满预发的珠粒后，开始通入蒸汽加热，使珠粒再次软化、膨胀，填满珠粒间的空隙，并使珠粒间相互融合，形成平滑表面，这样就完成了泡沫模型的制造过程，此阶段称为蒸压成型，如图 1－1－39 所示，成型后的减速机泡沫模型如图 1－1－40 所示。出模前必须在模具的水冷腔内通过大流量水流对模型进行冷却，使模型降温至软化温度以下，模型硬化定形后，才能打开模具取出模型。此时模型温度较高而强度较低，所以在脱模和储存期间必须谨慎操作，防止变形及损坏。出模后还应有模型干燥及尺寸稳定的时间。

图 1－1－39　蒸压成型

图 1－1－40　减速机泡沫模型

2. 模型簇组合

模型在使用之前，必须存放适当时间使其熟化稳定，典型的模型存放周期多达 30 天，而对于用设计独特的模具所成型的模型仅需存放 2 个小时，模型熟化稳定后，可对分块模型进行胶粘结合。大批量生产的铸件其分块模型胶合必须使用热熔胶在自动胶合机上进行，才能保证黏合精度。中小批量生产的铸件可采用冷粘胶手工黏合，胶合面接缝处应密封牢固，以减少产生铸造缺陷的可能性。

模型组合成簇是将自行加工好（或外购）的泡塑模型与浇冒口模型组合黏结在一起，形成模型簇，这种组合有时在涂料前进行，有时在涂层制备后埋箱造型时进行，是消失模（实型）铸造不可缺少的一道工序，如图 1－1－41 所示。目前使用的黏结材料包括橡胶乳液、树脂溶剂和热熔胶及胶带纸。

对简单模型，可利用电阻丝切割装置，将泡塑板材切割成所需的模型。对复杂模型，首先用电阻丝切割装置，如图 1－1－42 所示，将模型分割成几个部分，然后进行黏结，使之成为整体模型。

图 1－1－41　胶粘

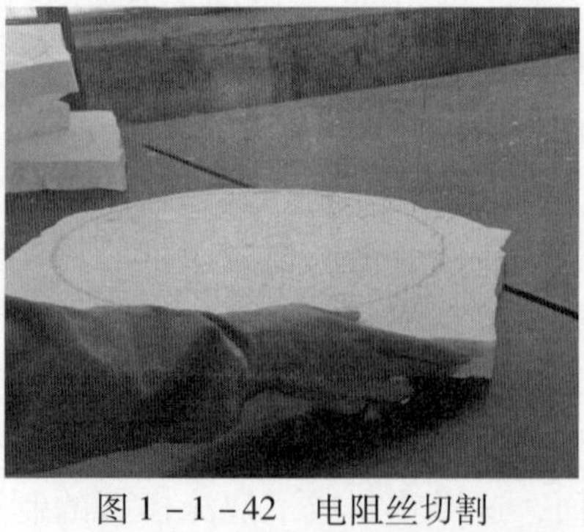

图 1－1－42　电阻丝切割

3. 模型簇浸涂、干燥

实型铸造泡塑模型表面必须涂一层一定厚度的涂料，形成铸型内壳。消失模铸造专用涂料，在涂料搅拌机内加水搅拌，使其得到合适的黏度。搅拌后的涂料放入容器内，用浸、刷、淋和喷的方法将模型组涂覆。一般涂两遍，使涂层厚度为 0.5～2mm，如图 1－1－43 所示。据铸件合金种类、结构形状及尺寸大小不同选定。涂层在 40～50℃下烘干，如图 1－1－44 所示。

图 1－1－43　涂料

图 1－1－44　烘干

4. 振动造型

其工序主要包括砂床制备、放置 EPS 模型、填砂和密封定型。

（1）砂床制备。将带有抽气室的砂箱放在振动台上，并卡紧。三维振动平台主要由支架、台面、振动机构、减振机构四部分组成，在振动机构的带动下做横向、纵向、上下三维振动，如图 1－1－45 所示。

（2）放置模型。振实后，其上据工艺要求放置 EPS 模型组，并培砂固定。

（3）填砂。加入干砂（几种加砂方法），同时施以振动（X、Y、Z 三个方向），时间一般为 30～60s，使型砂充满模型的各个部位，且使型砂的堆积密度增加。

（4）密封定型。砂箱表面用塑料薄膜密封，用真空泵将砂箱内抽成一定真空，靠大气压力与铸型内压力之差将砂粒“黏结”在一起，维持铸型浇注过程不崩散，称之为“负压定型”，较为常用，如图 1－1－46 所示。

图 1－1－45　三维振动平台

图 1－1－46　负压定型

5. 浇注置换

模型一般80℃左右软化，420~480℃时分解，如图1-1-47所示。分解产物有气体、液体及固体三部分。热分解温度不同，三者含量不同。实型铸造浇注时，在液体金属的热作用下，EPS模型发生热解气化，产生大量气体，不断通过涂层型砂，向外排放，在铸型、模型及金属间隙内形成一定气压，液体金属不断地占据EPS模型位置，向前推进，发生液体金属与EPS模型的置换过程。置换的最终结果是形成铸件，如图1-1-48所示。

图1-1-47　模型

图1-1-48　浇注置换

6. 落砂清理

浇注之后，负压保持一段时间后释放真空，铸件在砂箱中凝固和冷却，然后落砂，如图1-1-49所示。铸件落砂相当简单，倾翻砂箱铸件就从松散的干砂中掉出。随后将铸件进行自动分离、清理、检查并放到铸件箱中运走。干砂经砂处理系统处理冷却后可重新使用，很少使用其他附加工序，金属废料可在生产中重熔使用。铸造成品如图1-1-50所示。

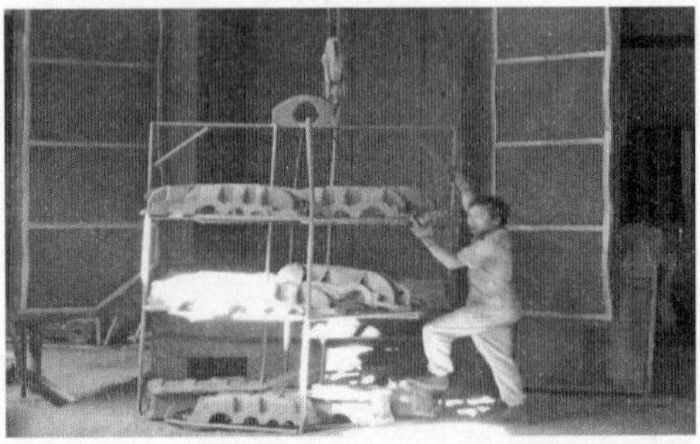

图1-1-49　落砂清理

图1-1-50　铸造成品

三、铸件质量检验

铸件的表面质量主要包括铸件的表面缺陷、尺寸精度、重量偏差、形状偏差、表面粗糙度和铸件表面清理质量等。

1. 直观判断

铸件表面缺陷的检验一般靠目视观察，对于花纹、流痕、缩凹、变形、冷隔、缺肉、变色、斑点等可以直观看到，也可以借助放大镜放大5倍以上进行检验。对于需要特殊检验方法进行铸件表面或靠近表面的缺陷的检验的，应在技术人员的指导之下进行。

2. 尺寸检验

检查铸件的形状尺寸是否符合要求，检查方法包括实测法、画线法、专用检具法、样板检查法和用仪器测量法五种。检测仪器设备及量具有三坐标测量仪、投影仪、游标卡尺、塞规、千分表等通用和专用量具。

生产批量小、要求不太严格的简单件，可采用首件检查和定期抽查的方法来控制铸件的尺寸精度；对于大型或要求严格的铸件，应逐个检查，发现问题及时解决，以免造成不应有的经济损失。

（1）对于小型简单铸件的尺寸检查。小型简单铸件可采用实测方法检查，其步骤如下：

①以铸件毛坯图或铸件工艺图样的尺寸及技术要求为依据。

②使用钢板尺、直角尺、角度尺和卡钳等量具，对铸件的尺寸、角度进行逐个测量，并把测量的数据记录下来。

③所测得的各个尺寸符合以下不等式时，铸件的尺寸为合格。

毛坯图尺寸－公差尺寸/2≤实测尺寸≤毛坯图尺寸＋公差尺寸/2

（2）小型重要铸件的尺寸检查。对于尺寸要求严格的小型铸件，如果是试制小批量生产，可用精度较高的量具，如游标卡尺、直角尺、角度尺等进行直接测量，判定铸件的合格与否。如果是大批量生产的铸件，可采用专用的检具检查的方法。

3. 理化检验

检查铸件的化学成分、金相组织、力学性能是否达到要求。采用光谱仪、原子吸收分析仪进行压铸件化学成分检验，特别是杂质元素的含量。据此判断合金材料是否符合要求，及其对缺陷产生的影响。采用万能材料试验机、硬度计等检测铸件的力学性能、表面硬度。采用平面度检测仪、粗糙度检测仪检验表面质量。使用金相显微镜、扫描电子显微镜，对缺陷基体进行结构分析，判断铸件中的裂纹、杂质、硬点、孔洞等缺陷。在金相中，缩孔呈现不规则的边缘和暗色的内腔，而气孔则呈现光滑的边缘和光亮的内腔。

4. 内部质量检验

X射线检验是利用有强大穿透能力的射线，在通过被检验铸件后，作用于照相软片，使其发生不同程度的感光，从而照相底片上拍摄出缺陷的投影图像，从中可判断缺陷的位置、形状、大小、分布。超声波检验是借助振动频率超过2000Hz的声波，利用超声波从一种介质传到另一种介质的界面时会发生反射现象，来探测铸件内部缺陷部位。超声波测试还可用于测量壁厚、材料分析。荧光检验是利用水银石英灯发出紫外线来激发光材料，使其发出可见光来分析铸件表面微小的不连续性缺陷，如冷隔，裂纹等。把清理干净的铸件放入荧光液槽中，使荧光液渗透到铸件表面，取出铸件，干燥铸件表面涂显像粉，在水银灯下观察，缺陷处出现强烈的荧光。根据发光程度，可判断缺陷的大小。着色检验是一种简单、有效、快捷、方便的缺陷检验方法，由清洗剂、渗透剂、显像剂组成。可从市场买回一套“DPT－5 着色渗透探伤剂”，共 3 罐，即可在生产现场进行缺陷检验。检验时先用清洗剂清洗铸件表面，再用红色渗透剂液喷涂铸件表面，保持湿润约 5～10min，然后擦去铸件表面多余的渗透剂，用洗涤剂或用水清洗，喷涂显像剂，如果铸件表面有裂纹、疏松、孔洞，那么渗入的渗透剂在显像液作用下析出表面，相应部位呈现红色，而没有缺陷的表面无红色呈现。

5. 耐压、耐腐蚀检验

用于检查铸件致密性。①采用捡漏机；②用夹具夹紧铸件呈密封状态，其内通入压缩空气，浸入水箱中，观察水中有无气泡出现来测定，一般通入压缩空气在 2 个大气压以下，浸水时间 1～2min；4 个大气压时，浸入时间更短。试验压力要超过铸件要求的工作压力的 30%～50%；③用水压式压力测试机进行检测。

6. 耐腐蚀性能检验

采用盐雾实验设备、紫外线耐候试验设备、雨淋试验设备等进行检测。

7. 表面粗糙度检验

方法如下：

（1）铸造表面粗糙度比较样块应符合 GB 6060.1—1997 标准。

（2）按照中国铸造标准化技术委员会标准 BWZ001－88 评定铸件表面粗糙度的等级。

（3）铸件的浇道、冒口、修补的残余表面及铸造表面缺陷（如粘砂、结疤等）不列为被检表面。

（4）以铸造表面粗糙度比较样块为对照标准，对被检铸件的铸造表面用视觉或触觉的方法进行对比。

视觉对比时，应在阳光充足的地方，用目视法直接对比，也可用放大镜观察对比。

触觉对比时，应用手指在被检铸件表面和相近的两个参数等级比较样块表面轻轻刻画，获得同样感觉的那个等级即为被检铸造表面粗糙度数值。

（5）用样块对比时，应选用适于铸造合金材料和工艺方法的样块进行对比。

（6）被检的铸造表面必须清理干净，样块表面和被检表面均不得有锈蚀处。

（7）用样块对比时，砂型铸造表面被检点数应符合表 1－1－10 的规定。特种铸造表面被检点数应按表 1－1－10 的规定加倍。被检点应平均分布，每点的被检面积不得小于与之对比面的面积。

表 1－1－10　　被检铸造表面最低检测数

被检铸造表面面积（cm^2）	<200	200～1000	100～10000	>10000
被检点数（个）	不少于 2	每 200cm^2 不少于 1	每 1000cm^2 不少于 1	不少于 40

（8）被检铸造表面的粗糙度介于比较样块两级参数值之间者，所确定的被检铸造表面的粗糙度等级为粗的一级。

（9）对被检铸造表面，以其 80% 的表面所达到的最粗表面粗糙度等级为该铸造表面的粗糙度等级。

任务评价

箱体的铸造与质量检测工作任务实施评价见表 1－1－11。

表 1－1－11　　　工作任务实施评价表

班级		学号		姓名		学校导师		企业导师	

评价项目	评价标准	评价细则	配分	评价方式				得分
				自评	互评	学校导师评价	企业导师评价	
				20%	20%	30%	30%	
专业能力	1. 能识读 ZDY80 减速机上、下箱体的零件图	读错一处扣 2 分，共计 10 分	60					
	2. 能识读 ZDY80 减速机箱体铸造工艺过程卡	不能正确说出铸造顺序扣 10 分						
	3. 能根据工艺文件领取铸造所需设备、工具、量具等	（1）领取材料时每缺少一个零部件扣 5 分 （2）未及时发现制造缺陷每处扣 5 分 （3）设备、工量具不能正常使用每发现一次扣 2 分						
	4. 能根据铸造要求进行质量检测	（1）表面质量每缺检或错检一处扣 2 分 （2）尺寸每缺检或错检一处扣 2 分						
方法能力	1. 会制定项目实施文件	实施文件每缺少一项扣 2 分	20					
	2. 能规范穿戴劳保用品，仪容仪表整洁	（1）劳保用品穿戴不规范扣 5 分 （2）仪容仪表不整洁扣 5 分						
	3. 能掌握新知识、新方法、新设备、新工艺	对新知识、新方法、新设备、新工艺缺乏了解，视情节酌情扣 5～10 分						
	4. 具有分析解决实际问题的能力和一定创新精神和创造能力	分析问题不透彻，解决问题不到位，缺乏自己独到的见解，视情节酌情扣 5～10 分						

续表

班级		学号		姓名		学校导师			企业导师		
评价项目	评价标准		评价细则		配分	评价方式				得分	
						自评	互评	学校导师评价	企业导师评价		
						20%	20%	30%	30%		
社会能力	1. 严格遵守工作场所管理制度，认真执行7S管理		违反工作场所管理制度或任务结束未执行7S管理，每次视情节酌情扣5～10分		20						
	2. 具有一定的沟通协调和团队协作能力		未体现沟通协调和团队协作精神扣3分								
	3. 具有安全文明生产意识		准备过程中违反安全生产规程，视情节轻重酌情扣10～20分，出现人身、设备、工量具损坏等严重事故者，本次考核以零分计								
日期	年 月 日		导师签名						合计		

知识拓展

减速机

减速机是一种由封闭在刚性壳体内的齿轮传动、蜗杆传动、齿轮－蜗杆传动所组成的独立部件，常用作原动机与工作机之间的减速传动装置。在原动机和工作机或执行机构之间起匹配转速和传递转矩的作用，在现代机械中应用极为广泛。

1. 简介

减速机一般用于低转速大扭矩的传动设备，把电动机、内燃机或其他高速运转的动力通过减速机的输入轴上的齿数少的齿轮啮合输出轴上的大齿轮来达到减速的目的，普通的减速机也会有几对相同原理齿轮达到理想的减速效果，大小齿轮的齿数之比，就是传动比。

2. 分类

减速机的种类繁多，型号各异，不同种类有不同的用途。按照传动类型可分为齿轮减速器、蜗杆减速器和行星齿轮减速器；按照传动级数不同可分为单级和多级减速器；按照齿轮形状可分为圆柱齿轮减速器、圆锥齿轮减速器和圆锥－圆柱齿轮减速器；按照传动的布置形式又可分为展开式、分流式和同轴式减速器。

3. 特点

蜗轮蜗杆减速机的主要特点是具有反向自锁功能，可以有较大的减速比，输入轴和输出轴不在同一轴线上，也不在同一平面上。但是一般体积较大，传动效率不高，精度不高。谐波减速机的谐波传动是利用柔性元件可控的弹性变形来传递运动和动力的，体积不大、精度很高，但缺点是柔轮寿命有限、不耐冲击，刚性与金属件相比较差，输入转速不能太高。行星减速机其优点是结构比较紧凑，回程间隙小、精度较高，使用寿命很长，额定输出扭矩可以做得很大，但价格略贵。齿轮减速机具有体积小，传递扭矩大的特点。齿轮减速机在模块组合体系基础上设计制造，有极多的电机组合、安装形式和结构方案，传动比分级细密，满足不同的使用工况，实现机电一体化。齿轮减速机传动效率高，耗能低，性能优越。摆线针轮减速机是一种采用摆线针齿啮合行星传动原理的传动机型，是一种理想的传动装置，具有许多优点，用途广泛，并可正反运转。

4．作用

（1）降速同时提高输出扭矩，扭矩输出比例按电机输出乘以减速比，但要注意不能超出减速机额定扭矩。

（2）减速同时降低了负载的惯量，惯量的减少为减速比的平方。

5．应用领域

减速机是国民经济诸多领域的机械传动装置，行业涉及的产品类别包括各类齿轮减速机、行星齿轮减速机及蜗杆减速机，也包括各种专用传动装置，如增速装置、调速装置，以及包括柔性传动装置在内的各类复合传动装置等。产品服务领域涉及冶金、有色、煤炭、建材、船舶、水利、电力、工程机械及石化等行业。

我国减速机行业发展已有 40 多年历史，在国民经济及国防工业的各个领域，减速机产品都有着广泛的应用。食品轻工、电力机械、建筑机械、冶金机械、水泥机械、环保机械、电子电器、筑路机械、水利机械、化工机械、矿山机械、输送机械、建材机械、橡胶机械、石油机械等行业领域对减速机产品都有着旺盛的需求。

潜力巨大的市场催生了激烈的行业竞争，在残酷的市场争夺中，减速机行业企业必须加快淘汰落后产能，大力发展高效节能产品，充分利用国家节能产品惠民工程政策机遇，加大产品更新力度，调整产品结构，关注国家产业政策，以应对复杂多变的经济环境，保持良好发展势头。

6．故障处理

由于减速机运行环境恶劣，常会出现磨损、渗漏等故障，最主要的几种是：

（1）减速机轴承室磨损，其中又包括壳体轴承箱、箱体内孔轴承室、变速箱轴承室的磨损。

（2）减速机齿轮轴轴径磨损，主要磨损部位在轴头、键槽等。

（3）减速机传动轴轴承位磨损。

（4）减速机结合面渗漏。

针对磨损问题，传统解决办法是补焊或刷镀后机加工修复，但两者均存在一定弊端：补焊高温产生的热应力无法完全消除，易造成材质损伤，导致部件出现弯曲或断裂；而电刷镀受涂层厚度限制，容易剥落，且以上两种方法都是用金属修复金属，无法改变“硬对硬”的配合关系，在各力综合作用下，仍会造成再次磨损。对一些大的轴承企业更是无法现场解决，多要依赖外协修复。当代西方国家针对以上问题多使用高分子复合材料的修复方法，其具有超强的黏着力，优异的抗压强度等综合性能。应用高分子材料修复，可免拆卸和免机加工，既无补焊热应力影响，修复厚度也不受限制，同时产品所具有的金属材料不具备的退让性，可吸收设备的冲击振动，避免再次磨损的可能，并大大延长设备部件的使用寿命，为企业节省大量的停机时间，创造巨大的经济价值。

而针对渗漏问题，传统方法需要拆卸并打开减速机后，更换密封垫片或涂抹密封胶，不仅费时费力，而且难以确保密封效果，在运行中还会再次出现泄漏。高分子材料可现场治理渗漏，材料具备的优越的黏着力、耐油性及350%的拉伸度，克服减速机振动造成的影响，很好地为企业解决了减速机渗漏问题。

巩固提高

一、填空题

1. 金属材料的性能包括__________和__________。

2. 力学性能指标包括__________、__________、__________、__________、__________。

3. 圆柱形拉伸试样分为__________和__________两种。

4. 低碳钢拉伸试样从开始到断裂要经过__________、__________、__________、__________四个阶段。

5. 金属材料的强度指标主要有__________和__________。

6. 金属材料的塑性指标主要有__________和__________。

7. 硬度测定方法有__________、__________、__________。

8. 夏比摆锤冲击试样有__________和__________两种。

9. 载荷按作用性质不同可分为__________载荷、__________载荷和__________载荷三种。

10. 钢铁材料的循环基数为__________，非铁金属循环基数为__________。

11. 提高金属疲劳强度的方法有__________和__________。

12. 50HRC表示用“C”标尺测定的__________硬度值为__________。

13. 150HRW10/1000/30表示用压头直径为__________的硬质合金球，在__________kgf试验力作用下，保持__________s时测得的布氏硬度值为__________。

14. 金属材料的工艺性能包括__________、__________、__________、__________、__________。

15. 常用的特种铸造方法有__________、__________、__________，__________和__________。

16. 铸造工艺方案设计的内容主要有__________、__________、__________和__________等。

17. 铸件浇铸位置的选择必须正确，如重要加工面、大平面和薄壁部分在浇铸时应尽量__________，而厚大部位应尽量__________，以便安放冒口进行__________。

18. 影响合金充型能力的因素有__________、__________、__________。

19. 浇注系统包括外浇口、直浇道、__________和__________。

二、选择题

1. 铸造时冒口的主要作用是（　　）。

A. 增加局部冷却速度

B. 补偿热态金属，排气及集渣

C. 提高流动性

2. 下列零件适合于铸造生产的有（　　）。

A. 球阀阀体　　B. 螺栓　　C. 自行车中轴

3. 为提高合金的流动性，生产中常采用的方法是（　　）。

A. 适当提高浇注温度　　B. 加大出气口　　C. 延长浇注时间

4. 浇注温度过高时，铸件会产生（　　）。

A. 冷隔　　B. 粘砂严重　　C. 夹杂物

5. 黏土湿型砂的砂型表面强度不高，可能会使铸件产生（　　）。

A. 气孔　　B. 砂眼　　C. 开裂　　D. 缩孔

6. 铸造中，设置冒口的目的是（　　）。

A. 改善冷却条件　　B. 排出型腔中的空气

C. 减少砂型用量　　D. 有效地补充收缩

7. 确定分型面时，尽量使铸件全部或大部分放在同一砂箱中，其主要目的是（　　）。

A. 利于金属液充填型腔　　B. 利于补缩铸件

C. 防止错箱　　D. 操作方便

8. 砂型铸造车间最主要的有害因素是（　　）。

A. 高温　　B. 噪声　　C. 粉尘　　D. 废气

9. 铸件内部或者表面带有砂粒的孔洞称为（　　）。

A. 气孔　　B. 砂眼　　C. 缩孔　　D. 渣孔

10. 下列牌号中，属于灰口铸铁的是（　　）。

A. HT250　　B. KTH350－10　　C. QT600－02　　D. HSn62－1

三、判断题

1. 金属的工艺性能是指金属在各种加工中所表现出的性能。（　　）

2. 金属的力学性能是指在力作用下所显示的与弹性和非弹性反应相关或涉及应力－应变关系的性能。（　　）

3. 拉伸试验时，试样的伸长量与拉伸力总成正比。（　　）

4. 屈服现象是指拉伸过程中拉伸力达到 F_s 时，拉伸力不增加，变形量却继续增加的现象。（　　）

5. 常用的硬度试验方法有布氏硬度、洛氏硬度和维氏硬度。（　　）

6. 做布氏硬度试验，当试验条件相同时，压痕直径越小，则材料的硬度越低。（　　）

7. 洛氏硬度 HRC 测量方便，能直接从刻度盘上读数，生产中常用于测量退火钢、铸铁和有色金属件。（　　）

8. 一般来说，硬度高的金属材料耐磨性也好。（　　）

9. 金属的使用性能包括力学性能、物理性能和铸造性能。（　　）

10. 拉伸试验中拉伸力和伸长量的关系曲线称为力－伸长曲线，又称为拉伸曲线。（　　）

11. 材料抵抗局部变形，特别是塑性变形、压痕或划痕的能力，称为硬度。（　　）

12. 在工程上，在一定的应力循环次数下不发生断裂的最大应力称为疲劳强度。（　　）

13. 经外力作用，金属发生塑性变形，当外力去除后，变形会自动消失。（　　）

14. 金属的工艺性能好，表明加工容易，加工质量容易保证，加工成本也较低。（　　）

15. 为了防止铸件产生裂纹，在设计壁厚时力求壁厚均匀。（　　）

16. 选择分型面的第一条原则是保证能够起模。(　　)
17. 铸件的主要加工面和重要的工作面浇注时应朝上。(　　)
18. 铸件上宽大的水平面浇注时应朝下。(　　)
19. 熔模铸造所得铸件的尺寸精度高，而表面粗糙度较低。(　　)
20. 将铸件尽量放在同一砂箱内并尽量减少分型面数量是确定分型面位置的一般原则之一。(　　)
21. 防止铸件粘砂的材料有煤油、石松子粉、滑石粉、石墨粉等。(　　)
22. 铸造合金从液态到凝固完毕的过程中产生的体积和尺寸减小的现象称为铸件收缩。(　　)
23. 刮板造型适用于尺寸较大的旋转体铸件的单件、小批量生产。(　　)
24. 抛丸清理的作用是借助弹丸的冲击去除铸件表面的粘砂或氧化皮。(　　)

四、简答题

1. 金属材料的力学性能有哪些？
2. 强度的定义是什么？材料在拉伸过程中会出现四个阶段，是哪四个阶段？
3. 什么是塑性？金属的塑性可以用哪两个指标来衡量？
4. 什么是硬度？测量硬度的方法有哪些？简述各个测量方法适用的场合及其特点。
5. 金属材料的工艺性能有哪些？
6. 有一钢试样，其原始直径 $d_0 = 10\text{mm}$，原始标距长度 $L_0 = 50\text{mm}$。当载荷达到 18840N 时，试样产生屈服现象；当载荷加至 36110N 时，试样产生缩颈现象，然后被拉断。试样拉断后的标距长度 $L_u = 73\text{mm}$，断裂处的直径 $d_u = 6.7\text{mm}$，求试样的 R_{eL}，R_m，A 和 Z。
7. 简述箱体材料的功用以及常用材料。
8. 简述铸造的概念、特点和类型。
9. 砂型铸造时，型砂和芯砂应具备的性能有哪些？
10. 手工造型和机器造型的优缺点有哪些？
11. 浇注系统有哪些部分？各个部分的功用有哪些？
12. 什么是浇注？影响浇注质量的因素有哪些？
13. 特种铸造有哪些？简述各个的优缺点以及适用于什么场合。

任务二　箱体的焊接与质量检测

任务描述

该项目根据企业工作流程完成 ZDY80 减速机箱体的焊接加工与质量检测，让学生在完成任务的过程中，学习焊接基本知识和基本技能，体验企业工作过程，感知企业文化，培养综合职业能力。

任务目标

1. 能制定项目实施文件。
2. 能识读 ZDY80 减速机箱体结构图。

3. 能识读 ZDY80 减速机箱体焊接工艺过程卡。
4. 能根据工艺文件准备箱体焊接所需零部件、设备、工具、量具、辅助材料等。
5. 能正确规范进行箱体的焊接和质量检测。
6. 培养学生观察、思考和分析解决实际问题的能力。
7. 培养学生的创新意识、安全意识、规范意识、质量意识及沟通协调、团队协作能力。
8. 使学生熟悉企业生产的基本工艺流程和管理方法，感知企业文化，培养学生基本职业素养。

知识链接

一、常用焊接方法及焊接设备

焊接是指通过适当的物理化学过程（加热或加压），使两个金属元件在连接处熔融而连接成一体的加工方法。常用焊接方法如表 1 -2 -1 所示。

表 1 -2 -1　　常用焊接方法

<table>
<tr><th colspan="4">焊接方法</th><th>特点</th></tr>
<tr><td rowspan="15">熔化焊接</td><td rowspan="7">电弧焊</td><td rowspan="4">熔化剂焊</td><td>焊条电弧焊（ARC）</td><td rowspan="15">焊接过程中，将焊接接头加热至熔化状态，不加压完成焊接的方法。熔化母材与焊丝，传递热量</td></tr>
<tr><td>埋弧焊</td></tr>
<tr><td>CO_2 电弧焊（MAG）</td></tr>
<tr><td>氩气电弧焊（MIG）</td></tr>
<tr><td rowspan="3">非熔化剂焊</td><td>钨极氩弧焊（TIG）</td></tr>
<tr><td>原子氢焊</td></tr>
<tr><td>等离子弧焊</td></tr>
<tr><td rowspan="2">热熔剂焊</td><td colspan="2">铝热焊</td></tr>
<tr><td colspan="2">镁热焊</td></tr>
<tr><td rowspan="3">气焊</td><td colspan="2">氧氢焊</td></tr>
<tr><td colspan="2">氧 - 乙炔焊</td></tr>
<tr><td colspan="2">石油液化气焊</td></tr>
<tr><td colspan="3">电渣焊</td></tr>
<tr><td colspan="3">电子束焊</td></tr>
<tr><td colspan="3">激光焊</td></tr>
</table>

续表

<table>
<tr><th colspan="2">焊接方法</th><th>特点</th></tr>
<tr><td rowspan="8">压力焊接
（固相焊）</td><td>锻焊</td><td rowspan="8">在焊接过程中，对焊件施加压力（加热或不加热）以完成焊接，不传递热量</td></tr>
<tr><td>冷压焊</td></tr>
<tr><td>超声波焊</td></tr>
<tr><td>电阻对焊</td></tr>
<tr><td>爆炸焊</td></tr>
<tr><td>高频焊</td></tr>
<tr><td>扩散焊</td></tr>
<tr><td>摩擦焊</td></tr>
<tr><td rowspan="5">钎焊</td><td>火焰钎焊</td><td rowspan="5">是用比母材熔点低的金属材料作钎料，将焊件和钎料加热至高于钎料熔点，低于母材熔点的温度，利用液态钎润湿母材，填充接头间隙并使母材互相扩散实现连接焊件。焊件不熔化，填料比母材熔点低</td></tr>
<tr><td>感应钎焊</td></tr>
<tr><td>炉钎焊</td></tr>
<tr><td>盐浴钎焊</td></tr>
<tr><td>电子束钎焊</td></tr>
</table>

1. 电弧焊

电弧焊是指以电弧作为热源，利用空气放电的物理现象，将电能转换为焊接所需的热能和机械能，从而达到连接金属的目的，如图 1－2－1 所示。主要方法有焊条电弧焊、埋弧焊、气体保护焊等，它是目前应用最广泛、最重要的熔焊方法，占焊接生产总量的 60% 以上。

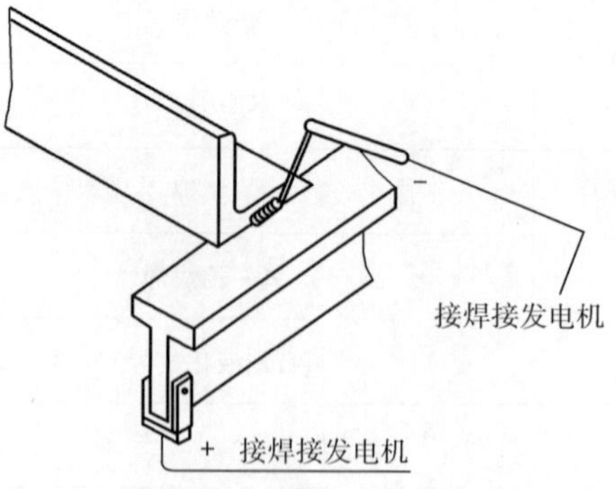

图 1－2－1　电弧焊

焊条电弧焊是工业生产中应用最广泛的焊接方法，它的原理是利用电弧放电（俗称电弧燃烧）所产生的热量将焊条与工件互相熔化并在冷凝后形成焊缝，从而获得牢固接头的焊接过程。

电弧焊是利用电焊机的低压电流通过焊条（一个电极）与被焊接件（另一个电极）形成的电路，在焊条与焊件的两极之间产生电弧热来熔化被连接件的部分金属和焊条，使熔化金属混合并填充接缝而形成焊缝的焊接方法。

在焊接过程中，药皮不断地分解、熔化而生成气体及熔渣，保护焊条端部、电弧熔池以及其附近区域，以防止熔化金属氧化，焊条芯棒也在电弧作用下不断熔化，进入熔池，构成焊缝填充金属。也有焊条药皮掺合金粉末，提高焊缝的机械性能。

（1）电弧焊缝的基本形式。焊接件经焊接后形成的结合部分叫作焊缝。电弧焊常见的焊缝有对接焊缝和角焊缝两类。对接焊缝是指在焊件的坡口面间或一焊件的坡口面与另一焊件端（表）面间焊接的焊缝，因焊件的边缘常加工成各种形状的坡口，故对接焊缝又称坡口焊缝，如图 1－2－2 所示，用来连接在同一平面内的焊件，焊缝传力较均匀。角焊缝指的是沿两直交或近直交零件的交线所焊接的焊缝，如图 1－2－3 所示。角焊缝又分直角焊缝和斜角焊缝。

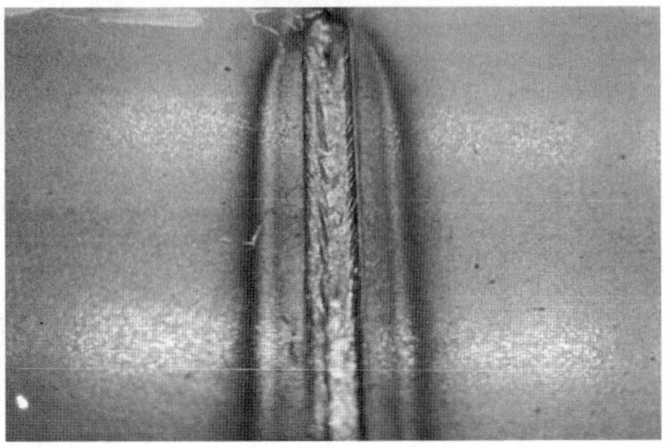

图 1－2－2　对接焊缝

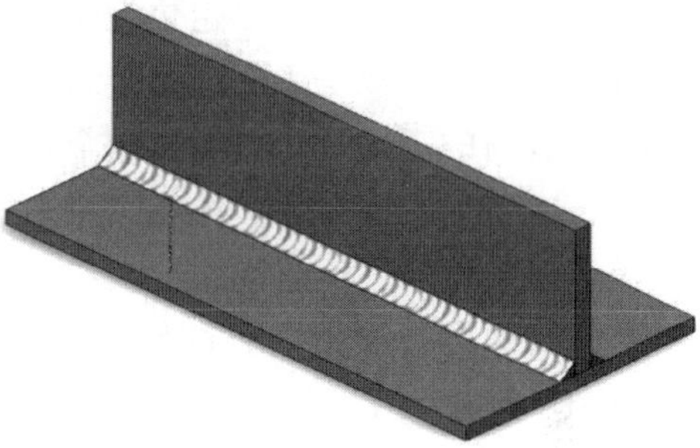

图 1－2－3　角焊缝

（2）焊接件常用材料。在机械制造中，最常用的被焊件材料是低碳钢和低合金钢，如 Q215、Q235、15、20、16Mn 等。焊条的材料最好与被焊件的材料相同。

（3）电弧焊电流选择

①根据焊接金属材质、焊条类型、焊接结构来选择。

②根据焊接结构所用的材料，板结构形式等因素确定所需电流的大小。

③影响电流选择的其他因素，如效率、电网容量、场地设施、噪声、维修、重量、电量等因素。

（4）焊条。

1）焊条型号编制。字母“E”表示焊条；前两位数字表示熔敷金属抗拉强度的最小值；第三位数字表示焊条的焊接位置，“0”及“1”表示焊条适用于全位置焊接（平、立、仰、横），“2”表示焊条适用于平焊及平角焊，“4”表示焊条适用于向下立焊；第三位和第四位数字组合时表示焊接电流种类及药皮类型。在第四位数字后附加“R”表示耐吸潮焊条，附加“M”表示耐吸潮和力学性能有特殊规定的焊条，附加“-1”表示冲击性能有特殊规定的焊条。

2）焊条种类。按焊条的用途分为低碳钢和低合金高强度钢焊条（简称结构钢焊条）、不锈钢焊条、堆焊焊条、低温钢焊条、铸铁焊条、镍及镍合金焊条、铜及铜合金焊条、铝及铝合金焊条；按焊条药皮熔化后的熔渣特性分为酸性焊条、碱性焊条。酸性焊条一般用于焊接低碳钢和不太重要的钢结构。碱性焊条由于碱性熔渣的脱氧较完全，又能有效地消除焊缝金属中的硫，合金元素烧损少，所以焊缝金属的机械性能和抗裂性均较好，可用于合金钢和重要碳钢结构的焊接。

3）焊条选用基本原则。

①等强度原则。一般用于焊接低碳钢和低合金钢。对于承受静载或一般载荷的工件或结构，通常选用抗拉强度与母材相等的焊条，这就是等强度原则。例如焊接20、Q235等低碳钢或抗拉强度在400MPa左右的钢就可以选用E43系列焊条。而焊接16Mn等抗拉强度在500MPa范围的钢，选用E50系列焊条即可。

②同成分原则。一般用于焊接耐热钢、不锈钢等金属材料。焊接在特殊环境下工作的工件或结构，如要求耐磨、耐腐蚀、在高温或低温下具有较高的力学性能，则应选用能保证熔敷金属的性能与母材相近或相近似的焊条，这就是等同性原则。如焊接不锈钢时，应选用不锈钢焊条；焊接耐热钢时应选用耐热钢焊条。

③等条件原则。根据工件或焊接结构的工作条件和特点选择最多。例如焊接需承受动载或冲击载荷的工件，应选用熔敷金属冲击韧度较高的低氢型碱性焊条。反之，焊一般结构时，应选用酸性焊条。虽然选用焊条时还应考虑工地供电情况，工地设备条件，经济性及焊接效率等，但这都是比较次要的问题，应根据实际情况决定。

④抗裂纹原则。选用抗裂性好的碱性焊条，以免在焊接和使用过程中接头产生裂纹。一般用于焊接刚度大、形状复杂、使用中承受动载荷的焊接结构。

⑤抗气孔原则。受焊接工艺条件的限制，如对焊件接头部位的油污、铁锈等清理不便，应选用抗气孔能力强的酸性焊条，以免焊接过程中气体滞留于焊缝中，形成气孔。

⑥低成本原则。在满足使用要求的前提下，尽量选用工艺性能好、成本低和效率高的焊条。

⑦等韧性原则。即焊条熔敷金属和母材等韧性或相近，因为在实际中焊接结构的破坏大多不是因为强度不够，而是韧性不足。因此焊条选择时强度略低于母材，而韧性要相同或相近。

（5）电弧焊工艺。

1）焊条牌号及直径。主要取决于材料性质，焊件的厚度，接头形式焊缝位置，焊缝参数等因素。焊条直径与板厚关系如表1-2-2所示。

表1-2-2　焊条直径与板厚关系

焊件厚度（mm）	<4	4~8	>8~12	>12
焊条直径（ϕ/mm）	≤3.5	3~4	4~5	5~6

2）焊接电流。焊接电流的大小，主要根据焊条类型、焊条直径、焊件厚度以及接头型式、焊缝空间位置及焊接层次等因素决定。焊接电流可根据下列经验公式来初选。

$$I = K \cdot d$$

式中：I——焊接电流；

K——经验系数；

d——焊条直径。

焊接电流经验系数和焊条直径关系见表 1－2－3。

表 1－2－3　　焊接电流经验系数和焊条直径关系

焊条直径（mm）	1.6	2～2.5	3.3	4～6
经验系数（A/mm）	20～25	25～30	30～40	40～50

立焊、横焊、仰焊时焊接电流应比平焊电流小 10%～20%，角焊时应比平焊位置时大 10%～20%。合金钢焊条、不锈钢焊条，由于电阻大且热膨胀系数高，若电流大则焊接过程中焊条容易发红造成药皮脱落，影响焊接质量，因此电流要适当减小。

3）焊接输出的连接方法。碱性焊条施焊时应采用直流反接法，酸性焊条施焊时应采用直流正接法。

（6）电弧焊操作过程。

1）引弧。将焊条与工件短路然后向上拉起焊条以引燃电弧称为点拉式引弧。将焊条端部在金属表面轻轻划擦后提起焊条以引燃电弧叫擦引弧。

2）焊接过程。电弧引燃后，一方面要仔细观察熔池状态，始终保持熔池大小不变，不断调整焊条角度控制弧长保持熔池金属不致外溢，另一方面要保持电弧沿焊接方向作匀速直线移动。只有保持熔池大小和焊接电弧移动速度始终不变，才能获得均匀一致的焊缝。

3）收弧。焊接结束时如果直接拉断电弧则会形成弧坑，弧坑会产生气孔裂缝降低焊缝接头的强度，为此要采取下列措施。

①当电弧移至焊缝终端时，稍稍停留或者回焊一小段拉断电弧，此法适用于碱性焊条。

②当电弧移至焊缝终端时，采用反复熄弧、引弧法，填满弧坑。

③重要结构焊缝采用收弧板，使电弧在收弧板上运行一段后再拉断电弧。

在焊接过程中要获得高质量的焊缝，必须要有合适的工艺规范、正确的焊条角度、适当的运条方法三个共同要求。

2. CO_2 气体保护焊

（1）CO_2 气体保护焊工作原理。CO_2 气体保护焊又称 CO_2 电弧焊，是一种高效率的焊接方法，以 CO_2 气体作保护气体，依靠焊丝与焊件之间的电弧来熔化金属的气体保护焊的方法。其工作原理如图 1－2－4 所示，焊接时，在焊丝与焊件之间产生电弧；焊丝自动送进，被电弧熔化形成熔滴并进入熔池；二氧化碳气体经喷嘴喷出，包围电弧和熔池，起着隔离空气和保护焊接金属的作用。同时二氧化碳气还参与冶金反应，在高温下的氧化性有助于减少焊缝中的氢。

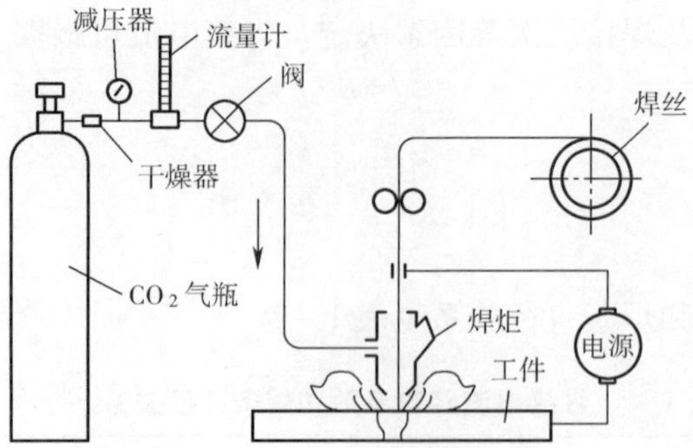

图 1-2-4　CO_2 气体保护焊

(2) CO_2 气体保护焊的特点和应用。CO_2 气体保护焊采用焊丝自动送丝，敷化金属量大，生产效率高，质量稳定。因此，在国内外获得广泛应用，与其他电弧焊相比有以下特点：

1）生产效率高。CO_2 电弧焊穿透力强，熔深大，而且焊丝熔化率高，所以熔敷速度快，生产效率是焊条电弧焊的 1~4 倍。

2）焊接成本低。CO_2 焊的成本只有埋弧焊与手工电弧焊成本的 40%~50%。

3）消耗能量低。CO_2 电弧焊和药皮焊条相比 3mm 厚钢板对接焊缝，每米焊缝的用电降低 30%，25mm 钢板对接焊缝时用电降低 60%。

4）操作简便。明弧，对工件厚度不限，可进行全位置焊接而且可以向下焊接。

5）适用范围宽。不论何种位置都可以进行焊接，薄板可焊到 1mm，最厚几乎不受限制（采用多层焊）。而且焊接速度快、变形小，角变形为千分之五，不平度只有千分之三。

6）抗锈能力强。焊缝含氢量低，抗锈性能强。

7）焊缝抗裂性能高。焊缝低氢且含氮量也较少。

8）焊接飞溅小。当采用超低碳合金焊丝或药芯焊丝，或在 CO_2 中加入 Ar，都可以降低焊接飞溅。

9）焊后不需清渣，引弧操作便于监视和控制，有利于实现焊接过程机械化和自动化。

(3) 焊接工艺参数。

1）焊丝直径。焊丝的直径通常根据焊件的厚薄、施焊的位置和效率等要求选择。焊接薄板或中厚板的全位置焊缝时，多采用 1.6mm 以下的焊丝（称为细丝 CO_2 气保焊）。焊丝直径的选择参照表 1-2-4。

2）焊接电流。焊接电流的大小主要取决于送丝速度。送丝的速度越快，焊接的电流越大。焊接电流对焊缝的熔深的影响最大。当焊接电流为 60~250A 时，即以短路过渡形式焊接时，焊缝熔深一般为 1~2mm；只有在 300A 以上时，熔深才明显增大。

3）电弧电压。短路过渡时，电弧电压可用 $U=0.04I+16\pm2$（V）计算；当电流在 200A 以上时，则电弧电压的计算公式为 $U=0.04I+20\pm2$（V）。

4）焊接速度。半自动焊接时，熟练焊工的焊接速度为18～36m/h；自动焊时，焊接速度可高达150m/h。

5）焊丝的伸出长度。一般情况下焊丝的伸出长度约为焊丝直径的10倍左右，并随焊接电流的增加而增加。

6）气体的流量。正常焊接时，200A以下薄板焊接，CO_2的流量为10～25L/min；200A以上厚板焊接，CO_2的流量为15～25L/min；粗丝大规范自动焊为25～50L/min。

表1-2-4　　焊丝直径的选择

焊丝直径（mm）	熔滴过渡形式	可焊板厚（mm）	施焊位置
0.5～0.8	短路过渡	0.4～3	各种位置
	细颗粒过渡	2～4	平焊、横角
1.0～1.2	短路过渡	2～8	各种位置
	细颗粒过渡	2～12	平焊、横角
1.6	短路过渡	2～12	平焊、横角
	细颗粒过渡	>8	平焊、横角
2.0～2.5	细颗粒过渡	>10	平焊、横角

（4）CO_2气体保护焊基本操作技术。

1）检查全部连接是否正确，水、电、气连接完毕合上电源，调整焊接规范参数。

2）引弧。CO_2气体保护焊采用碰撞引弧，引弧时不必抬起焊枪，只要保证焊枪与工作距离即可。

①引弧前先按遥控盒上的点动开关或焊枪上的控制开关将焊丝送出枪嘴，保持伸出长度10～15mm。

②将焊枪按要求放在引弧处，此时焊丝端部与工件未接触，枪嘴高度由焊接电流决定。

③按下焊枪上控制开关，焊机自动提前送气，延时接通电源，保持高电压、慢送丝，当焊丝碰撞工件短路后自然引燃电弧。短路时，焊枪有自动顶起的倾向，故引弧时要稍用力下压焊枪，防止因焊枪抬起太高，电弧太长而熄灭。

3）焊接。引燃电弧后，通常采用左焊法，焊接过程中要保持焊枪适当的倾斜和枪嘴高度，使焊接尽可能地匀速移动。当坡口较宽时为保证两侧熔合好，焊枪作横向摆动。焊接时，必须根据焊接实际效果判断焊接工艺参数是否合适。看清熔池情况、电弧稳定性、飞溅大小及焊缝成形的好坏来修正焊接工艺参数，直至满意为止。

4）收弧。焊接结束前必须收弧。若收弧不当容易产生弧坑并出现裂纹、气孔等缺陷。焊接结束前必须采取下列措施。

①焊机有收弧坑控制电路。焊枪在收弧处停止前进，同时接通此电路，焊接电流电弧电压自动减小，待熔池填满。

②若焊机没有弧坑控制电路或因电流小没有使用弧坑控制电路，在收弧处焊枪停止前进，并在熔池未凝固时反复断弧、引弧几次，直至填满弧坑为止。操作要快，若熔池

已凝固才引弧，则可能产生未熔合和气孔等缺陷。

二、箱体常见焊接缺陷

焊接接头的不完整性称为焊接缺陷，主要有焊接裂纹、未焊透、夹渣、气孔和焊缝外观缺陷等。这些缺陷减少焊缝截面积，降低承载能力，产生应力集中，引起裂纹；降低疲劳强度，易引起焊件破裂导致脆断。以 CO_2 气体保护焊为例，常见焊接缺陷见表 1－2－5。

表 1－2－5　　常见焊接缺陷

焊接缺陷	图例	发生原因	防止措施
气孔	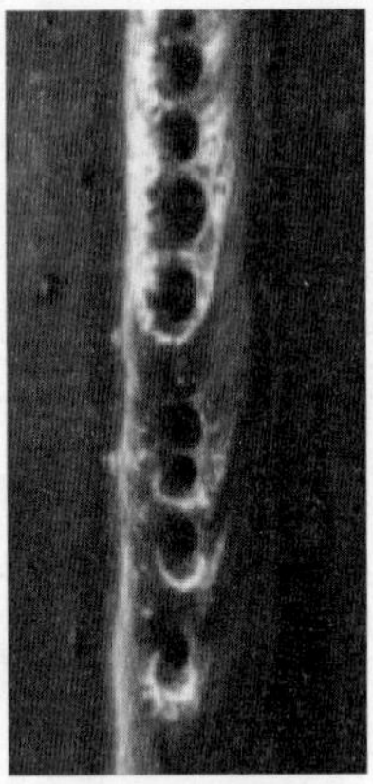	(1) 母材不洁 (2) 焊丝有锈或焊药潮湿 (3) 点焊不良，焊丝选择不当 (4) 干伸长度太长，CO_2 气体保护不周密 (5) 风速较大，无挡风装置 (6) 焊接速度太快，冷却快速 (7) 火花飞溅粘在喷嘴，造成气体乱流 (8) 气体纯度不良，含杂物多（特别是水分）	(1) 焊接前注意清洁被焊部位 (2) 选用适当的焊丝并注意保持干燥 (3) 点焊焊道不得有缺陷，同时要清洁干净，且使用焊丝尺寸要适当 (4) 减小干伸长度，调整适当气体流量 (5) 加装挡风设备 (6) 降低速度使内部气体逸出 (7) 注意清除喷嘴处焊渣，并涂以飞溅附着防止剂，以延长喷嘴寿命 (8) CO_2 纯度为 99.98% 以上，水分为 0.005% 以下
咬边	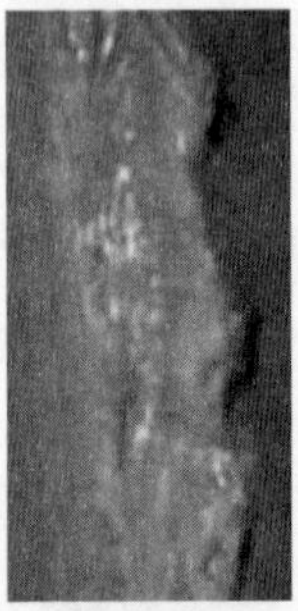	(1) 电弧过长，焊接速度太快 (2) 角焊时，焊条对准部位不正确 (3) 立焊摆动或操作不良，使焊道两边填补不足产生咬边	(1) 降低电弧长度及速度 (2) 在水平角焊时，焊丝位置应离交点 1～2mm (3) 改正操作方法
夹渣	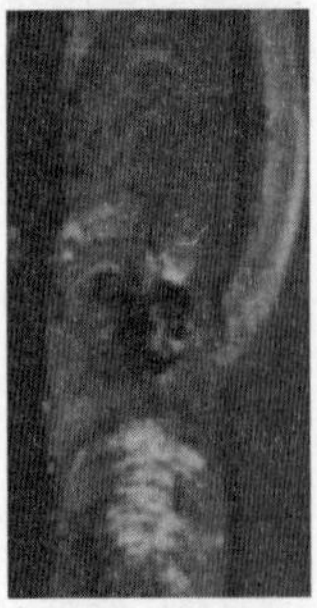	(1) 母材倾斜（下坡）使焊渣超前 (2) 前一道焊接后，焊渣未清洁干净 (3) 电流过小，速度慢，焊着量多 (4) 用前进法焊接，开槽内焊渣超前甚多	(1) 尽可能将焊件放置水平位置 (2) 注意每道焊道的清洁 (3) 增加电流和焊速，使焊渣容易浮起 (4) 提高焊接速度

续表

焊接缺陷	图例	发生原因	防止措施
未焊透	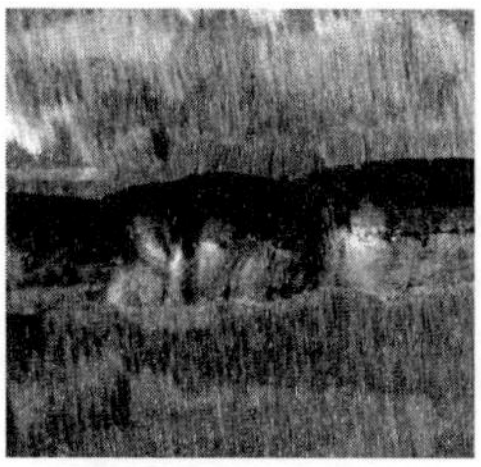	（1）电弧过小，焊接速度过低 （2）电弧过长 （3）开槽设计不良	（1）增加焊接电流和速度 （2）降低电弧长度 （3）增加开槽度数，增加间隙减少根深
裂纹	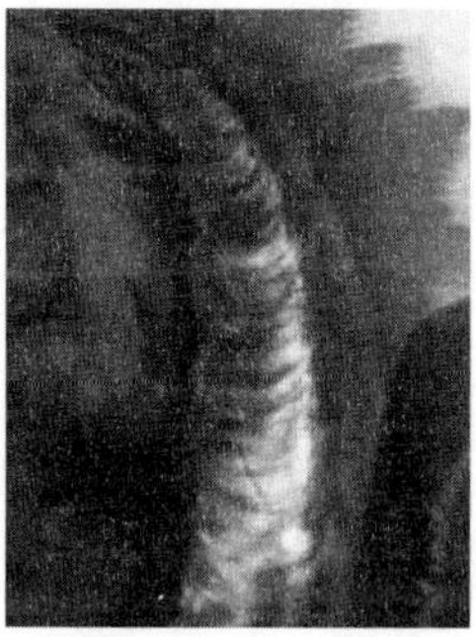	（1）开槽角度过小，在大电流焊接时，产生梨形和焊道裂纹 （2）母材含碳量和其他合金量过高（焊道及热影区） （3）多层焊接时，第一层焊道过小 （4）焊接顺序不当，产生拘束力过强 （5）焊丝潮湿，氢气侵入焊道 （6）套板密接不良，形成高低不平，致应力集中 （7）因第一层焊接量过多，冷却缓慢，如不锈钢，铝合金等	（1）注意适当开槽角度与电流的配合，必要时要加大开槽角度 （2）采用含碳量低的焊条 （3）第一道焊着金属须充分能抵抗收缩应力 （4）改良结构设计，注意焊接顺序，焊后进行热处理 （5）注意焊丝保存 （6）注意焊件组合的精度 （7）注意正确的电流及焊接速度
变形	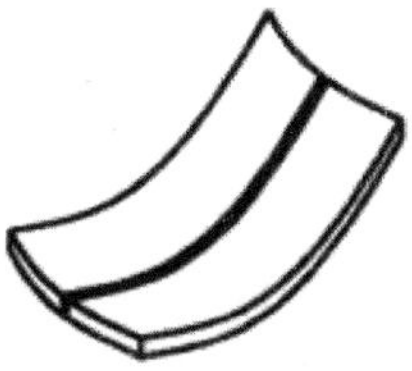	（1）焊接层数太多 （2）焊接顺序不当 （3）施工准备不足 （4）母材冷却过速 （5）母材过热（薄板） （6）焊缝设计不当 （7）焊着金属过多 （8）拘束方式不确实	（1）使用直径较大的焊条及较高电流 （2）改正焊接顺序 （3）焊接前，使用夹具将焊件固定以免发生翘曲 （4）避免冷却过速或预热母材 （5）选用穿透力低的焊材 （6）减小焊缝间隙，减少开槽度数 （7）注意焊接尺寸，不使焊道过大 （8）注意防止变形的固定措施

三、焊接质量检验

焊接质量检验是始终贯穿在生产过程中保证和控制焊接质量的重要手段之一。焊前检验的目的是以预防为主，积极做好施焊前的各项准备工作，最大限度地避免或减少焊接缺陷的产生，焊前检验是保证焊接质量的前提。焊接过程中检验的目的是防止和及时发现焊接缺陷，进行有效的焊接缺陷修复，保证焊接结构件在制造过程中的质量。由于条件限制，前两个阶段中有些检验项目还不能进行，必须对焊件进行焊后的质量检验，以确保焊件质量完全符合技术文件的要求，首先进行外观检验，合格后进行无损检验及性能检验。

1. 焊缝外观形状及尺寸的检验

焊缝外观检验包括直接外观检验和间接外观检验。直接外观检验是用眼睛直接观察测量焊缝的形状尺寸，在检验过程中可以采用适当的照明，利用反光镜调节照射角度和观察角度或借助于低倍放大镜进行观察；间接外观检验必须借助于工业内窥镜等工具进行观察试验，用于眼睛不能接近的被焊结构件。

焊缝外观形状尺寸检验是用肉眼或借助样板，或用低倍放大镜（不大于5倍）观察焊件外形尺寸的检验方法。在测量焊缝外形尺寸时，可采用标准样板和量规。

2. 焊接缺陷的检验及焊接接头的无损检测

焊接缺陷常用的检验方法有射线检验、超声波探伤、磁粉探伤和渗透检验等。射线检验和超声波探伤主要是检验焊缝内部的焊接缺陷，磁粉探伤和渗透检验主要是检验焊缝表面的焊接缺陷。各种无损检验方法的特点及适用范围见表1－2－6。

表1－2－6　　各种无损检验方法的特点及适用范围

<table>
<tr><th colspan="2">检验方法</th><th>检验缺陷</th><th>可检验焊件厚度/mm</th><th>灵敏度</th><th>检验条件</th><th>适用材料</th></tr>
<tr><td rowspan="3">射线检验</td><td>X射线</td><td rowspan="3">内部裂纹、未焊透、气孔及夹渣等</td><td>0.1～60</td><td>能检验焊缝尺寸大于厚度1%～2%的缺陷</td><td rowspan="3">焊接接头表面不需要加工，正反两个面都必须是接近的</td><td rowspan="3">适用于一般的金属和非金属焊件，不适用于锻件及轧制或拉制的型材</td></tr>
<tr><td>γ射线</td><td>1.0～150</td><td>较X射线低，一般约为焊缝厚度的3%</td></tr>
<tr><td>高能射线</td><td>25～600</td><td>较X射线、γ射线高，一般可达到小于焊缝厚度的1%</td></tr>
<tr><td colspan="2">超声波探伤</td><td>内部裂纹、未焊透、气孔及夹渣等</td><td>焊接厚度上几乎不受限，下限一般为8～10，最小可达2</td><td>能检验出直径大于1mm以上的气孔、夹渣，检验裂纹时灵敏度较高，检验表面及近表面的缺陷时灵敏度较低</td><td>表面一般需要加工至Ra0.6～1.6mm以保证同探头具有良好的声耦合，但平整而仅有薄氧化层者也可探伤，如采用湿液或水层耦合法，则可检验表面粗糙的工件，可检验钢板厚度约为1～1.5mm</td><td>适用于管材、棒材和锻件焊缝的探伤检验</td></tr>
</table>

续表

检验方法	检验缺陷	可检验焊件厚度/mm	灵敏度	检验条件	适用材料
磁粉探伤	表面及近表面缺陷（如微细裂纹、未焊透及气孔等），被检验表面最好与磁场正交	表面及近表面	与磁场强度大小和磁粉质量有关	工件表面粗糙度细，则探伤灵敏度高，如有紧贴的氧化皮或薄层油漆，仍可探伤检验，对工件形状无严格限制	限于铁磁性材料
渗透检验	贯穿表面的缺陷（如微细裂纹、气孔等）	表面	缺陷宽度小于0.01mm，深度小于0.03～0.04mm者检验不出	工件表面粗糙度细，则探伤灵敏度高，对工件形状无严格限制，但要求完全去除油污及其他附着物	适用于各种金属和非金属焊件

射线检测是利用X射线或γ射线具有的可穿透物质和在物质中有衰减的特性来发现缺陷的一种无损检测方法。射线检测中应用的射线主要是X射线和γ射线，它们都是波长很短的电磁波。X射线的波长为0.001～0.1nm，γ射线的波长为0.0003～0.1nm。射线照相法是最基本的方法，用X射线或γ射线穿透工件，以胶片作为记录信息的无损检测方法，主要通过射线底片上的缺陷影像来反映焊缝内部质量。底片质量的好坏直接影响对焊缝质量评价的准确性，底片的质量应符合国家标准中的有关规定，质量不符合要求的底片必须重新拍照。射线照相法也是目前在国内外射线检测中应用最为广泛的一种射线检测方法。射线检验常见缺陷的影像特征见表1-2-7。

表1-2-7　射线检验常见缺陷的影像特征

缺陷种类	缺陷影像特征
气孔	多数为圆形、椭圆形黑点，其中心处黑度较大，也有针状、柱状气孔，其分布情况不一，有密集的、单个的和链状的
夹渣	形状不规则，有点、条、块等，黑度变化不均匀。一般条状夹渣都与焊缝平行或与未焊透、未熔合混合出现
未焊透	在底片上呈现规则的，甚至直线的黑色线条，常伴有气孔和夹渣，在V形、X形坡口的焊缝中根部未焊透出现在焊缝中间，K形坡口则偏离焊缝中心
未熔合	一般焊缝一侧平直，另一侧有弯曲，黑度淡而均匀，时常伴有夹渣。层间未熔合影像不规则，且不易分辨
裂纹	一般呈直线或略有锯齿状的细纹，轮廓分明，两端尖细，中部稍宽，有时呈现树枝影像
夹钨	在底片上呈圆形或不规则的亮斑点，且轮廓清晰

任务实施

一、ZDY80 减速机箱体的焊接

ZDY80 减速机焊接箱体如图 1－2－5 所示。

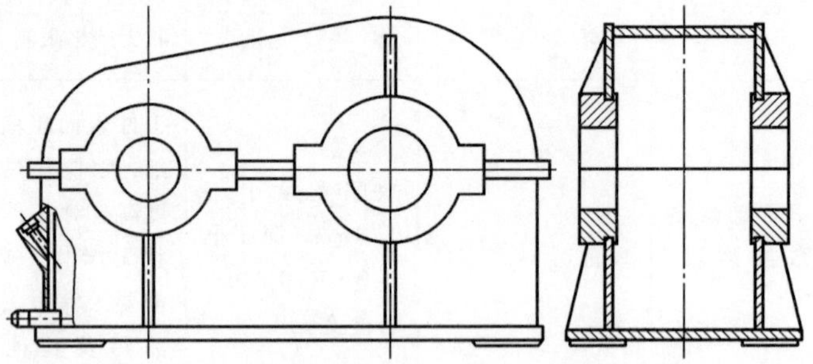

图 1－2－5　ZDY80 减速机焊接箱体

1. 材料准备

电焊条、图纸和有关技术资料规定的半成品零部件和辅料。

2. 设备及工具准备

（1）交（直）流弧焊机、CO_2 保护焊机。

（2）电焊钳、焊枪、面罩及其他防护用品。

（3）放样划线平台、柜体胎具（根据箱体结构大小配备）。

（4）钢卷尺、角尺、直线尺、石笔、一米钢尺。

（5）各种焊接夹具、手锤、清渣用尖锤、扁铲。

3. 焊前准备

（1）熟悉分配任务单，充分透彻了解图纸、工艺文件、技术要求和各部件焊接尺寸。不理解处，可咨询技术工艺部门，在未消化弄懂之前切勿盲目施工。

（2）备料。

1）按图纸序号领取加工焊接件。对于钢板厚度大于相邻最小钢板厚度按 GBP 85—1988 中的相应规定，开设 V 形坡口。

2）按图纸尺寸、序号下料，需给切削加工留合理的余量，没有下料图时，按箱体图下料，并在箱体图上做好标识，防止重复下料。

3）下料后钢板必须进行喷砂或喷丸处理，并进行矫正。

4）轴承座必须先加工结合面，异形工件、异型孔需先加工到尺寸。

5）对图纸中要求卷板折弯型的部件需按图加工，禁止拼焊。

6）所有焊接件必须去氧化渣、结瘤。清除焊缝两侧内外表面 20mm 范围内的油污、锈蚀、尘土，且应露出金属光泽。所有接合面粗糙度 $Ra \leqslant 25\mu m$，并保持焊接面干燥洁净。

7）所有焊接件必须按图纸进行复核检验，对不合格部件及时处理，无法补救的需立即补料，严禁将不合格部件焊接到箱体上。

8）所有部件按图纸序号分类摆放整齐，并做好标识，便于拼装焊接时取件。

9）所有工件必须轻拿轻放，运输、堆放时应避免碰撞、挤压，防止工件受力变形（尤其卷板、折弯成型件），影响箱体质量。

（3）根据焊接件材料、规格，选择合适的焊丝、焊接电流、焊接电压。

4. 箱体焊接工艺过程

ZDY80 箱体焊接工艺过程如表 1－2－8 所示。

表 1－2－8　　ZDY80 箱体焊接工艺过程

工序号	工序名称	工序内容
0	焊前准备	焊前准备
		1）清除箱体表面杂污物，保持焊缝干燥洁净
		2）焊接辅助夹具、胎具应完好
		3）根据焊接件材料、规格，按照附表选择合适的焊丝、焊接电流、焊接电压
		4）板厚 δ 大于 50mm 要预热，80 ~ 100℃后焊接
1	焊接	重要焊缝
		1）焊箱盖两侧板与轴承座接合处
		2）两侧板接合处连续角焊
		3）全位置角焊两侧板、轴承座与哈夫板接合处
		4）清除焊缝表面氧化皮，氧化渣
2	检验 2	按图纸尺寸、形状，保证各部尺寸，矫正焊接变形、整形。工具：一米钢尺、三米卷尺
3	焊接	1）哈夫板接缝开坡口，角度 50°
		2）清除干净坡口表面氧化渣
		3）坡口焊接为平焊，焊接二层，其余为焊接一层
4	焊接	1）焊上箱盖与两侧板顶端内接合处
		2）角焊前后盖板与上箱盖接合处，全位置
		3）整体箱盖焊接按工序号 1、3、4 方法
5	焊接	全位置角焊各加筋板
6	检验 6	1）角焊缝，其焊高为相邻焊件最小板厚的 0.7 倍
		2）焊缝有效宽度：8 ~ 12mm
		3）焊缝不许有裂纹，未融合、未焊透、气孔等缺陷
7	焊接	重要焊缝
		1）翻转箱体。全位置角焊轴承座与两侧板、哈夫板，前后盖板、底板接合处。采用工序号 1、3、4 方法。开坡口焊接二层，其余为焊接一层
		2）按工序号 1、3、4、5 方法焊接其他结构部件

续表

工序号	工序名称	工序内容
8	检验 8	1）符合检验 2、6 要求
		2）角焊缝及其他焊缝按 BK 级 5
		3）焊缝的余高不低于材料的平面
		4）接缝质量评定等级按 BS 级
		5）缺陷分级为Ⅱ（GB/T 12469—1990）
		6）按图纸要求保证各部尺寸，矫正焊接变形、整形
9	焊接	1）切割哈夫板外周边侧面各连接块，切口处打磨平整
		2）全位置角焊箱盖、箱体内各焊缝
10	检验 10	1）焊道成形美观，符合工序号检验 2、6、8 要求
		2）表面有缺陷必须焊补平，磨光、平整
		3）各部件轮廓清晰，无明显迭缝
		4）保证各部尺寸符合图纸要求
		5）重要焊缝进行超声波探伤，焊缝质量不低于 GB/T 11345—2013 规定的 3 级
		6）箱体必须进行焊缝泄漏试验
11	辅助工序	打磨各角焊缝表面，无结瘤，光滑、平整，角部 R 过渡必须圆滑
12	拼合、回火	1）箱体、箱盖拼合。在哈夫板周边侧面，用工艺连接板点焊牢固
		2）一次回火处理后，按图纸要求粗加工孔、外形、周边及各部位，为箱体的回火变形留合理的精加工余量
		3）二次回火后进行喷丸，喷丸后不加工表面立即涂底漆，棱边去钝，去毛刺，切割工艺支撑板，切口处打磨平整
		检验合格，转下道工序

5. 焊接注意事项

（1）严格遵守操作规程，防止安全事故发生，确保安全生产。

（2）乙炔瓶、氧气瓶远离施工现场，禁止在乙炔瓶、氧气瓶旁施工。

（3）定期检查焊机钳绝缘性能，发现损伤及时修理。

（4）焊条焊接时必须使用带弧焊护目镜片的面具，戴点焊手套，穿长袖工作服，做好防护。

（5）焊接前清理现场有机灰尘、木材、木屑、干草、棉布等易燃物，如有无法撤离易燃物，可覆盖湿麻袋、石棉布进行防护，焊接场所应远离汽油、油漆等易燃易爆物。焊接结束应拉闸，消灭火种。

（6）焊缝无咬边、烧穿、焊瘤、弧坑等焊接缺陷。

（7）焊接完成后进行油浸检查，查看焊缝是否漏油。

二、ZDY80 减速机箱体焊接质量检测

1. 材质检查

核查所用材料的材料质保书（炉号、批号、化学成分、机械性能等）和钢板表面的唛头标示是否一致，对于零散板料，检查是否有清晰的标记移植。

2. 外观检查

目视检查切割面及材料的表面。

（1）修补母材缺陷（剥落、敲伤、麻点、裂纹）。

（2）确认切割后的氧化膜及割渣是否完全去除。

3. 尺寸检查

主要包括拼装尺寸、焊缝间隙的检查。除图纸中未明确标注外，拼装尺寸执行标准见表 1－2－9，焊缝检查执行表 1－2－10。

表 1－2－9　　拼装尺寸的检查标准

项目	尺寸区分	检查方法	公差值
焊缝间隙	焊接长度 2000mm 以下	用直尺或塞尺进行检查	≤2mm
	焊接长度 2000mm 以上		≤3mm
拼接尺寸	1000mm 以下	用直尺进行检查	±2mm
	1000～2000mm		±3mm
	2000～3000mm		±3.5mm
	3000～5000mm		±4mm
	5000mm 以上		±4.5mm

表 1－2－10　　焊缝的检查标准

项目	公差值
咬边	主要零件：0.5mm 以下辅助零件：1mm 以下
焊瘤	主要零件：0.5mm 以下辅助零件：1mm 以下
焊缝宽度的不均匀	3mm/150mm（焊缝的长度）以下
焊缝的凹凸	3mm/150mm（焊缝的长度）以下
裂纹	不允许（不合格）
气孔	大小：4mm 以下 3 个/25mm（长度），但是不可以有连续线状气孔
加强高	板厚的 10% 以下，但是最高为 4mm
其他	没有完全除去飞溅、焊渣 用角向砂轮将吊具、撑筋等安装面打磨光滑

4. 无损探伤

图纸上有探伤要求时，根据图纸要求进行无损探伤。吊耳的焊缝在角向砂轮打磨

后，进行磁粉探伤。焊缝需要机加工的场合，机加工后，进行渗透探伤或磁粉探伤。全焊透焊缝，进行超声波探伤（UT）。非全焊透或角焊缝等，依据图纸进行磁粉（MT）或着色（PT）探伤。

5. 渗漏检查

对于减速机箱体，焊接完后对箱体焊缝处做煤油渗漏试验，确保焊缝无渗漏。

6. 焊后热处理检查

根据规定的退火工艺来检查焊接件的焊后去应力情况。

7. 防锈涂装检查

防锈涂装前要进行表面处理，喷丸后6h内需完成底漆防锈涂装，油漆的选择及涂装需按照图纸或技术条件规定的要求实施，包括油漆的种类、特性、颜色、漆膜厚度和油气层间的时间控制要求。如有特别要求，可作油漆附着力试验。需特别注意焊接齿轮箱体等指定耐油涂装的部位。

任务评价

箱体焊接与质量检测工作任务实施评价见表1-2-11。

表1-2-11　　工作任务实施评价表

班级		学号		姓名		学校导师		企业导师	

评价项目	评价标准	评价细则	配分	评价方式				得分
				自评	互评	学校导师评价	企业导师评价	
				20%	20%	30%	30%	
专业能力	1. 能识读ZDY80减速机上、下箱体的焊接工艺图	读错一处扣2分，共计10分	60					
	2. 能识读ZDY80减速机箱体焊接工艺过程卡	不能正确说出焊接顺序扣10分						
	3. 能根据工艺文件领取焊接所需设备、工具、量具等	（1）领取材料时每缺少一个零部件扣5分 （2）未及时发现焊接缺陷每处扣5分 （3）设备、工量具不能正常使用每发现一次扣2分						
	4. 能根据焊接要求进行质量检测	（1）表面质量每缺检或错检一处扣2分 （2）每缺检或错检一处扣2分						

续表

班级		学号		姓名		学校导师		企业导师	

评价项目	评价标准	评价细则	配分	评价方式				得分
				自评	互评	学校导师评价	企业导师评价	
				20%	20%	30%	30%	
方法能力	1. 会制定项目实施文件	实施文件每缺少一项扣 2 分	20					
	2. 能规范穿戴劳保用品，仪容仪表整洁	（1）劳保用品穿戴不规范扣 5 分 （2）仪容仪表不整洁扣 5 分						
	3. 能掌握新知识、新方法、新设备、新工艺	对焊接新知识、新方法、新设备、新工艺缺乏了解，视情节酌情扣 5～10 分						
	4. 具有分析解决实际问题的能力和一定创新精神和创造能力	分析问题不透彻，解决问题不到位，缺乏自己独到的见解，视情节酌情扣 5～10 分						
社会能力	1. 严格遵守工作场所管理制度，认真执行 7S 管理	违反工作场所管理制度或任务结束未执行 7S 管理，每次视情节酌情扣 5～10 分	20					
	2. 具有一定的沟通协调和团队协作能力	未体现沟通协调和团队协作精神扣 3 分						
	3. 具有安全文明生产意识	准备过程中违反安全生产规程，视情节轻重酌情扣 10～20 分，出现人身、设备、工量具损坏等严重事故者，本次考核以零分计						
日期	年　月　日	导师签名					合计	

知识拓展

焊接机器人

焊接机器人是从事焊接（包括切割与喷涂）的工业机器人。工业机器人是面向工业领域的多关节机械手或多自由度的机器装置，它能自动执行工作，是靠自身动力和控制能力来实现各种功能的一种机器。它可以接受人类指挥，也可以按照预先编排的程序运行，现代的工业机器人还可以根据人工智能技术制定的原则纲领行动。

焊接机器人是集机械、计算机、电子、传感器、人工智能等多方面知识技术于一体的现代化、自动化设备。焊接机器人主要由机器人和焊接设备两大部分构成。机器人由机器人本体和控制系统组成。焊接设备以点焊为例，则由焊接电源、专用焊枪、传感器、修磨器等部分组成。此外，还有相应的系统保护装置。

为了适应不同的用途，机器人末尾一个轴的机械接口，通常是一个连接法兰，可接装不同工具或称末端执行器。焊接机器人就是在工业机器人的末轴法兰装接焊钳或焊（割）枪，使之能进行焊接、切割或热喷涂。

工业制造领域中应用较广泛的机器人是焊接机器人，特别是在汽车制造业中，机器人使用量约占全部工业机器人总量的30%，而其中的焊接机器人数量占50%左右。焊接机器人是焊接自动化的革命性进步，它突破了焊接刚性自动化的传统方式，开拓了一种柔性自动化生产方式。

巩固提高

一、填空题

1. 按照常见的焊接分类方法，焊接可分为__________、__________、__________三类。

2. 焊接接头包括__________、__________、__________三部分。

3. 焊接接头的基本形式可分为__________、__________、__________和__________。

4. 不同厚度钢板对接，进行环缝焊接时，应对厚板进行__________。

5. 焊接时常见的焊缝内部缺陷有__________、__________、__________、__________、__________、__________等。

6. 厚度较大的焊接件应选用直径__________的焊条。

7. 焊条直径的选择应考虑__________、__________、__________、__________。

8. 一般电弧焊接过程包括__________、__________、__________。

9. 用焊接方法连接的接头称为焊接接头，它包括__________、__________和__________。

10. 使用氧气瓶应__________在安全场地，并用链条固定好。

11. 乙炔瓶不要靠近热源和电气设备，避免阳光直接照射，与明火的距离一般应不小于__________。

12. 焊接残余变形的矫正法有__________矫正法和__________矫正法两大类。

13. 在焊接过程中，焊接电流过小时，会产生__________、__________及__________等。

14. CO_2 焊时为减少焊缝中的气孔，焊丝中必须含有足够的脱氧元素__________。

15. 选择 CO_2 焊丝直径主要是根据__________、施焊位置和__________来决定。

16. 在不采取任何措施的情况下，CO_2 气体保护焊施焊场所的风速应小于__________ m/s。

17. CO_2 气体保护焊一般采用__________引弧。

18. CO_2 气体保护焊焊枪的运动方向有__________和__________。

19. 焊工工作时，如不穿戴好工作服，弧光会__________。

二、选择题

1. 手工电弧焊时，收尾弧坑较大，易出现弧坑偏析现象，而引起（　　）。

A. 弧坑裂纹　B. 表面夹渣　C. 气孔　D. 咬边

2. 下列坡口形式比较容易加工的是（　　）。

A. V 形　B. U 形　C. 双 U 形　D. 双 V 形

3. 电弧焊是利用（　　）作为热源的熔焊方法。

A. 电弧　B. 气体燃烧火焰　C. 化学反应热　D. 电能

4. 一般手工电弧焊的焊接电弧中温度最高的是（　　）。

A. 阴极区　B. 阳极区　C. 弧柱区　D. 正极区

5. 焊接时，若电缆线与焊件接触不良则造成（　　）。

A. 焊机过热　B. 焊接电流忽大忽小　C. 电焊钳过热　D. 熄弧

6. 检查气孔夹渣缺陷最灵敏的无损探伤方法是（　　）探伤。

A. 射线　B. 超声波　C. 渗透　D. 磁粉

7. 焊接接头根部预留间隙的作用是（　　）。

A. 防止烧穿　B. 保证焊透　C. 减少应力　D. 提高效率

8. 最常用的接头型式是（　　）。

A. 丁字接头　B. 搭接接头　C. 对接接头　D. 十字接头

9. 焊接时开坡口的目的主要是为了（　　）。

A. 增加熔宽　B. 保证焊透　C. 增大熔合比　D. 减小热影响区

10. 氧气压力表和乙炔压力表（　　）调换使用。

A. 可以　B. 不能　C. 无所谓　D. 视情况而定

11. CO_2 气保焊时，对操作人员身体造成损害的环境因素不包括（　　）。

A. 噪声　B. 辐射　C. 废气　D. 粉尘

12. 焊接时，接头根部未完全熔透的现象叫（　　）。

A. 气孔　B. 焊瘤　C. 凹坑　D. 未焊透

13. 预防和减少焊接缺陷的可能性的检验是（　　）。

A. 焊前检验　B. 焊后检验　C. 设备检验　D. 材料检验

14. 外观检验不能发现的焊缝隙缺陷是（　　）。

A. 咬肉　B. 焊瘤　C. 弧坑裂纹　D. 内部夹渣

15. 属于 CO_2 气体保护焊主要缺点的是（　　）。

A. 气孔　B. 裂纹　C. 飞溅　D. 未焊透

三、判断题

1. 焊前预热既可以防止产生热裂纹，又可以防止产生冷裂纹。（　　）
2. 气孔是在焊接过程中，熔池的气泡在凝固中未能逸出而残留下来所形成的空穴。（　　）
3. 焊接接头中最危险的焊接缺陷是焊接裂纹。（　　）
4. 咬边作为一种缺陷的主要原因，是在咬边处会引起应力集中。（　　）
5. 焊接时，随着焊接电流的增加，焊接热输入增大。（　　）
6. 在焊接过程中钝边的作用是防止烧穿。（　　）
7. CO_2 气体保护焊时，产生气孔主要是由于保护气层被破坏，使空气侵入而形成氮气孔。（　　）
8. CO_2 气体保护焊形成氢气孔的可能性较小。（　　）

四、简答题

1. 什么是焊接？焊接的方法分哪几种？

2. 什么是电弧焊？工艺参数有哪些？试述其焊接过程。
3. CO_2 气体保护焊有哪些特点？焊接材料有哪些？
4. 箱体常见焊接缺陷有哪些？试述这些缺陷发生的原因以及防止措施。
5. 焊接质量检验的目的是什么？可以通过哪些方式进行检验？
6. 简述 ZDY80 减速机箱体的焊接准备工作及箱体结构拼装工艺过程。
7. ZDY80 减速机箱体焊接质量检测有哪些内容？

任务三　箱体的机加工与质量检测

任务描述

该项目根据企业工作流程完成 ZDY80 减速机箱体的加工与质量检测，让学生在完成任务的过程中，学习铣削、钻削、镗削基本知识和基本技能，体验企业工作过程，感知企业文化，培养综合职业能力。

任务目标

1. 能制定项目实施文件。
2. 能识读 ZDY80 减速机箱体零件图。
3. 能分析制定 ZDY80 减速机箱体机械加工工艺过程卡。
4. 能根据工艺文件准备箱体加工所需零部件、设备、工具、量具、辅助材料等。
5. 能在铣床、镗床和钻床上合理安装箱体工件，选择合适刀具和切削用量。
6. 会正确、安全、规范地进行箱体的铣削、镗削、钻削和铰削加工。
7. 会选用适当量具、量仪对箱体加工的尺寸精度、形位公差和表面质量进行检测。
8. 能进行“7S”管理。

知识链接

一、金属切削运动与切削要素

1. 切削运动

切削运动是指在金属切削加工过程时，为了切除工件上多余的金属，形成合格的加工表面，刀具和工件所做的相对运动。按其所起作用不同，可分为主运动和进给运动，如图 1－3－1 所示。

（1）主运动。由机床或手动提供的刀具与工件之间主要的相对运动，使刀具切削刃切入工件材料，使被切削层转变为切屑，从而形成工件新表面。一般来讲，在切削过程中，主运动的速度最高、消耗的功率最大，通常是连续运动，可以是工件或刀具，且只

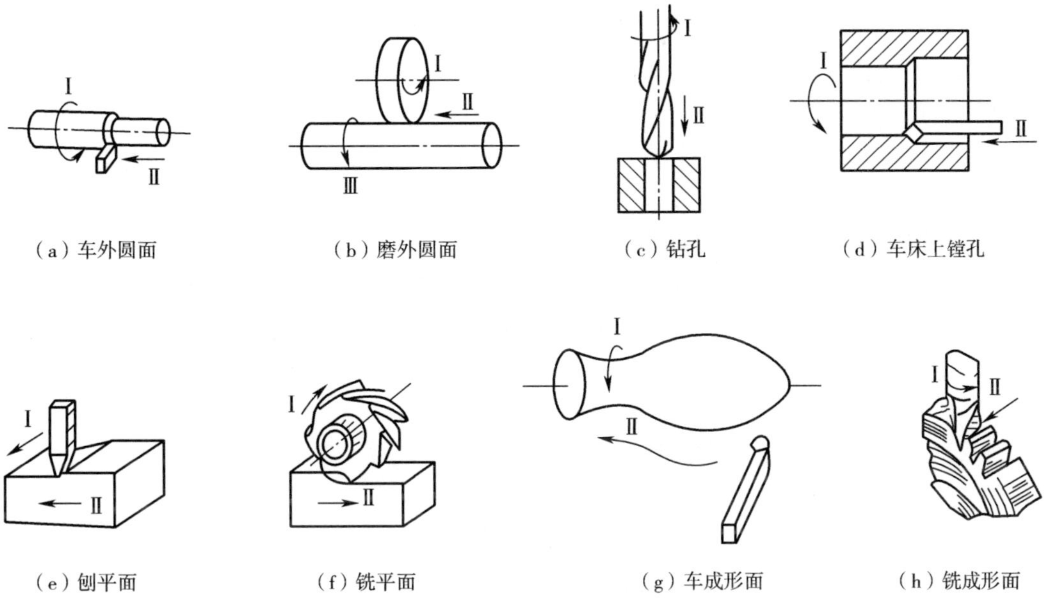

（a）车外圆面　（b）磨外圆面　（c）钻孔　（d）车床上镗孔

（e）刨平面　（f）铣平面　（g）车成形面　（h）铣成形面

图 1－3－1　主运动和进给运动

有一个。车削时，工件的回转运动为主运动；磨削时，砂轮的旋转运动为主运动；铣削和钻削时，刀具的旋转运动为主运动；镗削时，工件的旋转运动为主运动；刨削时，牛头刨床的刀具或龙门刨床的工件的往复直线运动为主运动。

（2）进给运动。由机床或手动传给刀具或工件的运动，它配合主运动依次地完成或连续地切除切屑，同时形成具有所需几何特性的已加工表面。进给运动可以有一个或几个，可以是刀具或工件的运动，可以是间歇或连续运动。车削时，刀具的移动为进给运动；磨削内外圆时，工件的旋转运动和移动为进给运动；磨削平面时，工件的移动为进给运动；钻削时，钻头沿其轴线的移动为进给运动；镗削时，刀具的移动为进给运动；刨削时，牛头刨床的工件移动或龙门刨床的刀具移动为进给运动；铣削时，工件的移动为进给运动。

（3）切削层。切削层是指切削时由刀具在切削部位的一个单一动作所切除的工件材料层，如图 1－3－2 所示。

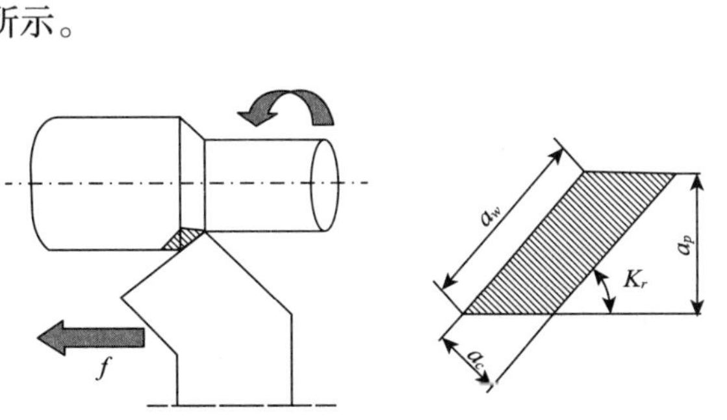

图 1－3－2　切削层计算

1）切削层厚度 a_c：两相邻加工表面间的垂直距离 $a_c = f \cdot \sin k_r$。

2）切削层长度 a_w：沿主切削刃度量的切削层尺寸 $a_w = a_p / \sin k_r$。

3）切削面积 A_C：切削层在垂直于切削速度截面内的面积 $A_c = a_c \cdot a_w = f \cdot a_p$。

2. 切削时的工件表面

在切削加工过程中，工件上有三个依次变化着的表面：待加工表面、过渡表面和已加工表面，如图 1－3－3 所示。

（1）待加工表面。加工时即将被切除的表面。

（2）已加工表面。已被切去多余金属而形成符合要求的工件新表面。

（3）过渡表面。加工时由主切削刃正在切削的那个表面，它是待加工表面和已加工表面之间的表面。

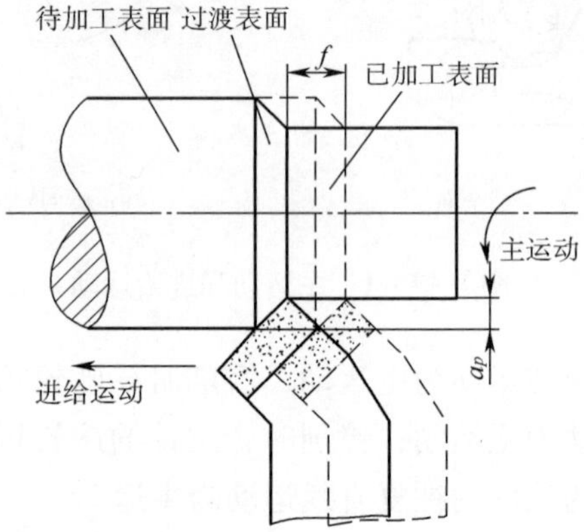

图 1－3－3　切削工件表面

3. 切削用量三要素

在切削加工过程中，需要针对不同的工件材料、刀具材料和其他技术经济指标来选定适宜的切削速度 v_c、进给量 f 或进给速度 v_f，还要选定适宜的切削深度 a_p 值。v_c、f、a_p 称之为切削用量三要素。

（1）切削速度 v_c（m/s、m/min）。在单位时间内，工件和刀具沿主运动方向的相对位移。多数切削加工的主运动采用回转运动，此时切削速度为回转体（刀具或工件）上外圆或内孔某一点的速度（在切削刃上），即切屑相对刀具上某一点移动的速度。

主运动为旋转运动时，

$$v_c = \frac{\pi d n}{1000} \ (\text{m/s})$$

式中：d——工件或刀具上某一点的回转直径（mm）；

n——工件或刀具转速（r/s 或 r/min）。

主运动为直线运动时，

$$v = \frac{2Ln_r}{1000 \times 60} \ (\text{m/s})$$

式中：L——往复运动行程长度（mm）；

n_r——主运动每分钟往复次数。

当转速 n 一定时，切削刃上各点的切削速度是不同的，考虑到刀具的磨损和已加工表面等因素，在计算时，应取最大的切削速度。如车削外圆时应计算待加工表面上的速度；车削内孔时应计算已加工表面上的速度。

（2）进给速度、进给量和每齿进给量。进给速度是单位时间的进给量，用 v_f 表示，单位为 mm/s。

进给量是工件或刀具每回转一周时，两者沿进给运动方向的相对位移，用 f 表示，单位为 mm/r。

对于主运动为往复直线运动的加工（刨削），需要规定间歇进给的进给量，单位为 mm/d · str（毫米/双行程）。

对于多刃切削工具（铣刀、铰刀、拉刀、齿轮滚刀），应规定每一刀齿的进给量 f_Z，即后一个刀齿相对前一个刀齿的进给量，单位为 mm/z。

$$V_f = f \cdot n = f_Z \cdot z \cdot n$$

（3）切削深度。为工件上已加工表面和待加工表面间的垂直距离，也称背吃刀量、进刀深度，用 a_p 表示，单位为 mm。

外圆柱面车削的切削深度可用下式计算：

$$a_p = \frac{d_w - d_m}{2} \text{（mm）}$$

对于钻孔工作：

$$a_p = \frac{d_m}{2} \text{（mm）}$$

式中：d_m——已加工表面直径（mm）；

d_w——待加工表面直径（mm）。

二、切削刀具的选用

在切削加工过程中，刀具担负着切除工件上多余金属以形成已加工表面的任务。刀具切削部分的材料、几何参数以及结构的合理性等将直接影响切削性能的好坏，同时对刀具寿命、加工生产效率、加工质量以及加工成本都会产生很大影响，因此必须合理选择。

1. 刀具材料性能

在进行金属切削加工时，刀具切削部分直接和工件及切屑相接触，承受着很大的切削力和冲击，并受到工件及切屑的剧烈摩擦，产生很高的切削温度，即刀具在切削时要承受高温、高压、强烈的摩擦、冲击和振动，因此刀具材料必须具备良好的性能。

（1）高的硬度和耐磨性。硬度是刀具材料应具备的基本特性。刀具要从工件上切下切屑，其硬度必须比工件材料的硬度大。一般刀具材料的硬度越高，耐磨性越好，其常温硬度一般要求大于 60HRC。

（2）足够的强度和韧性。要使刀具承受切削负荷、振动和冲击而不产生崩刃和折断，为此，刀具材料必须具备足够的强度和韧性。

（3）高的热稳定性。刀具在高温下工作，要求刀具材料具备高的热稳定性，也称高的耐热性。耐热性是衡量刀具材料切削性能的主要标志。即刀具材料在高温下硬度、耐磨性、强度和韧性变化很小，仍能保持正常切削。

（4）良好的物理特性。即刀具材料具备良好的导热性、大的热容量以及优良的热冲击性能。刀具材料的导热性越好，切削热越容易从切削区散走，有利于降低切削温度。刀具材料的导热性用热导率表示。热导率大，表示导热性好，切削时产生的热量就容易传散出去，从而降低切削部分的温度，减轻刀具磨损。

（5）良好的工艺性和经济性。既要求刀具材料本身的可切削性能、耐磨性能、热处理性能、焊接性能等要好，且又要资源丰富，价格低廉。

2. 常用刀具材料

刀具材料可分为工具钢、高速钢、硬质合金、陶瓷和超硬材料五大类。常用刀具材料的主要性能及用途见表1－3－1。

表1－3－1　　常用刀具材料的主要性能

种类	说明	常用牌号	工艺性能	用途
碳素工具钢	含碳量：0.7%～1.3%，硬度：HRC61～65，热硬性：200～250℃，速度：0.1～0.2m/s	T8A T10A T12A	淬火后易变形和开裂，可冷热加工成形，刃磨性能好	用于简单、低速的手工工具，如锉刀、锯条、錾子、刮刀等
合金工具钢	碳素工具钢中加入适量的铬（Cr）、钨（W）、锰（Mn）、硅（Si）等合金元素，提高材料的热硬性、耐磨性和韧性。硬度：HRC61～65，热硬性：300～350℃，速度：0.25～0.3m/s	9SiCr CrWMn	可冷热加工成形，刃磨性能好，淬火变形小、淬透性好	用于制造形状较复杂、低速加工的成形刀具，如丝锥、板牙、铰刀等
高速钢	高速钢又称白钢、锋（或风）钢，钢中加入铬（Cr）、钨（W）、钒（V）、钼（Mo）等合金元素的高合金工具钢。淬火硬度：HRC63～67，热硬性：500℃～600℃，允许切削速度：40m/min	W18Cr4V W6Mo5Cr4V2	可冷热加工成形，具有较高的抗弯强度和冲击韧度，刃磨性能好，热处理变形小	常用于制造各种形状复杂的成形刀具和精加工刀具，如钻头、铰刀、铣刀、拉刀、齿轮刀具等
硬质合金	硬质合金是由硬度和熔点都很高的碳化钨（WC）、碳化钛（TiC）等金属碳化物作基体，用钴（Co）、镍（Ni）、钼（Mo）作黏结剂，用粉末冶金的方法烧结而成。硬度：HRC74～82，热硬性：可达800～1000℃，切削速度：100～300m/min	K类 （YG类） P类 （YT类） M类 （YW类）	与高速钢相比，其抗弯强度较低、脆性较大，抗振动和冲击性能也较差。粉末冶金成形，只能磨削加工不能热处理，多镶片使用	用于制造简单的高速切削刀具，如车刀、刨刀、铣刀刀片

续表

种类	说明	常用牌号	工艺性能	用途
涂层刀具	在硬质合金或高速钢的基体上，通过化学或物理方法在其表面涂一层几微米（5～12μm）厚的高硬度、高耐磨性的难熔金属化合物（TiC、TiN、AL_2O_3 等）构成	CN、CA、YB	提高刀具材料的耐磨性，而又不降低其韧性。涂层硬质合金和高速钢刀具的耐用度比不涂层至少提高 1～3 倍和 2～10 倍	化学气相沉积法（CVD 法），适用于硬质合金刀具；物理气相沉积法（PVD 法），适用于高速钢刀具
陶瓷	主要是由纯 Al_2O_3 或氮化硅（Si_3N_4）或在其中加入一定的金属元素或金属化合物，采用热压成形和烧结的方法获得。硬度、耐磨性和耐热性好，硬度 91～95HRA，热硬性：1200℃，常用速度：100～400m/min，甚至可高达 750m/min，切削效率比硬质合金提高 1～4 倍	SG4、AT6	与金属亲和力小，不易粘刀，加工表面光洁，但抗弯强度低，冲击韧性差。压制烧结成形，只能磨削加工，不需热处理，脆性略大于硬质合金	主要用于冷硬铸铁、高硬钢和高强钢等难加工材料的半精加工和精加工，多用于车刀
立方碳化硼（CBN）	由立方氮化硼（白石墨）在高温高压下制成的一种新型超硬刀具材料，硬度达 7000～8000HV，耐磨性好，热硬性达 1400℃，在 1200～1300℃ 高温下不与铁发生化学反应	FD、LBN－Y	抗弯强度与韧性略低于硬质合金 高温高压烧结成形，硬度高于陶瓷，极脆，可用金刚石砂轮磨削，不需热处理	主要用于加工淬硬钢、耐磨铸铁、高温合金等高硬度、高强度难加工材料
人造聚晶金刚石（PCD）	在高温高压下将金刚石微粉聚合而成的多晶体材料，与金属摩擦系数很小，切削刃极锋利，能切下极薄切屑，硬度极高，可达 5000HV 以上，天然金刚石，可达 10000HV，耐磨性极好，可切削极硬材料而长时间保持尺寸的稳定性，刀具耐用度比硬质合金高几十倍至三百倍；热硬性差，在 700～800℃ 时易脱碳，失去硬度，不能在高温下切削		有极高的硬度（高于 CBN）和耐磨性，很好的导热性，较低的热膨胀系数，与铁元素的化学亲和力很强，不宜加工黑色金属。韧性和抗弯强度差，对振动敏感。只有硬质合金的 1/4 左右	主要用于精加工有色金属及非金属，超精加工以及作磨具、磨料用。如铝、铜及其合金、陶瓷、合成纤维、强化塑料和硬橡胶等

三、切削刀具的几何角度

为了保证切削加工的顺利进行，获得合格的加工表面，所用刀具的切削部分必须具有合理的几何形状，刀具角度是用来确定刀具切削部分几何形状的重要参数，其能保证组成刀具切削部分的各表面之间的相对位置。

虽然用于切削加工的刀具种类繁多，形状各异，但刀具切削部分的几何形状却有共同之处，都是以普通外圆车刀切削部分的几何形状为基本形态。普通外圆车刀是所有刀具中最简单、最典型、应用广泛的刀具，不论多么复杂的刀具，都是由普通外圆车刀演变和组合而成。因此认识车刀个体能了解切削刀具的共性问题。

1. 车刀切削部分组成

最常用的外圆车刀切削部分由三个刀面、两个切削刃和一个刀尖组成，简称三面、两刃、一尖，如图 1-3-4 所示。

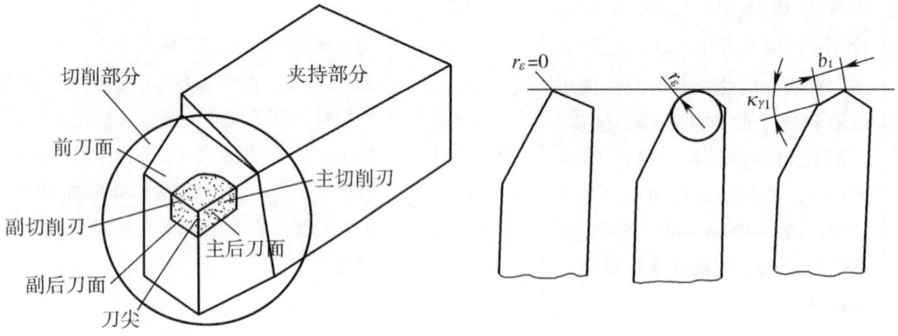

图 1-3-4　外圆车刀

（1）前面（前刀面）A_r。刀具上切屑流出的表面，其可以是平面，也可以是曲面。

（2）后面（后刀面）A_α。刀具上与工件过渡表面相对的刀面，其倾斜一定角度以减小刀具与工件表面间的摩擦。

（3）副后面（副后刀面）A'_α。刀具上与工件新形成的表面相对的刀面或刀具上与前面相交形成副切削刃的表面，其倾斜一定角度以免擦伤已加工表面。

（4）主切削刃 S。前面与后面形成的交线，其在切削中承担主要切削任务。

（5）副切削刃 S'。前面与副后面形成的交线，其担负部分切削任务。

（6）刀尖。主切削刃与副切削刃汇交的一小段切削刃，其一般呈圆弧状，以保证足够的强度和耐磨性。

为了描述刀具几何角度的大小及其空间的相对位置，必须选定一些参考平面和参考系。

2. 刀具角度参考平面

用于构成刀具角度的参考平面主要包括基面、切削平面、正交平面、法平面、假定工作平面和背平面，如图 1-3-5 所示。

（1）基面 P_r。过切削刃上选定点，且垂直于该点切削速度方向或主运动方向的平面。一般来说，其平行或垂直于刀具上的安装面或轴线，如普通车刀的基面 P_r 可理解为平行于刀具的底面。

（2）切削平面 P_s。过切削刃上选定点，与切削刃相切且垂直该点基面 P_r 的平面。它也是切削刃与切削速度方向构成的平面。

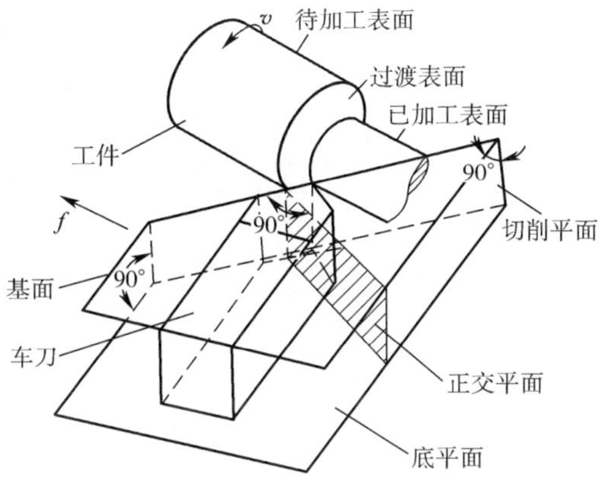

图 1-3-5　刀具角度的参考平面

（3）正交平面（主剖面）P_o。过切削刃上选定点，同时垂直于基面 P_r 与切削平面 P_s 的平面。

（4）法平面 P_n。过切削刃选定点，并垂直于切削刃的平面。

（5）假定工作平面 P_f。过切削刃选定点，平行于假定进给运动方向，并垂直于基面 P_r 的平面。

（6）背平面 P_p：过切削刃选定点，同时垂直于假定工作平面 P_f 与基面 P_r 的平面。

3. 刀具的标注角度

描述刀具的几何形状除必要的尺寸外，主要使用的是刀具角度。刀具标注角度的参考系主要包括正交平面参考系、法平面参考系和假定工作平面参考系。其中正交平面参考系是由基面 P_r、切削平面 P_s 和正交平面 P_o 构成的空间三面投影体系，是刀具标注角度最常用的参考系。刀具标注角度主要有五种类型，即主偏角 κ_r、副偏角 κ_r'、刃倾角 λ_s、前角 γ_0 和后角 α_0，如图 1-3-6 所示。

（1）在基面 P_r 上标注刀具角度。

主偏角 κ_r——在基面内测量的主切削刃在基面上的投影与进给运动方向之间的夹角。小的主偏角可增加主切削刃参加切削的长度，因而散热较好，对延长刀具使用寿命有利。但在加工细长轴时，工件刚度不足，小的主偏角会使刀具作用在工件上的径向力增大，易产生弯曲和振动，因此，主偏角应选大些。车刀常用的主偏角有 45°、60°、75°、90°等。

副偏角 κ_r'——在基面内测量的副切削刃在基面上的投影与进给运动反方向之间的夹角。其主要作用是减小副切削刃与已加工表面之间的摩擦，以改善已加工表面的粗糙度。在切削深度 a_p、进给量 f、主偏角 κ_r 相等的条件下，减小副偏角 κ_r'，可减小车削后的残留面积，从而减小表面粗糙度，一般选取 $\kappa_r' = 5° \sim 15°$。

（2）在切削平面 P_s 上标注刀具角度。

刃倾角 λ_s——在切削平面内测量的主切削刃 S 与基面 P_r 之间的夹角。其作用主要是控制切屑的流动方向。主切削刃与基面平行，$\lambda_s = 0$；刀尖处于主切削刃的最低点，λ_s 为负值，刀尖强度增大，切屑流向已加工表面，用于粗加工；刀尖处于主切削刃的最高

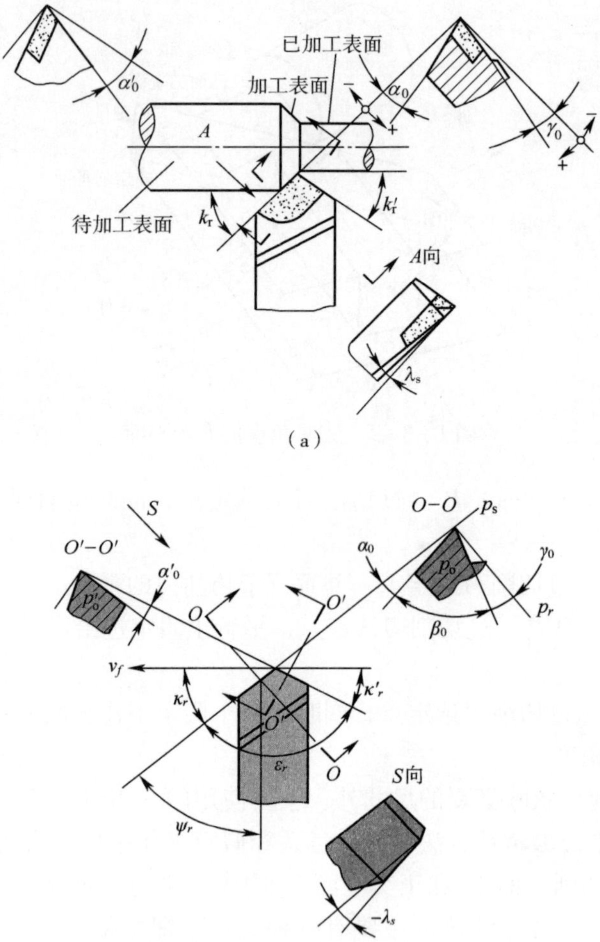

（a）

（b）

图 1－3－6　刀具的标注角度

点，λ_s 为正值，刀尖强度削弱，切屑流向待加工表面，用于精加工。车刀刃倾角 λ_s，一般在 $-5° \sim +5°$ 选取。

（3）在正交平面 P_0 上标注刀具角度。

前角 γ_0——正交平面内测量的前刀面 A_r 与基面 P_r 间的夹角。前角 γ_0 有正负之分，当前面 A_r 与切削平面 P_s 间的夹角小于90°时，取正号；大于90°时，则取负号。其作用是使刀刃锋利，便于切削。但前角不能太大，否则会削弱刀刃的强度，容易磨损甚至崩坏。加工塑性材料时，前角可选大些，如用硬质合金车刀切削钢件可取 $\gamma_0 = 10° \sim 20°$，加工脆性材料，车刀的前角 γ_0 应比粗加工大，以利于刀刃锋利，工件的粗糙度小。

后角 α_0——正交平面内测量的主后刀面 A_α 与切削平面 P_s 间的夹角。其作用是减小车削时主后面与工件的摩擦，一般取 $\alpha_0 = 6° \sim 12°$，粗车时取小值，精车时取大值。

（4）在副正交平面 P_o 上标注刀具角度。

副后角 α_0'——副剖面内测量的副后刀面与副切削平面之间的夹角。

在车刀的 κ_r、κ_r'、λ_s、γ_0、α_0 五个基本标注角度中，κ_r、λ_s 确定了主切削刃 S 的空间位置，κ_r'、λ_s 确定了副切削刃 S' 的空间位置；γ_0、α_0 则确定了前面 A_r 和后面 A_α 的空间位置，γ_0'、α_0' 则确定了副前面 A_r' 和副后面 A_α' 的空间位置。

此外，还有以下派生角度：刀尖角 ε_r——在基面 P_r 内测量的主切削平面 P_s 与副切削平面 P_s' 间的夹角，$\varepsilon_r = 180° - (\kappa_r + \kappa_r')$；余偏角 ψ_r——在基面 P_r 内测量的主切削平面 P_s 与背平面 P_P 间的夹角，$\psi_r = 90 - \kappa_r$；楔角 β_0——在正交平面中测量的前刀面 A_r、后刀面 A_α 之间的夹角，$\beta_0 = 90° - (\gamma_0 + \alpha_0)$。

4. 刀具的刃磨

刀具用钝后，必须刃磨，以便恢复它的合理形状和角度。车刀一般在砂轮机上刃磨。磨高速钢车刀用白色氧化铝砂轮，磨硬质合金车刀用绿色碳化硅砂轮。

车刀重磨时，往往根据车刀的磨损情况，磨削有关的刀面即可。车刀刃磨的一般顺序是：磨后刀面→磨副后刀面→磨前刀面→磨刀尖圆弧。车刀刃磨后，还应用油石细磨各个刀面。这样，可有效地提高车刀的使用寿命和减小工件表面的粗糙度。

刃磨车刀时要注意以下事项：

（1）刃磨时，两手握稳车刀，刀杆靠于支架，使受磨面轻贴砂轮。切勿用力过猛，以免挤碎砂轮，造成事故。

（2）应将刃磨的车刀在砂轮圆周面上左右移动，使砂轮磨耗均匀，不出沟槽。避免在砂轮两侧面用力粗磨车刀，以至砂轮受力偏摆，跳动，甚至破碎。

（3）刀头磨热时，即应蘸水冷却，以免刀头因温升过高而退火软化。磨硬质合金车刀时，刀头不应沾水，避免刀片沾水急冷而产生裂纹。

（4）不要站在砂轮的正面刃磨车刀，以防砂轮破碎时使操作者受伤。

四、箱体加工用机床

一般机床主要包括金属切削加工类机床、金属压延加工类机床、数控机床以及能独立完成机械零件加工的其他机床等。机床广泛应用于机械零件加工、机器制造和维修等领域。据统计，目前在我国制造业中，一般机床约占各类机械设备总量的30%以上。因此，机床安装与调试工作是设备安装工的一项重要内容。

1. 机床的分类

（1）按机床的用途和加工性质分类，常见机床的类别及代号见表1-3-2。

表1-3-2　　机床类别及代号

类别	车床	钻床	镗床	磨床			齿轮加工机床	螺纹加工机床	铣床	刨插床	拉床	锯床	特种加工	其他机床
代号	C	Z	T	M	2M	3M	Y	S	X	B	L	G	D	Q
读音	车	钻	镗	磨	二磨	三磨	牙	丝	铣	刨	拉	割	电	其他

（2）按金属切削机床通用特性可分为通用机床、专门化机床和专用机床。

（3）按机床的工作精度可分为普通机床、精密机床和高精度机床。

（4）按机床所能加工的工件尺寸来进行分类，一般来说，工件尺寸越大，加工用的机床越大，机床也就越重。由此，机床可分为以下五种：

1）仪表机床。加工小型仪器仪表零件的机床。

2）中小型机床。机床自重在10t以下的机床。

3）大型机床。机床自重为10～30t的机床。某些机床虽然本身质量未达到10t，但是因其外形尺寸较大，仍列为大型机床，如立式车床、卧式镗床、龙门铣床等。

4）重型机床。在大型机床中，自重超过30t的机床。但对于有些大型机床，无论其自重是否超过30t，均列为重型机床，如最大加工直径超过3000mm的立式车床，镗轴直径大于125mm的镗床，最大加工宽度在1250mm以上的龙门刨床等。

5）特重型机床。自重超过100t的机床，通常称为特重型机床。

2. 机床型号的编制方法

机床的型号是机床产品的代号，机床型号的编制按照《GB 15375—1994 金属切削机床型号编制方法》进行。机床型号是由汉语拼音和阿拉伯数字按一定规律排列组合而成的，可简明表示机床的类型、主要技术参数、性能和结构特点。例如，X6140A型万能升降台铣床型号中的代号及数字的含义如下：

X　　6　　1　　40　　A

①　　②　　③　　④　　⑤

机床型号的组成：①类别代号（铣床类）；②组别（卧式铣床组）；③型别（万能升降台铣床型）；④主参数折算值（工作台工作面宽度的1/10，即工作台工作面宽度为400mm）；⑤重大改进顺序号（第一次重大改进）。

（1）机床类别代号。类别代号是用大写汉语拼音字母表示，如车床为C，铣床为X，共12类金属切削机床类、组划分，见表1－3－3。

表1－3－3　　金属切削机床类、组划分

组别类别	0	1	2	3	4	5	6	7	8	9
车床C	仪表车床	单轴自动车床	多轴自动半自动车床	回轮转塔车床	曲轴及凸轮轴车床	立式车床	落地及卧式车床	仿形及多刀车床	轮轴辊锭及铲齿车床	其他车床
钻床Z		坐标镗钻床	深孔钻床	摇臂钻床	台式钻床	立式钻床	卧式钻床	铣钻床	中心孔钻床	其他钻床
镗床T			深孔镗床		坐标镗床	立式镗床	卧式铣镗床	精镗床	汽车拖拉机修理用镗床	其他镗床

续表

组别类别		0	1	2	3	4	5	6	7	8	9
磨床	M	仪表磨床	外圆磨床	内圆磨床	砂轮机	坐标磨床	导轨磨床	刀具刃磨床	平面及端面磨床	曲轴、凸轮轴、花键轴及轧辊磨床	工具磨床
	2M		超精机	内圆珩磨机	外圆及其他珩磨机	抛光机	砂带抛光及磨削机床	刀具刃磨及研磨机床	可转为刀片磨削机床	研磨机	其他磨床
	3M		球轴承套圈沟磨床	滚子轴承套圈滚道磨床	轴承套圈超精机		叶片磨削机床	滚子加工机床	钢球加工机床	气门、活塞及活塞环磨削机床	汽车拖拉机修磨机床
齿轮加工机床 Y		仪表齿轮加工机		锥齿轮加工机	滚齿轮及铣齿机	剃齿及珩齿机	插齿机	花键轴铣床	齿轮磨齿机	其他齿轮加工机	齿轮倒角及检查机
螺纹加工机床 S					套丝机	攻丝机		螺纹铣床	螺纹磨床	螺纹车床	
铣床 X		仪表铣床	悬臂及滑枕铣床	龙门铣床	平面铣床	仿形铣床	立式升降台铣床	卧式升降台铣床	床身铣床	工具铣床	其他铣床
刨插床 B			悬臂刨床	龙门刨床			插床	牛头刨床		边缘及磨具刨床	其他刨床
拉床 L				侧拉床	卧式外拉床	连续拉床	立式内拉床	卧式内拉床	立式外拉床	键槽、轴瓦及螺纹拉床	其他拉床
锯床 G				砂轮片锯床		卧式带锯床	立式带锯床	圆锯床	弓锯床	锉锯床	
特种加工机床 D			超声波加工机床	电解磨床	电解加工机床			电火花磨床	电火花加工机		
其他机床 Q		其他仪表机床	管子加工机床	木螺钉加工机		刻线机	切断机	多功能机床			

（2）机床特性代号。机床通用特性及代号见表 1－3－4。

表 1-3-4　　机床通用特性及代号

通用特性	高精度	精密	自动	半自动	数控	加工中心（自动换刀）	仿形	轻型	加重型	简式或经济型	柔性加工单元	数显	高速
代号	G	M	Z	B	K	H	F	Q	C	J	R	X	S
读音	高	密	自	半	控	换	仿	轻	重	简	柔	显	速

特性代号也用汉语拼音字母来表示，代表机床具有的特别性能，包括通用特性和结构特性，如 CW6140 中的 W 表示万能的意思，即该机床为万能普通车床，其床身上能加工的工件最大直径为 400mm。同时具有两种特性时，可用两个特性代号字母同时表示，如 MBG1432 表示该机床为最大磨削直径 320mm 的半自动高精度万能外圆磨床。

（3）机床组别和型别代号。用两位数字表示，每类机床按用途、性能、结构的不同分成 10 型，用阿拉伯数字 0 ~9 表示。

（4）主要参数代号。用阿拉伯数字表示，表示机床的主参数，通常用主参数的 1/10 或 1/100 表示。常见机床的主参数及折算系数见表 1-3-5。

表 1-3-5　　常见机床的主参数及折算系数

机床	主参数名称	折算系数
卧式车床	床身上最大回转直径	1/10
升降台铣床	工作台面宽度	1/10
插床及牛头刨床	最大插削及刨削长度	1/10
矩台平面磨床	工作台面宽度	1/10
摇臂钻床	最大钻孔直径	1/1
卧式带锯床	最大锯削直径	1/10

（5）机床重大改进的序号。当机床的性能及结构有重大改进时，按其设计改进的次序分别用汉语拼音字母 A、B、C、D 表示，以区别于原机床的型号，如 CW6140B 就是 CW6140 车床的第二次改进型式。

五、铣削及其应用

1. 铣削加工

铣削加工是在铣床上利用铣刀的旋转和工件的移动对工件进行的切削加工。铣削加工在机械零件切削和工具生产中占相当大比重，仅次于车削。

2. 铣削运动与铣削用量

铣削时，铣刀的旋转运动为主运动，动力由机床主电机提供。铣刀或工件沿坐标轴方向的直线运动或回转运动为进给运动。铣削速度、进给量、铣削深度和铣削宽度被称为铣削用量，如图 1-3-7 所示。

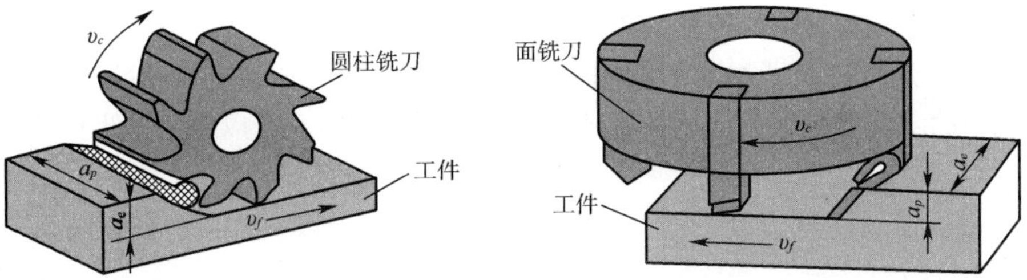

（a）用圆柱铣刀铣削　　（b）用端铣刀铣削

图 1－3－7　铣削运动及铣削用量

铣削速度是指铣刀最大直径处切削刃的线速度，用 v 表示，单位 m/s；进给量是指铣刀每转一周，工件相对铣刀移动的距离，用 f 表示，单位为 mm/r；铣削深度（背吃刀量）是指平行于铣刀轴线方向测量的切削层尺寸，用 a_p 表示，单位为 mm；铣削宽度（侧吃刀量）是指垂直于铣刀轴线方向测量的切削层尺寸，用 a_c 表示，单位为 mm。

铣削加工范围很广，主要用来加工各类平面（水平面、垂直面、斜面）、沟槽（直槽、键槽、角度槽、T 形槽、V 形槽、圆弧槽、螺旋槽等）和成形面，也可进行钻孔、铰孔和镗孔等。在正常生产条件下，铣削加工的尺寸精度一般为 IT9～IT7，表面粗糙度值 *R*a6.3～1.6μm。若以高速、小背吃刀量对有色金属进行精铣，表面粗糙度 *R*a 值可达到 0.4μm。图 1－3－8 表示了铣削加工的部分实例。

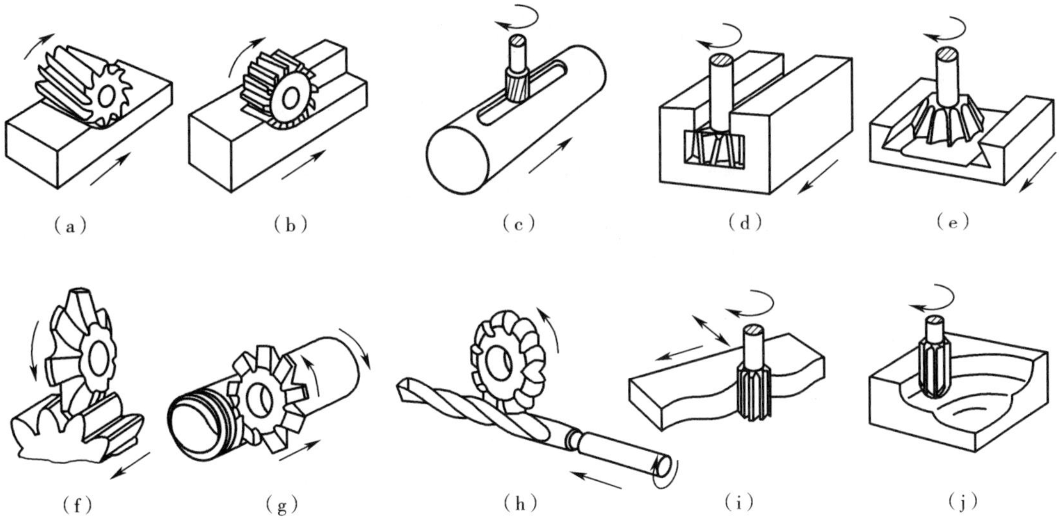

图 1－3－8　铣削加工应用范围

（a）铣平面　（b）铣台阶　（c）铣键槽　（d）铣 T 型槽　（e）铣燕尾槽　（f）铣齿形
（g）铣螺纹　（h）铣螺旋槽　（i）铣外曲面　（j）铣内曲面

3. 铣削加工的特点

铣削加工是应用较为广泛的加工工艺，主要特点有：

（1）生产效率较高。首先，铣削时有几个刀齿同时参加切削，总的切削宽度较大；其次，铣削的主运动是铣刀的旋转运动，有利于高速切削，所以铣削的生产率一般比刨削高。

（2）刀齿散热条件较好。铣刀刀齿在切离工件的一段时间内，可以得到一定的冷却，散热条件较好。

（3）容易产生振动。由于铣削时参加切削的刀齿数以及在铣削时每个刀齿的切削厚度的变化，会引起切削力和切削面积的变化，导致铣削过程不平稳而产生振动。铣削加工的不平稳性，限制了铣削加工质量和生产率的进一步提高。

（4）加工成本较高。这是由于铣床结构比较复杂，铣刀的制造和刃磨比较困难。

4. 常用铣床

铣床的种类很多，有立式铣床、卧式铣床、仿形铣床、工具铣床和龙门铣床等。常用的铣床有卧式铣床和立式铣床。

（1）卧式铣床。卧式铣床又可分为普通卧式铣床和万能卧式铣床，其中万能卧式铣床应用广泛，它比普通卧式铣床在纵向工作台下多了个转台，如图 1－3－9 所示。

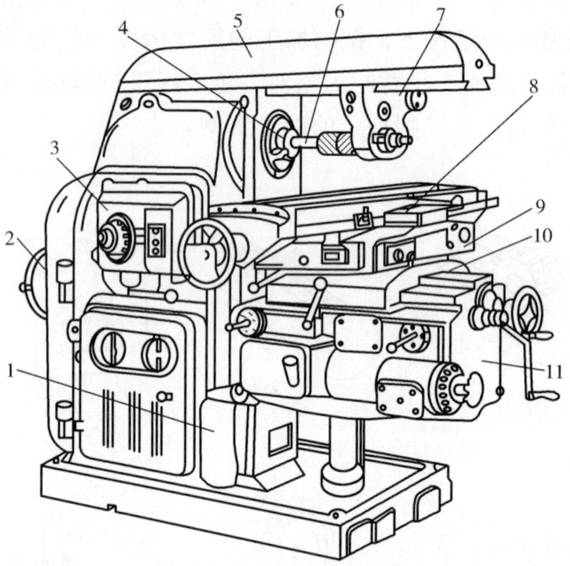

图 1－3－9　X6132 型万能卧式铣床

1—床身　2—电动机　3—主轴变速机构　4—主轴　5—横梁　6—刀杆　7—吊架
8—纵向工作台　9—转台　10—横向工作台　11—升降台

万能卧式铣床由床身、横梁、主轴、升降台、横向工作台、纵向工作台、转台等组成，如表 1－3－6 所示。

表 1-3-6　　万能卧式铣床的组成

序号	组成	结构与功用
1	床身	用来固定和支撑铣床各部件，其内部装有主轴、主轴变速箱、电器设备及润滑油泵等部件
2	横梁	横梁上一端装有吊架，用来支承刀杆，以增强其刚性，减少振动；横梁可沿燕尾道轨移动，以调整其伸出的长度
3	主轴	主轴为空心轴，其前端为锥孔，用来安装铣刀或刀轴，并带动铣刀轴旋转
4	升降台	升降台可以带动整个工作台沿床身的垂直导轨上下移动，以调整工件与铣刀的距离和实现垂直进给，其内部装有进给变速机构
5	横向工作台	横向工作台位于升降台上面的水平导轨上，可沿升降台上的导轨作横向移动
6	纵向工作台	纵向工作台用来安装工件和夹具，可沿转台上的导轨作纵向移动
7	转台	转台可将纵向工作台在水平面内扳转一定的角度（正、反均为 0°～45°），以便铣削螺旋槽等。有无转台是万能卧式铣床与普通卧式铣床的主要区别
8	底座	用于支承床身和升降台，其内盛切削液

（2）立式铣床。立式铣床如图 1-3-10 所示，与卧式铣床的主要区别是主轴与工作台面垂直，有的立式铣床的主轴可以在垂直面内左右摆动 45°。其他组成部分及运动与万能卧式铣床基本相同。

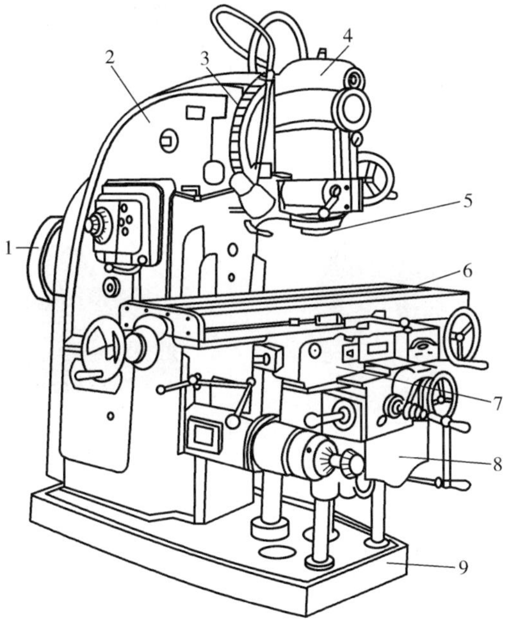

图 1-3-10　X5032 立式铣床

1—电动机　2—床身　3—主轴头架旋转刻度　4—主轴头架　5—主轴
6—工作台　7—横向工作台　8—升降台　9—底座

（3）铣刀的分类。根据结构类型不同，铣刀分为带孔类铣刀和带柄类铣刀。带孔类铣刀多用在卧式铣床上，带柄类铣刀多用在立式铣床上，如表1－3－7所示。

表1－3－7　　铣刀的分类

<table>
<tr><th>名称</th><th colspan="2">类型</th><th>刀具图片</th><th>铣削图片</th><th>用途</th></tr>
<tr><td rowspan="4">带孔类铣刀</td><td colspan="2">圆柱铣刀</td><td></td><td></td><td>主要用其周刃铣削平面</td></tr>
<tr><td colspan="2">圆盘铣刀</td><td></td><td>
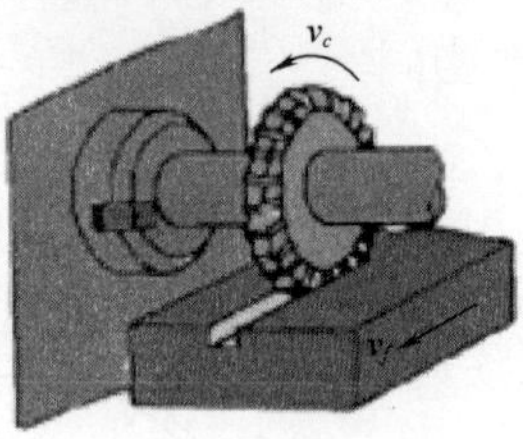</td><td>主要用于加工不同宽度的直角沟槽及小平面、台阶面等</td></tr>
<tr><td colspan="2">锯片铣刀</td><td></td><td>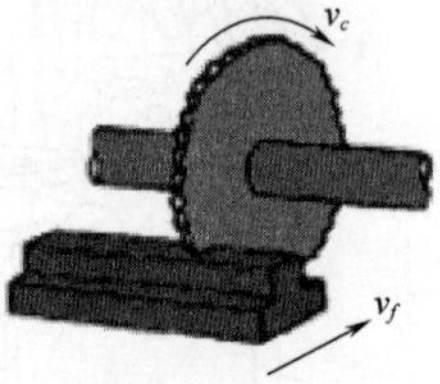</td><td>主要用于铣削窄缝和切断工件</td></tr>
<tr><td>成形铣刀</td><td>模数铣刀</td><td></td><td>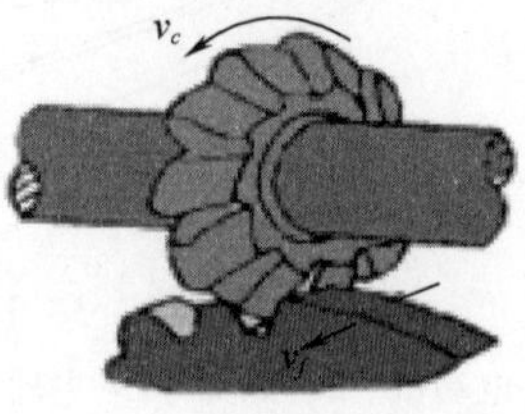</td><td>主要用于加工与切削刃形状相符的成形面</td></tr>
</table>

续表

名称	类型		刀具图片	铣削图片	用途
带孔类铣刀	成形铣刀	凸圆弧铣刀		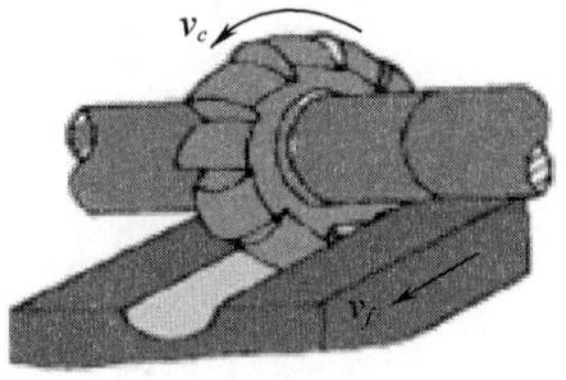	主要用于加工与切削刃形状相符的成形面
		凹圆弧铣刀		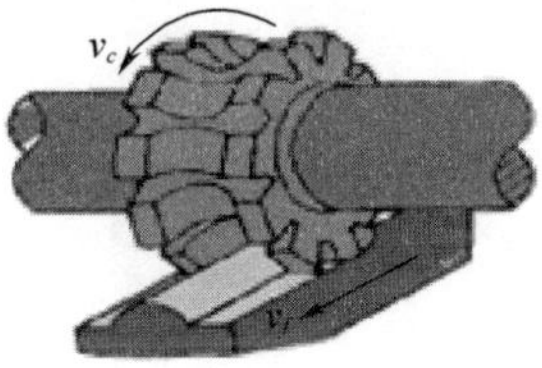	
	角度铣刀	单角铣刀	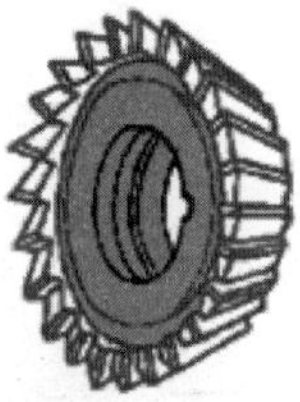	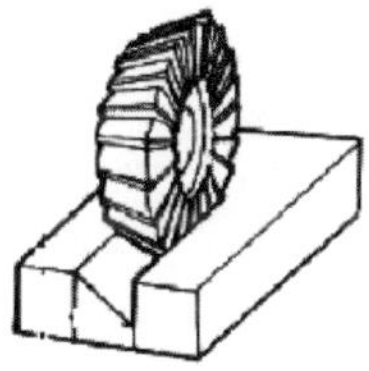	其切削刃成各种不同的角度，主要用于加工各种角度的沟槽及成形面
		双角铣刀	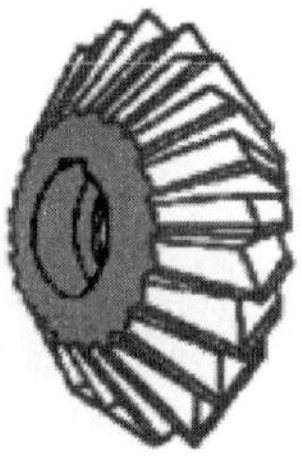	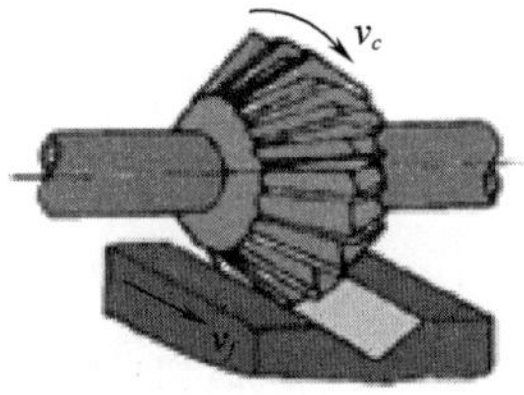	
带柄类铣刀（直柄和锥柄）	硬质合金镶齿端面铣刀		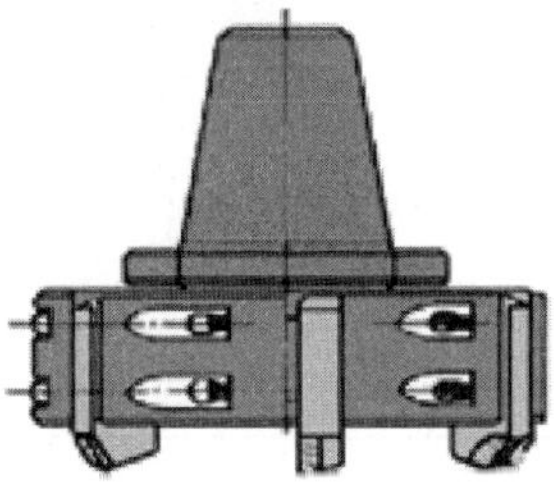	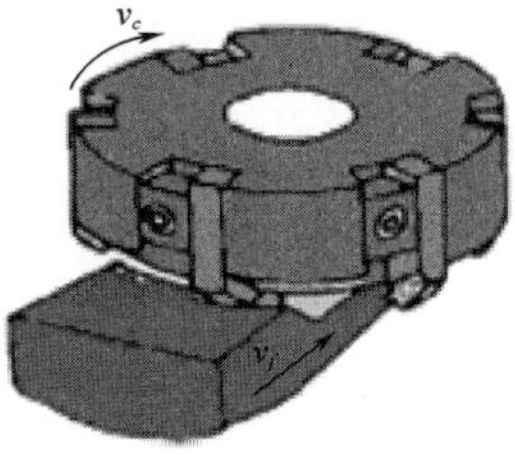	一般在刀盘上装硬质合金刀片，主要用于加工平面。可进行高速切削，从而提高生产效率

续表

名称	类型	刀具图片	铣削图片	用途
带柄类铣刀（直柄和锥柄）	立铣刀			主要用于加工沟槽、小平面、台阶面等
	平键槽铣刀	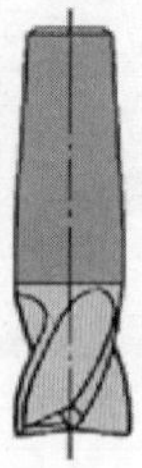	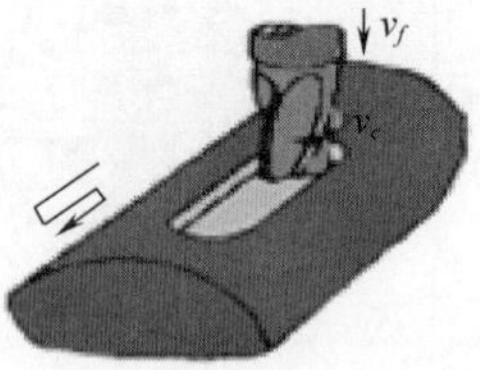	主要用于加工封闭式键槽
	半圆键键槽铣刀		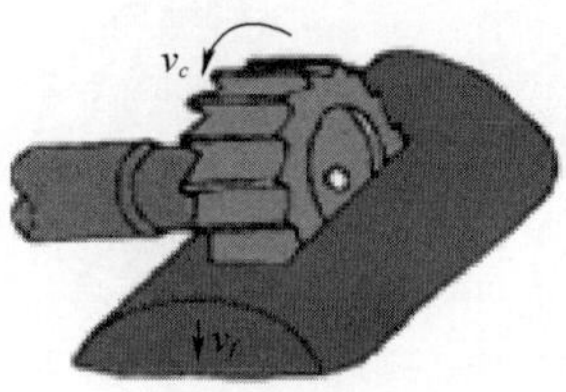	主要用于加工半圆键键槽
	T形槽铣刀	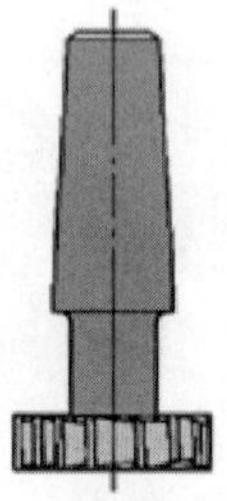	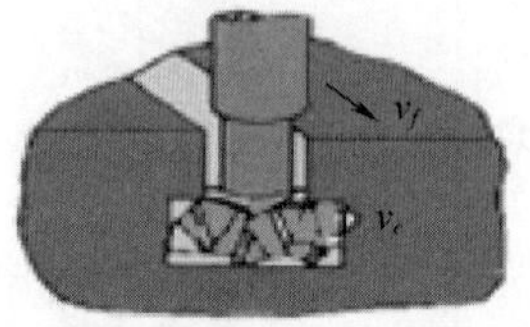	专门用于加工T形槽
	燕尾槽铣刀	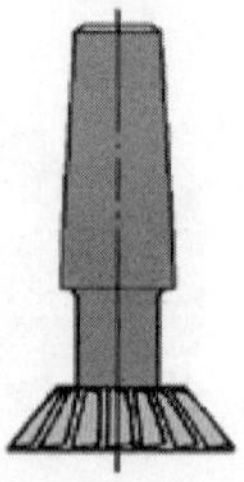		专门用于加工燕尾槽

（4）铣床的主要附件。包括机用平口虎钳、回转工作台、分度头和万能铣头等，如表1－3－8所示。

表 1-3-8　　铣床主要附件

序号	名称	图片	使用方法
1	机用平口虎钳	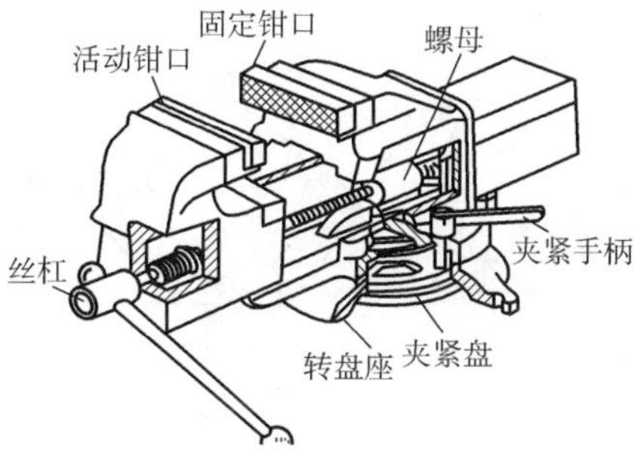	平口钳也叫机用虎钳，用于安装尺寸小、形状规则的零件。平口钳的底座上安装有两个定位键，安装时将定位键放在工作台的T形槽内即可。松开钳身上的压紧螺母，钳身就可以扳动一定的角度，工作时，工件安装在固定钳口和活动钳口之间，找正后夹紧
2	回转工作台	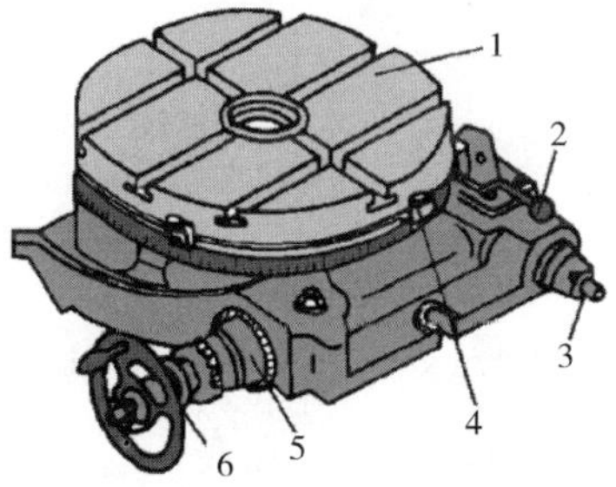1—回转台　2—离合器手柄　3—传动轴 4—挡铁　5—刻度盘　6—手柄	回转工作台又称圆工作台，是立式铣床的附件。回转工作台内部为蜗轮蜗杆传动，工作时，摇动手轮可使转盘作旋转运动。转台周围有刻度，用来确定转台位置，转台中央的孔用来找正和确定工件的回转中心。回转工作台适用于较大工件的分度和非整圆弧槽、圆弧面的加工
3	分度头	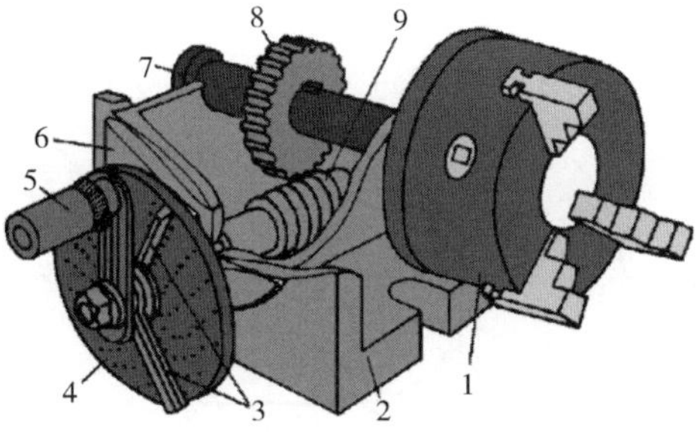1—三爪自定心卡盘　2—基座　3—扇形夹 4—分度盘　5—手柄　6—回转体 7—分度头主轴　8—蜗轮　9—单头蜗杆	万能分度头的外形如图所示，它由底座、回转体、主轴和分度盘等组成。工作时，分度头的底座可用T形槽螺栓固定在铣床的工作台上，使分度头主轴轴心平行于工作台纵向进给方向。分度头前端锥孔内可安装顶尖，用于支承工件；主轴外端有一短定位锥体与卡盘的法兰盘锥孔相连接，用来安装工件。分度头的主轴可以随回转体在垂直面内转到任意位置。分度头的侧面有分度手柄，分度时摇动分度手柄，通过蜗轮蜗杆带动分度头主轴旋转进行分度。分度头常用于： (1) 将回转体工件在圆周上等分或不等分进行分度，如铣削多边形、齿轮及花键轴等 (2) 把工件安装成所需的角度，如铣斜面等 (3) 配合工作台铣螺旋槽等

续表

序号	名称	图片	使用方法
4	万能铣头	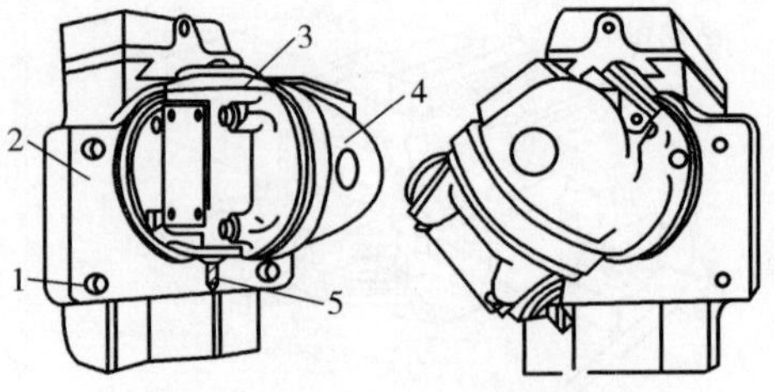 1—螺栓 2—底座 3—铣头主轴壳体 4—壳体 5—铣刀	万能立铣头前沿外形如图所示，铣头主轴可在空间扳转出任意角度。它不仅能完成卧式铣床和立式铣床等工作，还能一次装夹中对工件进行各种角度的铣削
5	压板、螺栓、垫铁、V 形垫铁	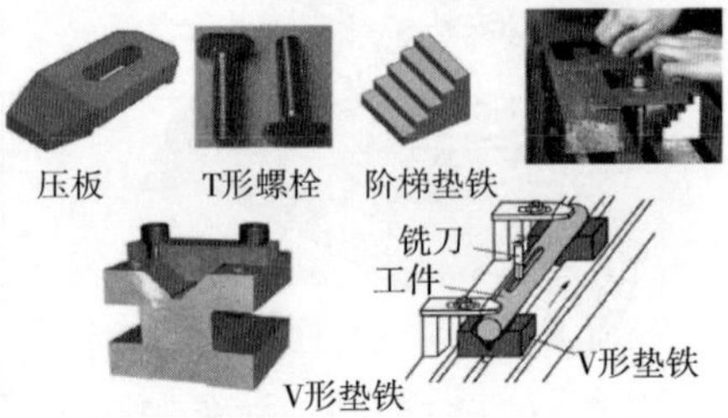	装夹工件

(5) 铣削方法。用端铣刀进行铣削的方式称为端铣，用圆柱铣刀进行铣削的方式称为周铣。

1) 端铣。用端铣刀加工平面时，根据工件对铣刀的位置是否对称，可分为对称铣削和不对称铣削，如图 1－3－11 所示。采用不对称铣削时，可以调节切入和切出时的切削厚度。

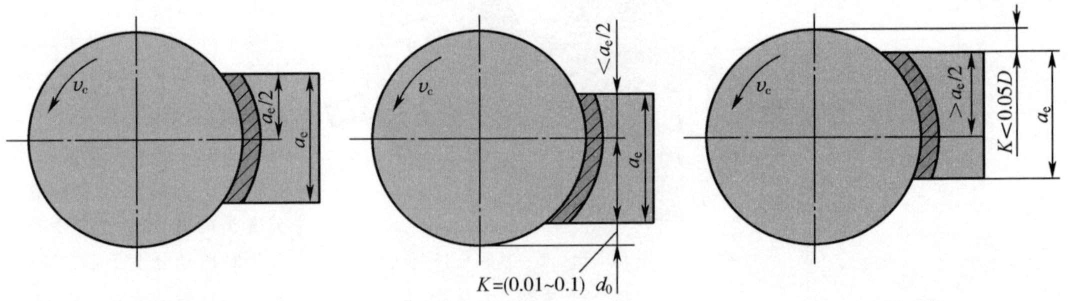

(a) 对称铣削　(b) 不对称逆铣　(c) 不对称顺铣

图 1－3－11　端铣的三种铣削方式

铣淬硬钢采用对称铣；铣碳钢和合金钢用不对称逆铣，减小切入冲击，提高刀具寿命；铣不锈钢和耐热合金用不对称顺铣。

2) 周铣。用圆柱铣刀进行铣削时，铣削方式又可分为顺铣和逆铣。当工件的进给方向与铣削的方向相同时为顺铣，反之则为逆铣，如图 1－3－12 所示。

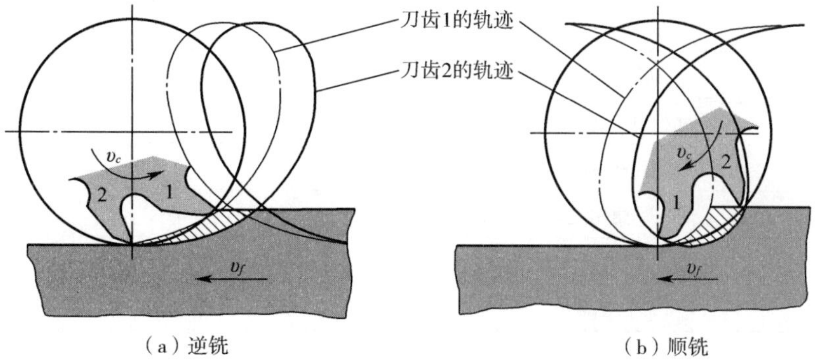

图 1－3－12　逆铣和顺铣

在顺铣时，工作台进给丝杠和螺母传动存在一定的间隙，在切削力作用下容易引起工件和工作台一起向前窜动，使进给量突然增大，引起打刀。为避免此现象的出现，在生产中广泛采用逆铣。在铣削铸件或锻件等表面有硬度的工件时，顺铣刀齿首先接触工件硬皮，加剧了铣刀的磨损。逆铣时切削厚度从零开始逐渐增大，因而刀刃开始经历了一段在切削硬化的已加工表面上挤压滑行的阶段，加速了刀具的磨损。逆铣时铣削力将工件上抬，易引起振动，这是不利之处。二者特点比较见表 1－3－9。

表 1－3－9　　顺铣和逆铣特点对照表

序号	项目	顺铣	逆铣
1	铣削平稳性	好	差
2	刀具磨损	小	大
3	工作台丝杠和螺母有无间隙	有	无
4	由工作台传动引起的质量事故	多	少
5	加工工序	精加工	粗加工
6	表面粗糙度值	小	大
7	生产效率	低	高
8	加工范围	无硬皮的工件	有硬皮的工件

端铣与周铣各有其优、缺点。二者特点对比表见表 1－3－10。

表 1－3－10　　端铣与周铣特点对照表

序号	项目	端铣	周铣
1	有无修光刃	有	无
2	工件表面质量	好	差

续表

序号	项目	端铣	周铣
3	刀杆刚度	大	小
4	切削振动	小	大
5	同时参加切削的刀齿	多	少
6	是否容易镶嵌硬质合金刀片	易	难
7	刀具耐用度	高	低
8	生产效率	高	低
9	加工范围	较窄	广

（6）铣削液的选用。铣削刀具一般均可用乳化液冷却，但在切削不同材料时需要用不同的冷却液。加工钢件时亦可用柴油进行冷却。非金属件、有色金属件及铸件的加工时一般无须使用冷却液。

（7）铣刀的装夹。

1）带孔类铣刀的装夹。带孔类铣刀多用于卧式铣床上，一般安装在刀杆上。带孔类铣刀中的圆柱形铣刀、圆盘形铣刀多用长刀杆安装，如图 1－3－13 所示。安装时先安装铣刀杆，确定铣刀在铣刀杆的轴向位置，将垫圈和铣刀装入铣刀杆，旋入进到螺母，安装挂架，紧固挂架，紧固铣刀。

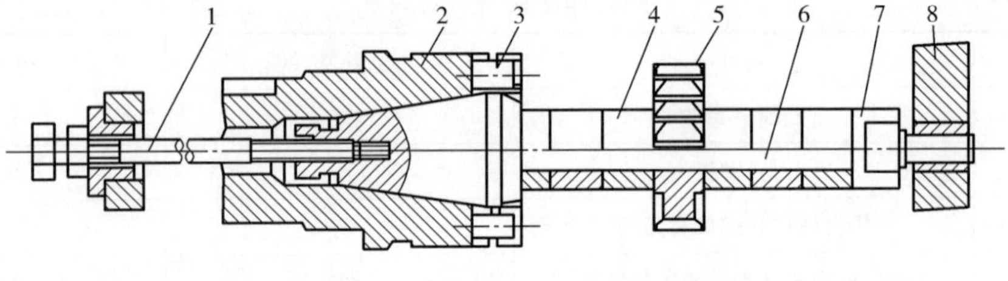

图 1－3－13　圆柱形、圆盘形铣刀的安装

1—拉杆　2—主轴　3—端面键　4—套筒　5—铣刀　6—刀杆　7—螺母　8—吊架

在长刀杆上安装带孔类铣刀时应注意：

①刀应尽可能地靠近主轴或吊架，以保证铣刀有足够的刚度。

②套筒端面和铣刀端面必须擦干净，以减少铣刀的端面跳动。

③拧紧刀杆的压紧螺母之前，必须先装上吊架，以防止刀杆受力弯曲变形。

带孔类铣刀中的端铣刀多用短刀杆安装，如图 1－3－14 所示。

2）带柄类铣刀的装夹。带柄类铣刀多用于立式铣床上，直柄铣刀和锥柄铣刀采用不同的安装方法。

其中锥柄铣刀的安装方法如图 1－3－15 所示。安装时，根据铣刀锥柄尺寸，选择合适的过渡套，将各配合表面擦干净后，用拉杆把铣刀及过渡套一起拉紧在主轴上。直柄铣刀多为小直径铣刀，这类铣刀的直径一般不大于 20mm，多采用弹簧夹头进行安装，如图 1－3－16 所示。

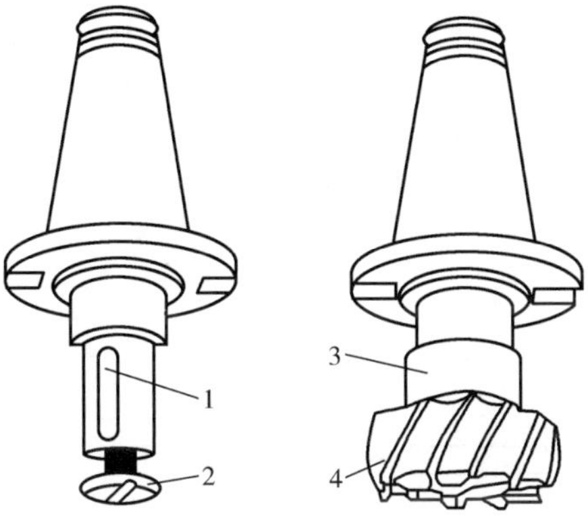

图 1－3－14　端铣刀的安装
1—键　2—螺钉　3—垫套　4—铣刀

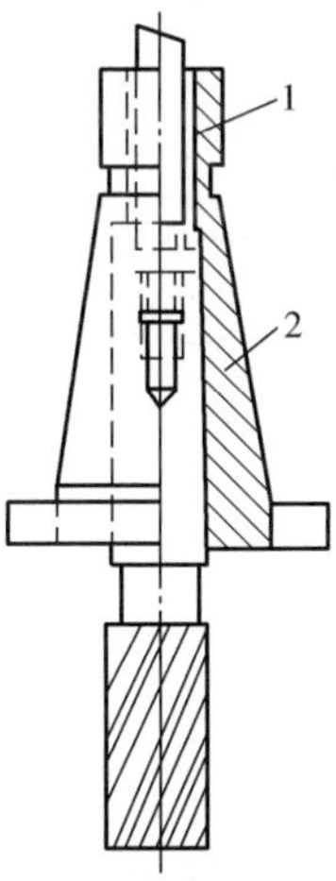

图 1－3－15　锥柄铣刀的安装
1—拉杆　2—过渡套

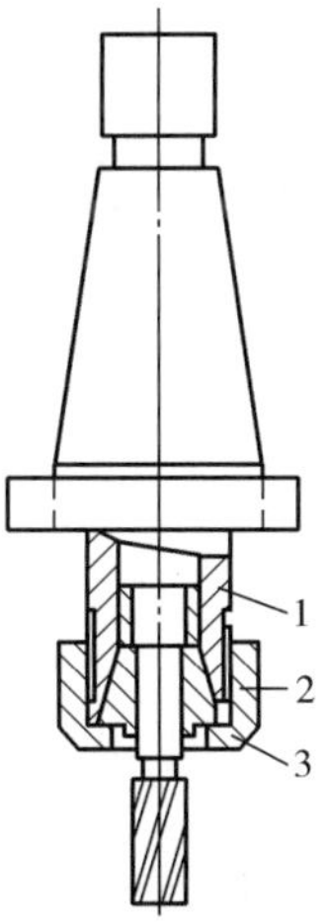

图 1－3－16　直柄铣刀的安装
1—夹头体　2—螺母　3—弹簧套

(8) 工件的装夹。工件在铣床上的安装方法主要有：
①通用夹具装夹（如用平口钳、分度头、回转工作台、万能立铣头等）。
②用压板和螺栓将工件直接压紧在工作台面上或其他附件和夹具上。
③用专用夹具或组合夹具装夹。

六、镗削及其应用

1. 镗削加工

镗削加工主要是指用镗刀对工件已有的预制孔进行切削加工。通常，镗刀旋转为主运动，镗刀或工件的移动为进给运动。它主要用于加工尺寸较大、精度要求较高的孔，特别是分布在不同表面上，孔距和位置精度要求较高的孔，可一次定位完成多个孔的精加工。此外还可以从事与孔精加工有关的其他加工面的加工，使用不同的刀具和附件还可进行铣削、钻孔、扩孔、铰孔等，切削的加工精度和表面质量高于钻床。在镗床上使用钻头、扩孔钻、铰刀等钻床所用的各种孔加工刀具时，可把刀具直接安装在镗杆主轴的莫氏锥孔中，如图 1－3－17 所示。

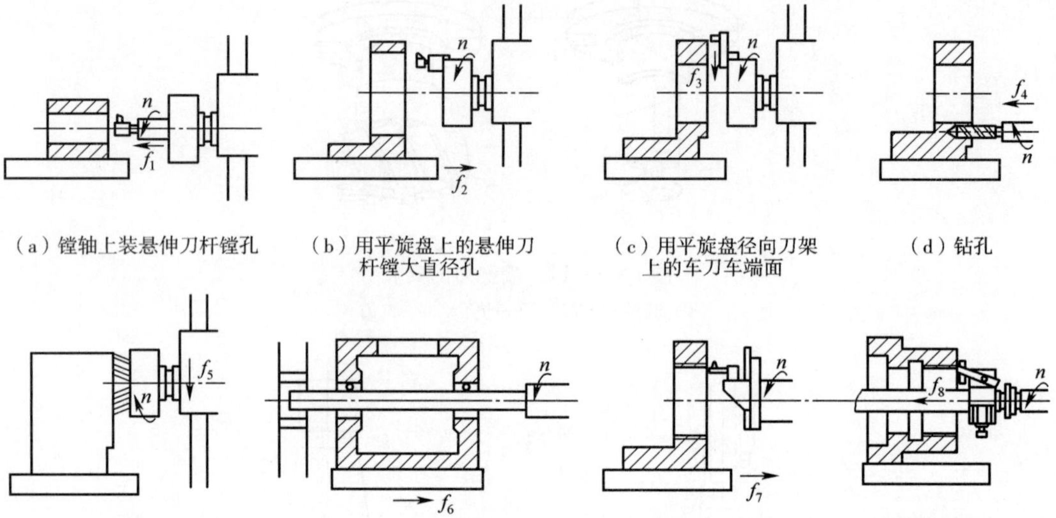

（a）镗轴上装悬伸刀杆镗孔　（b）用平旋盘上的悬伸刀杆镗大直径孔　（c）用平旋盘径向刀架上的车刀车端面　（d）钻孔

（e）镗轴上装端铣刀铣平面　（f）用后支架支撑长刀杆镗两同轴孔　（g）用平旋盘径向刀架上的车刀车螺纹　（h）用装在镗杆上的刀具车内沟槽

图 1－3－17　镗削加工工艺

2. 常用镗床

镗床是大型箱体零件加工的主要设备，可分为卧式镗床、落地镗铣床、金刚镗床和坐标镗床等。

（1）卧式镗床。应用最多、性能最广的一种镗床，适用于单件小批生产和修配车间，如图 1－3－18 所示。

（2）落地镗床和落地镗铣床。特点是工件固定在落地平台上，适宜于加工尺寸和重量较大的工件，用于重型机械制造厂。

（3）金刚镗床。使用金刚石或硬质合金刀具，以很小的进给量和很高的切削速度镗削精度较高、表面粗糙度较小的孔，主要用于大批量生产中。

（4）坐标镗床。具有精密的坐标定位装置，适于加工形状、尺寸和孔距精度要求都很高的孔，还可用以进行画线、坐标测量和刻度等工作，用于工具车间和中小批量生产中。其他类型的镗床还有立式转塔镗铣床、深孔镗床和汽车、拖拉机修理用镗床等。双柱坐标镗床如图 1－3－19 所示。

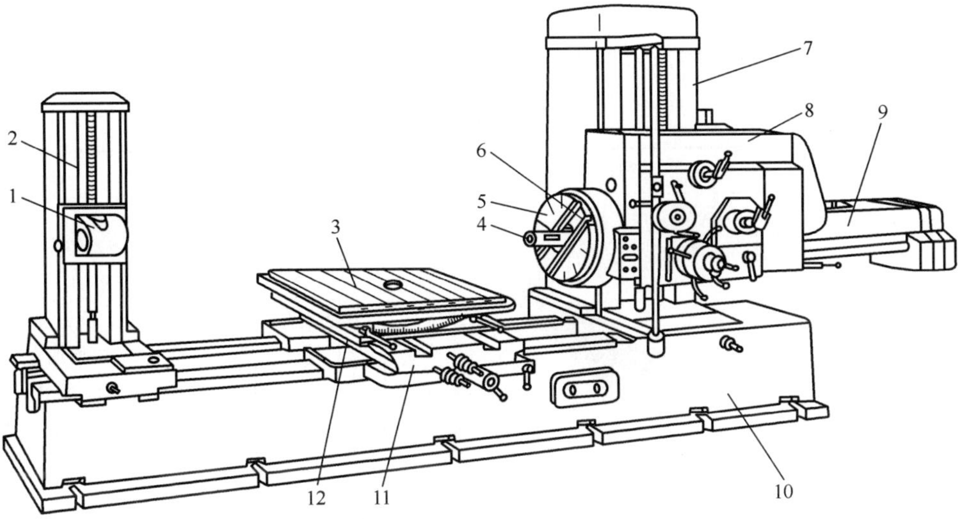

图 1－3－18　卧式铣镗床

1—后支承　2—后立柱　3—工作台　4—镗轴　5—平旋盘　6—径向导轨　7—前立柱　8—主轴箱　9—尾筒　10—床身　11—下滑座　12—上滑座

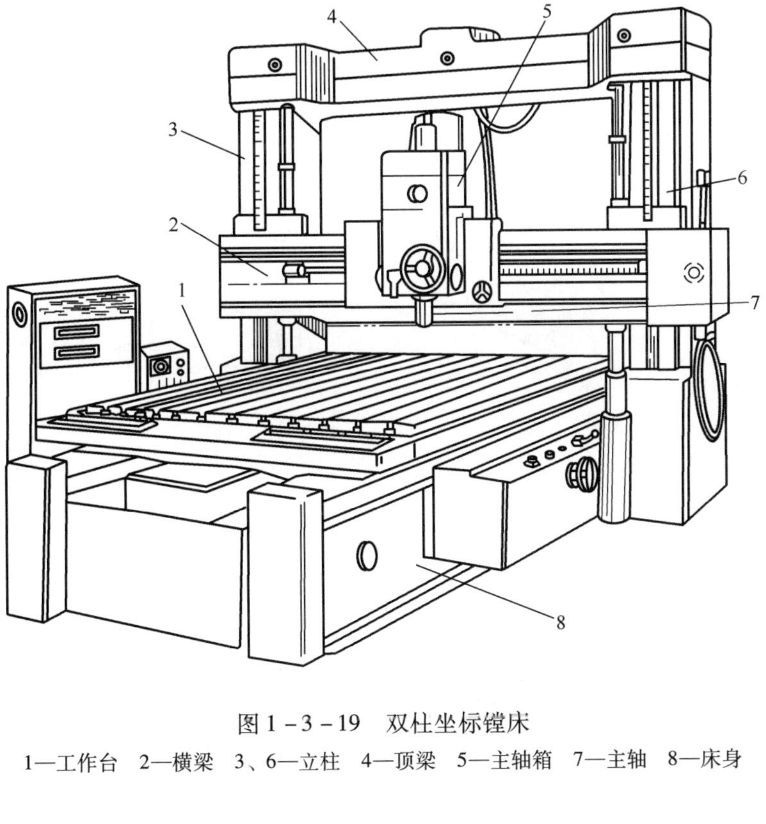

图 1－3－19　双柱坐标镗床

1—工作台　2—横梁　3、6—立柱　4—顶梁　5—主轴箱　7—主轴　8—床身

3. 常用镗刀

镗刀多用于箱体孔的粗、精加工，按不同结构，镗刀可分为单刃镗刀和双刃镗刀或微调镗刀和浮动镗刀。常用镗刀见表 1－3－11。

表 1－3－11　　　　常用镗刀

<table>
<tr><th>序号</th><th colspan="3">类型</th><th>刀具图片</th><th>加工示例</th><th>特点</th></tr>
<tr><td rowspan="3">1</td><td rowspan="3">粗镗刀具</td><td rowspan="2">单刃粗镗刀具</td><td>盲孔型</td><td>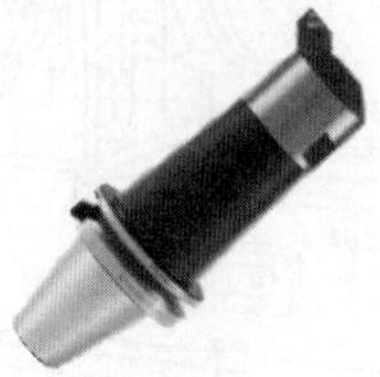</td><td>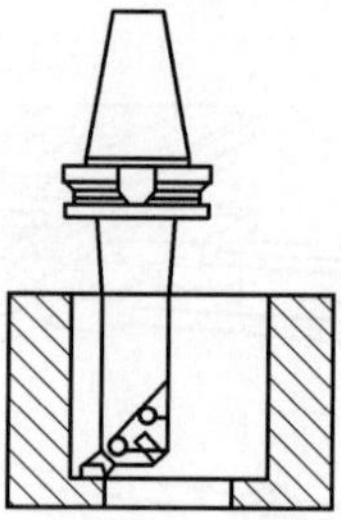</td><td rowspan="2">1. 90 度镗刀常用于通孔加工，倒角加工，反镗加工
2. 结构简单，调节范围有限
3. 镗头价格便宜，易于更换，通用性较强
4. 单刃结构切削效率低，不适用卧式机床
5. 调节不带刻度，需要在对刀仪或采用打表的方式进行调节</td></tr>
<tr><td>通孔型</td><td></td><td>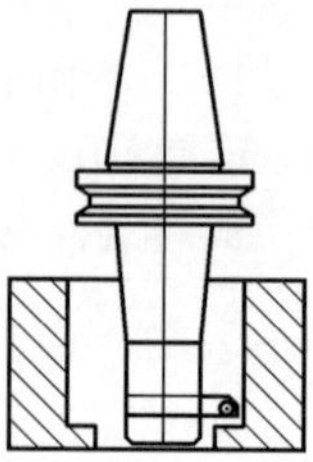</td></tr>
<tr><td colspan="2">双刃粗镗刀具（模块式）</td><td></td><td>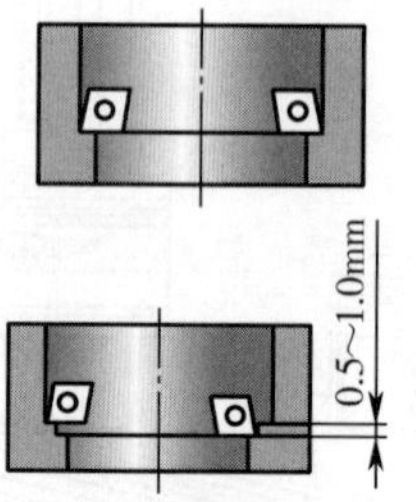
阶梯镗削</td><td>1. 加工直径 25 ~ 1250mm
2. C 型刀片适合粗镗，重切及断续切削
3. T 型刀片适合中粗镗，连续切削
4. 高速高效率加工
5. 加垫片可方便实现错齿，阶梯镗削加工</td></tr>
<tr><td>2</td><td>精镗刀具</td><td colspan="2">组合式精镗（套装）</td><td></td><td></td><td>1. 在使用当中，尽可能使用较小的偏离中心，减小因离心力问题所带来的困扰
2. 加工效率低，但是刀具便宜</td></tr>
</table>

续表

序号	类型		刀具图片	加工示例	特点
2	精镗刀具	整体式精镗		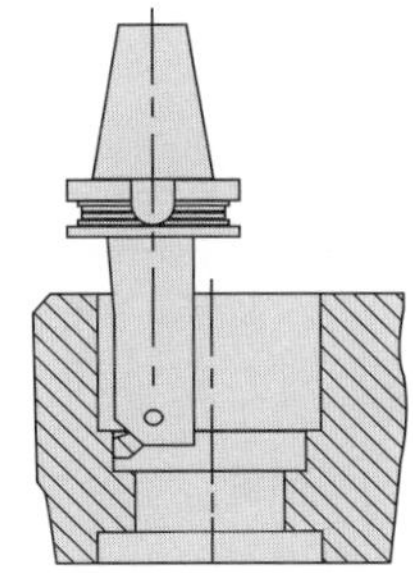	1. 采用一体式结构，刚性强，结构简单，操作简洁 2. 锥柄部分规格为BT（MAS 403），镗孔直径19～110mm，微调精度一格直径为0.02mm 3. 镗头可更换，经济 4. 通孔，盲孔都可使用
		模块式精镗		 正镗  反镗	1. 调整刻度为圆周50等分，每格调整尺寸为直径0.01mm，另有副尺可作更精细的调整 2. 精密导程螺丝位于内部，不受切屑、磨损、生锈等影响，具有内部润滑精准作用，不必重新固定工件，提高加工精度、工作效率，降低加工时间、工具成本

精镗加工步骤见表1－3－12。

表1－3－12　　精镗加工步骤

序号	步骤	示例
1	对刀	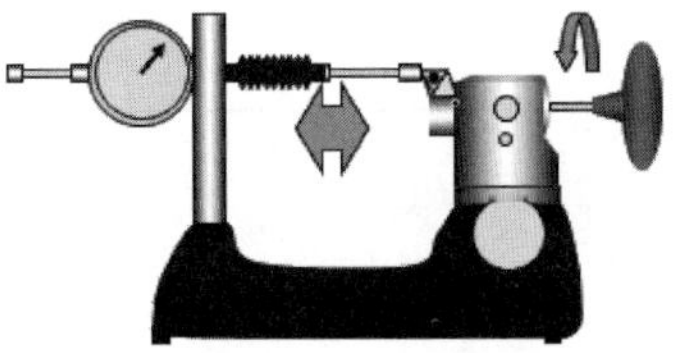

续表

序号	步骤	示例
2	试切	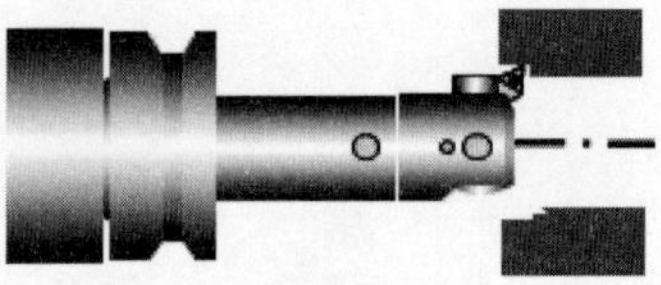
3	测量	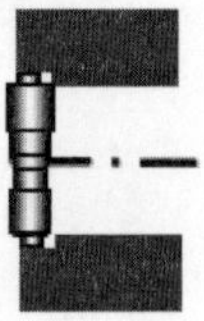
4	调整	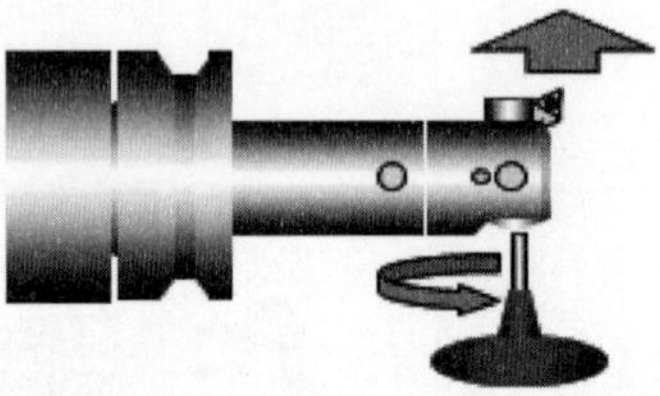
5	试切	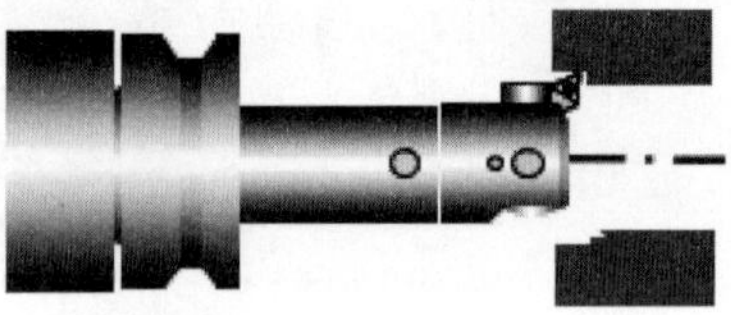
6	测量	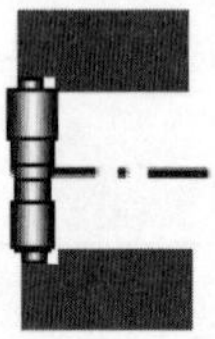
7	加工	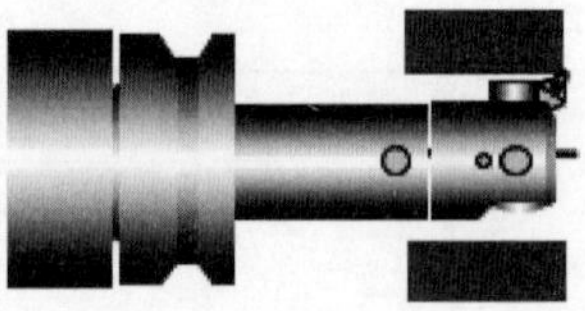

4. 镗床夹具

镗床夹具又称为镗模，主要用于加工箱体、支架、支座类零件上的有较高精度要求孔及孔系。可广泛用于镗床、车床、钻床和组合机床上，也可通过使用镗床夹具来扩大车床、摇臂钻床的加工范围。

（1）镗床夹具的组成。镗床夹具主要由镗套、镗模支架、定位元件、夹紧装置、镗模底座等组成，其各部分功用见表1－3－13。图1－3－20所示镗削车床尾座孔镗模，镗模的两个支承分别设置在刀具的前方和后方。镗杆9和主轴之间通过浮动卡头10连接，工件以底面、槽及侧面在定位板3、4及可调支承钉7上定位，限制工件的六个自由度。采用联动夹紧机构，拧紧夹紧螺钉6，压板5、8同时将工件夹紧。镗模支架1上装有滚动回转镗套2，用以支承和引导镗杆。镗模以底面A作为安装基面安装在机床工作台上，其侧面设置找正基面B，因此可不设定位键。

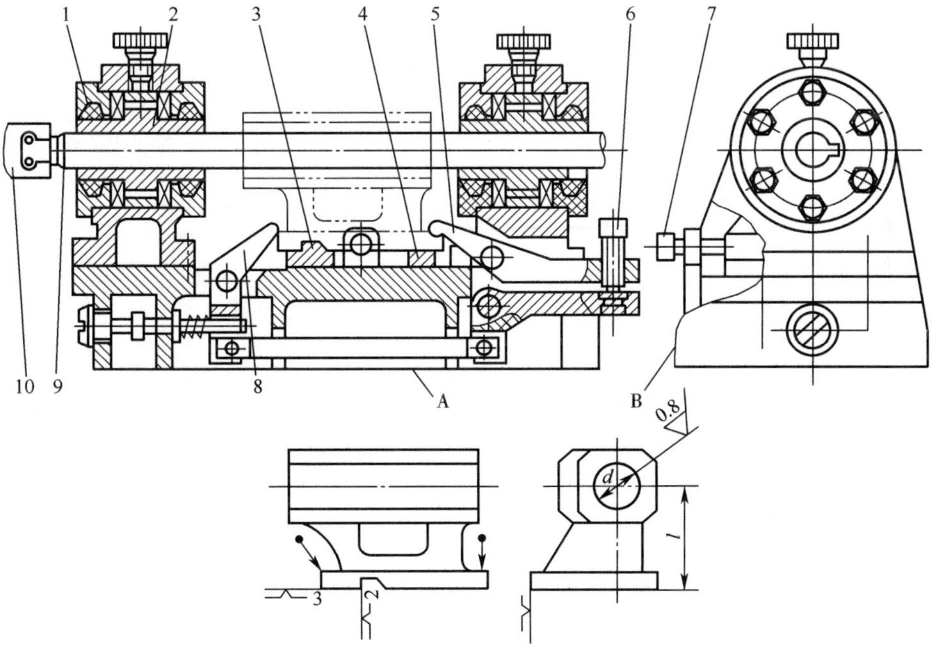

图1－3－20 镗床夹具

1—支架 2—镗套 3、4—定位板 5、8—压板 6—夹紧螺钉 7—可调支承钉 9—镗杆 10—浮动卡头

（2）镗床夹具的作用。如表1－3－13所示。

表1－3－13 镗床夹具的作用

序号	组成	作用
1	镗套	引导镗刀，加强刀具刚度，保证所加工的孔和工件其他表面准确的相对位置
2	镗模支架	用于安装镗套和承受切削力，并保证镗套在镗模上的正确位置
3	定位元件	使工件在夹具中占据正确的位置
4	夹紧装置	将工件压紧夹牢，保证工件在加工过程中受到外力作用时不离开已占据的正确位置
5	镗模底座（夹具体）	将夹具上的所有组成部分，连接成为一个整体的基础件

（3）镗床夹具的分类。根据镗套的布置形式不同，分为双支承镗模、单支承镗模和无支承镗模。具体见表 1－3－14。

表 1－3－14　　镗床夹具的分类

序号	类型		图例	说明
1	双支承镗模	前后双支承镗模	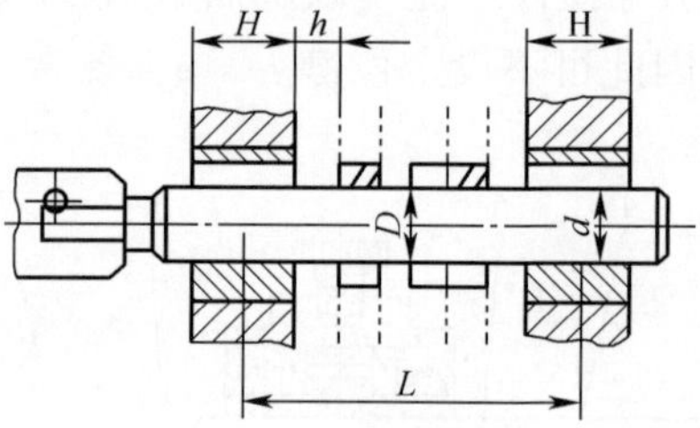	双支承镗模有两个引导镗杆的镗模支架，镗杆的位置精度由镗模保证，不受机床主轴精度的影响。经常用于镗削孔径较大，加工精度高，换刀不方便的场合。前后双支承镗模，一般用于镗削孔径较大，孔的长径比 $L/D<1.5$ 的通孔或孔系，其加工精度较高，但更换刀具不方便。后双支承镗模，两支承设置在刀具后方，镗杆与主轴浮动连接。为保证镗杆刚性，镗杆悬伸量 $L_1<5d$；为保证镗孔精度，两支承导向长度 $L>(1.25\sim1.5)L_1$。后双支承导向镗模可在箱体一个壁上镗孔，便于装卸工件和刀具，也便于观察和测量
		后双支承镗模	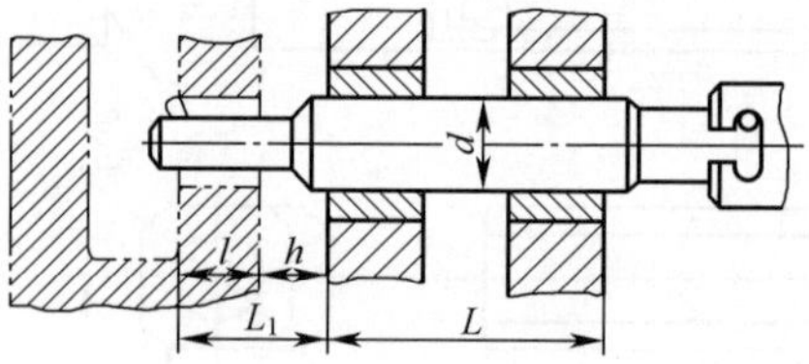	
	镗套	固定式镗套	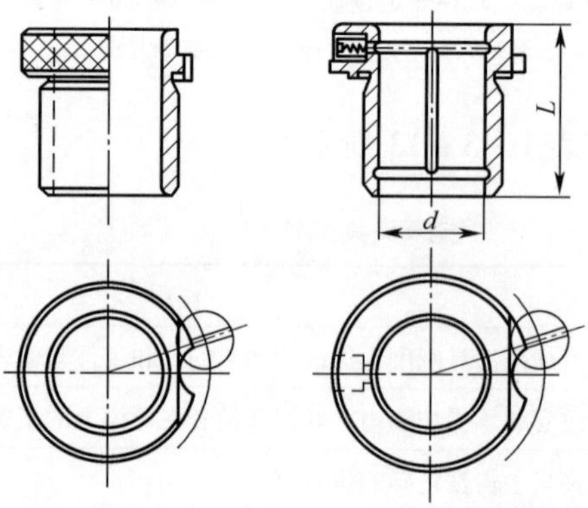 （a）不带油杯的固定镗套　（b）带油杯的固定镗套	外形尺寸小，结构简单，导向精度高，但镗杆在镗套内一边回转，一边作轴向移动，镗套易磨损，故只适用于低速（$v_c<20$m/min）镗孔

续表

序号	类型			图例	说明
1	双支承镗模	镗套	回转式镗套	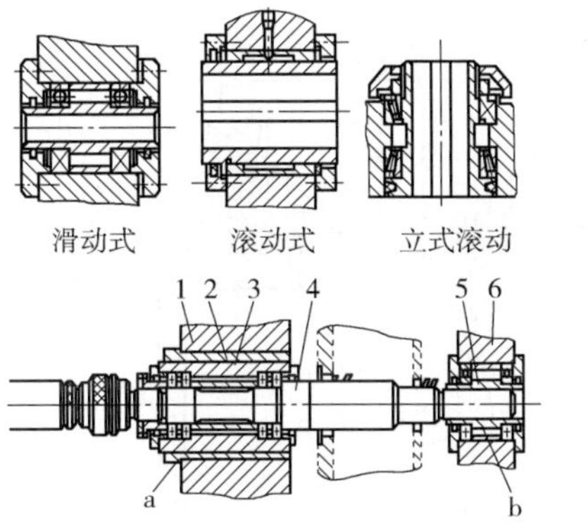 1、6—导向支架　2、5—镗套 3—导向滑套　4—镗杆 a—内滚式回转式镗套　b—外滚式回转式镗套	滑动式回转镗套、滚动式回转镗套、立式滚动回转镗套，镗套随镗杆一起转动，与镗杆之间只有相对移动而无相对转动。这种镗套大大减少了磨损，也不会因摩擦发热而“卡死”。适合于高速（v_c > 20m/min）镗孔
2	单支承镗模	前单支承镗模		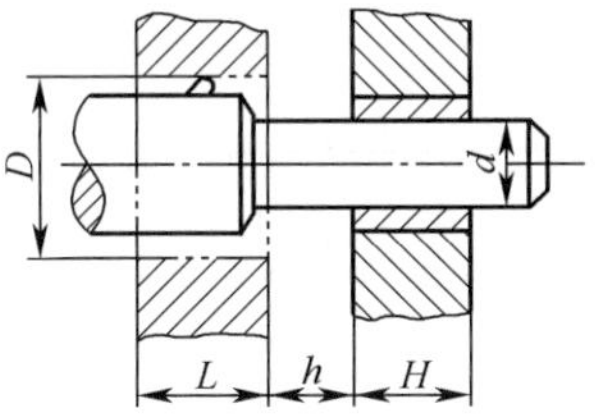	这类镗模只有一个导向支承，镗杆与主轴采用固定连接。主轴的回转精度将影响镗孔的精度。前单支承导向镗孔，镗模支承设置在刀具的前方，主要用于加工孔径 $D>60$mm、加工长度 $L<D$ 的通孔。一般镗杆的导向部分直径 $d<D$。因导向部分直径不受加工孔径大小的影响，故在多工步加工时，可不更换镗套。这种布置便于在加工中观察和测量，但在立镗时，切屑会落入镗套，应设置防护罩。后单支承导向镗孔，镗套设置在刀具的后方。用于立镗时，切屑不会影响镗套。当镗削 $D<60$mm、$L<D$ 的通孔或盲孔时，如图（a）所示，可使镗杆导向部分的尺寸 $d>D$，这种形式的镗杆刚度好，加工精度高，装卸工件和更换刀具方便，多工步加工时可不更换镗杆；当加工孔长度 $L=(1\sim1.25)D$ 时，如图（b）所示，应使镗杆导向部分直径 $d<D$，以便镗杆导向部分可伸入加工孔，从而缩短镗套与工件之间的距离及镗杆的悬伸长度。为便于刀具及工件的装卸和测量，单支承镗模的镗套与工件之间的距离一般在 20～80mm，常取 $h=(0.5\sim1)D$
		后单支承镗模		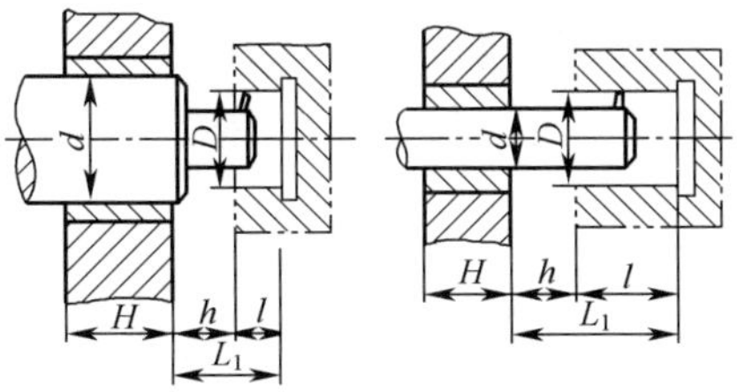 （a）　（b） $l<D$　$l \geq D$	

续表

序号	类型	图例	说明
3	无支承镗模	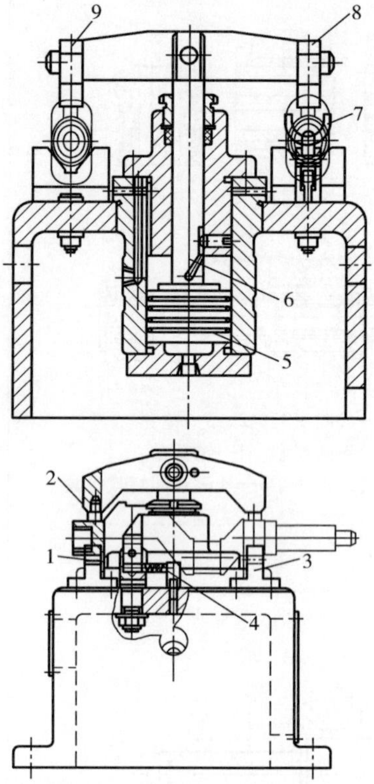 镗削曲轴轴承孔金刚镗床夹具 1、3—V 形块　2—浮动压块　4—弹簧　5—活塞 6—活塞杆　7—转动叉形块　8、9—浮动压板	工件在刚性好、精度高的金刚镗床、坐标镗床或数控机床、加工中心上镗孔时，夹具上不设置镗模支承，加工孔的尺寸和位置精度均由镗床保证。这类夹具只需设计定位装置、夹紧装置和夹具体。在卧式双头金刚镗床上，镗削曲轴轴承孔的夹具，可同时夹持加工两个工件。工件以两主轴颈及其一端面在两个 V 形块 1、3 上定位。安装工件时，将前一个曲轴颈放在转动叉形块 7 上，在弹簧 4 的作用下，转动叉形块 7 使工件的定位端面紧靠在 V 形块 1 的侧面上。当液压缸活塞 5 向下运动时，带动活塞杆 6 和浮动压板 8、9 向下运动，使四个浮动压块 2 分别从主轴颈上方压紧工件。当活塞上升松开工件时，活塞杆 6 带动浮动压板 8 转动 90°，以便装卸工件

七、钻削及其应用

1. 钻削加工

用钻头在实体工件上加工出孔的方法称为钻孔，主要用于加工外形复杂，没有对称旋转轴线的工件，如杠杆、盖板、箱体、机架等零件上的单孔或孔系。钻孔属粗加工，钻孔时，钻头装在钻床主轴（或其他机械）上所做的旋转运动称为主运动，钻头沿轴线方向的移动称为进给运动，如图 1－3－21 所示。

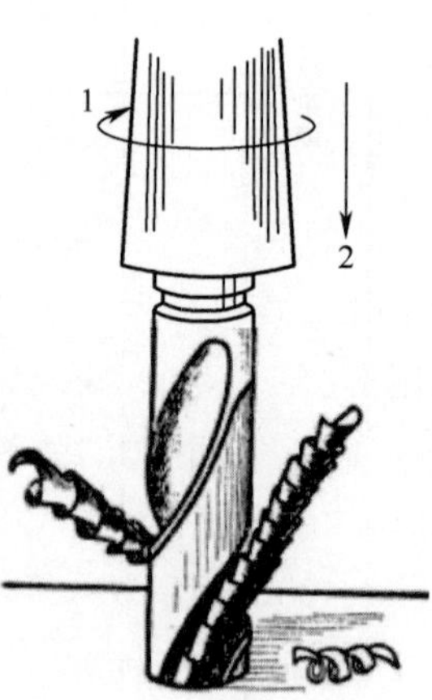

图 1－3－21　钻孔

1—主运动　2—进给运动

在机械加工中的孔加工刀具分为两类：一类是在实体工件上加工出孔的刀具，如麻花钻、中心钻及深孔钻等；另一类是对工件上已有孔进行再加工的刀具，如扩孔钻、锪钻、铰刀及镗刀等。

2. 钻削加工特点

钻削时，钻头是在半封闭的状态下进行切削的，转速快，切削用量大，排屑又很困难，因此钻削具有如下特点：

（1）摩擦较严重，需要较大的钻削力。

（2）产生的热量多，而传热、散热困难，因此切削温度较高。

（3）钻头高速旋转以及由此而产生的较高切削温度，易造成钻头严重磨损。

（4）钻削时的挤压严重，所需切削力大，摩擦容易产生孔壁的冷作硬化现象，给下道工序加工增加困难。

（5）钻头细而长，刚性差，钻削时容易产生振动及引偏。

（6）钻孔精度低，尺寸精度只能达到 IT10 ~ IT11，表面粗糙度值只能达到 $Ra50 \sim 25\mu m$。

3. 钻削加工工艺范围

钻削加工的工艺范围较广，在钻床上采用不同的刀具，可以完成钻中心孔、钻孔、扩孔、铰孔、攻螺纹、锪埋头孔和锪凸台端面等，如图1－3－22 所示。在钻床上钻孔精度低，但也可通过钻孔－扩孔－铰孔加工出精度要求很高的孔（IT6 ~ IT8，表面粗糙度 1.6 ~ 0.4μm），还可以利用夹具加工有位置要求的孔系。

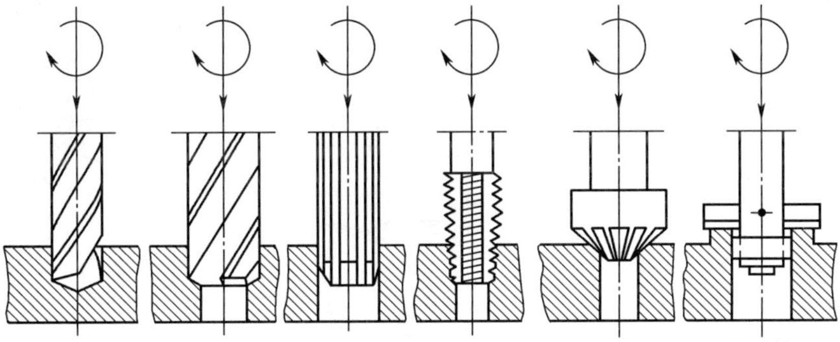

图1－3－22　钻削加工工艺范围

4. 常用钻削加工设备

钻床的主要类型有台式钻床、立式钻床、摇臂钻床、铣钻床和中心孔钻床等。单件、小批量生产的，中小型工件上的小孔（一般 $D < 13$mm），常用台式钻床加工；中小型工件上直径较大的孔（一般 $D < 50$mm），常用立式钻床加工；大中型工件上的孔，则采用摇臂钻床加工。钻床的主参数一般为最大钻孔直径。

（1）台式钻床。台式钻床简称台钻，其实质上是一种放置在台桌上使用的小型立式钻床，用于钻削中小型工件上的小孔，按最大钻孔直径划分有：2mm、6mm、12mm、16mm、20mm 等多种规格。

台式钻床结构简单小巧，使用灵活方便，主轴通过变换 V 带在塔形带轮上的位置来实现变速，钻削时能手动进给。台式钻床用于单件、小批量生产，如图 1－3－23 所示。

（2）立式钻床。立式钻床是钻床中应用较广的一种，有 18mm、25mm、35mm、

40mm、50mm、63mm、80mm等多种规格。主轴由电动机通过主轴箱带动刀具旋转实现主运动，同时通过进给箱获得轴向进给运动，可实现机动进给。可由单速电动机经齿轮分级变速机构传动实现主轴转速的变换，由电动机正反转实现主轴旋转方向的变换。工作台和进给箱（主轴）可沿立柱上的导轨上下移动，调整其位置高低。立式钻床与台式钻床一样，主轴轴线垂直布置，且位置固定，需调整工件位置使加工孔轴线与主轴轴线重合以实现工件的定位，因此，立式钻床操作不便，生产率不高，只适合于单件小批生产中加工中小型工件，如图1－3－24所示。

（3）摇臂钻床。摇臂钻床外形如图1－3－25所示，它有一个能绕立柱回转的摇臂，摇臂带着主轴箱可沿立柱轴线上下移动，还可绕立柱转动。主轴箱可沿摇臂的水平导轨作手动或机动的移动。因此，操作时能方便地调整主轴（刀具）的位置，使其对准被加工孔的中心而不必移动工件。其广泛地应用于单件和中、小批生产中加工大、中型零件。

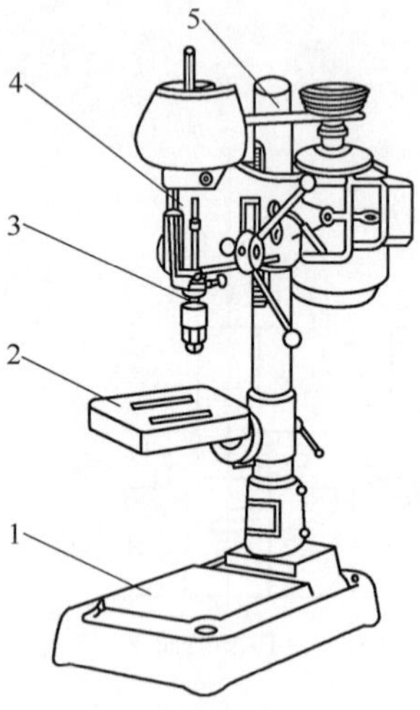

图1－3－23　台式钻床

1—底座　2—工作台

3—主轴　4—主轴架

5—立柱

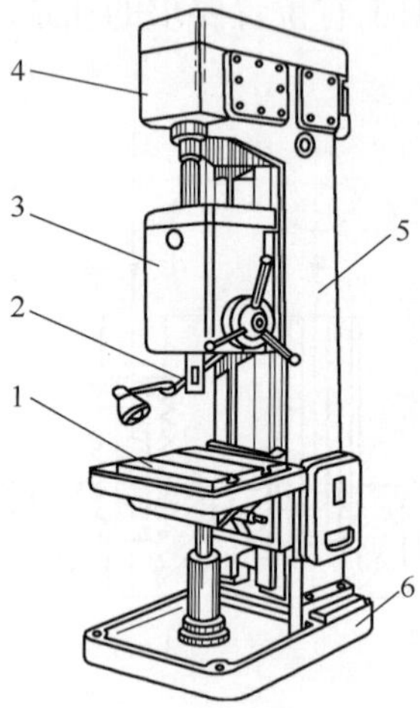

图1－3－24　立式钻床

1—工作台　2—主轴

3—进给箱　4—主轴变速箱

5—立柱　6—底座

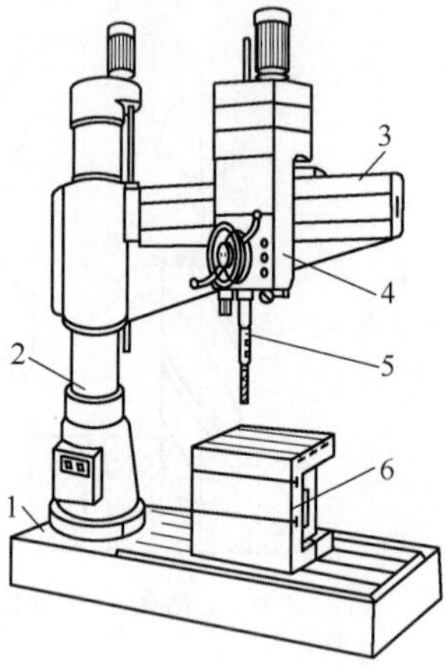

图1－3－25　摇臂钻床

1—底座　2—立柱

3—摇臂　4—主轴箱

5—主轴　6—工作台

5．常用钻削刀具

（1）麻花钻的结构。标准麻花钻简称麻花钻或钻头，是应用最广泛的钻孔工具。标准麻花钻由柄部、颈部和工作部分组成，如图1－3－26所示。

1）工作部分。麻花钻的工作部分有两条螺旋槽，因形似麻花而得名。它是钻头的主要部分，由切削部分和导向部分组成。

2）柄部。柄部是钻头的夹持部分，有锥柄和直柄之分，用于实现与机床连接，并在钻孔时传递转矩和轴向力。一般钻头直径小于13mm的制成直柄，大于13mm的制成锥柄。直柄麻花钻一般通过钻夹头夹持，锥柄麻花钻能直接插入主轴锥孔或通过锥套插入主轴锥孔中。锥柄钻头的扁尾用于传递转矩，并通过它方便地拆卸钻头。

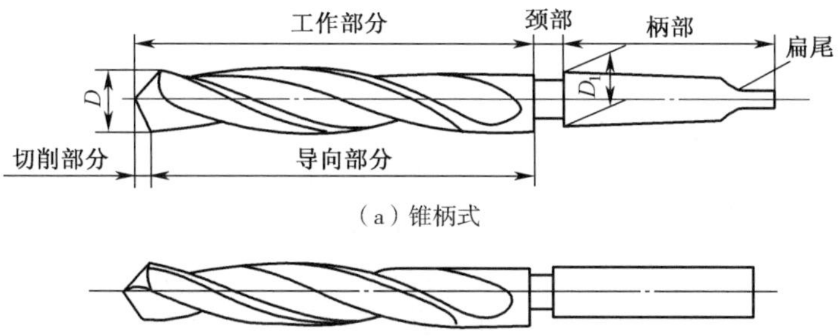

（a）锥柄式

（b）直柄式

图 1－3－26　麻花钻结构

3）颈部。麻花钻的颈部凹槽是磨削钻头柄部时的砂轮越程槽，供砂轮退刀使用，槽底通常刻有钻头的规格、材料及商标。直柄钻头多无颈部。

（2）切削部分的组成。切削部分担负着切削工作，由两个前刀面、主后刀面、副后刀面、主切削刃、副切削刃及一个横刃组成。横刃为两个主后面相交形成的刃，副后面是钻头的两条刃带，工作时与工件孔壁（即已加工表面）相对，如图 1－3－27 所示。

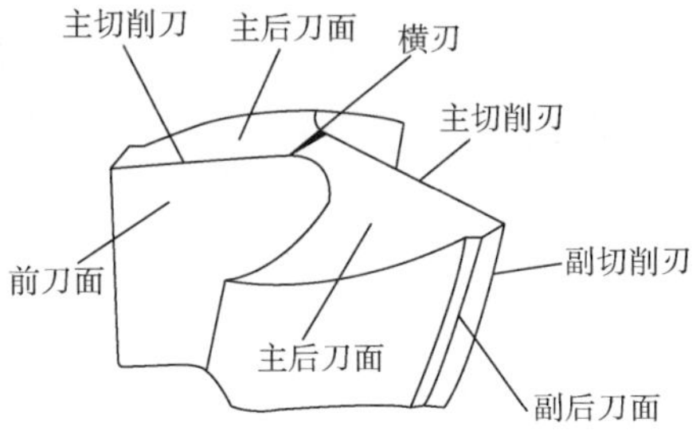

图 1－3－27　麻花钻切削部分

导向部分是当切削部分切入工件后所起的导向作用，也是切削部分的备磨部分。为减少导向部分与孔壁的摩擦，其外径（即两条刃带上）磨有（0. 03 ~0. 12）/100 的倒锥（每 100mm 长度上有 0. 03 ~0. 12 的倒锥度）。

另外为了提高钻头的刚度，工作部分两刃瓣间的钻心直径沿轴向做出（1. 4 ~ 1. 8）/100 的正锥度。

1）前刀面。前刀面即螺旋沟表面，是切屑流经表面，起容屑、排屑作用，需抛光以使排屑流畅。

2）主后刀面。主后刀面与加工表面相对，位于钻头前端，形状由刃磨方法决定，可为螺旋面、圆锥面和平面、手工刃磨的任意曲面。

3）副后刀面。副后刀面是与已加工表面相对的钻头外圆柱面上的窄棱面。

4）主切削刃。主切削刃是前刀面（螺旋沟表面）与主后刀面的交线，标准麻花钻主切削刃为直线（或近似直线）。

5）副切削刃。副切削刃是前刀面（螺旋沟表面）与副后刀面（窄棱面）的交线，即棱边。

6）横刃。横刃是两个主后刀面的交线，位于钻头的最前端，亦称钻尖。

6. 钻削用量及其选择

钻削用量包括切削速度 v_c、进给量 f、背吃刀量（切削深度）a_p，如图 1－3－28 所示。由于钻头有两条主切削刃，故：

（1）切削速度 v_c。指钻削时钻头切削刃上最大直径处的线速度，用式 $v_c=\frac{\pi dn}{1000}$表示。

（2）进给量 f。指主轴每转一转钻头对工件沿主轴轴线相对移动的距离。每刃进给量 f_z 用式 $f_z=\frac{1}{2}f$ 表示。

（3）背吃刀量 a_p。指已加工表面与待加工表面之间的垂直距离，即一次走刀所能切下的金属层厚度，用式 $a_p=\frac{1}{2}d$ 表示。

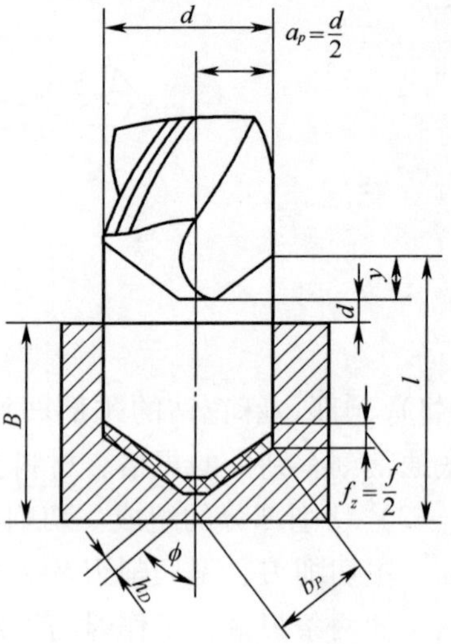

图 1－3－28　钻削用量

式中：d——钻头直径（mm）；

f——钻头进给量（mm/r）；

n——工件或钻头的每分钟转数（r/min）；

a_p——背吃刀量（mm）；

f_z——每刃进给量（mm/z）；

v_c——钻削速度（m/min）。

（4）钻削用量的选择。钻削用量选择的目的，首先是在保证钻头加工精度和表面粗糙度的要求以及保证钻头有合理的使用寿命的前提下，使生产率最高；不允许超过机床的功率和机床、刀具、夹具等的强度和刚度的承受范围。

钻削时，由于背吃刀量已由钻头直径决定，所以只需选择切削速度和进给量。

钻孔时选择钻削用量的基本原则是在允许范围内，尽量先选择较大的进给量 f，当 f 的选择受到表面粗糙度和钻头刚性的限制时，再考虑选择较大的切削速度 v_c。

1）切削深度。直径小于 30mm 的孔一次钻出；直径为 30～80mm 的孔可分两次钻削，先用（0.5～0.7）D（D 为要求加工的孔径）的钻头钻底孔，然后用直径为 D 的钻头将孔扩大。

2）进给量。孔的精度要求较高且表面粗糙度值较小时，应选择较小的进给量；钻较深孔、钻头较长以及钻头刚性、强度较差时，也应选择较小的进给量。进给量的选择见表 1－3－15。

表 1－3－15　　高速钢标准麻花钻的进给量

钻头直径 D（mm）	<3	3～6	>6～12	>12～25	>25
进给量 f（mm/r）	0.025～0.05	>0.05～0.10	>0.10～0.18	>0.18～0.38	>0.38～0.62

3）钻削速度。当钻头直径和进给量确定后，钻削速度应按钻头的寿命选取合理的数值，一般根据经验选取。孔较深时，取较小的切削速度。

7. 钻孔用的夹具

（1）直柄麻花钻的拆装。直柄麻花钻用钻夹头夹持。先将麻花钻柄装入钻夹头的三卡爪内（夹持长度不能小于 15mm），再用钻夹头钥匙旋转外套，做夹紧或放松动作。

（2）锥柄麻花钻的拆装。锥柄麻花钻用柄部的莫氏锥体直接与钻床主轴连接。连接时，需将麻花钻锥柄、主轴锥孔擦干净，然后使矩形扁尾的长向与主轴上的腰形孔中心线方向一致，用加速冲力一次装夹完成，如图 1－3－29（a）所示。当麻花钻锥柄小于主轴锥孔时可加过渡套筒连接，如图 1－3－29（b）所示。其拆卸方法如图 1－3－29（c）所示。

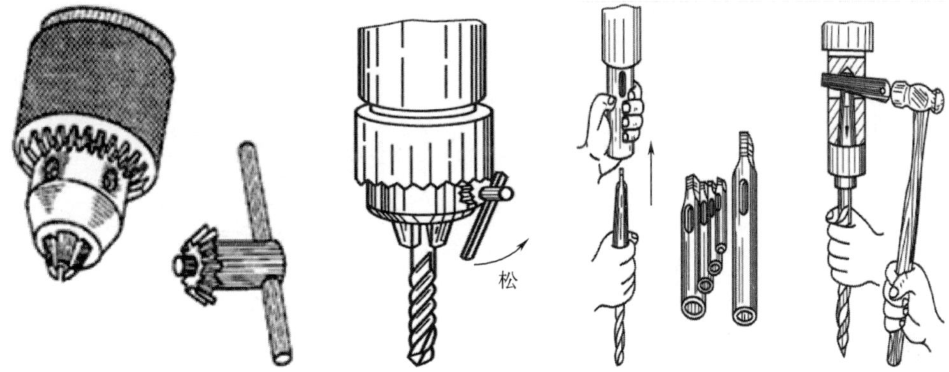

（a）安装　　（b）过渡套筒　　（c）拆卸

图 1－3－29　锥柄麻花钻的安装与拆卸

（3）工件装夹。工件在钻孔时，为保证钻孔的质量和安全，应根据工件的不同形状和切削力的大小，采用不同的装夹方法。

1）外形平整的工件可用平口钳装夹。装夹时，应使工件表面与钻头轴线垂直，如图 1－3－30（a）所示。钻孔直径小于 12mm 时，平口钳可以不固定，钻大于 12mm 的孔时，必须将平口钳固定。用平口钳夹持工件钻通孔时，工件底部应垫上垫铁，空出钻孔部位，以免钻坏平口钳。

2）对于圆柱形工件，可用 V 形铁进行装夹，如图 1－3－30（b）所示。但钻头轴心线必须与 V 形铁的对称平面垂直，避免出现钻孔不对称的现象。

3）较大工件且钻孔直径在 12mm 以上时，可用压板夹持的方法进行钻孔，如图 1－3－30（c）所示。在使用压板装夹工件时应注意：压板厚度与锁紧螺栓直径的比例应适当，不要造成压板弯曲变形而影响夹紧力；锁紧螺栓应尽量靠近工件，垫铁高度应略超过工件夹紧表面，以保证对工件有较大的夹紧力，并可避免工件在夹紧过程中产生移动；当夹紧表面为已加工表面时，应添加衬垫，防止压出印痕。

4）对于加工基准在侧面的工件，可用角铁进行装夹，如图 1－3－30（d）所示。由于此时的轴向钻削力作用在角铁安装平面以外，因此角铁必须固定在钻床工作台上。

5）在薄板或小型工件上钻小孔，可将工件放在定位块上，用手虎钳夹持，如图 1－3－30（e）所示。

6）在圆柱形工件端面钻孔，可用三爪自定心卡盘进行装夹，如图 1－3－30（f）所示。

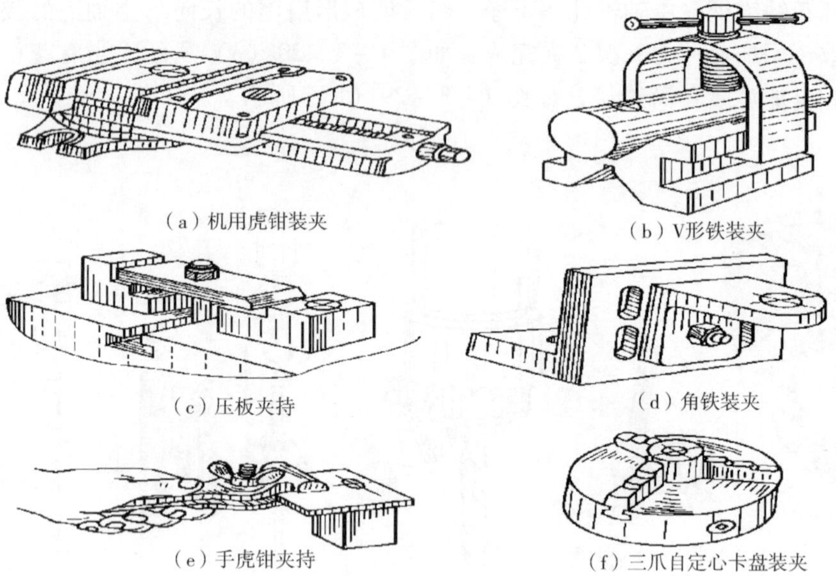

图 1－3－30　钻孔工件装夹

八、箱体零件概述

1. 箱体类零件的功用

箱体类零件通常作为箱体部件装配时的基准零件，主要用于将一些轴、套、轴承和齿轮等零件组装起来，使其保持正确的相互位置，以实现运动和动力的有效传递。减速机箱体主要用于支撑输入轴、中间轴、输出轴等，以实现转矩、转速或转向的改变。因此，箱体类零件的加工质量将直接影响机器的工作精度、使用性能和使用寿命。

2. 箱体类零件的结构特点

箱体类零件多为铸造件，结构形状复杂，箱壁较薄且不均匀，其上需要加工的部位多，主要包括装配基准面、轴承孔、定位销孔、紧固孔等，涉及镗削、铣削、刨削、钻削等加工，因此加工难度较大。箱体类零件由于用途不同，其结构形状差异会很大，一般按其上主要轴承孔是否剖分，将箱体分为整体式和剖分式两类，如图 1－3－31（a）所示车床主轴箱、图 1－3－31（b）所示双轴灭茬机为整体式箱体，图 1－3－31（c）所示蜗杆蜗轮减速机均为剖分式箱体。

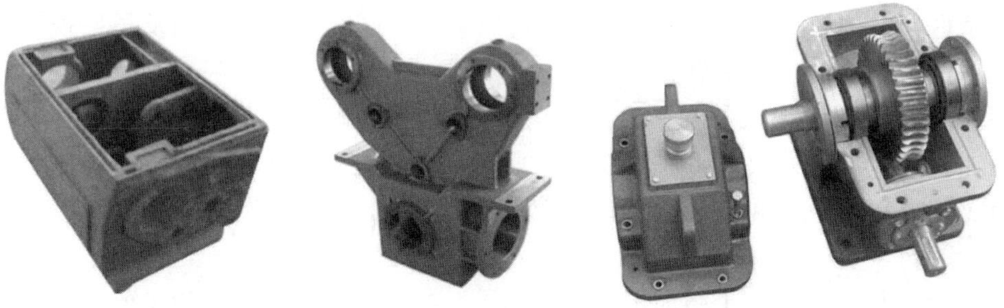

（a）　　（b）　　（c）

图 1－3－31　箱体

3. 箱体类零件的主要技术要求

主要包括轴颈支承孔孔径精度及相互之间的位置精度，定位销孔的精度与孔距精度，主要平面的精度，表面粗糙度等。

（1）主要平面的形状精度和表面粗糙度。箱体的主要平面是装配基准面，并且往往是加工时的定位基准面，故应有较高的平面度和较小的表面粗糙度，否则将直接影响箱体加工时的定位精度及箱体与机座总装时的接触刚度和相互位置精度。一般箱体主要平面的平面度在 0.06～0.03mm，表面粗糙度为 $Ra3.2\sim1.6\mu m$，各主要平面对装配基准面的平行度公差一般在全长范围内为 0.2～0.05mm，垂直度公差为 0.1～0.06/300mm。

（2）孔的尺寸精度、几何形状精度和表面粗糙度。箱体上轴承孔自身的尺寸精度、形状精度和表面粗糙度均要求较高，若达不到零件图规定要求，将直接影响轴承与箱体孔的配合精度，从而导致轴的回转精度下降，使齿轮等传动件产生振动和噪声。一般减速机箱体的主轴支承孔的尺寸精度为 IT6，圆度、圆柱度公差不超过孔径公差的一半，表面粗糙度值为 $Ra1.6\sim0.8\mu m$。其余支承孔尺寸精度为 IT7～IT6，表面粗糙度值为 $Ra3.2\sim1.6\mu m$。

（3）主要孔和平面相互位置精度。减速机箱体上同一轴线的前后轴承孔应有一定的同轴度要求，有齿轮啮合关系的相邻轴承孔之间也应有一定的孔距尺寸精度及平行度要求，同时孔的轴线与端面之间也应有一定的垂直度要求，以保证齿轮副的啮合精度。否则，不仅装配困难，而且使轴的运转情况恶化，温度升高，轴承磨损加剧，齿轮啮合精度下降，引起振动和噪声，影响齿轮寿命。一般减速机箱体轴承孔之间的孔距公差为 0.12～0.05mm，平行度公差应小于孔距公差，一般在全长取 0.1～0.04mm。同一轴线上孔的同轴度公差一般为 $\phi0.04\sim0.008$mm，支承孔与主要平面的平行度公差为 0.1～0.05mm，主要平面对轴承孔之间垂直度公差为 0.02～0.015mm。

九、减速机加工工艺路线

1. 加工阶段的划分

零件的加工质量要求较高时，常把整个加工过程划分为四个阶段。

（1）粗加工阶段。粗加工的目的是切去绝大部分多余的金属，为以后的精加工创造较好的条件，并为半精加工、精加工提供定位基准。同时粗加工时能及早发现毛坯的缺陷，予以报废或修补，以免浪费工时。

粗加工可采用功率大、刚性好、精度低的机床，选用大的切削用量，以提高生产率。粗加工时，切削力大，切削热量多，所需夹紧力大，使得工件产生的内应力和变形大，所以加工精度低，粗糙度值大。一般粗加工的公差等级为 IT11 ~ IT12，粗糙度为 $Ra80 \sim 100\mu m$。

（2）半精加工阶段。半精加工阶段是完成一些次要面的加工并为主要表面的精加工做好准备，保证合适的加工余量。半精加工的公差等级为 IT9 ~ IT10，表面粗糙度为 $Ra10 \sim 1.25\mu m$。

（3）精加工阶段。精加工阶段切除剩余的少量加工余量，主要目的是保证零件的形状位置精度、尺寸精度及表面粗糙度，使各主要表面达到图纸要求。另外精加工工序安排在最后，可防止或减少工件精加工表面损伤。

精加工应采用高精度的机床，小的切削用量，工序变形小，有利于提高加工精度。精加工的加工精度一般为 IT6 ~ IT7，表面粗糙度为 $Ra10 \sim 1.25\mu m$。

（4）光整加工阶段。对某些要求特别高的零件需进行光整加工，主要用于改善表面质量，对尺度精度改善很少。一般不能纠正各表面相互位置误差，其精度等级一般为 IT5 ~ IT6，表面粗糙度为 $Ra1.25 \sim 0.32\mu m$。

此外，加工阶段划分后，还便于合理地安排热处理工序。由于热处理性质的不同，有的需安排于粗加工之前，有的需插入粗精加工之间。

但须指出加工阶段的划分并不是绝对的。在实际工作中，对于刚性好、精度要求不高或批量小的工件，以及运输装夹费事的重型零件往往不严格划分阶段，在满足加工质量要求的前提下，通常只分为粗、精加工两个阶段，甚至不把粗精加工分开。必须明确划分阶段是指整个加工过程而言的，不能以某一表面的加工或某一工序的性质区分。例如工序的定位精基准面，在粗加工阶段就要加工得很准确，而在精加工阶段可以安排钻小孔之类的粗加工。

2. 工序的集中与分散

制定工艺路线时，应考虑工序的数目，采用工序集中或工序分散是其两个不同的原则。所谓工序集中，就是以较少的工序完成零件的加工，反之为工序分散。

（1）工序集中的特点。工序数目少，工件装夹次数少，缩短了工艺路线，相应减少了操作工人数和生产面积，也简化了生产管理，在一次装夹中同时加工数个表面易于保证这些表面间的相互位置精度。使用设备少，大量生产可采用高效率的专用机床，以提高生产率。但采用复杂的专用设备和工艺装备，使成本增高，调整维修费事，生产准备工作量大。

（2）工序分散的特点。工序内容简单，有利选择最合理的切削用量，便于采用通用设备。简单的机床工艺装备，生产准备工作量少，产品更换容易，对工人的技术要求水平不高。但需要设备和工人数量多，生产面积大，工艺路线长，生产管理复杂。

工序集中与工序分散各有特点，必须根据生产类型、加工要求和工厂的具体情况进行综合分析，决定采用哪一种原则。

一般情况下，单件小批生产中，为简化生产管理，多将工序适当集中。但由于不采用专用设备，工序集中程度受到限制。结构简单的专用机床和工夹具组织流水线生产。

由于近代计算机控制机床及加工中心的出现，使得工序集中的优点更为突出，即使在单件小批生产中仍可将工序集中而不致花费过多的生产准备工作量，从而可取得良好的经济效果。

3. 加工顺序的安排

零件的加工过程通常包括机械加工工序、热处理工序以及辅助工序。在安排加工顺序时常遵循以下原则：

（1）机械加工工序安排。

①先粗后精。先粗加工，其次半精加工，最后安排精加工和光整加工。

②先加工基准面后加工其他面。首先以粗基准定位加工出精基准，然后以精基准定位加工其他表面。例如，轴类零件通常都是先加工出两端面的顶针孔，然后以顶针孔定位加工其他表面。箱体、底座、支架类零件，其上的平面较大，用平面定位比较稳定可靠，因此一般都是先加工平面再加工孔，称之为“先面后孔”原则。

③先主后次。先安排主要表面的加工。主要表面指装配基准面，工作表面等；次要表面指键槽、紧固用的螺孔和光孔等。这些表面一般都与主要表面有相互位置精度要求，通常放在主要表面的半精加工之后、精加工之前，这样可以保护主要表面的光洁。

此外，为了保证加工质量要求，有些特殊零件的表面的最后精加工必须安排在部件装配之后或总装过程进行。如内燃机连杆的精镗应放在连杆盖组装后进行。用作两个连接件定位销孔，应在总装时，将两个连接件相配在一起，钻削、铰削加工，然后装上销子。

（2）热处理工序的安排。热处理工序在工艺路线中的安排主要取决于热处理的目的，有以下几种情况：

①退火与正火通常安排在粗加工之前。它们的主要目的是改善材料的切削加工性能和消除内应力。

②调质一般安排在粗加工之后，半精加工之前进行。调质使零件获得较好的综合机械性能，也可使金属组织细化致密，为以后淬火和氮化减少变形作预备处理。

③时效处理。一般铸件通常安排在粗加工之后。高精度复杂铸件应在半精加工之前后各安排一次。刚性差的精密零件应在粗加工、半精加工、精加工多次安排时效处理。时效处理的目的是消除毛坯制造和机械加工中产生的内应力，稳定零件精度。

④淬火。分整体淬火、表面淬火和渗碳淬火。一般安排在精加工与半精加工之间进行。表面淬火之前常要进行调质及正火处理。淬火的目的是使零件获得高的硬度和耐

磨性。

⑤氮化。安排在精细磨之前。氮化前还需要安排调质处理，氮化能提高零件硬度、耐磨性、疲劳强度和抗蚀性。

⑥氧化发蓝、表面镀层等表面处理，应安排在工艺过程最后。

(3) 辅助工序的安排。检验工序是重要的辅助工序，除每道工序操作者自检外，还应在下列加工阶段，专门安排检验工序：

①粗加工阶段结束之后。

②重要的工序的前后。

③工件从一个车间转到另一个车间时。

④工件全部加工完毕后。

辅助工序还有去毛刺、清洗、涂防锈油、油漆等，应分别安排于工艺过程所需之处。

十、常见测量工具及其使用

常见测量工具及其使用范围见表 1－3－16。

表 1－3－16　　常见测量工具及其使用范围

序号	测量工具	图例	测量范围
1	钢尺		量长度、量螺距、量宽度、量内孔、量深度、画线
2	外卡钳	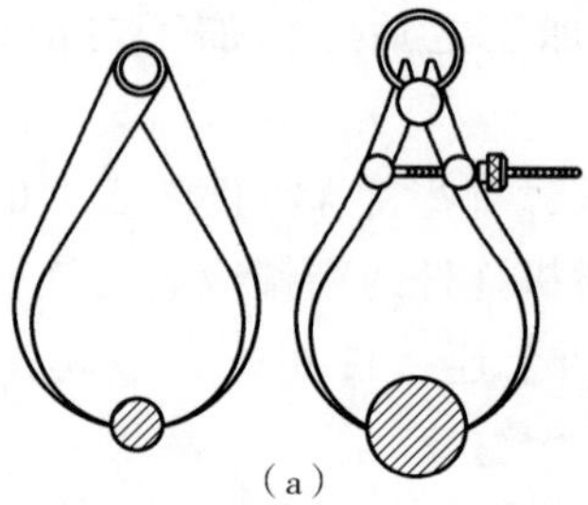 (a)	与钢直尺配合使用测量外径和平面
3	内卡钳	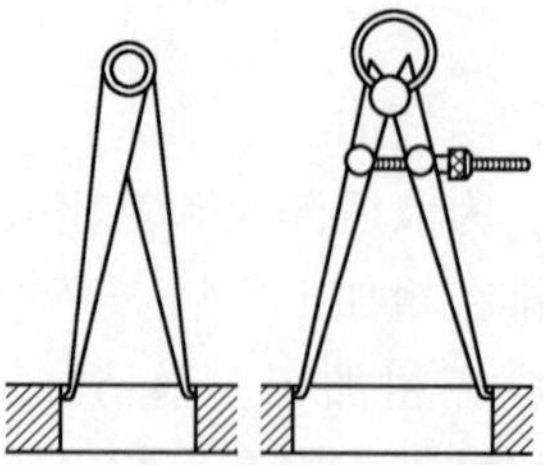 (b)	与钢直尺配合使用测量内径和凹槽

续表

序号	测量工具	图例	测量范围
4	塞尺（厚薄规或间隙片）	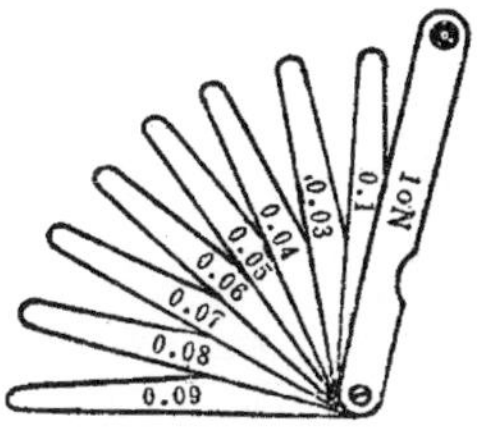	检验机床特别紧固面和紧固面、活塞与气缸、活塞环槽和活塞环、十字头滑板和导板、进排气阀顶端和摇臂、齿轮啮合间隙等两个结合面之间的间隙大小
5	R规（R样板、半径规）		测量圆弧半径
6	游标卡尺	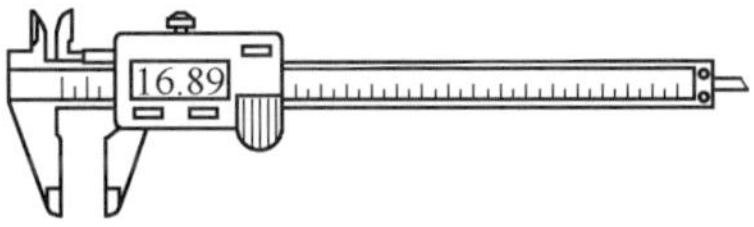	测量零件的外径、内径、长度、宽度、厚度、深度和孔距等
7	高度游标卡尺	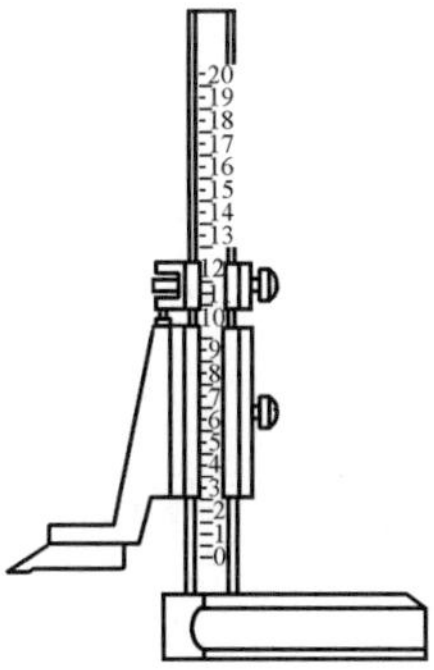	测量零件的高度和精密画线
8	深度游标卡尺	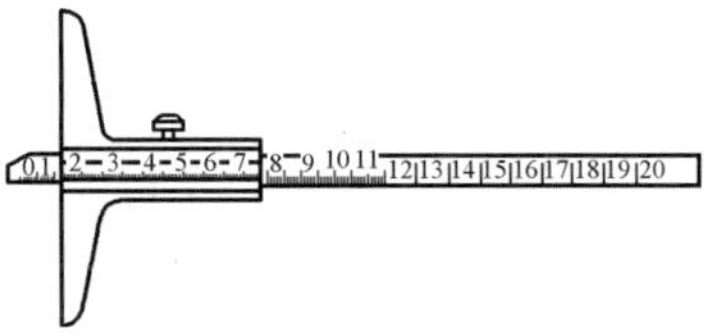	用于测量零件的深度尺寸或台阶高低和槽的深度

续表

序号	测量工具	图例	测量范围
9	齿厚游标卡尺	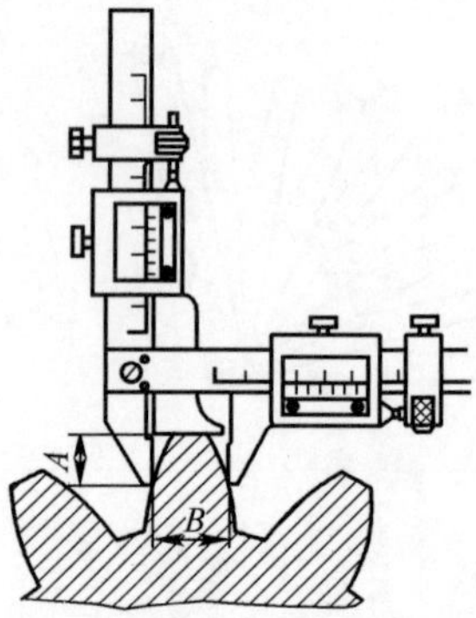	测量齿轮（或蜗杆）的弦齿厚和弦齿顶
10	千分尺	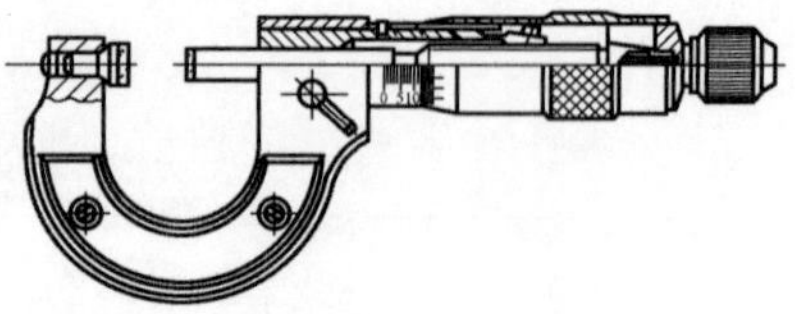	测量或检验零件的外径、凸肩厚度以及板厚或壁厚等
11	内径千分尺	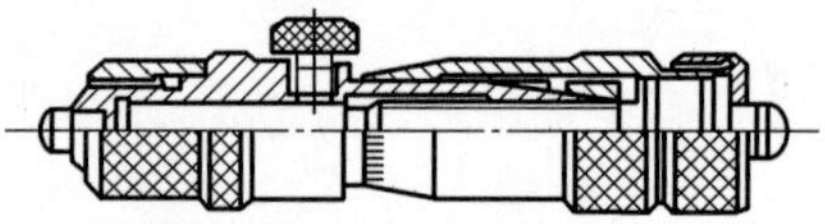	测量大孔径，为适应不同孔径尺寸的测量，可以接上接长杆
12	内测千分尺	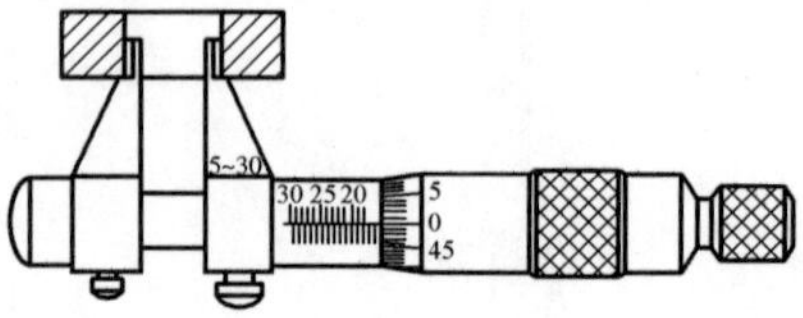	测量小尺寸内径和内侧面槽的宽度
13	三爪内径千分尺	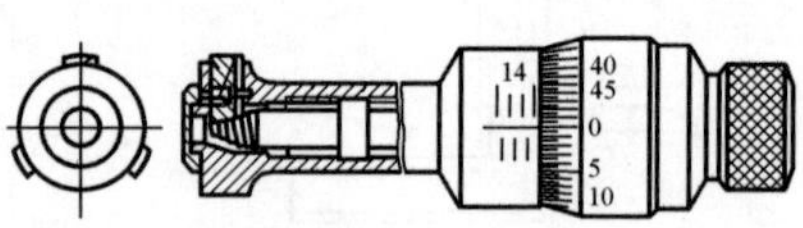	测量中小直径的精密内孔，尤其适于测量深孔的直径
14	公法线长度千分尺	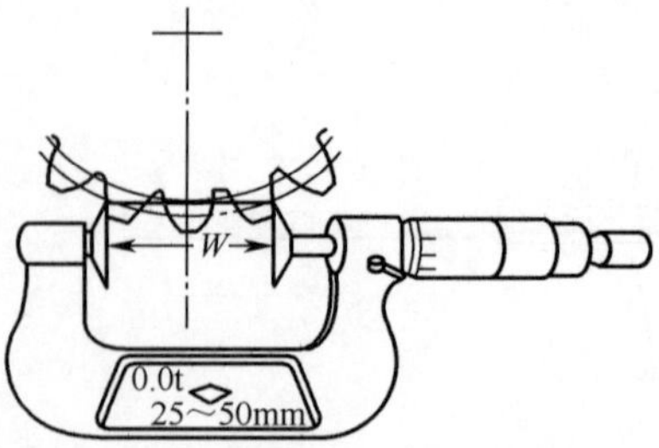	测量外啮合圆柱齿轮的两个不同齿面公法线长度

续表

序号	测量工具	图例	测量范围
15	板厚百分尺	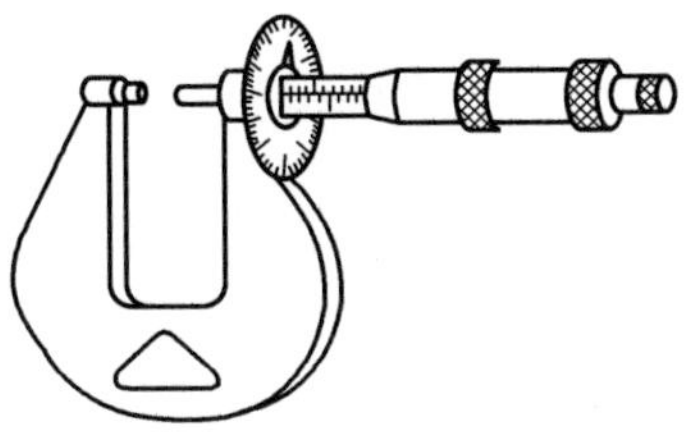	测量板料的厚度尺寸
16	螺纹千分尺	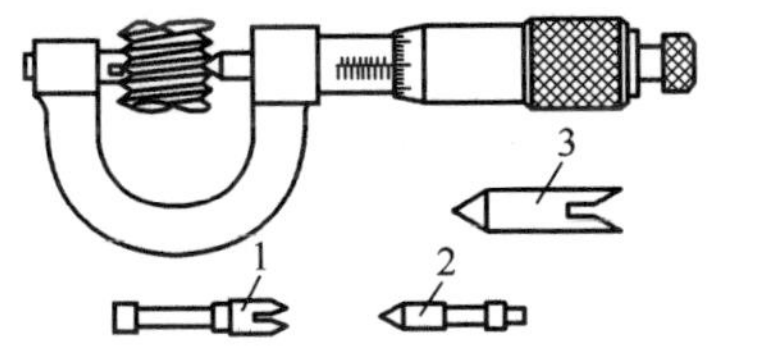	测量普通螺纹的中径
17	深度千分尺	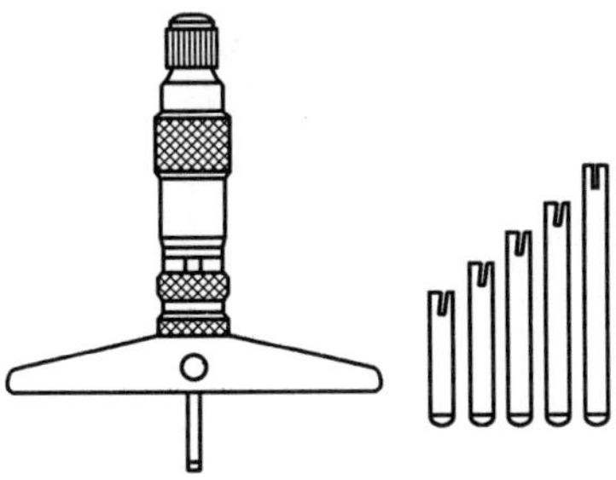	测量孔深、槽深和台阶高度等
18	百分表和千分表	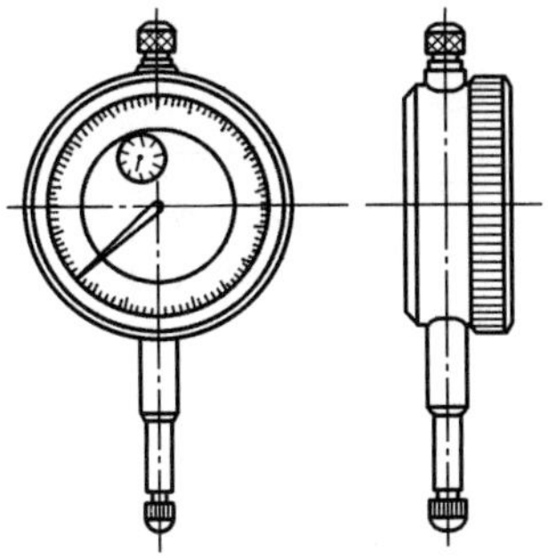	百分表和千分表，都是用来校正零件或夹具的安装位置，检验零件的形状精度或相互位置精度

续表

序号	测量工具	图例	测量范围
19	内径百分表	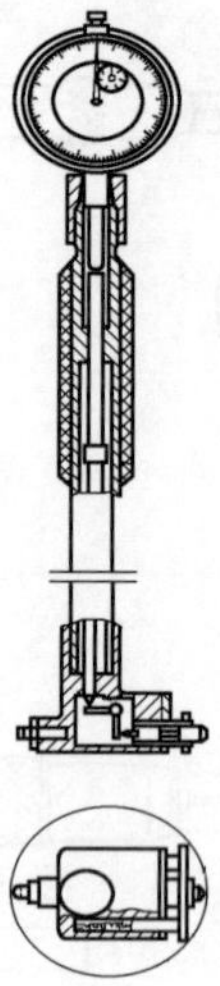	测量或检验零件的内孔、深孔直径及其形状精度
20	万能角度尺	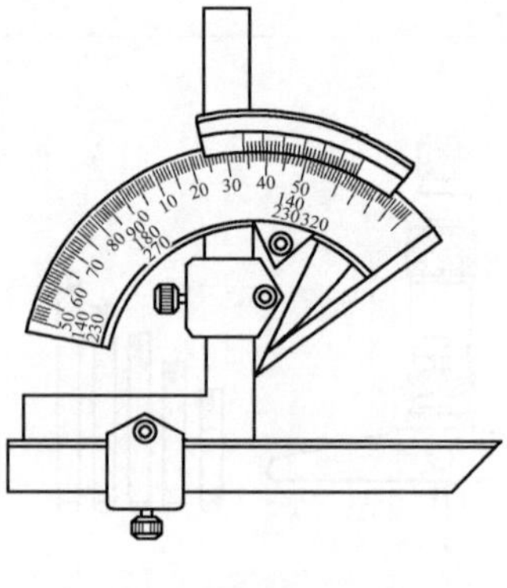	测量精密零件内外角度或进行角度画线的角度量具
21	量块（块规）	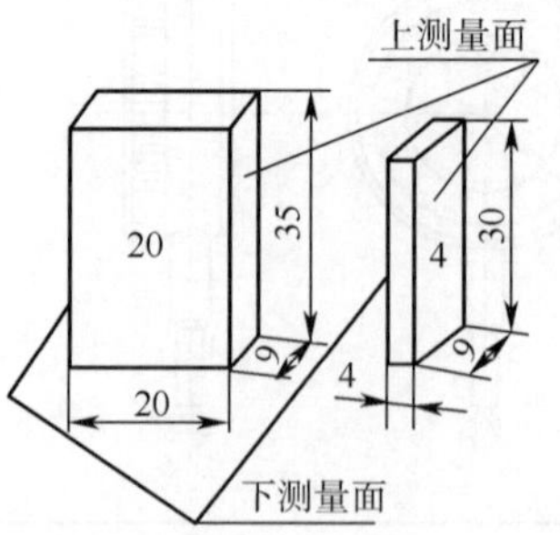	量块组与量块附件装置后，可用作校准量具尺寸（如内径百分表的校准），测量轴径、孔径、高度和画线等工作

任务实施

一、ZDY80 减速机箱体的加工

1. ZDY80 箱体零件特点

ZDY80 减速机箱体为了制造与装配的方便，常做成可剖分的，如图 1－3－32 所示。剖分式箱体也具有一般箱体结构特点，如壁薄、中空、形状复杂，加工表面多为平面和孔。

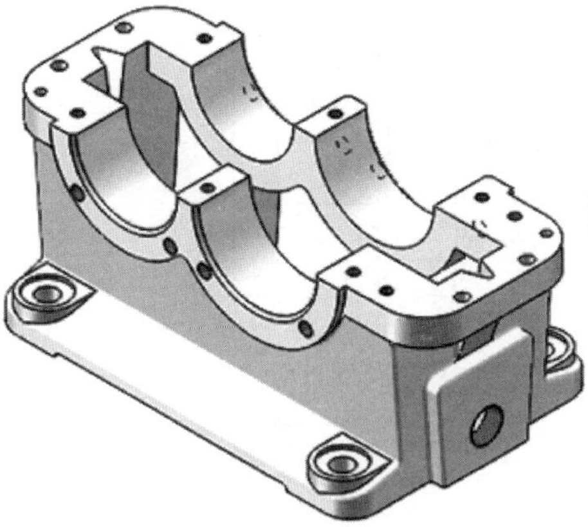

（a）机体

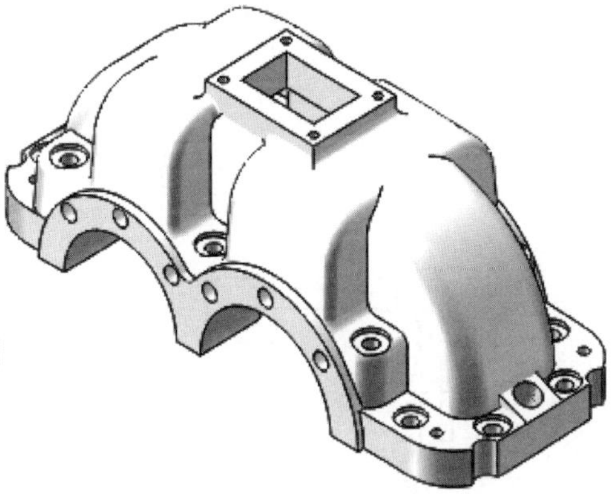

（b）机盖

图 1－3－32 ZDY80 减速箱体结构简图

2. ZDY80 减速机箱体零件图分析

ZDY80 减速机机盖和机体零件图如图 1－3－33 和图 1－3－34 所示。

（1）主要平面。机盖的分合面和顶部观察孔平面、机体的底面和分合面、轴承孔的端面等。

（2）主要孔。轴承支承孔 $\phi 62H7_{0}^{+0.03}$，$\phi 72H7_{0}^{+0.03}$。

（3）其他加工部分。连接孔、螺孔、销孔、斜油标孔以及孔的凸台面等。

（4）主要技术要求

①$\phi 62H7_{0}^{+0.03}$ 和 $\phi 72H7_{0}^{+0.03}$ 两轴孔的圆柱度公差为 0.008mm，$\phi 72H7_{0}^{+0.03}$ 轴孔中心线相对于 $\phi 62H7_{0}^{+0.03}$ 轴孔中心线的平行度公差为 0.020mm。

②两轴孔端面对 $\phi 62H7_{0}^{+0.03}$ 轴孔中心线的垂直度公差为 0.080mm。

③机体分合面对底面的平行度公差为 0.010mm。

④轴承孔中心线与剖分面重合，其误差不超过 0.3mm。

⑤铸件进行时效处理。

⑥箱体材料为 HT200。

3. ZDY80 减速机机械加工工艺过程分析

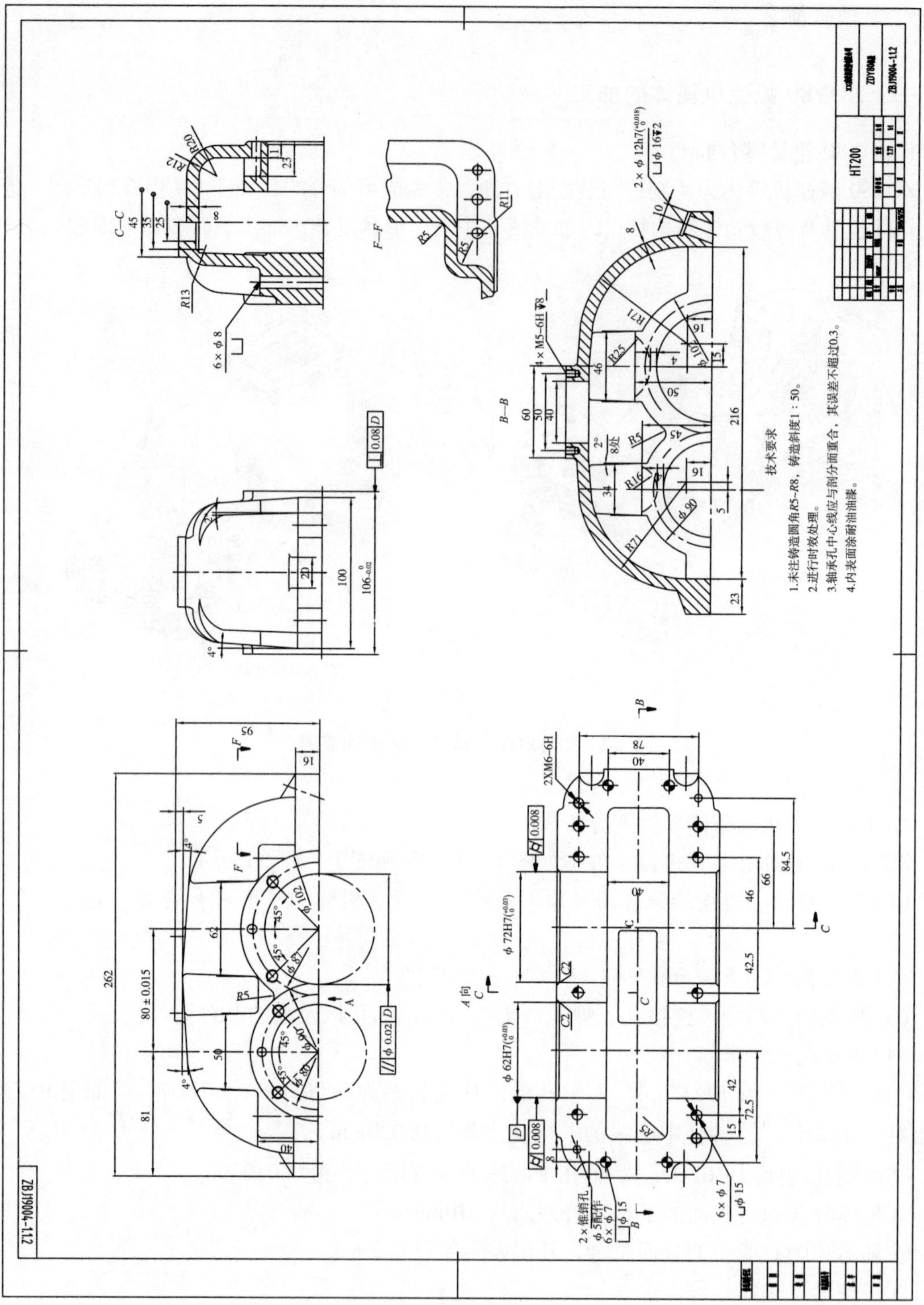

图1-3-33　ZDY80减速机机盖零件图

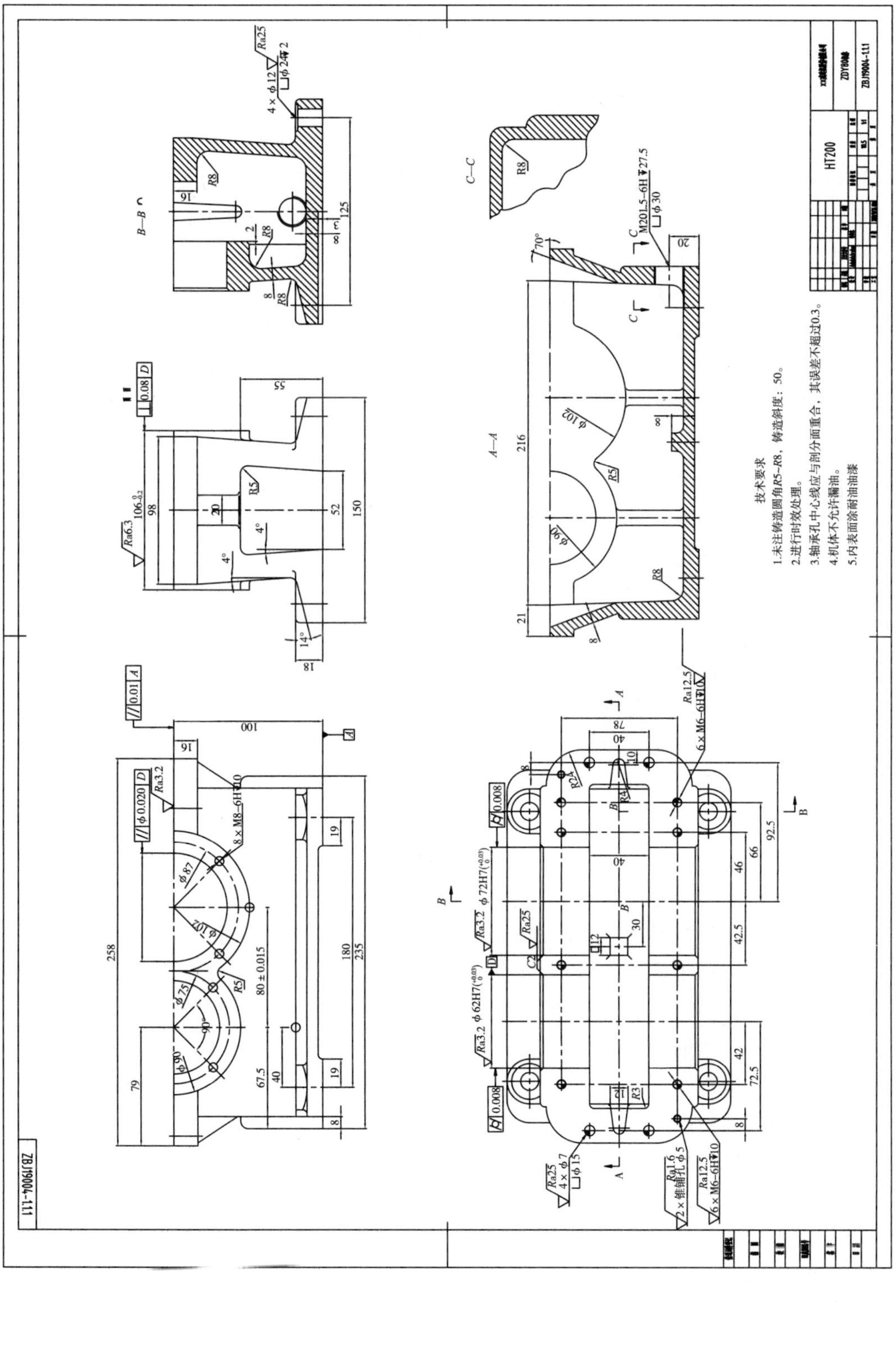

图1-3-34　ZDY80减速机机体零件图

根据 ZDY80 减速机箱体可剖分的结构特点和各加工表面的要求，在编制工艺过程时应注意以下问题。

（1）加工过程的划分。整个加工过程可分为两大阶段，即先对机盖和机体分别进行加工，然后再对装合好的整个箱体进行合件加工。为保证效率和兼顾精度，主要孔和面的加工还需粗加工与精加工分开。

（2）箱体加工工艺的安排。安排箱体的加工工艺，应遵循先面后孔的工艺原则，对剖分式减速机箱体还应遵循组装后镗孔的原则。因为如果不先将箱体的分合面加工好，轴承孔就不能进行加工。另外，镗轴承孔时，必须以底座的底面为定位基准，所以底座的底面也必须先加工好。由于轴承孔及各主要平面都要求与分合面保持较高的位置精度，所以在平面加工方面，应先加工对合面，然后再加工其他平面，还体现先主后次原则。

（3）箱体加工中的装夹。为了便于保证各加工表面的位置精度，在加工过程中工序安排应相对集中，一次装夹中加工尽可能多的表面，以减少箱体工件的装夹次数。箱体零件上相互位置要求较高的孔系和平面，一般尽量集中在同一工序中进行，以减少安装误差的影响，有利于保证其相互位置精度要求。

（4）合理安排热处理工序。一般在毛坯铸造之后安排一次退火或人工时效，对一些高精度或形状特别复杂的箱体，应在粗加工之后再安排一次人工时效，以消除粗加工产生的内应力，保证箱体加工精度的稳定性。

4. ZDY80 剖分式减速机箱体加工定位基准的选择

（1）粗基准的选择。一般箱体零件的粗基准都用它上面的重要孔和另一个相距较远的孔作为粗基准，以保证孔加工时余量均匀。剖分式箱体最先加工的是机体或机盖的分合面。由于分离式箱体轴承孔的毛坯孔分布在机体和机盖两个不同部分上，因而在加工机体和机盖的对合面时，无法以轴承孔的毛坯面作粗基准，而是以凸缘的不加工面为粗基准，即机盖以凸缘面 A，机体以凸缘面 B 为粗基准。这样可保证分合面加工凸缘的厚薄较为均匀，减少箱体装合时分合面的变形。

（2）精基准的选择。常以箱体零件的装配基准或专门加工的一面两孔定位，使得基准统一。剖分式箱体的分合面与底面（装配基面）有一定的尺寸精度和相互位置精度要求；轴承孔轴线应在分合面上，与底面也有一定的尺寸精度和相互位置精度要求。为了保证以上几项要求，加工机体的分合面时，应以底面为精基准，使分合面加工时的定位基准与设计基准重合；箱体装合后加工轴承孔时，仍以底面为主要定位基准，并与底面上的两定位孔组成典型的一面两孔定位方式。这样，轴承孔的加工，其定位基准既符合基准统一的原则，也符合基准重合的原则，有利于保证轴承孔轴线与对合面的重合度及与装配基准面的尺寸精度和平行度。

减速机箱体的机械加工过程取决于精度要求、批量大小、结构特点、尺寸重量大小等因素。此处还应考虑车间的条件，中间有无热处理工序等。

5. ZDY80 减速机箱体主要加工设备的选择

（1）铣床。铣机盖分合面和观察孔面、铣机体分合面和底脚面、合箱铣两侧轴承端面。

（2）钻床。合箱钻铰定位销孔、钻锪上下箱体联接螺栓孔、用钻模钻攻两侧轴承端面螺纹孔、钻攻观察孔、钻锪油尺孔、钻攻放油孔、钻锪地脚螺栓孔。

（3）镗床。镗高速轴轴承孔、镗低速轴轴承孔。

6. 减速机箱体的机械加工工艺过程

表1－3－17所列为某厂在小批生产条件下加工ZDY80减速机箱体的机械加工工艺过程。生产类型：小批；毛坯种类：铸件；材料牌号：HT200。加工工艺过程图片见表1－3－18。

表1－3－17　　ZDY80减速机箱体机械加工工艺过程

工序号	工序名称	工序内容	工艺装备
1	铸造	根据图纸尺寸铸造留足加工余量，无任何缺陷	
2	热处理	时效处理，消除铸造应力	
3	钳	均分机体、机盖各边余量画线	
4	铣机盖	1. 盖上工作台，分合面朝上，用垫块垫平后校正压紧，铣分合面留加工余量3mm 2. 翻转工件，观察孔面朝上，校正压紧，粗精铣观察孔面至尺寸 3. 翻转工件，分合面朝上，校正压紧，精铣分合面至尺寸，保证表面粗糙度	专用铣床
5	铣机体	1. 机体上工作台，底脚面朝上，用垫块垫平后校正压紧，铣分合面留加工余量3mm 2. 翻转工件，底脚面朝上，校正压紧，粗精铣底脚面至尺寸103mm 3. 翻转工件，底脚面朝下，校正压紧，精铣分合面至尺寸100mm，保证表面粗糙度	
6	钻	1. 画箱体、箱盖分合面螺孔中心线，打样冲眼 2. 机盖钻2－ϕ5mm通孔，攻丝2－M8－6H通孔 3. 机体、机盖合箱钻扩铰2－ϕ5mm锥销孔，保证表面粗糙度，上2－ϕ5mm锥销；机体、机盖钻4－ϕ7mm通孔，孔两端锪平4－ϕ15mm；钻机盖6－ϕ7mm通孔，至机体分合面有凹痕，孔端锪平6－ϕ15mm 4. 分箱，钻机体上6－ϕ5mm，孔深13mm，攻丝6－M6－6H深10mm；各孔口倒角；清理结合面毛刺，机体、机盖用螺栓紧固	专用钻床
7	合箱铣	移箱体至铣床工作台，等高块垫平底脚面，均分两端面加工余量后校正夹紧，铣轴承孔至106mm	
8	粗镗	1. 移箱体至镗床工作台，按轴承内孔及端面校正后压紧 2. 校正镗床主轴轴线与分合面重合 3. 粗镗轴承孔ϕ62H7至2－ϕ59mm 4. 粗镗轴承孔ϕ72H7至2－ϕ69mm，保证中心距为80±0.1mm；孔口倒角	专用镗床

续表

工序号	工序名称	工序内容	工艺装备
9	时效	将箱体分合面处紧固件松开，搁置 8 小时以上消除热变形	
10	精镗	将机体机盖紧固 1. 箱体至工作台，按轴承内孔及端面校正后压紧 2. 校正镗床主轴轴线与分合面重合 3. 精镗轴承孔 2 - $\phi62H7_0^{+0.03}$ 4. 精镗轴承孔 2 - $\phi72H7_0^{+0.03}$，保证中心距为 80 ± 0.015mm；孔口倒角，保证各轴承孔表面粗糙度。保证两轴孔的圆柱度公差为 0.008mm，$\phi72H7_0^{+0.03}$ 轴孔中心线相对于 $\phi62H7_0^{+0.03}$ 轴孔中心线的平行度公差为 ϕ0.020mm，两轴孔端面对 $\phi62H7_0^{+0.03}$ 轴孔中心线的垂直度公差为 0.080mm 5. 铣轴承孔端面至尺寸 $106^{0}_{-0.02}$ mm 6. 锪平放油孔端面 ϕ30，钻放油孔底孔 ϕ18.5，攻丝 M20 × 1.5 - 6H 通	专用镗床
11	钻	1. 钻模配钻机体、机盖端面孔 8 - ϕ6.8，孔深 13mm，攻丝 8 - M8 - 6H 深 10mm 2. 将箱体拆开；画机盖观察孔加工线，钻 4 - ϕ3.6，孔深 10mm，攻丝 4 - M5 - 6H 深 8mm；画机体底脚孔加工线，钻 4 - ϕ12 孔，上面锪平 ϕ24mm	专用钻床
12	检验	检查各部尺寸及精度	
13	入库	入库	

表 1 - 3 - 18　　ZDY80 减速器箱体机械加工工艺过程图

箱体毛坯	加工机盖顶面（基准面）	加工机盖剖分面

加工机体底面（基准面）	加工机体剖分面（哈夫面）	机盖钻孔

续表

机体钻孔	合体加工两端面	合体加工两轴承孔

二、ZDY80 减速机箱体的检测

ZDY80 减速机箱体的检测主要包括尺寸精度的检测、形状和位置公差的检测、表面加工质量的检测等。

1. 尺寸精度

主要包括箱体的长度、宽度、高度、深度、直径、螺距、圆角、斜角等。

2. 形位公差

主要包括两轴承孔的圆柱度、箱体轴承孔端面相对轴承孔的垂直度、两轴承孔中心线的平行度、机体底面与剖分面的平行度等。

3. 表面质量

表面粗糙度检验通常用目测或样板比较法，只有当 Ra 值很小时，才考虑使用光学测量仪或粗糙度仪。

三坐标测量机可同时对零件的尺寸、形状和位置等进行高精度的测量。

ZDY80 减速机机体检测结果见表 1－3－19。

表 1－3－19　　××减速机有限公司减速机机体检测记录表

型号		检验日期		检验员	
测量对象	允许值	测量值	测量工具	裁定	
长度	258				
	79				
	67.5				
	80 ±0.015				
	40				
	8				
	19				
	19				
	180				
	235				
	30				
	12				

续表

型号		检验日期		检验员
测量对象	允许值	测量值	测量工具	裁定
宽度	$106^{0}_{-0.02}$			
	98			
	20			
	52			
	150			
	120			
	40			
	78			
	12			
高度	16			
	100			
	55			
	18			
	8			
	3			
	20			
	8			
直径	$\phi80$			
	$\phi90$			
	$\phi87$			
	$\phi102$			
	$\phi62H7^{+0.03}_{0}$			
	$\phi72H7^{+0.03}_{0}$			
螺孔	$\phi7$			
	M6 深 10			
	M8 深 10			
	$\phi12$ 锪平 $\phi24$			
	M20 ×1.5 锪平 $\phi30$			
销孔	$\phi5$			
圆弧	$R5$			
	$R8$			
	$R4$			
	$R24$			
角度	1			
	14			
	45			
平行度	0.010			
	0.020			
垂直度	0.080			

续表

型号		检验日期		检验员				
测量对象	允许值	测量值	测量工具	裁定				
圆柱度	0.008							
备注								
检测判定	□ 合格	□不合格						
不合格品评审处理	品质部意见							
	主管		日期		厂长		日期	

ZDY80 减速机机盖检测结果可自行参照表 1－3－19。

任务评价

箱体的机加工与质量检测工作任务实施评价见表 1－3－20。

表 1－3－20　　工作任务实施评价表

班级		学号		姓名		学校导师		企业导师	

评价项目	评价标准	评价细则	配分	评价方式				得分
				自评	互评	学校导师评价	企业导师评价	
				20%	20%	30%	30%	
专业能力	1. 能识读 ZDY80 减速机机体、机盖的零件图，进行加工工艺分析	（1）读错一处扣 2 分，共计 10 分 （2）正确进行加工工艺分析	60					
	2. 能制定 ZDY80 减速机箱体机械加工工艺过程	不能正确说出加工顺序扣 10 分						
	3. 能根据箱体机械加工工艺过程确定加工所需设备、工具、量具等	（1）设备选择每错一处扣 5 分 （2）工量具选择每错一处扣 5 分 （3）设备、工量具不能正常使用每发现一次扣 2 分						
	4. 能根据机加工要求进行质量检测	每缺检或错检一处扣 2 分						

续表

班级		学号		姓名		学校导师		企业导师	

评价项目	评价标准	评价细则	配分	评价方式				得分
				自评	互评	学校导师评价	企业导师评价	
				20%	20%	30%	30%	
方法能力	1. 会制定项目实施文件	实施文件每缺少一项扣2分	20					
	2. 能规范穿戴劳保用品，仪容仪表整洁	（1）劳保用品穿戴不规范扣5分 （2）仪容仪表不整洁扣5分						
	3. 能掌握新知识、新方法、新设备、新工艺	对新知识、新方法、新设备、新工艺缺乏了解，视情节酌情扣5～10分						
	4. 具有分析解决实际问题的能力和一定创新精神和创造能力	分析问题不透彻，解决问题不到位，缺乏自己独到的见解，视情节酌情扣5～10分						
社会能力	1. 严格遵守工作场所管理制度，认真执行7S管理	违反工作场所管理制度或任务结束未执行7S管理，每次视情节酌情扣5～10分	20					
	2. 具有一定的沟通协调和团队协作能力	未体现沟通协调和团队协作精神扣3分						
	3. 具有安全文明生产意识	准备过程中违反安全生产规程，视情节轻重酌情扣10～20分，出现人身、设备、工量具损坏等严重事故者，本次考核以零分计						
日期	年 月 日	导师签名					合计	

知识拓展

数控加工中心

数控加工中心是由机械设备与数控系统组成的适用于加工复杂零件的高效率自动化机床。数控加工中心是目前世界上产量最高、应用最广泛的数控机床。它的综合加工能力较强，工件一次装夹后能完成较多的加工内容，加工精度较高，就中等加工难度的批量工件，其效率是普通设备的5～10倍，特别是它能完成许多普通设备不能完成的加工，对形状较复杂，精度要求高的单件加工或中小批量多品种生产更为适用。

数控加工中心是一种功能较全的数控加工机床。它把铣削、镗削、钻削、攻螺纹和切削螺纹等功能集中在一台设备上，使其具有多种工艺手段。加工中心设置有刀库，刀库中存放着不同数量的各种刀具或检具，在加工过程中由程序自动选用和更换。这是它与数控铣床、数控镗床的主要区别，特别是对于必须采用工装和专用设备来保证产品质量和效率的工件。这会为新产品的研制和改型换代节省大量的时间和费用，从而使企业具有较强的竞争能力。

加工中心常按主轴在空间所处的状态分为立式加工中心和卧式加工中心，加工中心的主轴在空间处于垂直状态的称为立式加工中心，主轴在空间处于水平状态的称为卧式加工中心。主轴可作垂直和水平转换的，称为立卧式加工中心或五面加工中心，也称复合加工中心。

按加工中心立柱的数量分有单柱式和双柱式（龙门式）。

按加工中心运动坐标数和同时控制的坐标数分有三轴二联动、三轴三联动、四轴三联动、五轴四联动、六轴五联动等。三轴、四轴是指加工中心具有的运动坐标数，联动是指控制系统可以同时控制运动的坐标数，从而实现刀具相对工件的位置和速度控制。

按工作台的数量和功能分有单工作台加工中心、双工作台加工中心和多工作台加工中心。

按加工精度分有普通加工中心和高精度加工中心。普通加工中心，分辨率为 1μm，最大进给速度 15 ~25m/min，定位精度 10μm 左右。高精度加工中心，分辨率为 0. 1μm，最大进给速度为 15 ~100m/min，定位精度为 2μm 左右。介于 2 ~10μm 的，以 ±5μm 较多，可称精密级。

巩固提高

一、填空题

1. 箱体零件上轴承孔的相互位置精度要求主要包括以下几个方面：各轴承孔的中心距精度和轴线的__________度，同轴线的轴承孔的__________度，轴承孔轴线对装配基准面的__________度和对端面的__________度。

2. 剖分式箱体组合装配后加工轴承孔时，应以__________为辅助定位基准面。

3. 常用的钻床有__________、__________和__________三种。

4. 麻花钻是由__________、__________和__________组成。

5. 麻花钻的前角越大，切削越__________，但刃口强度__________。

6. 麻花钻的两条切削刃__________分布在轴线两侧，钻削时，所受径向抗力相互__________。

7. 铣削用量是__________、__________、__________和__________的总称。

8. 斜面铣削方法有__________、__________和___________三种。

9. 用__________铣阶台主要用于深度较大的阶台，尤其内阶台；__________铣宽度较大而深度不大的阶台。

10. 根据镗套的布置形式不同，分为________、________和________。

11. 镗床夹具主要由________、________、________、________、________等组成。

12. 镗刀可分为________、________和________。

二、选择题

1. 在铣床上圆周铣削表层硬皮和杂质较多的工件应采用（　　）。

A. 顺铣　　B. 逆铣　　C. 无法确定　　D. 顺铣、逆铣均可

2. 逆铣与顺铣相比其突出优点是（　　）。

A. 切削平稳　　B. 消耗在进给方向的功率大

C. 生产率高　　D. 切削中工件不会被拉动

3. 铣削宽度较大而深度不大的阶台常用（　　）。

A. 立铣刀　　B. 端铣刀　　C. 角度铣刀　　D. 三面刃铣刀

4. 钻削时，主运动是（　　）。

A. 钻头或扩孔钻沿自身轴线方向运动　　B. 钻头或扩孔钻的回转运动

C. 工件的回转运动　　D. 工件的移动

5. 下列钻床适合于大型工件或多孔工件钻削的是（　　）。

A. 台式钻床　　B. 立式钻床　　C. 摇臂钻床　　D. 都可以

6. 钻床的主要工作内容不包括（　　）。

A. 扩孔　　B. 铰孔　　C. 刮平面　　D. 开键槽

7. 箱体上主轴轴承孔的同轴度误差不应超过（　　）。

A. ϕ0.008mm　　B. ϕ0.016mm

C. 最小孔径公差中1/2　　D. 最小孔径公差中1/4

8. 箱体类零件精加工时的精基准通常选择（　　）。

A. 相距较远的两轴承孔　　B. 装配基准面

C. 主轴孔　　D. 以上几种都可以

9. 剖分式箱体上轴承孔的加工应安排在（　　）。

A. 对合面加工前　　B. 对合面加工后装配成整体箱体后

C. 对合面加工后装配成整体箱体前　　D. 以上均可以

10. 加工剖分式箱体底座对合面时，应选择________为精基准。（　　）

A. 主轴轴承孔表面　　B. 凸缘的上、下不加工表面

C. 装配基准面　　D. 按画线找正

11. 剖分式箱体零件粗基准通常选择（　　）。

A. 凸缘的上下不加工表面　　B. 主轴轴承孔和一个相距较远的轴承孔

C. 底面　　D. 顶面

三、判断题

1. 应用铣床加工的平面都比较小，无法加工较大的箱体类零件的平面。（　　）

2. 铣削加工的主要特点是刀具旋转、多刃切削。（　　）

3. 铣床的种类很多，最常用的是立式铣床和卧式铣床。（　　）

4. 通常盘状铣刀是带孔铣刀，指状铣刀是带柄铣刀。（　　）

5. 三面刃铣刀是一种常用的盘状带孔铣刀。（　　）

6. 圆柱铣刀和套式面铣刀一样，主要用周边刃铣削。(　　)
7. 机用平口虎钳、分度头是铣床常用的夹具和附件。(　　)
8. 镗削加工一般采用“先孔后面”的工艺流程。(　　)
9. 小直径孔镗刀应尽量短而粗，刀杆与刀柄由较高的同轴度，以便增强镗刀的强度。(　　)
10. 镗刀寿命通常决定于设备和切削用量的选择。(　　)

四、简答题

1. 图1－3－35为箱体零件图，试回答下列问题：

(1) 该箱体常用材料为__________。

(2) 该箱体 $\phi 62\ H7^{+0.03}_{0}$ 和 $\phi 72\ H7^{+0.03}_{0}$ 孔的位置精度是__________和__________。

(3) 该箱体粗基准选用__________，该箱体轴承孔及两端面必须待__________加工后装配成整体箱体后再进行加工，此时应选__________作为定位基准。

(4) 该箱体 $\phi 62\ H7^{+0.03}_{0}$ 和 $\phi 72\ H7^{+0.03}_{0}$ 孔的端面对装配基准面应有较高的__________要求。

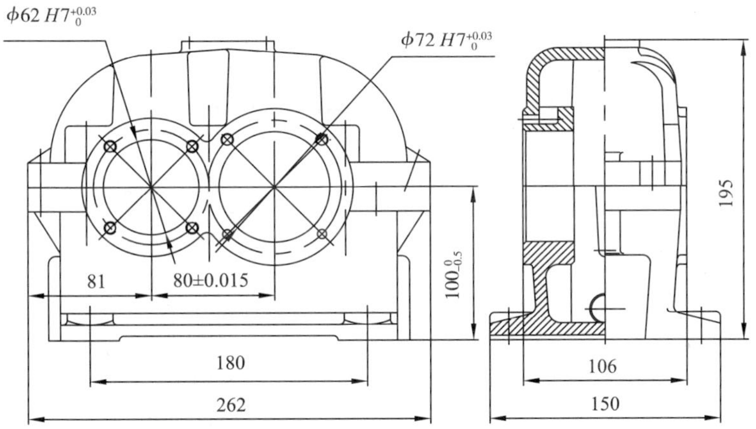

图1－3－35　箱体零件

2. 图1－3－36为减速机箱体，按要求回答下列问题：

(1) 箱体零件是机器的基础零件之一，它的加工质量对箱体部件装配后的__________有着决定性的影响。箱体一般分为__________式箱体与__________式箱体，本题中的箱体是__________式箱体。

(2) 该箱体轴承孔及两端面必须待__________加工后装配成整体箱体再进行加工。

(3) 该箱体的加工分成两个阶段：第一阶段将箱体盖与底座分开加工，完成主要平面、连接孔、定位孔的加工；第二阶段先由__________工序合成一体，然后完成__________和__________的加工。

(4) 剖分式减速箱箱体的粗基准是指在加工__________之前划__________所依据的基准，该减速箱箱体选择的是凸缘的上、下不加工表面为粗基准，是为了保证__________至__________间的高度一致。

(5) 该箱体在箱盖、底座对合加工两侧端面和各对轴承孔时应以__________为精基准。

(6) 加工各轴承孔采用__________削为宜，加工两侧端面则应采用__________削为宜。

(7) 由图中__________可知，两锥销孔的加工应安排在机盖配钻、机体合拢并紧之

__________（“前”或“后”），然后打入__________。

（8）6 × ϕ7 H7 孔的加工应在两销孔加工之__________（“前”或“后”）进行，加工时的定位基准是__________和__________。

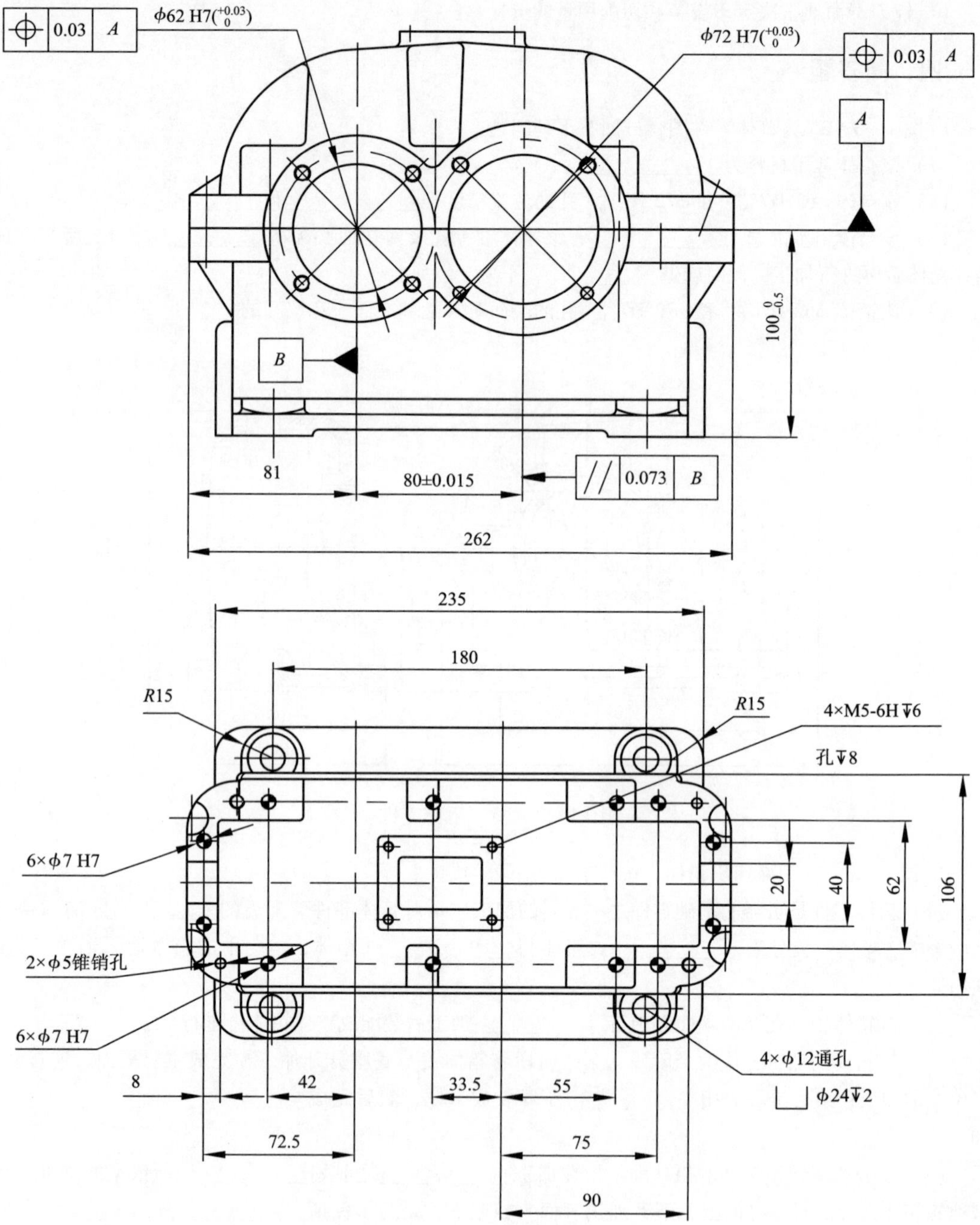

图 1－3－36　减速机箱体

项目二　输出轴的加工与检测

任务一　输出轴常用材料及热处理方法

任务描述

该项目根据企业工作流程完成ZDY80减速机中输出轴的加工制造与质量检验，让学生在完成任务的过程中，学习轴常用材料和常用的热处理方法，识读输出轴热处理工艺过程卡，体验企业工作过程，感知企业文化，培养综合职业能力。

任务目标

1. 能制定项目实施文件。
2. 能识读ZDY80减速机输出轴零件图。
3. 能熟悉ZDY80减速机输出轴在减速机中的安装位置和作用。
4. 能正确选择ZDY80减速机输出轴常用材料。
5. 能正确选择ZDY80减速机输出轴常用毛坯。
6. 能掌握ZDY80减速机输出轴常用的热处理方法。
7. 培养学生观察、思考和分析解决实际问题的能力。
8. 培养学生的创新意识、安全意识、规范意识、质量意识及沟通协调、团队协作能力。
9. 使学生熟悉企业热处理的基本工艺流程和管理方法，感知企业文化，培养学生基本职业素养。

知识链接

一、轴常用材料

轴类零件是机械产品中的一类典型零件，用来支承传动零件（如齿轮、带轮、凸轮等），传递转矩、承受载荷并保证装在轴上的零件（或刀具）具有一定的回转精度。

1. 轴的分类

轴类零件的结构特征是一类长径比大的回转体：

①按结构形状分：光轴、台阶轴、空心轴、异形轴（如曲轴、凸轮轴、偏心轴等）。

②按长径比分：刚性轴（$L/d \leqslant 12$）和挠性轴（$L/d > 12$）。

③按所受载荷分：心轴（只承受弯矩）、传动轴（只承受转矩）、转轴（既承受转矩又承受弯矩）。

2. 轴常用材料

轴的材料种类很多，主要是根据轴的使用条件、刚度和其他的机械性能等的要求，采用的热处理方式，同时考虑加工工艺，并力求经济合理，通过设计计算来选择轴的材料，轴的材料一般是经过轧制或锻造经切削加工的碳素钢或合金钢。对于直径较小的轴，可用圆钢制造；有条件的可以直接用冷轧钢材；对于重要的，大直径或阶梯直径变化较大的轴，采用锻坯。为节约金属和提高工艺性，直径大的轴还可以造成空心的，并且带有焊接的或锻造的凸缘。

轴的常用材料是优质碳素结构钢，如35、45和50，其中以45钢最为常见。用45钢制造的轴类零件，一般需经调质、表面淬火等热处理，可以获得一定的强度、硬度、韧性和耐磨性，主要适用于中等复杂程度、一般重要的轴类零件。不太重要及受载荷较小的轴可用Q235、Q275等普通碳素结构钢；对于受力较大，轴的尺寸受限制，以及某些有特殊要求的轴可用合金结构钢。当采用合金钢时，应优先选用符合国家资源结构情况的硅锰钢、硼钢等。对精度要求较高、转速较高的轴可采用中碳合金结构钢，如40Cr、40MnB、35SiMn、38SiMnMo等，ZDY80减速机输出轴选用材料为42CrMo。对在高转速、重载荷等恶劣条件下工作的轴，可采用渗碳合金结构钢，如20Cr、20CrMnTi、20MnVB等。对于结构复杂的轴（例如花键轴、空心轴等），为保护尺寸稳定性和减小热处理变形可选用铬钢；对于大截面非常重要的轴可选用铬镍钢，对于高温或腐蚀条件下工作的轴可选用耐热钢或不锈钢。曲轴和轮轴一般用球墨铸铁和一些高强度铸铁。轴的常用材料及其选用见表2-1-1。

表2-1-1　　轴的常用材料及其选用

<table>
<tr><th>材料
牌号</th><th>热处理</th><th>毛坯直径
/mm</th><th>硬度
/HB</th><th>抗拉
强度 $R_m \geqslant$</th><th>屈服强度
$R_{eL} \geqslant$</th><th>弯曲疲劳极限
$R_{-1} \geqslant$</th><th>备注</th></tr>
<tr><td>Q235
Q235F</td><td>—</td><td>—</td><td>—</td><td>440</td><td>240</td><td>180</td><td>用于不重要或载荷不大的轴</td></tr>
<tr><td rowspan="2">20</td><td>正火</td><td>25</td><td>≤156</td><td>420</td><td>250</td><td>180</td><td rowspan="2">用于载荷不大，要求韧性较高的场合</td></tr>
<tr><td>正火
回火</td><td>≤100
>100~300
>300~500
>500~700</td><td>103~156</td><td>400
380
370
360</td><td>220
200
190
180</td><td>165
155
150
145</td></tr>
</table>

续表

材料牌号	热处理	毛坯直径 /mm	硬度 /HB	抗拉强度 $R_m \geqslant$	屈服强度 $R_{eL} \geqslant$	弯曲疲劳极限 $R_{-1} \geqslant$	备注
35	正火	25	≤87	540	320	230	用于有一定强度要求和加工塑性要求的轴
	正火 回火	≤100 + M >100 ~ 300 >300 ~ 500 >500 ~ 750 >750 ~ 1000	149 ~ 187 143 ~ 187 137 ~ 187	520 500 480 460 440	270 260 240 230 220	210 205 190 185 175	
	调质	≤100 >100 ~ 300	156 ~ 207	560 540	300 280	230 220	
45	正火	25	≤241	610	360	260	应用最广泛
	正火 回火	≤100 >100 ~ 300 >300 ~ 500 >500 ~ 750	170 ~ 217 162 ~ 217 156 ~ 217	600 580 560 540	300 290 280 270	240 235 225 215	
	调质	≤200	217 ~ 255	650	360	270	
40Cr	调质	25		1000	800	485	用于载荷较大，而无很大冲击的重要轴
		≤100 >100 ~ 300 >300 ~ 500 >500 ~ 800	241 ~ 286 229 ~ 269 217 ~ 255	750 700 650 600	550 500 450 350	350 320 295 255	
35SiMn 42SiMn	调质	25		900	750	445	性能接近 40Cr，用于中小型轴
		≤100 >100 ~ 300 >300 ~ 400 >400 ~ 500	229 ~ 286 217 ~ 269 217 ~ 255 196 ~ 255	800 750 700 650	520 450 400 380	355 320 295 275	
40MnB	调质	25		1000	800	485	性能同 40Cr，用于重要的轴
		≤200	241 ~ 286	750	500	335	
40CrNi	调质	25		1000	800	485	用于很重要的轴
35CrMo	调质	25		1000	850	500	性能接近 40CrNi，用于重载荷的轴
		≤100 >100 ~ 300 >300 ~ 500 >500 ~ 800	207 ~ 269	750 700 650 600	550 500 450 400	350 320 295 270	

续表

材料牌号	热处理	毛坯直径/mm	硬度/HB	抗拉强度 $R_m \geq$	屈服强度 $R_{eL} \geq$	弯曲疲劳极限 $R_{-1} \geq$	备注
38SiMnMo	调质	≤100 >100~300 >300~500 >500~800	229~286 217~269 196~241 187~241	750 700 650 600	600 550 500 400	360 335 310 270	性能接近35CrMo
37SiMn2MoV	调质	25		1000	850	495	用于高强度、大尺寸和重载荷的轴
		≤200 >200~400 >400~600	269~302 241~286 241~269	880 830 780	700 650 600	425 395 370	
38CrMoAlA	调质	30	229	1000	850	495	用于要求耐磨、高强且热处理变形很小的（氮化）轴
20Cr	渗碳淬火回火	15 ≤60	表面56~62 HRC	850 650	550 400	375 280	用于要求强度、韧性均较高的轴（如齿轮轴、蜗杆）
20CrMnTi	渗碳淬火回火	15	表面56~62 HRC	1100	850	525	
1Cr13	调质	≤60	187~217	600	420	275	用于腐蚀条件下工作的轴
2Cr13	调质	≤100	197~248	660	450	295	
1Cr18Ni9Ti	淬火	≤60 >60~180 >100~200	≤192	550 540 500	220 200 200	205 195 185	用于在高、低温及强腐蚀条件下工作的轴
QT400-15	—	—	156~197	400	300	145	用于结构、形状复杂的轴
QT450-10	—	—	170~207	450	330	160	
QT500-7	—	—	187~255	500	380	180	
QT600-3	—	—	197~269	600	420	215	

二、轴常用热处理方法

1. 热处理概念

为使金属工件具有所需要的力学性能、物理性能和化学性能，除合理选用材料和各种成形工艺外，热处理工艺往往是必不可少的。金属材料热处理是将金属工件放在一定的介质中加热到适宜的温度，并在此温度中保持一定时间后，又以不同速度冷却的一种工艺方法。

热处理一般不改变工件的形状和整体的化学成分，而是通过改变工件内部的显微组织，或改变工件表面的化学成分，赋予或改善工件的内在质量和使用性能。

2. 热处理工艺

热处理工艺一般包括加热、保温、冷却三个过程，如图 2－1－1 所示，有时只有加热和冷却两个过程。这些过程互相衔接，不可间断。

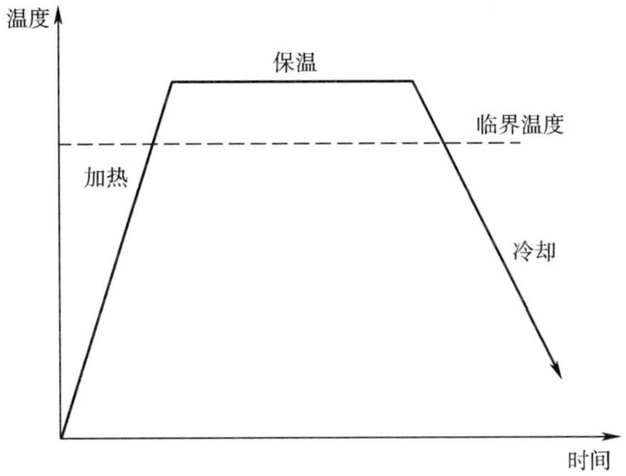

图 2－1－1　热处理工艺曲线图

（1）加热。加热是热处理的重要步骤之一，加热方法有很多，可采用木炭、煤、液体和气体燃料、电等进行直接加热，也可以通过熔融的盐或金属等进行间接加热。其中电加热易于控制，且无环境污染。金属加热时，工件暴露在空气中，常常发生氧化、脱碳等现象，进而影响热处理后零件的表面性能，因而金属通常应在可控气氛或保护气氛中、熔融盐中和真空中加热，也可用涂料或包装方法进行保护加热。

加热温度是热处理工艺的重要工艺参数，为保证热处理质量，应根据被处理的金属材料和热处理的目的来选择和控制加热温度，一般都是加热到相变温度以上，以获得需要的组织。

（2）保温。由于显微组织转变完全需要一定的时间，因此当金属工件表面达到要求的加热温度时，还须在此温度保持一定时间，使内外温度保持一致，这段时间称为保温时间。采用高能密度加热和表面热处理时，由于加热速度极快，一般保温时间很短或没有保温时间，而化学热处理的保温时间往往较长。

（3）冷却。冷却也是热处理工艺过程中不可或缺的步骤，冷却方法因工艺不同而不同，主要是控制冷却速度。一般退火的冷却速度最慢，正火的冷却速度较快，淬火的冷却速度更快。

3. 热处理方法

金属材料热处理大体可分为整体热处理、表面热处理、局部热处理和化学热处理等。根据加热介质、加热温度和冷却方法的不同，每一大类又可区分为若干不同的热处理方法。同一种金属采用不同的热处理方法，可获得不同的组织，从而具有不同的性能。钢铁是工业上应用最广的金属，而且钢铁显微组织也最为复杂，因此钢铁热处理工艺种类繁多。

（1）整体热处理。整体热处理是对工件整体加热，然后以适当的速度冷却，以改变其整体力学性能的金属热处理工艺。钢铁整体热处理大致有退火、正火、淬火和回火四种基本工艺。

1）退火。将工件加热到适当温度，根据材料和工件尺寸采用不同的保温时间，然后进行缓慢冷却（随炉冷却冷却速度最慢）。目的是使金属内部组织达到或接近平衡状态，获得良好的工艺性能和使用性能，或者为进一步淬火作组织准备。

2）正火。将工件加热到适宜的温度后在空气中冷却。正火的效果同退火相似，只是得到的组织更细，常用于改善材料的切削性能，也有时用于对一些要求不高的零件作为最终热处理。

3）淬火。将工件加热保温后，在水、油或其他无机盐、有机水溶液等淬冷介质中快速冷却。淬火后钢件变硬，但同时变脆。

4）回火。将淬火后的钢件重新加热到低于下临界温度 A_{C_1} 的适当温度，保温一段时间后，再进行冷却，以降低钢件的脆性。

退火、正火、淬火、回火是整体热处理中的“四把火”，其中淬火与回火关系密切，常常配合使用，缺一不可。

“四把火”随着加热温度和冷却方式的不同，又演变出不同的热处理工艺。为了获得一定的强度和韧性，把淬火和高温回火结合起来的工艺，称为调质。某些合金淬火形成过饱和固溶体后，将其置于室温或稍高的适当温度下保持较长时间，以提高合金的硬度、强度等的方法称为时效处理。把压力加工形变与热处理有效紧密结合进行，使工件获得很好的强度、韧性的方法称为形变热处理；为使工件不氧化、不脱碳，保持处理后工件表面光洁，提高工件的性能，在负压气氛或真空中进行的热处理称为真空热处理。

（2）表面热处理。表面热处理是仅加热工件表层，以改变其表层力学性能的金属热处理工艺。为了只加热工件表层而不使过多的热量传入工件内部，使用的热源须具有高的能量密度，即在单位面积的工件上给予较大的热能，使工件表层或局部能短时或瞬时达到高温。钢件的表面热处理，可获得表面高硬度的马氏体组织，而保留心部的韧性和塑性，提高工件的综合机械性能。表面淬火是表面热处理的主要内容，其目的是获得高硬度的表面层和有利的内应力分布，以提高工件的耐磨性能和抗疲劳性能。根据加热方法不同，表面淬火可分为感应加热（高频、中频、工频）表面淬火、火焰加热表面淬火、电接触加热表面淬火、电解液加热表面淬火、激光加热表面淬火、电子束表面淬火等。工业上应用最多的为感应加热和火焰加热表面淬火。

（3）化学热处理。化学热处理是通过改变工件表层化学成分、组织和性能的金属热处理工艺。化学热处理是将工件放在含碳、氮或其他活性元素的介质（气体、液体、固体）中加热，保温较长时间，使介质中的活性原子渗入工件表层或形成某种化合物的覆盖层，以改变表层的组织和化学成分，从而使零件的表面具有特殊的机械或物理化学性能。根据渗入元素的不同，化学热处理可分为渗碳 、渗氮、渗硼、渗硅、渗硫、渗铝、渗铬、渗锌、碳氮共渗、铝铬共渗等。通常在进行化学渗的前后均需采用其他合适的热处理，以便最大限度地发挥渗层的潜力，并达到工件心部与表层在组织结构、性能等方面的最佳配合。

4. 热处理工序安排

热处理工序在工艺过程中的安排，主要取决于零件的材料和热处理的目的和要求。热处理的目的一般有提高材料的强度、硬度等力学性能，改善材料的切削加工性能，消除内应力以及为后续热处理作组织准备等。

对于结构尺寸不大的中碳钢普通轴类零件，一般在切削加工前进行调质热处理。重要的轴类零件在机械加工过程中常需进行多次热处理，必须根据需要，正确、合理地安排好各种热处理，以保证轴的力学性能及加工精度要求，并改善工件的切削性能。

（1）预备热处理。预备热处理包括退火、正火、调质等。退火、正火的工序位置通常安排在毛坯生产之后、切削加工之前，以消除毛坯的内应力，均匀组织，改善切削加工性能，并为以后的热处理做准备。对于精密零件，为了消除切削加工的残余应力，在半精加工以后还要安排去应力退火。调质工序一般安排在粗加工之后、精加工或半精加工之前，目的是获得良好的综合力学性能。

（2）最终热处理。最终热处理包括淬火、回火及表面热处理等。零件经这类热处理后，获得所需的使用性能。因其硬度较高，除磨削外，不宜进行其他形式的切削加工，故其工序位置一般安排在半精加工之后。

有些零件性能要求不高，对其毛坯进行退火、正火或调质即可满足使用要求，这时退火、正火或调质也可作为最终热处理。

5. 热处理设备

根据热处理的基本工艺过程，热处理设备分为主要设备和辅助没备。主要设备包括热处理炉、热处理加热设备、冷却设备等。辅助设备包括检验设备、校正设备、清洗设备、淬火介质循环设备、防火除尘设备等。

（1）热处理炉。热处理炉是指供热处理加热用的电炉或燃料炉。热处理炉是热处理的一种加热设备。温度一般比加热炉低，要求较严格地控制炉温和炉内气氛。由炉体、加热装置、机械装置和电气设备等组成。根据能源不同可分为燃料炉和电炉；根据工作温度可分为高温炉（高于1000℃）、中温炉（600～1000℃）和低温炉（低于600℃）；根据加热介质不同可分为空气炉、可控气氛炉、流动粒子炉、真空炉、辉光离子炉等；根据作业规程和机械化程度可分为周期式作业炉、半连续作业炉和连续式作业炉；根据工艺用途不同可分为正火炉、退火炉、回火炉、淬火炉、渗碳炉、氮化炉等；根据外形和炉膛形状不同可分为箱式炉、井式炉、台车式炉、推杆式炉、转底式炉、振底式炉、输送带式炉等；根据专门化程度不同可分为通用炉和专用炉。常用的热处理炉有箱式电阻炉、井式电阻炉、气体渗碳炉和盐浴炉等。

1）箱式电阻炉。其工作原理是利用电流通过布置在炉膛内的电热元件发热，通过电流和辐射对零件进行加热。它是热处理车间应用很广泛的加热设备。适用于钢铁材料和非钢铁材料（有色金属）的退火、正火、淬火、回火及固体渗碳等的加热。具有操作简便、控温准确、可通入保护性气体防止零件加热时氧化、劳动条件好等优点。

RX3系列箱式电阻炉如图2-1-2所示，炉壳是由角钢及钢板焊接而成，炉衬是用微珠超轻质节能耐火砖筑成，外壳与炉衬之间采用了硅酸铝纤维等保温材料。加热元件是用高电阻合金丝绕制，安装在炉膛两壁及炉底的搁砖上，加热工件放在炉膛内的耐热钢炉底板上，炉门的升降通过手摇链轮来进行，在炉门上部有一断路装置，当炉门开启时，电炉电源即切断以保证操作人员的安全，在使用时将热电耦插入炉膛，通过温度控制柜来控制炉温和超温保护。

2）井式电阻炉。井式电阻炉的工作原理与箱式电阻炉相同，其炉口向上，形如井状而得名，RJ2系列井式电阻炉如图2-1-3所示。常用的有中温井式炉、低温井式炉和气体渗碳炉三种。井式电阻炉采用吊车起吊零件，能减轻劳动强度，故应用较广。

图2-1-2　RX3系列箱式电阻炉

图2-1-3　RJ2系列井式电阻炉

中温井式炉主要应用于长形零件的淬火、退火和正火等热处理，其最高工作温度为950℃。井式炉与箱式炉相比，井式炉热量传递较好，炉顶可装风扇，使温度分布较均匀，细长零件垂直放置可克服零件水平放置时因自重引起的弯曲变形。

3）盐浴炉。盐浴炉是利用熔盐作为加热介质的炉型。盐浴炉结构简单，制造方便，费用低，加热质量好，加热速度快，因而应用较广。但用盐浴炉加热时，存在着零件的扎绑、夹持等工序，操作复杂，劳动强度大，工作条件差，同时存在着启动时升温时间长等缺点。因此，盐浴炉常用于中、小型且表面质量要求高的零件。

4）感应加热淬火设备。GC-1205中频感应淬火电炉如图2-1-4所示，其上限温度为1205℃。它是由电源、淬火机床、冷却系统和控制系统组成。

（2）冷却设备。常用的冷却设备有水槽、油槽、浴炉、缓冷坑等。介质包括自来水、盐水、机油、硝酸盐溶液等。

（3）检验设备。常用的检验设备有温度检测表、洛氏硬度计、布氏硬度计、金相显微镜、物理性能测试仪、量具、无损探伤设备等。

图 2－1－4　GC－1205 中频感应淬火电炉

三、轴热处理常见缺陷预防和补救方法

以 ZDY80 减速机 42CrMo 输出轴为例，说明热处理常见缺陷预防和补救方法。

1. 加热时常见的缺陷预防及补救方法

（1）过热现象及其预防与补救。钢在加热过程中，由于加热温度过高或保温时间过长，引起奥氏体晶粒粗大，即为过热。防止措施主要是严格控制加热温度和保温时间。可通过重新退火、正火或多次高温回火来补救。

（2）过烧缺陷及其预防与补救。钢加热时，由于加热温度过高，造成晶界氧化或局部熔化的组织缺陷。防止过烧主要措施也是严格控制加热温度和加热时间。当工件出现过烧时无法挽救只能报废。

（3）组织粗大缺陷及其预防与补救。钢加热时，由于加热温度过高，形成奥氏体，或者加热缓慢导致奥氏体粗大。预防方法主要是采用适当温度和冷却速度。奥氏体可通过双重正火消除。粗大的奥氏体可通过多次高温回火消除。

（4）脱碳和氧化缺陷及其预防与补救。钢加热时，表层的碳与介质（或气氛）中的氧、氢、二氧化碳和水蒸气发生化学反应，降低了表层碳浓度称为脱碳。加热时，钢表层的铁及合金与元素与介质（或气氛）中的氧、二氧化碳、水蒸气等发生反应生成氧化物膜的现象为氧化。预防方法主要是工件表面涂料、用不锈钢箔包装密封加热、采用盐浴加热、采用保护气氛加热等。此种缺陷只能在加工前预防。

2. 调质时常见的缺陷预防及补救方法

（1）淬火变形及裂纹缺陷预防与补救。在淬火加热时零件由于热应力以及高温时材料强度降低延性增加会导致变形。对合金钢而言，由于其导热性较差，若加热速度太快，不仅零件变形大，甚至有开裂的危险。在冷却过程中由于热应力与组织应力的共同作用，零件常出现变形，有的甚至出现表面裂纹。热应力是加热或冷却过程中，零件由表面至心部各层的加热或冷却速度不一样造成的。淬火冷却过程中零件表面存在的组织应力常为拉应力，所以其危害最大，它是在冷却过程中零件由表层至心部各层奥氏体转变为马氏体先后不一样造成的。零件淬火后出现变形、开裂，热处理工艺不当是重要因素。如加热温度过高造成奥氏体晶粒粗大，合金钢加热速度快，造成热应力加大，加热时工件氧化、脱碳严重，以及冷却介质选择不当，工件冷却介质的方式不对等诸因素都会导致工件变形甚至开裂。但是在正常的淬火工艺下要从材质本身及前序冷热加工中寻找原因，诸如钢材内在夹杂物含量、化学成分、异常组织等超过标准要求，淬火之前工件表面存在裂纹、有深的加工刀痕，以及零件形状分布不合理等因素都会导致淬火过程中零件变形甚至开裂。

防止淬火工艺过程零件变形、开裂的措施主要包括正确选材和合理设计。对于形状复杂、截面变化大的零件，应选用淬透性好的钢材，以便采用较缓和的淬火冷却方式。在零件结构设计中，应注意热处理结构工艺性；淬火前进行相应的退火或正火，以细化晶粒并使组织均匀化，减少淬火内应力；严格控制淬火加热温度，防止过热缺陷，同时也可减少淬火时的热应力；采用适当的冷却方法，如双液淬火、马氏体分级淬火或贝氏体等温淬火等。淬火时尽可能使零件均匀冷却，对厚薄不均匀的零件，应先将厚大部分淬入介质中。薄件、细长杆和复杂件，可采用夹具或专用淬火压床控制淬火时的变形；淬火后应立即回火，以消除应力，降低工件的脆性。一旦发生零件变形和开裂则难以补救。

（2）硬度不足或出现软点缺陷的预防与补救。经淬火后零件硬度偏低和出现软点的主要原因是亚共析钢加热温度低或保温时间不充分，淬火组织中有残留铁素体；加热过程中钢件表面发生氧化、脱碳，淬火后局部生成非马氏体组织；淬火时，冷却速度不足或冷却不均匀，未全部得到马氏体组织；淬火介质不清洁，工作表面不干净，影响了工件的冷却速度，致使未能全部淬硬。

为防止淬火后零件硬度偏低最重要的是防止加热时零件表面脱碳，其中最有效的办法是采用盐浴或可控气氛或真空加热。若在一般空气电阻炉中加热，在确保零件烧透及组织转变的前提下力求尽量缩短加热时间，其补救措施为回炉重新加热回火。

（3）回火变形缺陷及其预防与补救。由于回火前工件内应力不平衡，回火时应力松弛或产生应力重新分布所致。要避免回火变形，采用多次校直多次加热，或采用压具回火等。

（4）回火脆性缺陷及其预防与补救。回火脆性主要原因是由于所选回火温度不当，或回火冷却速度不够（第二类回火脆性）所致。防止回火脆性的出现应正确选择回火温度和冷却方式。

一旦出现回火脆性，对于第一类回火脆性，只能通过加热淬火，另选回火温度回火：对于第二类回火脆性，可采取重新加热回火，然后加速回火冷却速度的方法消除。

3. 感应加热淬火缺陷的预防与补救

（1）表层大量残余奥氏体缺陷的预防与补救。淬火温度过高，奥氏体中碳及合金元素含量较高，降低直接淬火或重新加热淬火的温度，可采用冷处理或高温回火后重新加热淬火的方法补救。

（2）硬化层过浅或过深缺陷及其预防。①频率选择不合适。频率过高，加热深度越浅，则硬化层过浅；反之则硬化层过深。②加热单位功率选择不合适。功率过高，加热速度过快，表面热量向里传递时间短，也会引起加热深度浅，造成硬化层过浅；反之硬化层过深。③感应器与工件间隙不合适。感应器与工件间隙过小，涡流集中于表面，加热深度过浅，则硬化层过浅；反之则硬化层过深。④加热时间过短。热量传递不足，加热深度过浅，则硬化层过浅；反之则硬化层过深。因此可通过合理选择频率、单位功率、加热时间，改进感应器设计，调整间隙等方法进行预防。

（3）硬化层不均匀及其预防。同时加热淬火时工件位置偏心、感应器喷水孔不均匀、淬火机床不同心等均会导致硬化层不均匀。为此可调整定位装置，防止工件偏心；改善感应器喷水孔分布，使其分布均匀；调整淬火机床上、下顶针，使其对中。

四、输出轴热处理方法

ZDY80 型减速机输出轴是材料为 42CrMo 的结构尺寸不太大的普通轴类零件。其主要技术要求为调质处理 HB255～286，所以在备料后安排毛坯锻造，再安排正火热处理，目的是消除锻造应力，改善金属组织，细化晶粒，降低硬度，改善切削加工性能。粗加工后安排调质热处理，目的是提高零件的综合力学性能，并作为需要表面淬火或氮化处理的零件的预备热处理。工件中与配合零件有相对运动的轴颈和需要经常拆卸的配合表面，在半精加工后、精加工前安排表面淬火处理，目的是提高这些表面的耐磨性。

1. 加工路线

备料→锻造→正火→粗加工→调质→半精加工→中频感应加热淬火、低温回火→精加工磨轴颈（6 级以上精度轴）。

2. 锻造工艺设计

锻造轴的毛坯经过锻造后获得基本的形状。锻造是利用锻压机械对金属坯料施加压力，使其产生塑性变形，以获得具有一定机械性能、一定形状和尺寸的锻件的加工方法。用棒料锻造经切削加工制成轴，力学性能得到很大的提高。查阅《热处理工艺规范数据手册》可以找出 42CrMo 钢的锻造工艺的加热温度、始锻温度冷却方式，其具体的锻造工艺参数见表 2－1－2。

表 2－1－2　　42CrMo 钢的热加锻造工艺规范

项目	A_{C_1}	A_{C_3}	加热温度	始锻温度	终锻温度
钢坯	730℃	800℃	1150～1200℃	1130～1180℃	＞850℃

经锻造后其最大直径约为 50mm，采用缓冷。

3. 预备热处理工序

正火一般均安排在毛坯生产之后、切削加工之前，或粗加工之后、半精加工之前。正火的目的是为了细化晶粒、改善组织，提高切削加工性能，为淬火和最终热处理做好准备。正火工艺曲线如图 2－1－5 所示。

对于亚共析钢正火的加热温度通常为 A_{C_3} 以上 30～50℃，而对于中碳合金钢的正火

温度通常为 A_{C_3} 以上 50～100℃，保温一定时间后取出喷雾冷却，这种冷却方式称为高温正火。由铁碳合金相图可知 42CrMo 的加热温度范围为 850～900℃。加热温度过低先共析铁素体未能全部溶解而达不到细化晶粒的作用，加热温度过高会造成晶粒粗化恶化钢的力学性能，所以选 870℃。

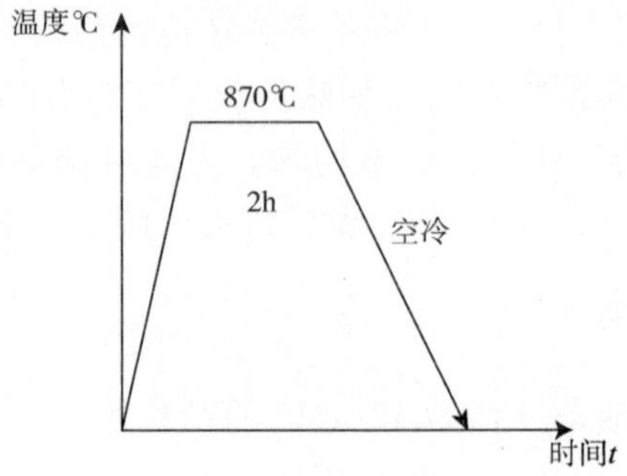

图 2－1－5　42CrMo 钢热处理正火工艺曲线

对于正火加热保温时间一般由试验确定，但也可由经验公式：$t=\alpha KD$ 计算确定。
式中：t——保温时间（min）；

α——加热系数（min/mm）；

K——工件加热时的修正系数；

D——工件的有效厚度（mm）。

工件有效厚度的计算原则是薄板工件的厚度即为其有效厚度，长的圆棒料直径为其有效厚度，正方体工件的边长为其有效厚度，长方体工件的高和宽小者为其有效厚度，带锥度的圆柱形工件的有效厚度是距小端 $2L/3$（L 为工件的长度）处的直径，带有通孔的工件其壁厚为有效厚度。一般情况下，碳钢可以按工件有效厚度每 25mm/h 来计算，合金钢可以按工件的有效厚度每 20mm/h 来计算保温时间，加热时间应为 2～3h左右。

4. 42CrMo 钢的调质处理

淬火后高温回火的方法为调质。调质可以使钢的性能、材质得到很大程度的调整，其强度、塑性和韧性都较好，具有良好的综合机械性能。调质处理后得到回火索氏体，Cr 能增加钢的淬透性，提高钢的强度和回火稳定性，具有优良的机械性能。截面尺寸大或重要的调质工件，应采用 42CrMo 钢工件淬火后油冷，42CrMo 钢的淬透性较好，在油中冷却能淬硬，而且工件的变形、开裂倾向小。所以 42CrMo 钢采用 840℃ 淬油，再 480℃ 回火处理。硬度可达 HRC35～45。图 2－1－6 为调质工艺曲线。

（1）选择淬火温度。42CrMo 钢，含碳量为 0.42%，属于亚共析钢，查阅铁碳合金相图可知含碳量为 0.42% 钢的 A_{C_3} 为 800℃，由亚共析钢淬火温度要求 $T=A_{C_3}+(30\sim50)$（℃）可得淬火温度 $T=830\sim850$（℃），由此可以设定在 840℃。

（2）确定淬火保温时间。根据有效长度 $\phi/2=50/2=25$mm，可查知，保温时间要大于 56min，为保证获得理想组织可选 1h。

(3) 确定淬火介质。根据零件使用要求，考虑到42CrMo钢的淬透性高，所以应尽量选择油淬，可增加奥氏体的稳定性。

(4) 确定回火温度。根据不同含碳量与回火温度的曲线查出含碳量为0.4%～0.5%的曲线带，再在纵坐标上查出HRC=35～40，取中值36，其曲线带相交的点即为加热温度，大约为480℃。

(5) 确定回火保温时间。由于回火保温温度为480℃，根据经验公式可知回火保温时间为1～1.5h。回火后空冷即可。

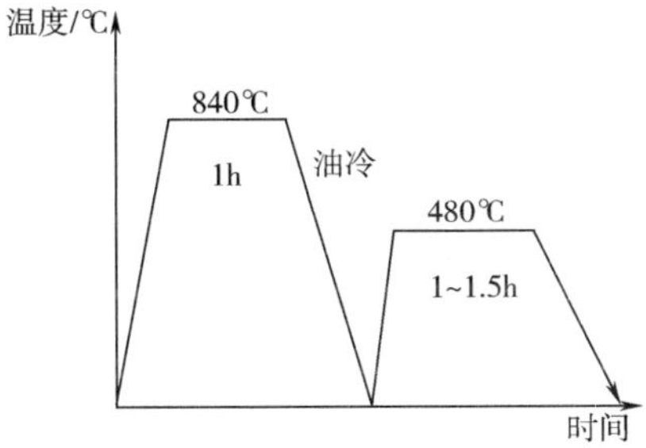

图2-1-6　42CrMo调质工艺曲线图

5. 最终热处理工序

零件经调质后具有良好的综合力学性能，但不满足其工艺要求，所以要进行感应表面淬火以达到所要求的力学性能，感应加热淬火后硬度较高，除磨削外不宜再进行其他切削加工，因此工序位置一般安排在半精加工后，磨削加工前。经淬火后表面获得高硬度、高的耐磨性，而心部仍维持良好的综合力学性能。为降低表面淬火的淬火应力，保持高硬度、耐磨性，淬火后应低温回火。图2-1-7为调质后感应淬火加低温回火热处理工艺曲线。

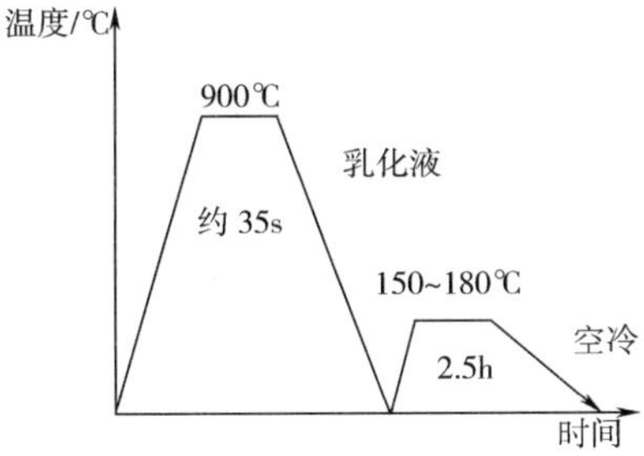

图2-1-7　42CrMo钢感应加热淬火加回火工艺曲线

淬硬层深度检查。在淬火后检查包括淬硬层表面及心部硬度，一般用洛氏硬度HRC标尺测量。42CrMo钢在调质、感应淬火、低温回火后，表面硬度可达HRC50以上，心部硬度可达35～45。

五、轴坯的选择

1. 毛坯的种类

（1）铸件。用于形状复杂的零件毛坯。

（2）锻件。用于强度要求较高、形状比较简单的零件毛坯。

（3）型材。分热轧和冷拉两种。热轧型材用于一般零件；冷拉型材精度较高，规格尺寸较小，主要用于自动机床加工（送料、夹紧可靠）。

（4）焊接件。用于大件毛坯。焊接件毛坯制造简单方便，但变形较大。

（5）冷冲压件。用于形状复杂的板料零件毛坯。

（6）其他。有挤压、热轧、粉末冶金件等毛坯。

2. 选择毛坯应考虑的因素

（1）零件的材料及物理和力学性能（主要因素）。

（2）零件的结构形状及其外形尺寸（重要因素）。

（3）生产规模的大小。

（4）工厂现场生产条件。

3. 轴类零件常用毛坯

（1）圆棒料（型材）。分热轧和冷拉两种，用于一般要求的光轴和直径相差不大的台阶轴。

（2）锻件。用于直径相差较大的台阶轴，以节省材料和减少切削加工工作量；对于直径相差不大，但要求有较高的抗拉、抗弯、抗扭转强度的重要轴，也采用锻件毛坯，以利用锻造提高材料的力学性能。

（3）铸钢件。用于结构形状复杂或尺寸较大的轴。

任务实施

一、工作场地准备

学校和企业导师应深入企业热处理车间做好任务实施设备、材料、工具、量具、劳保用品等的准备，落实好组织管理措施及安全技术措施等，确保热处理任务正常开展。

二、技术资料准备

1. ZDY80 减速机输出轴零件图

识读 ZDY80 减速机输出轴零件图。

2. ZDY80 减速机输出轴热处理工艺卡

ZDY80 减速机输出轴热处理工艺卡见表 2－1－3～表 2－1－6。

表 2－1－3　　**42CrMo 正火工艺卡**

热处理工艺卡	零件名称	输出轴	材料	42CrMo

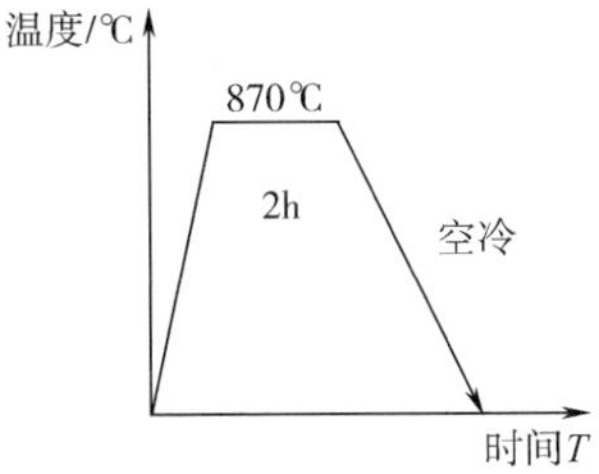

热处理类型	正火	热处理硬度	约 220HBS	工艺设计者
加热温度℃	870℃	加热速度	约 300℃/h	审核
保温时间	2h	冷却速度	约 20℃/s	日期

表 2－1－4　　**42CrMo 调质工艺卡**

热处理工艺卡	零件名称	输出轴	材料	42CrMo

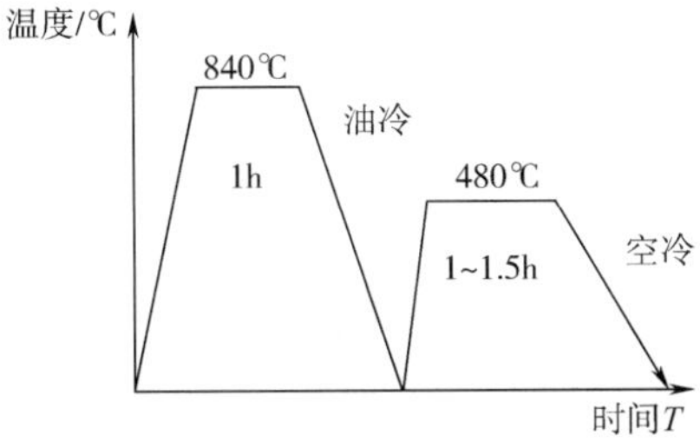

热处理类型	调质	热处理硬度	HRC35～45	工艺设计者
加热温度/℃	淬火 840℃ 回火 480℃	加热速度	约 300℃/h	审核
保温时间	淬火 1h 回火 1～1.5h	冷却速度	油冷 33℃/s 空冷 20℃/s	日期

表 2－1－5　　42CrMo 感应淬火工艺卡

热处理工艺卡	零件名称	输出轴	材料	42CrMo

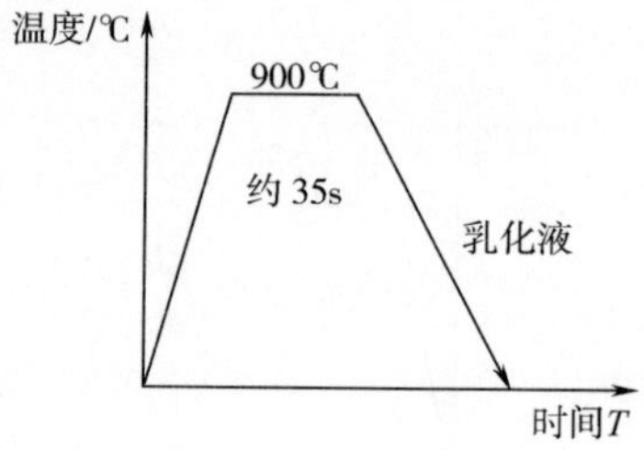

热处理类型	感应加热淬火	热处理硬度	表面≥53HRC	工艺设计者
加热温度℃	900℃	加热速度	约 400℃/s	审核
保温时间	35s	冷却速度	约 65℃/s	日期

表 2－1－6　　42CrMo 低温回火工艺卡

热处理工艺卡	零件名称	输出轴	材料	42CrMo

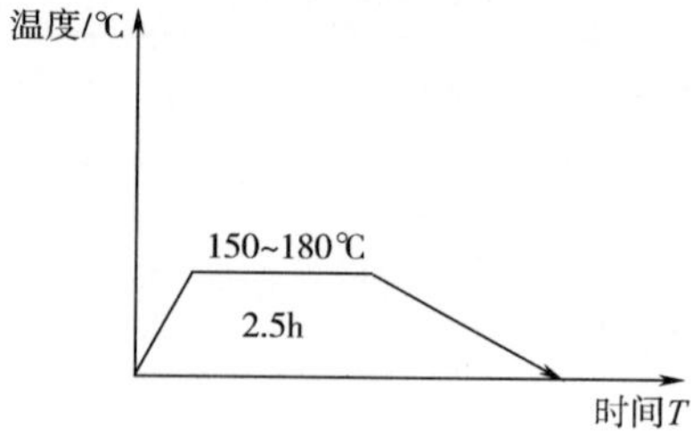

热处理类型	低温回火	热处理硬度	表面≥50HRC	工艺设计者
加热温度℃	150～180℃	加热速度	约 300℃/h	审核
保温时间	2. 5h	冷却速度	20℃/s	日期

三、热处理设备准备

热处理使用设备见表 2－1－7。

表 2－1－7　　使用设备情况一览表

序号	设备名称	规格型号	单位	数量	备注（作用）
1	台车炉	RJ－180－9 全纤维中温台车炉	台	1	正火、淬火
2	井式炉	RJ2－120－6 井式回火炉	台	1	正火、回火
3	感应淬火电炉	GC－1205	台	1	感应淬火

续表

序号	设备名称	规格型号	单位	数量	备注（作用）
4	监控记录仪		个	1	监控记录
5	淬火槽		个	3	2个淬火时用，1个备用
6	温度计		个	1	测温
7	硬度计	台式洛氏	台	1	测硬度
8	硬度计	便携式里氏	台	1	测硬度

四、热处理过程与注意事项

1. 正火处理

（1）工件准备。了解被处理工件的材料牌号，检查锻件有无裂纹和过烧。

（2）工装准备。工装应具有足够的热强度，使工件加热均匀，操作方便。

（3）开炉准备。消除（或定期）炉内的氧化铁皮和铸造砂等物。认真检查热处理设备的电气、测量仪器及机械保护装置，设备不能带故障工作。安排好出炉空冷场地。

（4）操作规程。同炉或同一工装上的工件要做到材料相同，有效尺寸相近。工件应装在炉子有效加热区内。工件的装摆不能超过台车炉、井式加热炉的允许的有效尺寸，不能超过设备的允许载荷。

（5）工艺规范。

1）加热温度。加热温度主要根据钢的临界点 A_{C_3}（A_{Cm}），质量要求因素来确定加热温度。常用钢种的临界点，正火加热温度见表 2－1－8。

表 2－1－8　　各材料正火温度表

钢号	A_{C_3}（A_{Cm}）℃	正火温度/℃	备注
35	802	870～890	1. 铸钢件的正火温度可相应提高10℃ 2. 消除锻件过热的粗大组织要相应提高50～100℃，而且在 A_{C_1}～A_{C_3} 的加热温度控制在200～250℃/h
45	780	850～860	
35SiMn	830	880～900	
35CrMo	800	860～880	
40Cr	782	850～870	
42CrMo	780	850～870	3. 渗碳件消除网状碳化物的正火温度为920～930℃
20CrMnTi	825	920～930	
20CrMnMo	830	920～930	
18Cr2Ni4Mo	810	900～910	
20Cr2NiW	810	900～910	4. 消除网状碳化物
Cr15	860	920～940	
65Mn	765	820～840	
60Si2Mn	810	850～860	

挽救某些粗大组织，其正火加热温度比普通正火温度要高 50～100℃。

2）加热速度。对碳钢、合金钢加热速度不予限制。导热差的高合金钢要求加热升温速度不大于 150℃/h，当炉温超过 600℃，升温速度不限制。

3）保温时间。铸钢件的正火保温时间要求≥4h，目的是保证消除铸造的魏氏组织，均匀化组织，细化晶粒，提高机械性能。除铸件外，保温时间的计算按下列经验公式：

$$t = \alpha KD$$

式中：t——工件的保温时间（min）；

α——加热系数（1～1.5min/mm）；

D——工件的直径或有效厚度（mm）；

K——工作装炉系数。

有效厚度越大，K 值取下限，反之取上限。

4）出炉冷却。工件应散放在地面，地面应干燥。对 18CrNiMo、20CrNiMo、20Cr2 Ni4W、20Cr2 Ni4Mo 等含铬镍的渗碳钢，正火后要加一次 650～660℃的高温回火。

5）安全与环保。操作人员受过专业安全培训，合格后方可上岗。操作人员必须穿戴好必需的劳动保护用品。操作前必须认真检查设备的电气，测量仪表，机械传动保护装置是否准确、灵敏、安全，严禁设备带故障工作。

各种加热炉均不得超过最高额定温度、最大装炉量和有效炉膛有效尺寸。工作场地周围要保持整洁，不得妨碍操作。出炉工件不得散放在人行道上，散放区周围不得有易燃易爆物，且放警示牌，以确保安全。

2. 调质处理

进行调质处理时，先（840±10）℃淬油，再 480℃回火处理，硬度可达 HRC35～45。热处理必须在已经过定期检定并合格的热处理设备中进行。

（1）对热处理炉及监控设备的要求。

1）对热处理炉的要求。炉衬完好，无明显损坏；电阻丝齐全，电极接触牢固；炉底平整，无裂纹；保温材料完好无损；热处理炉各处的温度应分布均匀，温差不大于 14℃（这就需要炉子空间的前、后、左、右及底部都要有电炉丝分布，炉膛的功率密度一般在 100～110kW/m^3）。热处理炉的鉴定周期不大于 1 年；温度传感器（热电耦）插点正确（在工作区域）并且分布均匀、合理。馈线两端（热电耦与圆盘平衡记录仪或温度显示器）连接可靠。

2）仪表。温度控制器的控制精度为±10℃；温度显示器（平衡记录仪）以及热电耦，必须在检定有效期之内。检定周期为三个月。更换记录仪圆盘记录纸，确保其能完整准确地记录加热保温过程。完工后，在记录纸上填写日期、加工零件号、炉号、操作者等相关信息。

（2）装炉。

1）装炉前的准备工作

①检查设备、仪表是否正常，尤其是注意炉门起闭自动断电装置是否良好，并将炉膛清理干净。

②核对任务单与待处理工件以及工艺卡（或作业指导书）是否相符。

③检查工件外观，所有棱角必须倒角≥1mm，表面不得有严重的磕碰划伤、氧化皮。

④熟悉工艺全过程，考虑好装（出）炉方法，并准备好必要的工夹具及吊具，保证在淬火时工件能快速浸入淬火液中。

⑤对技术要求不允许表面氧化脱碳的工件需要进行必要的防护，如在加热炉内装入适量的木炭或铸铁屑等。

⑥如果是热炉装炉，检查炉温是否与工艺要求相符。

⑦确定吊装设备及工具是否安全、可靠。

以上情况如果出现否定或怀疑，应暂停整改，待确定肯定以后方可继续进行。

2）装炉温度。对于一般低碳钢及低合金钢且形状简单的中小型锻件的正火、淬火及退火，为减少氧化脱碳，采用到工艺设定温度或高于工艺设定温度100～300℃装炉。对于截面>250mm的大型钢件、形状复杂的钢件、不锈钢、高碳钢、铸铁件的退火、正火、淬火等采用≤250℃装炉，随炉缓慢升温或分段升温。如果工艺文件上对装炉温度另有规定时，则按工艺文件规定执行。

3）零件的装炉码放。

①根据热处理种类（如退火、正火、淬火、回火等），零件的结构特点和批量大小，设定摆放形式。淬火处理需要考虑方便地在高温下快速吊运。

②零件应均匀摆放在炉中的有效加热区内。离炉底板距离不小于30mm，叠放整齐稳固，高度低于炉门开启高度20mm，宽度小于炉门最小宽度20mm。切忌将零件直接放置在炉底板上。

③零件分两层摆放或零件较小需装筐加热，要注意零件之间的间隔，不可随意堆放。有大小头的尽量大头在下面。

4）试样（块）装炉。按API相关规定，须确保与热处理零件同冶炼炉号，同批次试样（块）装炉，随零件同炉处理。

5）炉门关闭。

①台车开进，同时注意观察台车上零件是否平稳，是否与炉门有擦碰，如果有擦碰应立即停止，排除后继续。

②台车完全开进炉内以后再关闭炉门。认真检查台车及炉门是否到位，确保炉门密封，有压紧装置的要压紧。

（3）调质工艺规范。

1）调质处理温度、冷却介质及硬度对照参见表2－1－9。

表2－1－9　　调质处理的温度、冷却介质和硬度

材料	淬火		回火		调质后硬度/HB
	温度/℃	冷却介质	温度/℃	冷却介质	
45	820～840	水、介质	580～630	空气	220～250
40Cr	840～860	水、介质、油	600～650	空气	240～260
T10A T12A	770～790	水—油	630～680	空气	200～230

续表

材料	淬火		回火		调质后硬度/HB
	温度/℃	冷却介质	温度/℃	冷却介质	
1Cr3 3Cr13	980 ~ 1050	水、油、空气	600 ~ 700	油	220 ~ 250
30CrMo 35CrMo	(860 ± 10)℃	水、介质、油	650 ~ 700	空气	≤237
42CrMo	(840 ± 10)℃	水、介质、油	650 ~ 720	空气	≤237

2）淬火温度相同而有效厚度不同的零件，装同一炉时，须按保温时间分批处理。

3）淬火装炉温度为淬火温度或低于淬火温度 50 ~ 60℃，零件装炉量为密排一层，装炉量为二层时加热时间增大 1.2 倍。

4）淬火加热系数时间参看表 2 – 1 – 10，零件为方形断面增大 1.4 倍，板形断面增大 1.7 倍。（API 要求回火保温时间按≥30min/1 英寸（25.4mm）计算。）

表 2 – 1 – 10　　调质（正火）保温系数

钢种	保温系数（min/mm）
碳素结构钢	1.2 ~ 1.5
合金结构（工具）钢	1.5 ~ 1.8

5）淬火冷却时需根据不同材料选择不同的淬火剂，对选用的淬火介质的使用温度要进行实时监测，保证淬火前水温≤38℃，淬火后水温≤49℃，水基介质使用温度≤45℃。淬火时零件与介质要有相对运动。

6）回火温度和硬度参见表 2 – 1 – 11。

7）高温回火时间：有效厚度小于 100mm 时参照表 2 – 1 – 11，有效厚度大于 100mm 按淬火加热和保温时间的 1.2 ~ 1.6 倍计算，回火炉装炉温度为回火温度。（API 要求回火保温时间按≥45min/1 英寸（25.4mm）计算。）

表 2 – 1 – 11　　有效厚度和回火时间

有效厚度/mm	<20	20 ~ 40	40 ~ 60	60 ~ 80	80 ~ 100
回火时间/min	60 ~ 70	60 ~ 90	90 ~ 120	120 ~ 150	150 ~ 180

8）零件淬火后须及时回火，停留时间碳钢不得超过 6h，合金钢不得超过 4h。回火后须出炉空冷，其热处理记录见表 2 – 1 – 12。

表 2－1－12　　　　　　　　　　　**热处理记录表**

生产炉号：　　　　　　　　　　　　　　　　　　　　　　　　　　年　　月　　日

图号	零件名称	材料	材料状态	数量	重量/件	重量	备注		
合计									
技术要求		正火		调质		淬火		回火	
状态记录	加热温度		保温时间		保护方式				
	入炉时间		到温时间		出炉时间		冷却介质		
	回火温度		保温时间		保护方式				
	入炉时间		到温时间		出炉时间		冷却介质		
自检结果							操作者		
质量检查							质检员		

注：材料状态是指材料为锻坯、圆钢、粗加工、精加工、铸坯。

9）凡调质后的轴、杆、板类零件变形超过加工余量的二分之一时，应进行校直。工件经校直后，应在400℃再次进行回火，以消除残余应力。

3. 感应淬火与低温回火

使用 GC－1205 感应淬火电炉将轴的温度升高到900℃，再使用乳化液冷却，然后放至箱式炉中低温回火。

五、质量检验与记录

42CrMo 输出轴热处理后，应参照检验规程和零件（图纸）相关技术要求对其热处理质量进行检验，若检测结果显示质量不符合要求，应及时将相关信息反馈到企业技术、质量部门，以便及时作出处理。

1. 外观检查

检查工件表面有无腐蚀或氧化皮。不得有裂纹及碰伤，表面不得有锈蚀。

2. 工件变形检查

根据图样技术要求检查工件的挠曲变形、尺寸及几何形状的变化。

3. 硬度检查

根据工件图纸技术要求和国标硬度试验方法进行检验。热处理介质的温度和热处理后零件硬度两项记录，需由操作记录人员和跟班质检员共同签字确认。

4. 金相组织检查

按技术要求及标准进行显微组织的检查，一般在显微镜下放大观察，观察有无反常组织或相关组织是否超出技术要求等。

技术部工艺人员负责抽查、监督各项记录工作，并定期向热处理车间工人收取记录资料，以供建档系统分析热处理工艺过程中参数的合理性。

任务评价

输出轴常用材料及热处理方法任务实施评价见表2-1-13。

表2-1-13　　工作任务实施评价表

<table>
<tr><td>班级</td><td></td><td>学号</td><td></td><td>姓名</td><td></td><td>学校导师</td><td></td><td>企业导师</td><td></td></tr>
<tr><td rowspan="3">评价项目</td><td rowspan="3" colspan="2">评价标准</td><td rowspan="3" colspan="2">评价细则</td><td rowspan="3">配分</td><td colspan="4">评价方式</td><td rowspan="3">得分</td></tr>
<tr><td>自评</td><td>互评</td><td>学校导师评价</td><td>企业导师评价</td></tr>
<tr><td>20%</td><td>20%</td><td>30%</td><td>30%</td></tr>
<tr><td rowspan="2">专业能力</td><td colspan="2">1. 能正确选用轴常用材料</td><td colspan="2">(1) 能正确说明轴的常用材料，每说错一个扣5分
(2) 能正确选择轴坯的制造方法，每选错一个扣5分</td><td rowspan="2">60</td><td></td><td></td><td></td><td></td><td></td></tr>
<tr><td colspan="2">2. 能熟知热处理概念、工艺、设备、方法及常见缺陷与补救措施</td><td colspan="2">(1) 能正确说出热处理工艺，说错每处扣5分
(2) 能正确说出热处理方法，说错每处扣5分
(3) 能正确说出热处理常用设备，说错每处扣5分
(4) 能正确制定ZDY80减速机输出轴热处理工艺，每错一处扣5分
(5) 能熟知常见热处理缺陷及补救方法，每错一处扣5分</td><td></td><td></td><td></td><td></td><td></td></tr>
</table>

续表

班级		学号		姓名		学校导师		企业导师	

评价项目	评价标准	评价细则	配分	评价方式				得分
				自评	互评	学校导师评价	企业导师评价	
				20%	20%	30%	30%	
专业能力	3. 能正确实施 ZDY80 减速机输出轴热处理	实施过程中每出现一次错误扣 2 分	60					
	4. 能对热处理质量进行检测	(1) 会使用常用检测器具检验热处理质量，每错检或漏检一处扣 2 分 (2) 能正确判断热处理质量，错判扣 10 分						
方法能力	1. 会制定项目实施文件	实施文件每缺少一项扣 2 分	20					
	2. 能规范穿戴劳保用品，仪容仪表整洁	(1) 劳保用品穿戴不规范扣 5 分 (2) 仪容仪表不整洁扣 5 分						
	3. 能掌握新知识、新方法、新设备、新工艺	对新知识、新方法、新设备、新工艺缺乏了解，视情节酌情扣 5 ~ 10 分						
	4. 具有分析解决实际问题的能力和一定的创新精神和创造能力	分析问题不透彻，解决问题不到位，缺乏自己独到的见解，视情节酌情扣 5 ~ 10 分						
	5. 学会自主学习，根据所学举一反三	对提出优化方案的同学酌情加分						
社会能力	1. 严格遵守工作场所管理制度，认真执行 7S 管理	违反工作场所管理制度或任务实施过程中未执行 7S 管理，每次视情节酌情扣 5 ~ 10 分	20					
	2. 具有一定的沟通协调和团队协作能力	未体现沟通协调和团队协作精神扣 3 分						
	3. 具有安全文明生产意识	实施过程中违反安全生产规程，视情节轻重酌情扣 10 ~ 20 分，出现人身、设备、工量具损坏等严重事故者，本次考核以零分计						
日期	年　月　日	导师签名					合计	

知识拓展

热处理安全操作规程

1. 操作人员应注意防火、防爆、防毒、防烫、防触电，会使用消防器材。

2. 工作前，尤其淬火时，必须穿戴好防护面罩、工作服、手套、防护鞋等必要的防护用品，严禁穿凉鞋上班。

3. 操作人员必须掌握产品热处理工艺规程，熟悉热处理设备及配电系统的原理、结构和性能，掌握测温仪表的使用和维护方法。

4. 非热处理工作人员，对热处理设备、仪器、仪表等未经同意不得随意调整或使用。

5. 热处理设置警示标识区，危险区（如炉子的电源的导线、配电柜、电闸及淬火件存放区等），非工作人员不得随便靠近，以免发生事故。

6. 炉子检修或长期停用再次使用要按工艺规程进行烘炉。

7. 开炉前准备工作。

（1）检查配电柜：配电柜内有危害电器的物品，在确定断电后取出，检查配电柜、控温仪表及显示是否正常。

（2）检查加热器是否需要更换。

（3）检查热电偶、补偿导线、仪表之间的连线，有无短路、断路或接触不良。

（4）检查甲醇、煤气管道是否流畅。

（5）检查炉门口火焰，保温是否良好。

（6）检查工件有无碰伤、裂纹，是否是合格产品，发现问题应及时汇报，减少热处理废品发生。

8. 严禁将潮湿或可燃物质装进炉内。

9. 装炉量不能超过网带炉额定装炉量，工件应均匀摆放，避免集中堆积。

10. 网带炉最高温度不得超过额定温度，以免烧损电阻。

11. 工作时，操作人员不得擅自离开岗位，随时注意炉子和控温仪表系统的工作状况是否正常，随时检查和校准仪表温度，防止产生跑温而使工件过烧以及炉子烧损，如发现故障，操作者若无法处理，应立即断电，及时汇报。

12. 测温仪表和热电偶须按规定的周期进行校验，若发现仪表不准或有故障，并经调整无效时应立即停止使用。

13. 停炉时，应先关控制柜电钮再拉闸。

14. 工件出炉后须定置，整齐摆放。

15. 热处理工序完成后及时通知质检部门对工件硬度进行检测，并记录检测结果。

16. 定期维护，保养热处理设备及其仪器仪表，做好热处理场地的卫生。

17. 操作人员应严格按照热处理操作规范来使用热处理设备。

18. 操作工艺要按热处理作业指导书进行操作。

巩固提高

一、填空题

1. 轴类零件的结构特征是__________较大的回转体，按轴的长度与直径之比值又可分为__________（$L/d \leqslant 12$）和__________（$L/d > 12$）两类。

2. 对高转速、重载荷条件下工作的轴，可采用__________且经渗碳淬火处理后，一方面能使心部保持良好的__________，另一方面能获得较高的__________。

3. 轴类零件的材料一般为__________和__________两类，以__________应用最多。

4. 轴类零件用来__________传动零件、传递__________、承受__________并保证装在轴上零件或刀具具有一定__________。

5. 轴类零件的最主要表面为轴颈，与轴上传动零件相配合的轴颈称为__________，与轴承相配合的轴颈称为__________。

6. 轴类零件最主要的相互位置精度是指__________相对__________同轴度或配合轴颈相对支承轴颈轴线的__________，以及轴肩端面对__________的__________。

7. 轴上的花键、键槽应安排在外圆经__________或__________后、__________前或__________前进行加工。

8. 热处理工艺一般包括__________、__________、__________三个过程。

9. 金属材料热处理大体可分为__________、__________、__________和__________化学热处理等。

10. 退火的目的是使金属内部组织达到或接近平衡状态，获得良好的__________和__________，或者为进一步__________作组织准备。

11. 中温井式炉主要应用于长形零件的__________、__________和__________等热处理，其最高工作温度为__________。

12. 常用的冷却设备有__________、__________、__________、__________等，介质包括__________、__________、__________、__________等。

二、选择题

1. 轴类零件粗加工后安排调质处理可提高零件的（　　）。

A. 硬度　　B. 耐磨性　　C. 强度　　D. 综合力学性能

2. 调质处理就是（　　）。

A. 淬火 + 低温回火　　B. 淬火 + 中温回火　　C. 淬火 + 高温回火　　D. 都不对

3. 下列钢适宜采用调质处理的是（　　）。

A. 65Mn　　B. 40Cr　　C. T12　　D. Q195

4. 化学热处理与其他热处理方法的基本区别是（　　）。

A. 加热温度不同　　B. 组织变化

C. 改变表面化学成分　　D. 冷却速度不同

5. 对于中碳钢轴类零件为提高轴颈的耐磨性，通常要安排（　　）热处理。

A. 正火　　B. 调质　　C. 渗碳　　D. 表面淬火

6. 直径相差不大，有较高的抗拉、抗弯、抗扭强度的大批量重要轴，其毛坯应采用（　　）。

A. 圆棒料　　B. 铸件　　C. 模锻件　　D. 自由锻件

7. 齿轮、机床主轴等力学性能要求较高的钢质零件，其毛坯应选用（　　）。

A. 铸件　　B. 型材　　C. 锻件　　D. 焊接件

8. 粗加工前热处理的目的叙述中不正确的是（　　）。

A. 提高零件的强度、硬度　　B. 改善零件的切削加工性能

C. 消除零件的内应力　　D. 细化晶粒，均匀组织及成分

9. 零件的调质热处理一般安排在（　　）。

A. 粗加工之前　　B. 粗加工之后，半精加工之前

C. 半精加工之后，精加工之前　　D. 精加工之后

10. 表面层缺陷的探伤一般安排在（　　）。

A. 半精加工后，精加工前　　B. 精加工后

C. 粗加工后　　D. 毛坯加工后，切削加工前

11. 轴类零件毛坯锻造之后安排________热处理（　　）。

A. 正火　　B. 回火

C. 淬火　　D. 调质

12. 轴类零件的主要表面是（　　）。

A. 沟槽　　B. 内孔

C. 轴肩　　D. 轴颈

13. 空心轴的深孔加工应安排在工件经（　　）热处理后进行。

A. 正火　　B. 调质

C. 淬火　　D. 渗碳

14. 对精度要求较高、转速较高的轴可采用的材料是（　　）。

A. 20Cr　　B. W18Cr4V

C. 40Cr　　D. 45

15. 材料为 20CrMnTi 的轴套，要求表面硬度为 HRC52 ~ 55，则其合理工艺方案为（　　）。

A. 正火—粗车—半精车—表面热处理—磨削

B. 正火—粗车—半精车—磨削—表面热处理

C. 粗车—正火—半精车—表面热处理—磨削

D. 粗车—正火—半精车—磨削—表面热处理

三、判断题

1. 调质工序一般安排在粗加工之后、精加工或半精加工之前，目的是获得良好的综合力学性能，为以后的热处理做好组织准备。（　　）

2. 工业上应用最多的为感应加热和火焰加热表面淬火。（　　）

3. 出炉工件不得散放在人行道上，散放区周围不得有易燃易爆物，且放警示牌，以确保安全。（　　）

4. 淬火后的钢，随回火温度的增高，其强度和硬度也增高。（　　）

5. 钢的淬火冷却速度越大，淬火后的硬度越高，因此淬火的冷却速度越快越好。（　　）

6. 最终热处理工序位置一般安排在半精加工之后。（　　）

7. 热处理零件装炉码放时，有大小头的尽量大头在上面。（　　）

四、简答题

1. 什么是钢的热处理？钢的热处理的特点和目的是什么？
2. 常用的热处理方法有哪些？
3. 简述正火的主要应用场合。
4. 什么是退火？其目的是什么？
5. 为何工件淬火后都要进行回火？其目的是什么？
6. 调质时常见的缺陷有哪些？
7. 常用的热处理设备有哪些？
8. 某车床主轴，要求良好的综合机械性能，轴颈部分要求耐磨，硬度为 HRC50～55，其余部分硬度为 HRC20～25，请选材，并选择热处理方法，写出简明的工艺路线。

任务二　输出轴的机加工与质量检测

任务描述

该项目根据企业工作流程完成 ZDY80 减速机中输出轴的加工制造与质量检验，让学生在完成任务的过程中，熟悉车床及其应用、磨床及其应用、铣床及其应用，掌握输出轴的加工方法，识读输出轴加工工艺过程卡，学会输出轴加工工艺过程的制定，体验企业工作过程，感知企业文化，培养综合职业能力。

任务目标

1. 能制定项目实施文件。
2. 能识读 ZDY80 减速机输出轴零件图。
3. 熟悉 ZDY80 减速机输出轴在减速机中的安装位置和作用。
4. 熟悉和掌握车床、磨床、铣床的应用。
5. 能正确选择 ZDY80 减速机输出轴机械加工方法。
6. 能正确选择 ZDY80 减速机输出轴质量检测方法。
7. 培养学生观察、思考和分析解决实际问题的能力。
8. 培养学生的创新意识、安全意识、规范意识、质量意识及沟通协调、团队协作能力。
9. 使学生熟悉企业生产的基本工艺流程和管理方法，感知企业文化，培养学生基本职业素养。

知识链接

一、车床及其应用

1. 车床的类别

车床的类别很多，主要有仪表车床、单轴自动车床、多轴车床、半自动车床、转塔车床、立式车床、落地及卧式车床、仿形车床以及数控车床等，其中，CA6140 卧式车床应用较为广泛，如图 2－2－1 所示。

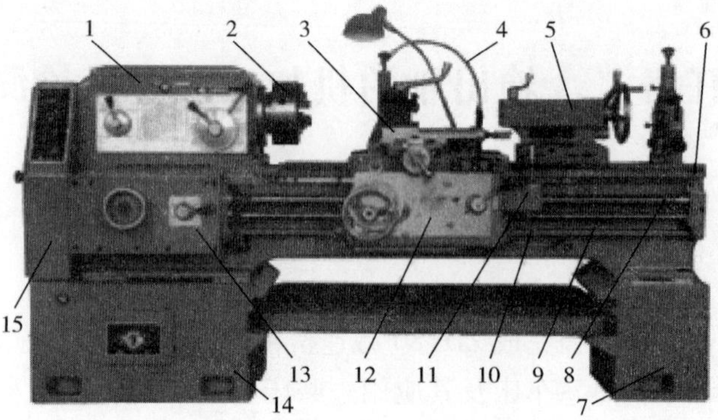

图 2－2－1　CA6140 型卧式车床

1—主轴变速箱　2—卡盘　3—方刀架　4—冷却嘴　5—尾座　6—床身　7—右床座　8—丝杠　9—光杠　10—操纵杆　11—快移机构　12—溜板箱　13—进给箱　14—左床座　15—挂轮箱

（1）卧式车床的结构和作用。

1）主轴箱。将电动机输出的回转运动传递给主轴，再通过装在主轴上的夹具（如卡盘）带动工件回转，实现主运动。主轴箱内有变速机构，通过变换箱外手柄的位置，可以改变主轴的转速，以满足不同车削工作的需要。

2）刀架。用于装夹刀具。

3）滑板。俗称拖板，由上、中、下三层组成。床鞍（下滑板，俗称大拖板）用于实现纵向进给运动；中滑板（俗称中拖板）用于车外圆或车孔时控制背吃刀量及车端平面时实现横向进给运动；上滑板（俗称小拖板）用来纵向调节刀具位置和实现手动纵向进给运动。上滑板还可以相对中滑板偏转一定角度，实现手动加工圆锥面。

4）尾座。它有一个带锥孔的套筒，由手轮驱动可沿主轴线方向移动，套筒锥孔中可安装顶尖用以支承较长的工件并增加工件的安装刚度。此外，套筒锥孔中可以装上钻头、铰刀等刀具实现孔的钻削和铰削。

5）床身。用来安装机床各部件。床身上有两条导轨，用做床鞍及尾座纵向往复运动的导向。

6）溜板箱。将光杠或丝杠的回转运动变为床鞍或中滑板及刀具的进给运动。变换溜板箱外的手柄位置，可以控制刀具纵向或横向进给运动的方向和运动的启动或停止。

7）进给箱。将主轴箱通过传递过来的回转运动传给光杠或丝杠。进给箱内有变速机构，可实现光杠或丝杠的转速变换，以调节进给量或螺距。

8）挂轮箱。也称变换齿轮箱，它将主轴的回转运动传递给进给箱。挂轮箱内有挂轮装置，配换不同齿数的挂轮（变换齿轮），可改变进给量或车螺纹时的螺距（或导程）。

（2）卧式车床的运动和传动路线

1）卧式车床的运动见图 2－2－2。

2）卧式车床的传动路线见图 2－2－3。

图 2－2－2　CA6140 型卧式车床运动示意图

1—主轴旋转运动　2—刀架横向移动　3—尾座纵向移动　4—溜板箱纵向移动　5—刀架纵向移动

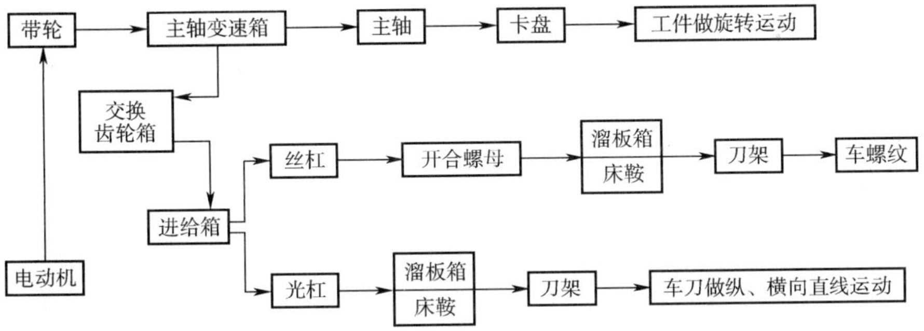

图 2－2－3　CA6140 型卧式车床传动路线图

2. 车床的应用范围

车床车削的主要内容如图 2－2－4 所示。

3. 车刀的种类及新型车刀

（1）按结构形式分。

1）整体式。刀体和刀柄是用同一种材料制成的，常用材料是高速钢，刃口可以磨得比较锋利，如图 2－2－5 所示。

2）焊接式。通过焊接的方法连接刀体和刀柄；结构紧凑，使用灵活，如图 2－2－6 所示。

车外圆　车端面　切断和车槽

钻中心孔　钻孔　扩孔

铰孔　车孔　车圆锥

图 2－2－4　车削的主要内容

图 2－2－5　整体式车刀

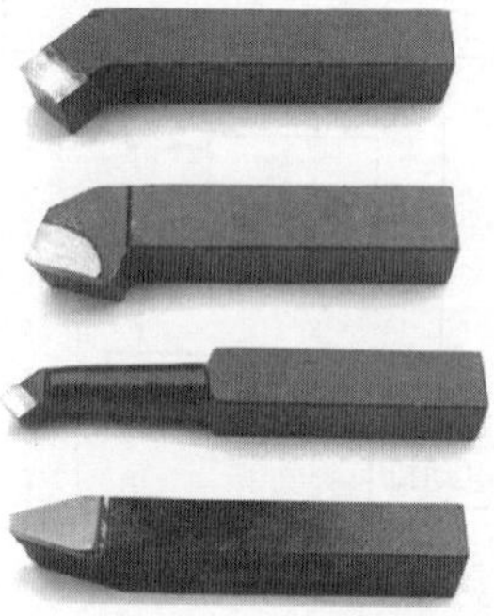

图 2－2－6　焊接式车刀

3）机夹式。通过机械压紧的方法将刀体和刀柄连接在一起，避免了焊接产生的应力、裂纹等缺陷，刀柄利用率高，如图 2－2－7 所示。

4）可转位式。无须刃磨就可使用，避免了焊接产生的缺点，刀片可快速转位，生产率高，切削稳定，如图 2－2－8 所示。

（2）按使用场合分。

1）外圆车刀。用来车削外旋转表面的车刀，如图 2－2－9 所示。

图 2－2－7　机夹式车刀

图 2－2－8　可转位式车刀

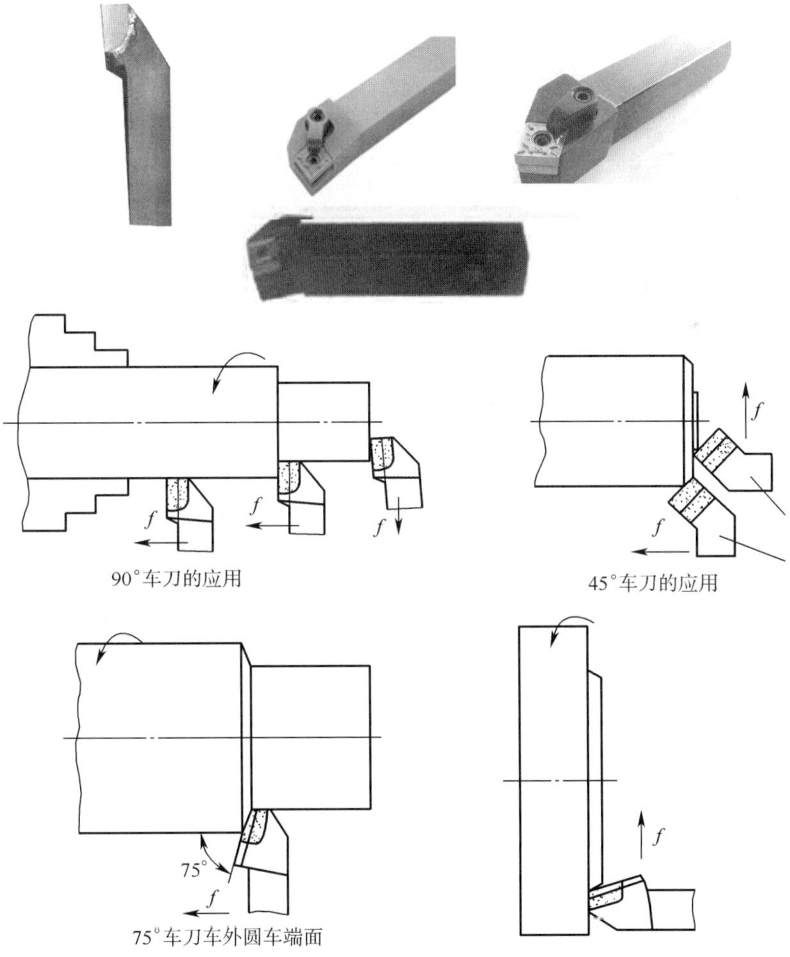

图 2－2－9　外圆车刀及应用

2）内孔车刀。用在粗加工过孔的工件上，扩大孔径、提高孔的精度及孔的表面质量，如图 2－2－10 所示。

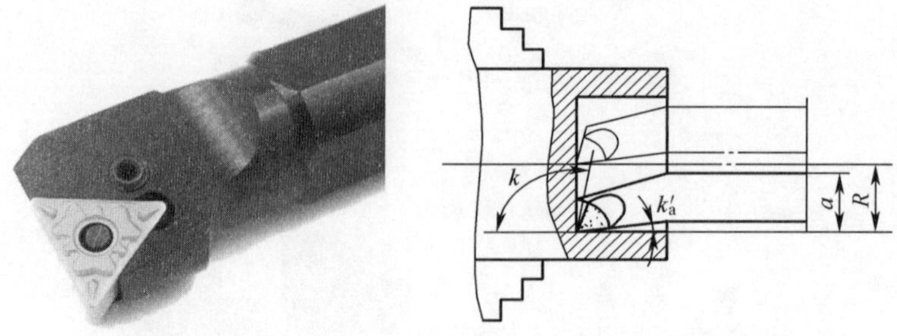

图 2－2－10　内孔车刀及应用

3）切断车刀。用来切断工件或在工件上切削沟槽的车刀，如图 2－2－11 所示。

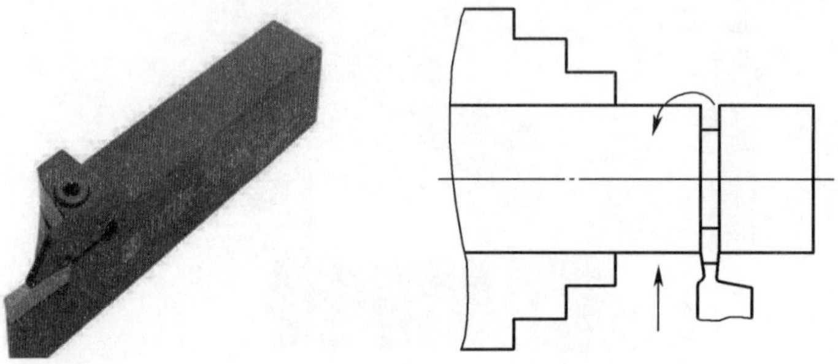

图 2－2－11　切断（切槽）刀及应用

4）成形车刀。用来加工成形面的车刀，如图 2－2－12 所示。

图 2－2－12　成形车刀

5）螺纹车刀。用来车螺纹的车刀，如图 2－2－13 所示。

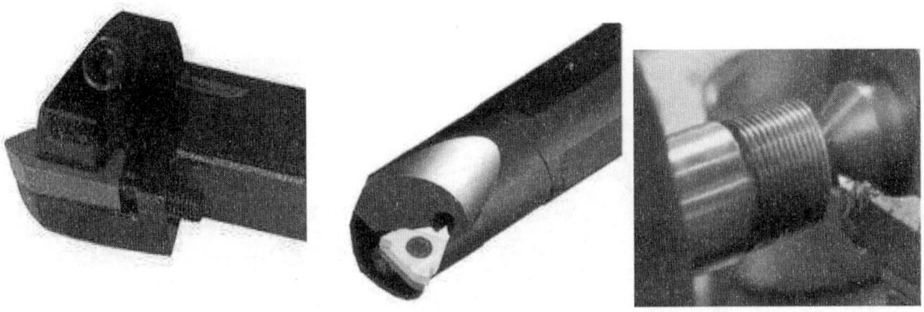

图 2－2－13　螺纹车刀及应用

4. 车床常用夹具

（1）卡盘。四爪和三爪卡盘如图 2－2－14 所示。

图 2－2－14　卡盘

（2）顶尖。固定顶尖和活动顶尖如图 2－2－15 所示，其应用如图 2－2－16 所示。

图 2－2－15　顶尖

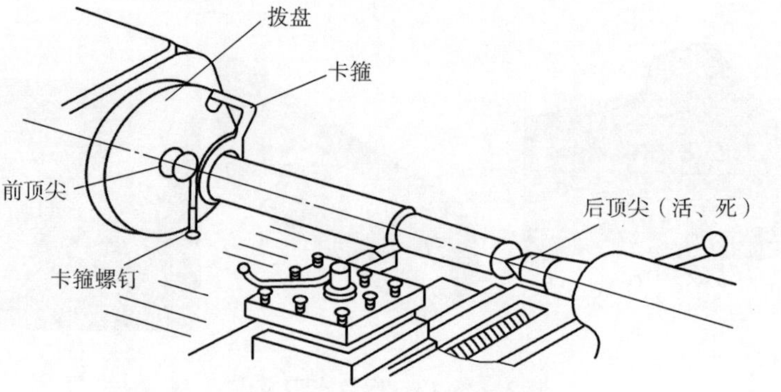

图 2－2－16　顶尖的应用

（3）心轴。心轴应用如图 2－2－17 所示。

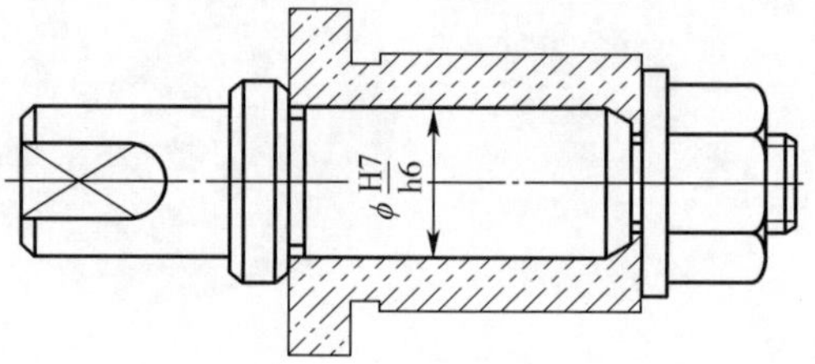

图 2－2－17　心轴

（4）中心架和跟刀架。中心架如图 2－2－18 所示，跟刀架如图 2－2－19 所示。

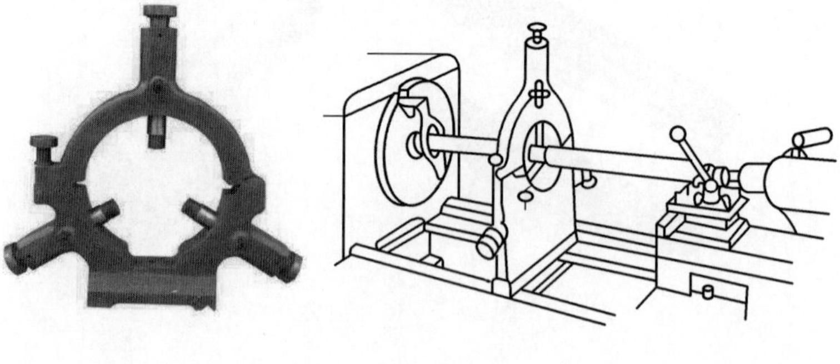

图 2－2－18　中心架

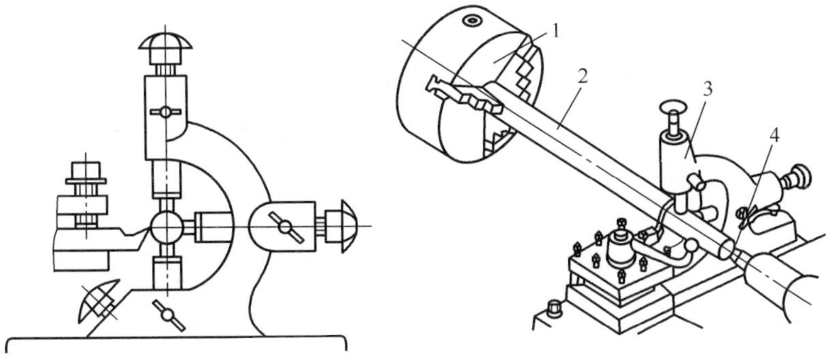

图 2 - 2 - 19　跟刀架

1—三爪卡盘　2—细长轴　3—跟刀架　4—活动顶尖

（5）花盘和角铁。花盘和角铁如图 2 - 2 - 20 所示。

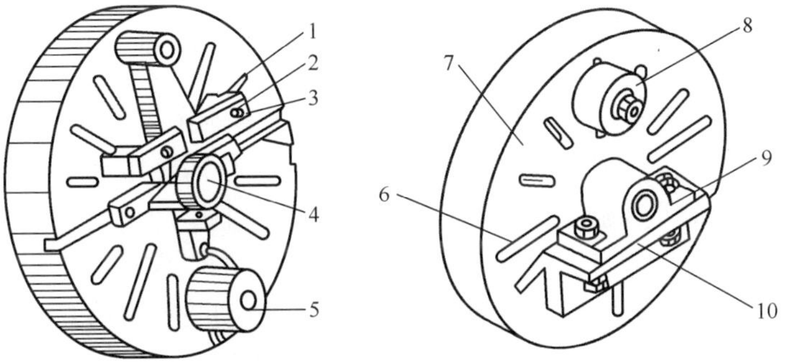

图 2 - 2 - 20　花盘、角铁

1—垫铁　2—压板　3—螺栓　4、9—工件　5、8—平衡铁　6—螺栓槽　7—花盘　10—角铁

二、磨床及其应用

1. 磨床的种类

磨床的种类很多，主要有外圆磨床、内圆磨床、平面及端面磨床、工具磨床等，此外还有导轨磨床、曲轴磨床、凸轮磨床、花键磨床及轧辊磨床等专用磨床。应用最多的是万能外圆磨床和卧轴矩台平面磨床，M1432B 型万能外圆磨床如图 2 - 2 - 21 所示。

（1）万能外圆磨床的结构和作用。

1）床身。用以支承磨床其他部件。床身上面有纵向导轨和横向导轨，分别为磨床工作台和砂轮架的移动导向。

2）头架。头架主轴可与卡盘连接或安装顶尖，用以装夹工件，头架主轴由头架上的电动机经带传动、头架内的变速机构带动回转，实现工件的圆周进给，头架可绕垂直轴线逆时针回转 0° ~90°。

3）砂轮架。用以支承砂轮主轴，可沿床身横向导轨移动，实现砂轮的径向（横向）进给。砂轮的径向进给量可以通过手轮手动调节。安装于主轴的砂轮由一独立的电动机

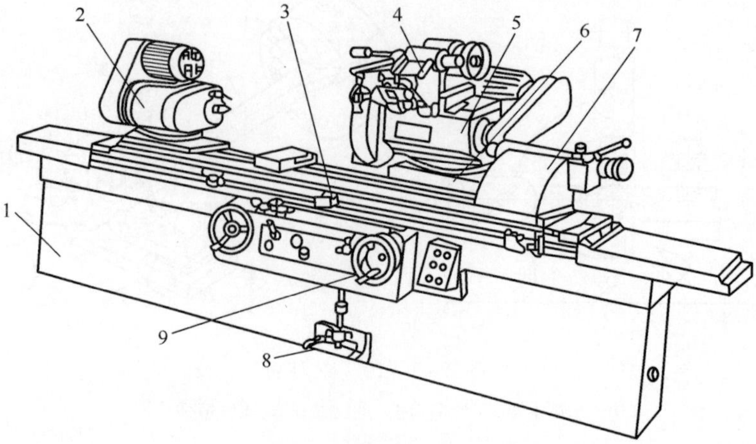

图 2 - 2 - 21　M1432B 型万能外圆磨床

1—床身　2—头架　3—工作台　4—内圆磨头　5—砂轮架
6—滑鞍　7—尾座　8—脚踏操纵板　9—横向手轮

带传动使其回转，砂轮架可绕垂直轴线逆时回转 -30° ~ +30°。

4）工作台。由上、下两层组成，上层可绕下层中心轴线在水平面内顺（逆）时针回转 3°（6°），以便磨削小锥角的长锥体工件。工作台上层用以安装头架和尾座，工作台的下层连同上层一起沿床身纵向导轨移动，实现工件的纵向进给。纵向进给可通过手轮手动调节。工作台的纵向进给运动由床身内的液压传动装置驱动。

5）尾座。尾座套筒内安装尾顶尖，用以支承工件的另一端。后端装有弹簧，利用可调节的弹簧力顶紧工件，也可以在长工件受磨削热影响而伸长或弯曲变形的情况下便于工件装卸。装卸工件时，可采用手动或液压方式使尾座套筒缩回。

6）内圆磨头。其上装有内圆磨具，用来磨削内圆。它由专门的电动机经平带带动其主轴高速回转，实现内圆磨削的主运动。不用时，内圆磨头翻转到砂轮架上方，磨内圆时将其翻下使用。

（2）万能外圆磨床的主运动和进给运动。

1）主运动。磨削外圆时为回转运动，磨内圆时为内圆磨头的磨具（砂轮）的回转运动，如图 2 - 2 - 22 所示。

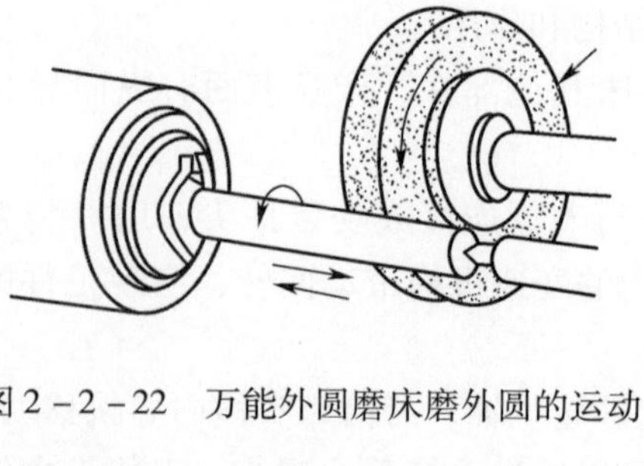

图 2 - 2 - 22　万能外圆磨床磨外圆的运动

2）进给运动。

①工件的圆周进给运动即头架主轴的回转运动。

②工作台的纵向进给运动由液压传动实现。

③砂轮架的横向进给运动为步进运动，即每当工作台一个纵向往复运动终了，由机械传动机构使砂轮架横向移动一个位移量（控制磨削深度）。

2. 万能外圆磨床的加工范围

万能外圆磨床磨削的主要内容如图 2 - 2 - 23 所示。

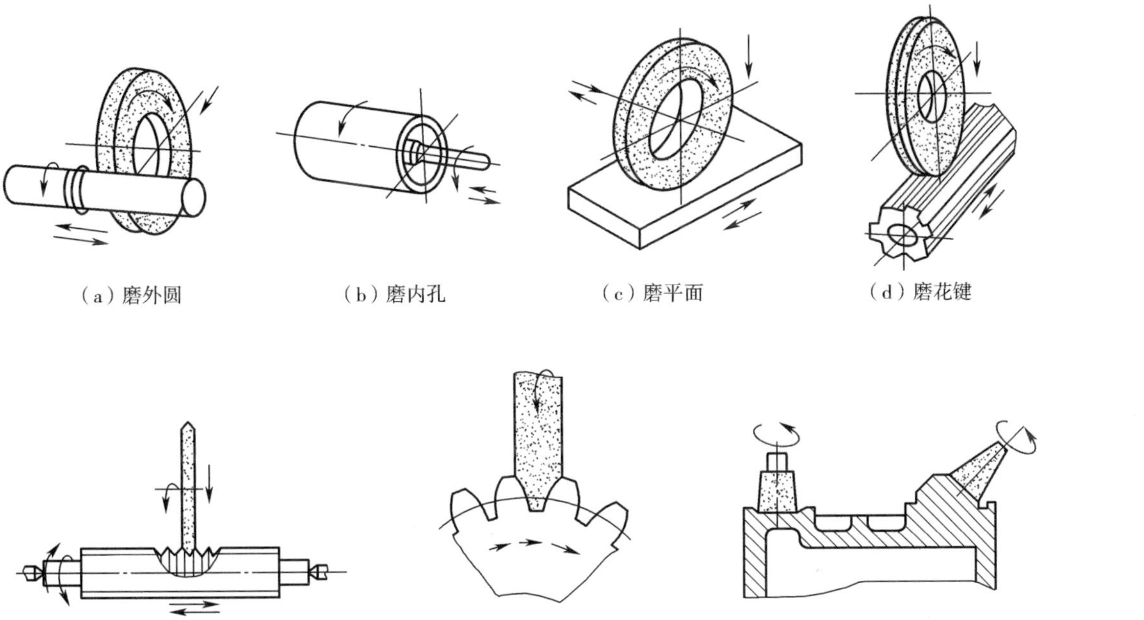

（a）磨外圆　（b）磨内孔　（c）磨平面　（d）磨花键

（e）磨螺纹　（f）磨齿轮　（g）磨导轨

图 2 - 2 - 23　磨削的主要内容

3. 万能外圆磨床的磨削方法

（1）磨外圆。

1）纵向磨削法。砂轮的高速回转为主运动，工件的低速回转作圆周进给运动，工作台作纵向往复进给运动，实现对工件整个外圆表面的磨削。每当一次纵向往复行程终了时，砂轮作周期性的横向进给运动，直至达到所需的磨削深度，如图 2 - 2 - 24（a）所示。此法适用于每次横向进给很小，生产率低，但可获得较高的加工精度和较小的表面粗糙度值，应用最广泛。

2）横向磨削法。又称切入磨削法。磨削时，由于砂轮厚度大于工件被磨削外圆长度，工件无纵向进给运动。砂轮的高速回转为主运动，工件的低速回转作圆周进给运动，同时砂轮以很慢的速度连续或间断地向工件横向进给切入磨削，直至磨去全部余量，如图 2 - 2 - 24（b）所示。此法适用于磨削长度较短的外圆表面及不能用纵向进给的场合。

3）综合磨削法。横向磨削与纵向磨削的综合。磨削时，先采用横向磨削法分段粗磨外圆，并留精磨余量，然后再用纵向磨削法精磨到规定的尺寸，如图 2－2－24（c）所示。此法适用于磨削刚度较大工件的批量生产。

4）深度磨削法。在一次纵向进给运动中，将工件磨削余量全部切除而达到规定尺寸要求，磨削方法与纵向磨削法相同，但砂轮需修成阶梯形，如图 2－2－24（d）所示。

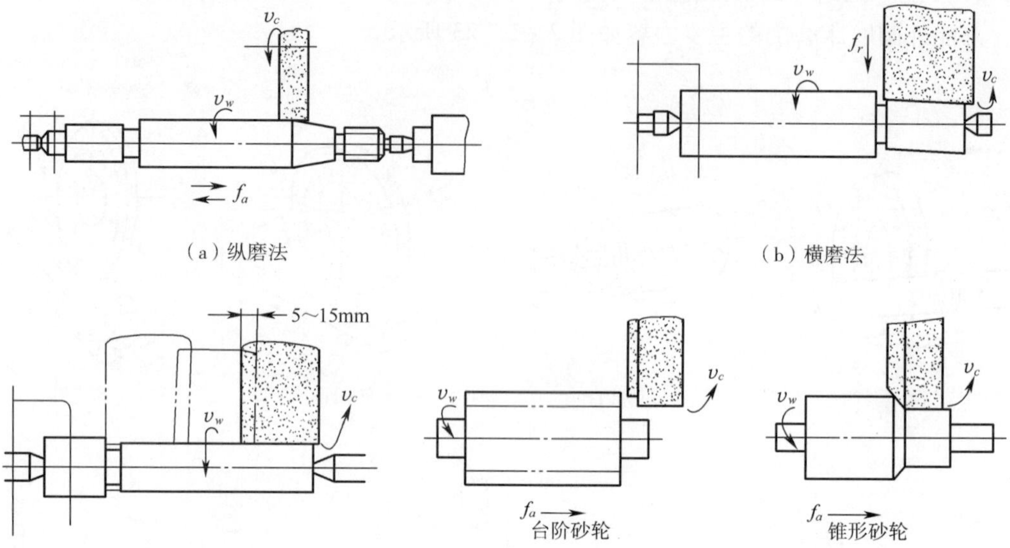

（a）纵磨法　（b）横磨法

（c）综合磨法　（d）深磨法

图 2－2－24　磨外圆

（2）磨内圆。

1）纵向磨削法。与外圆的纵向磨削法相同，砂轮的调整回转作主运动，工件以与砂轮回转方向相反的低速回转完成圆周进给运动，工作台沿被加工孔的轴线方向作往复移动完成工件的纵向进给运动，在每一次往复行程终了时，砂轮沿工件径向周期横向进给，如图 2－2－25（a）所示。

2）横向磨削法。磨削时，工件只做圆周进给运动，砂轮的高速回转为主运动，同时以很慢的速度连续或断续地向工件作横向进给运动，直至孔径磨到规定尺寸，如图 2－2－25（b）所示。

（3）磨外圆锥面。

1）转动工作台法。将工件装夹在前、后两顶尖之间，圆锥大端在前顶尖侧、小端在后顶尖侧，将磨床的上工作台相对下工作台逆时针偏转一个等于圆锥半角 $\alpha/2$ 的角度如图 2－2－26（a）所示。磨削时，采用纵向磨削法或综合磨削法，从圆锥小端开始试磨，此法适用于磨削锥度不大的长圆锥面工件。

2）转动头架法。将工件装夹在头架的卡盘中，头架逆时针转动 $\alpha/2$ 角度，磨削方法与转动工作台法相同，如图 2－2－26（b）所示。此法适用于磨削锥度较大而长度较短的工件。

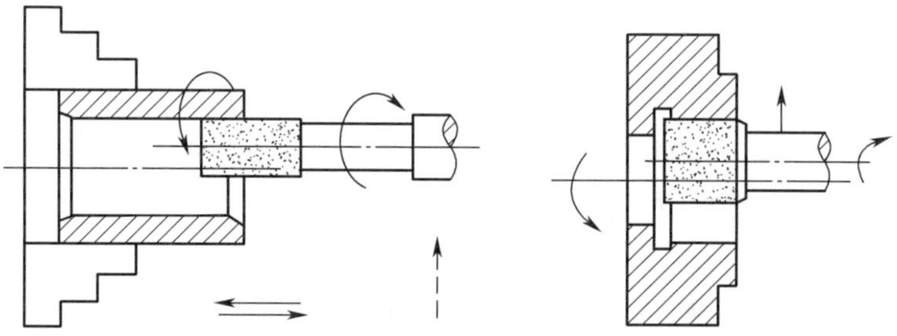

（a）纵磨法　　（b）横磨法

图 2－2－25　磨内孔

3）转动砂轮架法。将砂轮架偏转 $\alpha/2$ 角度，用砂轮的横向进给进行圆锥面磨削，磨削中工作台不允许纵向进给，如果锥面的素线长度大于砂轮，则需用分段接刀的方法进行磨削，如图 2－2－26（c）所示。此法适用于磨削锥度较大且长度较长的工件，须用两顶尖装夹。

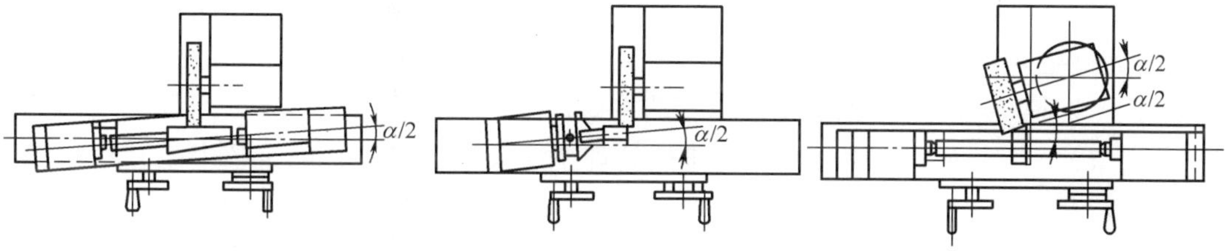

（a）转动工作台法　　（b）转动头架法　　（c）转动砂轮架法

图 2－2－26　磨外圆锥面

（4）磨内圆锥面。

1）转动工作台法。工作台偏转角度 $\alpha/2$，工作台带动作纵向往复运动，砂轮作横向进给，如图 2－2－27（a）所示。此法适用于磨削锥度不大的圆锥面。

2）转动头架法。将头架偏转角度 $\alpha/2$，磨削时工作台作纵向往复运动，砂轮作横向进给，如图 2－2－27（b）所示。此法适用于磨削锥度较大的圆锥面。

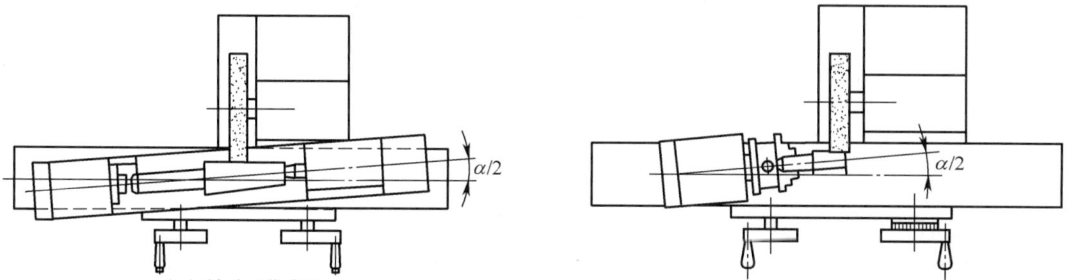

（a）转动工作台法　　（b）转动头架法

图 2－2－27　磨内圆锥面

三、输出轴加工工艺规程的制定

1. 制定工艺规程步骤

（1）分析零件图样。零件图样是制定工艺规程的最基本的原始资料，必须认真消化和仔细分析。研究分析的主要内容有：

①了解和熟悉该零件在产品或部件中的安装位置和作用，以及该产品的用途、性能。

②分析零件的结构特点，区分零件的主要表面和次要表面和直接参与机器工作过程的表面。主要表面的加工质量对零件的可靠性及寿命有很大的影响。反映在零件图样上，主要表面有较高的尺寸精度（尺寸公差小），有较严的形状和位置精度，以及要求表面粗糙度值小。

③分析零件的主要技术要求和技术关键，预析加工过程中可能会产生的问题，研究并确定主要技术要求的保证方法。

（2）确定毛坯。根据生产类型确定毛坯或按有关标准确定选用型材的规格。

在大批、大量生产中，应使毛坯的形状和尺寸尽量接近成品，以达到少切削或无切削，减少切削加工的工作量；在单件、小批量生产中，则应尽可能选择简单的毛坯制造工艺，允许毛坯有较大的加工工作量。

（3）拟定工艺路线。拟定工艺路线的主要任务是：选择定位基准，选择各表面的加工方法，确定各表面的加工顺序，安排热处理工序及辅助工序，确定整个工艺过程的工序数目等。

工艺路线的拟定就是制定工艺规程的总体布局。工艺路线正确与否，不但影响加工产品的质量和效率，还将影响工人的劳动强度、设备投资、车间布置及生产成本等方面。因此，在撰写工艺路线时应多考虑一些工艺方案并加以比较，从中找出最合理的方案。

（4）确定各工序的加工余量和工序尺寸及其公差。

（5）确定各工序的机床设备及刀、夹、量具。

1）各工序用机床设备的确定。

①机床设备的主要规格尺寸应与工件轮廓尺寸相适应。

②机床设备的精度应与工件要求的加工精度相适应。

③机床设备的生产率应与生产类型相适应。

2）各工序用刀、夹、量具的确定。

①一般采用标准刀具、通用刀具，有时为保证各加工表面的位置精度和提高生产率，也可采用复合刀具及专用刀具。

②单件、小批生产应尽量选用通用夹具、组合夹具；大批、大量生产则尽量使用高生产率的专用夹具。

③单件、小批生产一般选用通用量具；大批、大量生产则应采用各种极限量规和高生产率的专用检具。量具的精度应高于工件的精度。

（6）确定切削用量。现行的生产中，对于在单一通用设备上进行的切削加工，工艺规程中一般对切削用量不作规定，由操作者自行选用。但在下述情况下必须确定工序的切削用量并严格遵照执行：

1）一些对尺寸精度及表面质量要求特别高的工序。

2）大量生产中，在组合机床、自动机床上加工的工序，以及流水线、自动线上的各道工序。

（7）确定工时定额。工时定额是完成某一零件或工序所规定的时间，它是制订生产计划、进行成本核算的重要依据，也是新建或扩建工厂（或车间）时决定设备和人员的重要资料。工时定额一般参照实际生产经验，并考虑有效地利用生产设备和工具，实事求是地予以估定。

（8）填写工艺文件。将确定的工艺过程和操作事项填入一定格式的表格或卡，并经严格的审批手续即成为组织和指导生产的工艺文件。

2. 输出轴工艺规程的制定

（1）输出轴零件图样。如图 2－2－28 所示。

（2）零件分析。对输出轴的共同要求是必须满足减速机的工作性能，即回转精度、刚度、热变形、抗振性、使用寿命等多方面的要求。该输出轴是一多台阶轴，普通精度等级，材料为 42CrMo，生产类型为大批生产。

1）主要表面及精度要求。

①支承轴颈。支承轴颈是两个直径为 ϕ35M6 的圆柱面，分别与两个单列圆锥滚子轴承相配合。支承轴颈是输出轴部件的装配基准，其精度直接影响输出轴部件的回转精度，尺寸精度为 IT6。该输出轴两支承轴颈的圆柱度公差均为 0.004mm，表面粗糙度 Ra 值不大于 1.6μm。

②配合轴颈。配合轴颈是与齿轮传动件连接 ϕ40P6 的外圆表面和与带轮连接的 ϕ32M7 的外圆表面，两段轴颈都是采用键连接。配合轴颈的尺寸精度为 IT7～IT6，表面粗糙度 Ra 值不大于 1.6μm。

2）毛坯选择。输出轴是减速机的重要零件，其质量直接影响减速机的工作精度和使用寿命；结构为多台阶轴，直径相差不大（最大外圆直径为 ϕ46mm，最小外圆直径为 ϕ32mm）。从上述两方面考虑应使用圆棒料进行锻造，以保证输出轴的力学性能。

3）定位基准的选择。主要定位基准为两端中心孔。粗车时切削力大，采用外圆表面和中心孔“一夹一顶”。

4）主要表面的加工方法选择。

①支承轴颈：粗车－半精车－磨削。

②配合轴颈：粗车－半精车－铣键槽－磨削。

5）热处理安排。

①正火：获得毛坯后。

②调质：粗车后、半精车前。

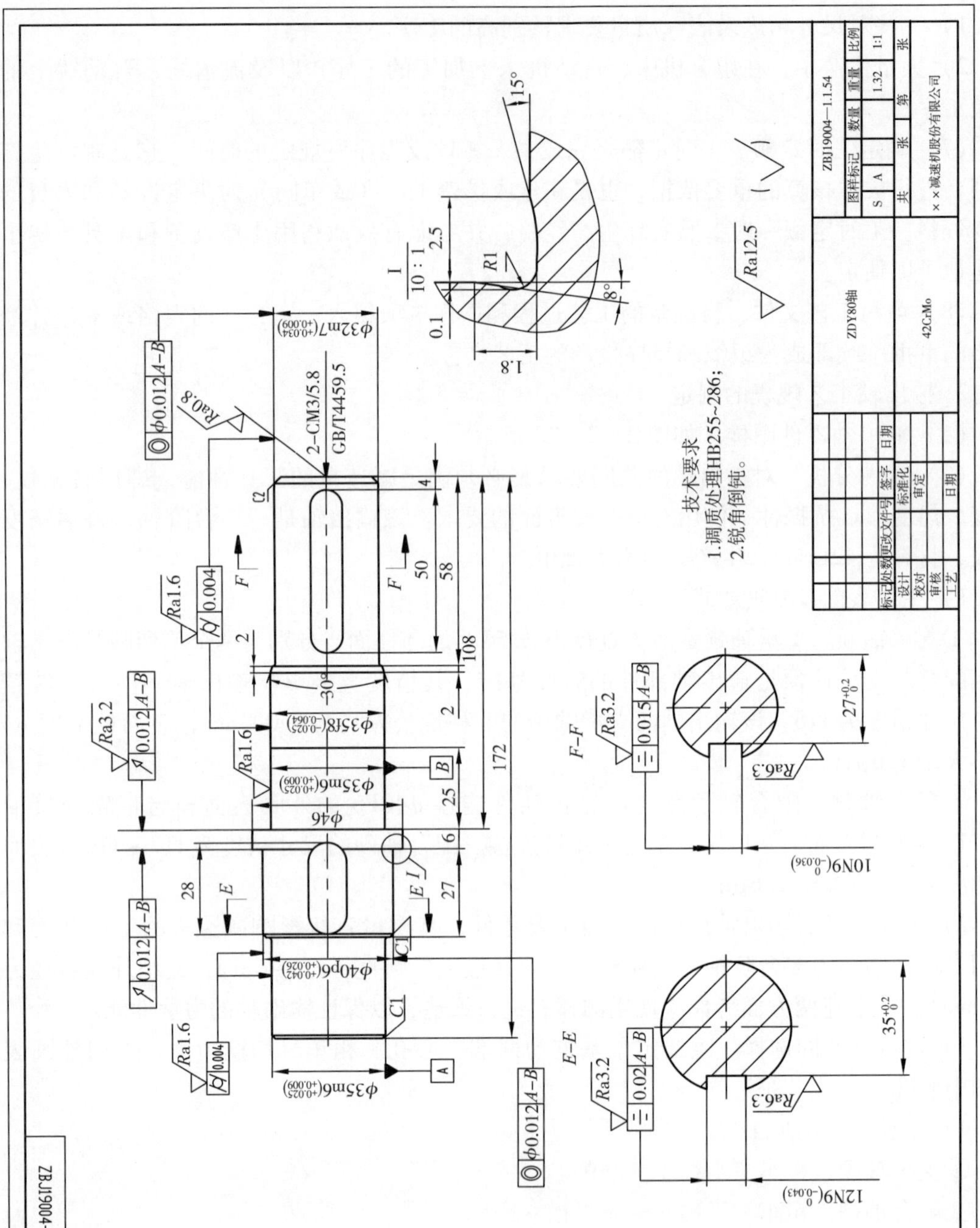

图2-2-28 输出轴零件图

任务实施

一、输出轴的机加工

1. 工作场地准备

学校和企业导师应深入学校金工车间或企业机加工车间做好任务实施设备、材料、工具、量具、劳保用品等的准备，落实好组织管理措施及安全技术措施等，确保任务正常开展。

2. 技术资料准备

（1）ZDY80 减速机输出轴零件图。ZDY80 减速机输出轴零件图如图 2－2－28 所示。

（2）输出轴机械加工工艺过程卡。ZDY80 减速机输出轴加工工艺过程见表2－2－2。

3. 零部件、标准件和通用件准备

企业实际领料单如图 2－2－29 所示，领料单一般分为存根、仓库和财务三联，主要内容包括物料编号、物料名称、规格型号、单位、数量、单价、金额、备注、领料部门、领料员、制表人、批准人、领料日期等。根据领料单至仓库领取零部件、标准件和通用件，并核对数量、检查质量。

××减速机有限公司

领　料　单

No: Y0003300

领料部门 ______________

生产单号 ______________　　日期　　年　月　日

序号	物料编号	物料名称	规格型号	单位	数量	单价	金额	备注
1								
2								
3								
4								
5								
6								
7								
8								
9								
10								
合计:							¥:	

批准:　　　　领料员:　　　　制表:

第一联存根　第二联仓库　第三联财务

图 2－2－29　企业领料单

4. 刀具、夹具、量具准备

刀、夹、量具准备情况见表 2－2－1。

表 2-2-1 刀、夹、量具准备情况一览表

序号	名称	规格型号	单位	数量	设备作用
1	外圆车刀	90°	把	1	精车外圆
2	外圆车刀	75°	把	1	粗车外圆、端面
3	外圆车刀	45°	把	1	粗车端面、倒角
4	键槽铣刀	ϕ10mm 和 ϕ12mm	把	1	铣键槽
5	砂轮	1A - 400 × 50 × 203	只	1	磨外圆
6	游标卡尺	0 ~ 250mm	把	1	测长度尺寸
7	千分尺	25 ~ 50mm 外径千分尺	把	1	测输出轴外径
8	千分尺	0 ~ 250mm 内径千分尺	把	1	测槽宽
9	三坐标测量仪	$m_N = 1.5$ $Z = 16$	台	1	测各位置公差

5. 加工工艺过程

ZDY80 减速机输出轴加工工艺过程见表 2-2-2，车削如图 2-2-30、铣削键槽如图 2-2-31 所示。

表 2-2-2 输出轴加工工艺过程

工序号	工序名称	工序内容	定位基准	加工机床
1	备料	ϕ48 圆棒料		
2	热处理	正火		
3	锯头			
4	打中心孔	车两端面，保持总长 172mm，两端钻中心孔		专用中心孔机床
5	车	粗车各外圆表面		卧式车床
6	热处理	调质 255 ~ 286HB		
7	车	车大端各部，各外圆至 ϕ46mm，ϕ42mm，ϕ37mm	小端外圆、小端中心孔	卧式车床
8	车	车小端各部，各外圆至 ϕ37mm，ϕ34mm	大端外圆、大端中心孔	卧式车床
9	车	精车输出轴各部，直径留余量 0.3mm	中心孔	卧式车床
10	铣	铣键槽 12N9	ϕ40.3 外圆、端面	立式铣床
11	铣	铣键槽 10N9	ϕ32.3 外圆、端面	立式铣床
12	磨	磨各轴颈部分，达到图样要求	中心孔	外圆磨床
13	去毛刺			
14	检验	按零件图样技术要求项目检查		

图 2-2-30　车削

图 2-2-31　铣削键槽

二、输出轴加工质量检测

1. 检验指导书

ZDY80 减速机输出轴检验指导书见表 2-2-3。

表 2-2-3　　**输出轴检验指导书**

××减速机股份有限公司		题目	长轴与阶梯轴检验指导书	产品：减速机
产品类别	轴类零件	检验目的	使公司内部使用的轴类零件检验项目有标准可依，同时提高产品的质量及持续改善	
（名称与图号）		检验范围	公司内部及外协的各种轴类零件检验	

No.	检测项目	检测方式	检测要求与判定标准	检测等级
1	各轴头 外径	千分尺	1. 长轴的外径检测最少取三处位置检测（具体取多少根据工件长度而定），阶梯轴每个台阶最少取两处位置检测 2. 检测外径是否锥度，检测时采用“米”字形交叉测量，检验轴外径是否椭圆 3. 检验的数据必须严格按图纸的公差要求进行判定处理	★★★★
2	圆柱度 跳动度 同轴度	百分表 偏摆仪 V 形铁 高度尺 杠杆表 磁性表座	1. 短工件（长度不超过 800mm）：工件双顶在偏摆仪上有磁性表座配合百分表检测工件的圆柱度、跳动度、同轴度 2. 长工件（长度超过 800mm）：用一对等高的 V 形铁放在平台上，再把工件放在 V 形铁上用高度尺配合杠杆表检测圆柱度、跳动度、同轴度 3. 检验的数据必须严格按图纸的公差要求进行判定处理	★★★★
3	键槽宽度 键槽深度	键槽塞规 千分块 游标卡尺	1. 键槽宽度用键槽塞规或千分块检测 2. 键槽深度用游标卡尺检测 3. 检验的数据必须严格按图纸的公差要求进行判定处理	★★★

续表

××减速机股份有限公司		题目	长轴与阶梯轴检验指导书	产品：减速机
产品类别	轴类零件	检验目的	使公司内部使用的轴类零件检验项目有标准可依，同时提高产品的质量及持续改善	
（名称与图号）		检验范围	公司内部及外协的各种轴类零件检验	

No.	检测项目	检测方式	检测要求与判定标准	检测等级
4	长度	游标卡尺 卷尺	1. 长轴的长度1500mm内用游标卡尺检测，1500mm以上用卷尺检测 2. 阶梯轴各台阶用游标卡尺检测，总长和长轴的检测方法一致 3. 检验的数据必须严格按图纸的公差要求进行判定处理，图纸未标注公差的按JL/W8. 2 - 02 - 05文件规定的自由公差要求进行判定处理	★★★
5	硬度	硬度计	根据图纸或技术要求的硬度选用不同的硬度计在工件表面打三个点进行检测（三点的平均值），检测的硬度应符合图纸或技术要求	★★
6	粗糙度 外观	目测 粗糙度对比块 粗糙度检测仪	1. 各台阶轴径的边缘必须进行倒角或倒钝处理 2. 各台阶轴径的根部必须加工到位（不可存在未清根或R角过大），图纸有要求加工退刀槽的必须加工 3. 轴的表面粗糙度必须符合图纸要求（用目测，粗糙度对比块或粗糙度检测仪进行检测） 4. 轴的表面不能有明显的碰划伤和材料缺陷	★★

检测注意事项：检测等级按GB/T 2828抽检标准执行，检测等级分类，★～★★放宽检测，★★★正常检测，★★★★全检

制定		审核		核准		版次	修订内容	日期
日期		日期		日期				

三、ZDY80减速机输出轴检验方法

1. 输出轴长度尺寸的测量

使用规格为0～200mm，分度值为0. 02mm的游标卡尺进行测量，如图2 - 2 - 32所示，测量步骤如下：

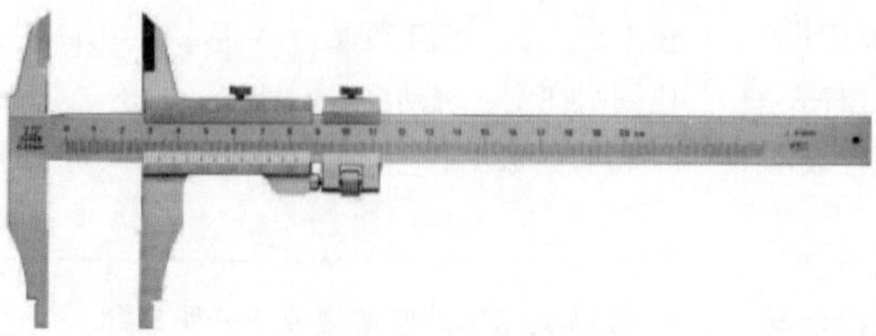

图2 - 2 - 32　长度测量

①首先用软布将量爪擦干净，使其并拢，查看游标和主尺身的零刻度线是否对齐。

②如果对齐就可以进行测量，如没有对齐则要记取零误差。游标的零刻度线在尺身零刻度线右侧的叫正零误差，在尺身零刻度线左侧的叫负零误差（这种规定方法与数轴的规定一致，原点以右为正，原点以左为负）。

③测量时，右手拿住尺身，大拇指移动游标，左手拿待测外径（或内径）的物体，使待测物位于外测量爪之间，当与量爪紧紧相贴时，即可读数。

2. 轴颈的测量

使用规格为25～50mm，分度值为0.01mm的外径千分尺进行测量，如图2－2－33所示，测量步骤如下：

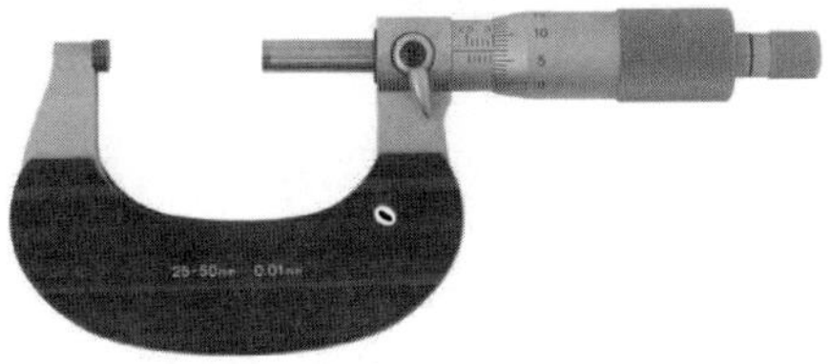

图2－2－33　直径测量

①测量前将被测物擦干净，松开千分尺的锁紧装置，转动旋钮，使测砧与测微螺杆之间的距离略大于被测物体。

②一只手拿千分尺的尺架，将待测物置于测砧与测微螺杆的端面之间，另一只手转动旋钮，当螺杆要接近物体时，改旋测力装置直至听到喀喀声。旋紧锁紧装置（防止移动千分尺时螺杆转动）后，即可读数。

3. 圆角的检测

轴肩根部的圆角半径可用圆角样板（半径规、R规）测量，如图2－2－34所示。圆角样板是利用光隙法测量圆弧半径的工具。测量时必须使R规的测量面与工件的圆弧完全地、紧密地接触，当测量面与工件的圆弧中间没有间隙时，工件的圆弧度数则为此时R规上所表示的数字。由于是目测，故准确度不是很高，只能作定性测量。圆角半径太大，则轴承与轴肩靠不紧，使用中易引起振动；圆角半径太小，则影响轴的强度。因此，轴肩根部的圆角半径必须小于轴承内圈的圆角半径，一般应为轴承内圈圆角半径的1/2，才能保证轴承紧靠轴肩。

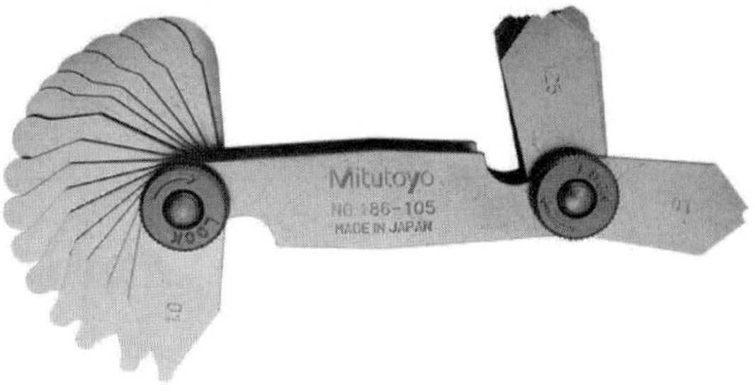

图2－2－34　圆角测量

4. 表面粗糙度的检测

表面粗糙度的检测方法主要有比较检测法、针描法、光切法、干涉法和印模法等方法。对于输出轴表面粗糙度的检测可以直接采用表面粗糙度样块比较法，如图 2 -2 -35 所示。

图 2 -2 -35　表面粗糙度比较样块

5. 形位公差的检测

（1）端面圆跳动的检测。使用百分表、表座、表架、V 形块、被测件、全棉布数块、顶尖偏摆仪和分度值为 0.01mm 的百分表进行测量，其测量步骤如下：

①将测量器具和被测工件擦干净，将被测零件放在 V 形块上，基准轴线由 V 形块模拟，并在轴向固定，如图 2 -2 -36 所示。或将被测零件支撑在偏摆仪上。

②将百分表安装在表架上，缓慢移动表架，使百分表的测量头与被测端面接触，并保持垂直，将指针调零，且有一定的压缩量。

③缓慢而均匀地转动工件一周，并观察百分表指针的波动，取百分表的最大读数 m_{max} 与最小读数 m_{min} 的差值，作为该直径处的端面圆跳动误差 Δ_i。

④按上述方法，在被测端面四个不同直径处测量（直径 A、B、C、D），取测量端面不同直径上测得的跳动量中的最大值，作为该零件的端面圆跳动误差。

⑤根据图纸所给定的公差值，判断零件是否合格。完成检测报告，整理实验器具。

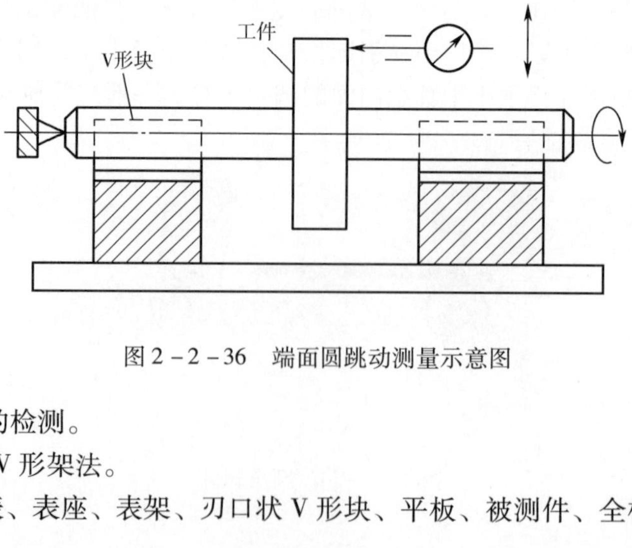

图 2 -2 -36　端面圆跳动测量示意图

（2）同轴度的检测。

1）方法一：V 形架法。

准备好百分表、表座、表架、刃口状 V 形块、平板、被测件、全棉布数块、防锈油等测量用具。用两个相同的刃口状 V 形块支承基准部位，然后用打表法测量被测部位，如图 2－2－37 所示，其具体测量步骤如下：

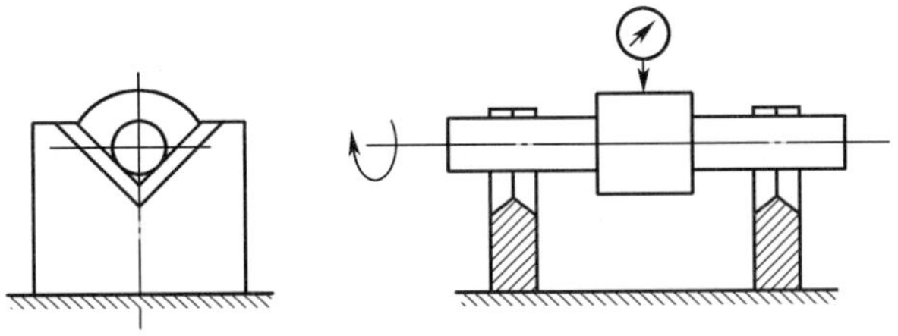

图 2－2－37　同轴度测量方法示意图

①将准备好的刃口状 V 形块放置在平板上，并调整水平。

②将被测零件基准轮廓要素的中截面（两端圆柱的中间位置）放置在两个等高的刃口状 V 形块上，基准轴线由 V 形块模拟。

③安装好百分表、表座、表架，调节百分表，使测头与工件被测外表面接触，并有 1～2 圈的压缩量。

④缓慢而均匀地转动工件一周，并观察百分表指针的波动，取最大读数 m_{max} 与最小读数 m_{min} 的差值之半，作为该截面的同轴度误差，即 $\Delta = (m_{max} - m_{min})/2$。

⑤转动被测零件，按上述方法测量四个不同截面（截面 A、B、C、D），取各截面测得的最大读数 m_{max} 与最小读数 m_{min} 差值之半中的最大值（绝对值）作为该零件的同轴度误差。

⑥将被测件的相关信息及测量结果填入检测报告单中，并判断零件是否合格。完成后整理实验器具。

2）方法二：利用数据采集仪连接百分表测量法。

采用偏摆仪、百分表、数据采集仪进行测量，如图 2－2－38 所示。数据采集仪会从百分表中自动读取测量数据的最大值与最小值，然后由数据采集仪软件里的计算软件自动计算出所测产品的圆度误差，最后数据采集仪会自动判断所测零件的同轴度误差是否在同轴度公差范围内，如果所测同轴度误差大于同轴度公差值，采集仪会自动发出报警功能，提醒相关操作人员该产品不合格。

图 2－2－38　数据采集仪连接百分表测量同轴度误差示意图

（3）圆柱度的检测。

1）两点法。按图2－2－39（a）所示方法测出各给定横截面内零件回转一周过程指示表的最大示值与最小示值，并以所有各被测截面示值中的最大值与最小值的一半作为圆柱度误差值。

2）三点法。按图2－2－39（b）所示方法测出各给定横截面内零件回转一周过程指示表的最大示值与最小示值的一半作为圆柱度误差值。

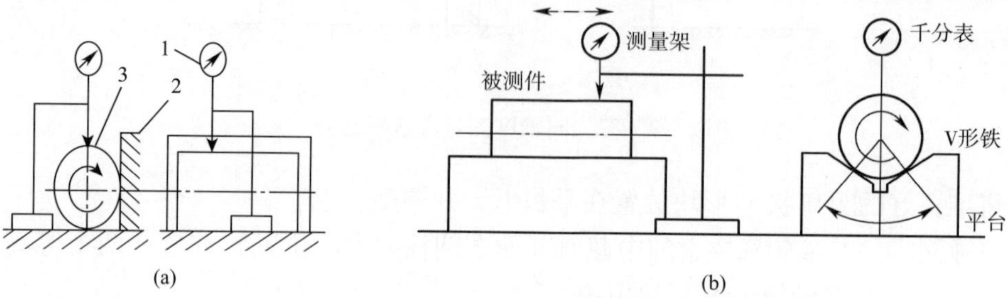

图2－2－39　测量圆柱度

3）圆柱度仪测量法。RA－10圆柱度测量仪如图2－2－40所示。

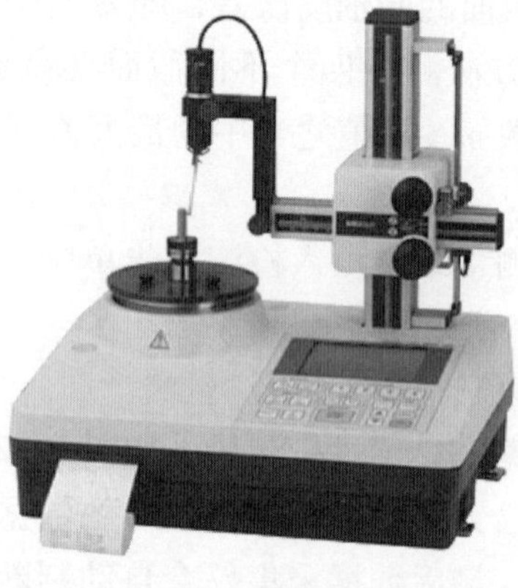

图2－2－40　圆柱度仪测量圆柱度

4）三坐标测量法。通常是在三坐标测量机上按要求测量被测零件各横截面轮廓各测点的坐标值，再利用相应的计算机软件计算圆柱度误差值。利用圆度仪测量圆柱度时，将被测圆柱体工件沿垂直轴线分成数个等距截面放在回转台上，回转台带动工件一起转动；3个传感器安装在导轨支架上，并可沿导轨做上下的间歇移动，逐个测量等距截面，获取含有混合误差的原始信号，测量原理如图2－2－41所示。测量传感器拾取的原始信号中不仅包含有被测工件的各个截面的圆度误差母线的直线度误差，而且还混入了导轨的直行运动误差及回转台的回转运动误差。将上述误差相分离，并依据最小二乘圆心重构出实际圆柱面轮廓，然后采用国标规定的误差评定方法得到被测圆柱面的圆柱度误差。

（4）键槽的检测。

1）键槽尺寸的检测。键槽尺寸的检测比较简单，可用千分尺、游标卡尺等普通计

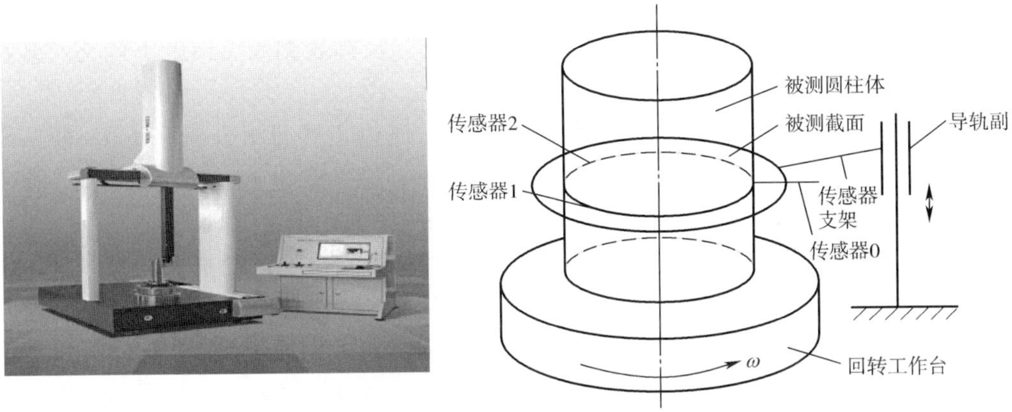

图 2－2－41　三坐标测量圆柱度法

量器具来测量。大批量生产时键槽宽度可以用量块或光滑极限量规来检验。

2）轴键槽对称度测量。LJ－110 型轴键槽对称度检查仪如图 2－2－42 所示，测量

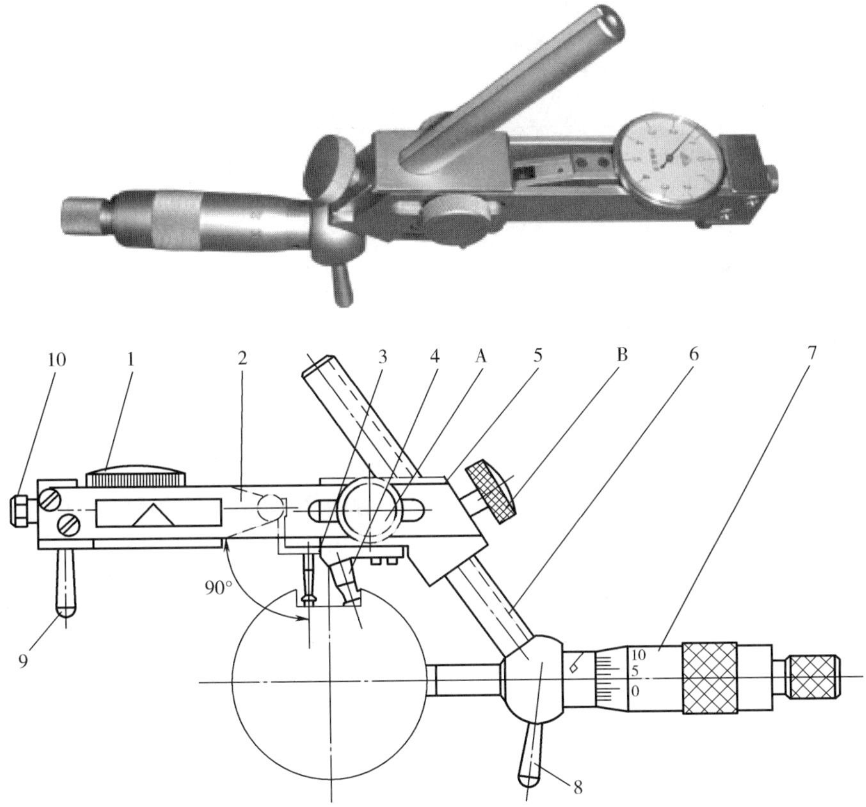

图 2－2－42　轴键槽对称度检查仪

1—杠杆表　2—侧板　3—杠杆表测头　4—固定测头　5—测头调节体
6—直径调节杆　7—测微头　8、9—支架　10—杠杆表锁紧钉　A、B—锁紧螺母

精度为0.02mm，可测量轴径为ϕ14～ϕ110mm，被测轴键槽宽度为5～28mm。触脚节体5可沿侧板2左右移动，直径调节杆可以轴向移动，杠杆表侧头可以上下调整。其具体测量步骤如下：

①按被测工件调整仪器。松开两侧螺母A，沿侧板2移动测头调节体5，使两固定侧头与杠杆表测头间的距离为被测槽宽的2/3左右，锁紧螺母A、松开螺母B、移动直径调节杆6，使测微头的中心线与工件轴线处于同一平面，锁紧螺母B。

②调整杠杆表测头位置。将测微头端紧贴90°角尺的一边，调整杠杆表测头，使三测头同时与角尺另一侧面接触时杠杆表压表半圈左右，转动表盘使指针对零。

③测量时将工件水平置于工作台上，轴键槽向测量方向倾斜25°左右。将仪器的两固定测头与键槽的底平面和一侧平面同时接触，旋转测微头使测微头量面与工件外圆相切后注意观察杠杆表，记下杠杆表指针到达预定零位时测微头的读数。将工件转过180°重复上述测量，记下两次读数之差a，如图2－2－43所示。

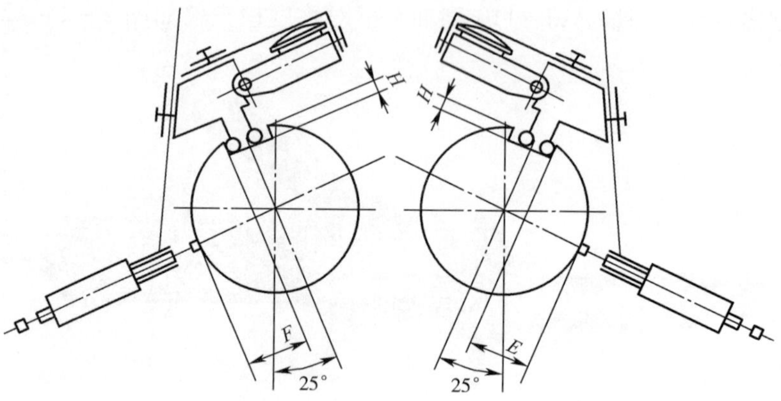

图2－2－43　轴键槽对称度检查

④计算对称度误差值。按GB 1958—1980轴键槽的对称度误差$f=aH/(2R-H)$，上述测量得的读数差$a=|E-F|$，其中R为被测工件半径，H为被测键槽的深度。测量时应注意杠杆表对零和测量时其压表量应一致，以半圈为宜。被测部位不得有污物和毛刺。

上述测量结果填入表2－2－4，并作出是否合格的结论。

表2－2－4　××减速机股份有限公司减速机输出轴检验记录表

型号		供应商		进货日期		进货单号	
进货数量		抽检数		检验日期		检验员	

测量对象	允许值	测量值	测量工具	裁定
长度	172			
	108			

续表

<table>
<tr><td>型号</td><td colspan="2"></td><td>供应商</td><td></td><td>进货日期</td><td></td><td>进货单号</td><td></td></tr>
<tr><td>进货数量</td><td colspan="2"></td><td>抽检数</td><td></td><td>检验日期</td><td></td><td>检验员</td><td></td></tr>
<tr><td>测量对象</td><td colspan="2">允许值</td><td colspan="2">测量值</td><td colspan="2">测量工具</td><td colspan="2">裁定</td></tr>
<tr><td rowspan="8">长度</td><td colspan="2">27</td><td colspan="2"></td><td colspan="2"></td><td colspan="2"></td></tr>
<tr><td colspan="2">6</td><td colspan="2"></td><td colspan="2"></td><td colspan="2"></td></tr>
<tr><td colspan="2">25</td><td colspan="2"></td><td colspan="2"></td><td colspan="2"></td></tr>
<tr><td colspan="2">2</td><td colspan="2"></td><td colspan="2"></td><td colspan="2"></td></tr>
<tr><td colspan="2">58</td><td colspan="2"></td><td colspan="2"></td><td colspan="2"></td></tr>
<tr><td colspan="2">50</td><td colspan="2"></td><td colspan="2"></td><td colspan="2"></td></tr>
<tr><td colspan="2">4</td><td colspan="2"></td><td colspan="2"></td><td colspan="2"></td></tr>
<tr><td colspan="2">28</td><td colspan="2"></td><td colspan="2"></td><td colspan="2"></td></tr>
<tr><td rowspan="4">直径</td><td colspan="2">$\phi35m6$ ($^{+0.025}_{+0.009}$)</td><td colspan="2"></td><td colspan="2"></td><td colspan="2"></td></tr>
<tr><td colspan="2">$\phi35f8$ ($^{-0.025}_{-0.064}$)</td><td colspan="2"></td><td colspan="2"></td><td colspan="2"></td></tr>
<tr><td colspan="2">$\phi32m7$ ($^{+0.034}_{+0.009}$)</td><td colspan="2"></td><td colspan="2"></td><td colspan="2"></td></tr>
<tr><td colspan="2">$\phi40p6$ ($^{+0.042}_{+0.026}$)</td><td colspan="2"></td><td colspan="2"></td><td colspan="2"></td></tr>
<tr><td>键槽宽度</td><td colspan="2">12N9 ($^{0}_{-0.043}$)</td><td colspan="2"></td><td colspan="2"></td><td colspan="2"></td></tr>
<tr><td>键槽宽度</td><td colspan="2">10N9 ($^{0}_{-0.036}$)</td><td colspan="2"></td><td colspan="2"></td><td colspan="2"></td></tr>
<tr><td>键槽深度</td><td colspan="2">35 ($^{+0.2}_{0}$)</td><td colspan="2"></td><td colspan="2"></td><td colspan="2"></td></tr>
<tr><td>键槽深度</td><td colspan="2">27 ($^{+0.2}_{0}$)</td><td colspan="2"></td><td colspan="2"></td><td colspan="2"></td></tr>
<tr><td>键槽对称度</td><td colspan="2">0.02</td><td colspan="2"></td><td colspan="2"></td><td colspan="2"></td></tr>
<tr><td>键槽对称度</td><td colspan="2">0.015</td><td colspan="2"></td><td colspan="2"></td><td colspan="2"></td></tr>
<tr><td>圆跳动</td><td colspan="2">0.012</td><td colspan="2"></td><td colspan="2"></td><td colspan="2"></td></tr>
<tr><td>同轴度</td><td colspan="2">$\phi0.012$</td><td colspan="2"></td><td colspan="2"></td><td colspan="2"></td></tr>
<tr><td>圆柱度</td><td colspan="2">0.004</td><td colspan="2"></td><td colspan="2"></td><td colspan="2"></td></tr>
<tr><td>备注</td><td colspan="8"></td></tr>
<tr><td>检测判定</td><td colspan="8">□ 合格　　　　□ 不合格</td></tr>
<tr><td rowspan="2">不合格品评审处理</td><td>品质部意见</td><td colspan="7"></td></tr>
<tr><td>主管</td><td></td><td>日期</td><td></td><td>厂长</td><td></td><td>日期</td><td></td></tr>
</table>

任务评价

输出轴的机加工与质量检测工作任务实施评价见表2-2-5。

表 2-2-5　　　　工作任务实施评价表

<table>
<tr><td>班级</td><td></td><td>学号</td><td></td><td>姓名</td><td></td><td>学校导师</td><td></td><td>企业导师</td><td></td></tr>
</table>

<table>
<tr><td rowspan="3">评价项目</td><td rowspan="3">评价标准</td><td rowspan="3">评价细则</td><td rowspan="3">配分</td><td colspan="4">评价方式</td><td rowspan="3">得分</td></tr>
<tr><td>自评</td><td>互评</td><td>学校导师评价</td><td>企业导师评价</td></tr>
<tr><td>20%</td><td>20%</td><td>30%</td><td>30%</td></tr>
<tr><td rowspan="5">专业能力</td><td>1. 能识读 ZDY80 减速机输出轴零件图</td><td>(1) 部件的名称、用途、性能和工作原理，每说错一个扣 2 分
(2) 能分析输出轴加工工艺过程，分析不合理每处扣 5 分
(3) 能结合装配图分析，未能弄清各零件间的相对位置、装配关系和装拆顺序扣 10 分</td><td rowspan="5">60</td><td></td><td></td><td></td><td></td><td></td></tr>
<tr><td>2. 能正确操作车床车削外圆和端面</td><td>(1) 能正确选用车床、夹具、工具、刀具和量具，每错选一处扣 2 分
(2) 能合理选择切削三要素，选择不合理一处扣 2 分
(3) 能正确操作车床进行车削加工，操作不当每次扣 5 分</td><td></td><td></td><td></td><td></td><td></td></tr>
<tr><td>3. 能正确操作铣床铣削轴键槽</td><td>(1) 能正确选用铣床、夹具、工具、刀具和量具，每错选一处扣 2 分
(2) 能合理选择切削三要素，选择不合理一处扣 2 分
(3) 能正确操作铣床进行轴键槽铣削加工，操作不当每次扣 5 分</td><td></td><td></td><td></td><td></td><td></td></tr>
<tr><td>4. 能正确操作磨床磨削主要轴颈</td><td>(1) 能正确选用磨床、夹具、工具、刀具和量具，每错选一处扣 2 分
(2) 能合理选择切削三要素，选择不合理一处扣 2 分
(3) 能正确操作磨床进行外圆磨削加工，操作不当每次扣 5 分</td><td></td><td></td><td></td><td></td><td></td></tr>
<tr><td>5. 能对 ZDY80 减速机输出轴加工质量进行检测</td><td>(1) 能正确选用和使用量具，每错选或未正确使用一次扣 2 分
(2) 尺寸精度检测，每错检或漏检一处扣 2 分
(3) 形位精度检测，每错检或漏检一处扣 2 分
(4) 表面质量检测，每错检或漏检一处扣 2 分</td><td></td><td></td><td></td><td></td><td></td></tr>
</table>

续表

班级		学号		姓名		学校导师		企业导师	
评价项目	评价标准	评价细则	配分	评价方式 自评 20%	互评 20%	学校导师评价 30%	企业导师评价 30%	得分	
方法能力	1. 会制定项目实施文件	实施文件每缺少一项扣 2 分	20						
	2. 能规范穿戴劳保用品，仪容仪表整洁	（1）劳保用品穿戴不规范扣 5 分 （2）仪容仪表不整洁扣 5 分							
	3. 能掌握新知识、新方法、新设备、新工艺	对新知识、新方法、新设备、新工艺缺乏了解，视情节酌情扣 5～10 分							
	4. 具有分析解决实际问题的能力和一定的创新精神和创造能力	分析问题不透彻，解决问题不到位，缺乏自己独到的见解，视情节酌情扣 5～10 分							
	5. 学会自主学习，根据所学举一反三	对提出优化方案的同学酌情加分							
社会能力	1. 严格遵守工作场所管理制度，认真执行 7S 管理	违反工作场所管理制度或任务结束未执行 7S 管理，每次视情节酌情扣 5～10 分	20						
	2. 具有一定的沟通协调和团队协作能力	未体现沟通协调和团队协作精神扣 3 分							
	3. 具有安全文明生产意识	准备过程中违反安全生产规程，视情节轻重酌情扣 10～20 分，出现人身、设备、工量具损坏等严重事故者，本次考核以零分计							
日期	年　月　日	导师签名					合计		

知识拓展

三坐标测量机

三坐标测量机简称 CMM，一般由主机机械系统（X、Y、Z 三轴或其他）、测头系统、电气控制硬件系统、数据处理软件系统（测量软件）等组成。主要用于机械、汽车、航空、军工、家具、工具原型、机器等中小型配件、模具等行业中的箱体、机架、齿轮、凸轮、蜗轮、蜗杆、叶片、曲线、曲面等的测量，还可用于电子、五金、塑胶等行业中，可以对工件的尺寸、形状和形位公差进行精密检测，从而完成零件检测、外形测量、过程控制等任务。

三坐标测量机的功能是快速准确地评价尺寸数据，为操作者提供关于生产过程状况的有用信息，这与所有的手动测量设备有很大的区别。将被测物体置于三坐标测量空间，可获得被测物体上各测点的坐标位置，根据这些点的空间坐标值，经计算求出被测物体的几何尺寸、形状和位置。

CMM 按测量方式可分为接触测量和非接触测量以及接触和非接触并用式测量，接触测量常用于测量机械加工产品以及压制成型品、金属膜等。以接触式测量机为例来说明几种扫描物体表面，以获取数据点的方法，数据点结果可用于加工数据分析，也可为逆向工程技术提供原始信息。扫描指借助测量机应用软件在被测物体表面特定区域内进行数据点采集。此区域可以是一条线、一个面片、零件的一个截面、零件的曲线或距边缘一定距离的周线。扫描类型与测量模式、测头类型及是否有 CAD 文件等有关，状态按钮（手动/DCC）决定了屏幕上可选用的“扫描”（SCAN）选项。若用 DCC 方式测量，又具有 CAD 文件，那么扫描方式有“开线”（OPEN LINEAR）、“闭线”（CLOSED LINEAR）、“面片”（PATCH）、“截面”（SECTION）及“周线”（PERIMETER）扫描。若用 DCC 方式测量，而只有线框型 CAD 文件，那么可选用“开线”（OPEN LINEAR）、“闭线”（CLOSED LINEAR）和“面片”（PATCH）扫描方式。若用手动测量模式，那么只能用基本的“手动触发扫描”（MANUL TTP SCAN）方式。若用手动测量方式，测头为刚性测头，那么可用选项为“固定间隔”（FIXED DELTA）、“变化间隔”（VARIABLE DELTA）、“时间间隔”（TIME DELTA）和“主体轴向扫描”（BODY AXIS SCAN）方式。

巩固提高

一、填空题

1. 轴类零件常用的毛坯是型材、________和________。
2. 按结构特征，轴类零件可分为________、________、________和________。
3. 对于一般重要的轴通常采用________钢，对于精度和转速要求较高的轴通常采用________钢，对于高转速、重载荷条件下工作的轴通常采用________钢。
4. 车削外圆柱面时，工件作________运动，车刀作________的运动。
5. 车床夹具分为________和________两类。
6. 在加工特别细长的轴类零件时，常使用中心架或跟刀架作为________，以提高工件的________，防止工件在加工中________。
7. 中心架多用于________的细长轴的外圆加工，跟刀架多用于________的细长轴的外圆加工。

8. 用花盘或角铁装夹工件，通常需要在花盘上适当位置安装____________，并予以仔细平衡，以保证安全生产和防止切削加工时产生____________。

9. 车孔刀刀柄伸出越长，车孔刀刚度越____________，所以刀柄伸出长度只要略大于____________即可。

10. 精车外圆选择切削用量时，应选取较小的____________和____________，而____________则可取高些。

11. 车床上车外圆，主运动是____________，进给运动是____________。

12. 在粗加工时，为提高生产率，常采用大的切削用量，应尽可能选择大的____________和____________，而____________则相应选取低些，这时常采用主轴端用卡盘、尾座用顶尖的____________装夹方法。切削用量选择时，____________对刀具寿命的影响最大。

13. 外圆磨削的磨削用量包括：____________、____________、____________和____________。

二、选择题

1. 轴类零件毛坯锻造之后安排____________热处理。(　　)

A. 正火　　B. 回火　　C. 淬火　　D. 调质

2. 受力复杂且较重要的轴毛坯采用（　　）。

A. 热轧和冷拉圆棒料　　B. 锻件　　C. 铸钢件　　D. 以上均可以

3. 粗加工轴类零件外圆表面时，一般先加工（　　）。

A. 小直径外圆　　B. 大直径外圆　　C. 切槽　　D. 键槽

4. 在车床上，控制切削深度的部件是（　　）。

A. 床鞍　　B. 中拖板　　C. 上滑板　　D. 溜板箱

5. 车削时，通常选择切削用量的次序是（　　）。

A. 切削速度→背吃刀量→进给量　　B. 切削速度→进给量→背吃刀量

C. 进给量→切削速度→背吃刀量　　D. 背吃刀量→进给量→切削速度

6. 下列加工方法中装夹车刀时，车刀刀尖稍低于工件轴线的选项是（　　）。

①车端面②精车细长轴③粗车外圆④切断空心件⑤切断实心件

A. ①②　　B. ①②③　　C. ②④　　D. ①③⑤

7. 适宜装夹正三边形或正六边形工件的方法是（　　）。

A. 中心架　　B. 三爪卡盘　　C. 四爪卡盘　　D. 心轴装夹

8. 车削细长轴时，为了避免径向力过大，工件发生弯曲，车刀主偏角应选（　　）。

A. 15°～30°　　B. 45°～60°　　C. 60°～75°　　D. 80°～90°

9. 车削右旋螺纹时，主轴正传，车刀进给（　　）。

A. 由右向左　　B. 由左向右　　C. 由前向后　　D. 由后向前

10. 车削无阶台细长轴时，常用（　　）支撑。

A. 跟刀架　　B. 中心架

C. 支撑角铁　　D. 心轴

11. 外圆磨削方法中，应用最广的是（　　），（　　）只适用于磨削长度较短的外圆，（　　）需将砂轮修成阶梯形。

A. 纵向磨削法　　B. 横向磨削法

C. 综合磨削法　　D. 深度磨削法

12. 在外圆磨床上磨外圆锥的方法中，（　　）适用于锥度不大的长圆锥工件，（　　）适用于锥度较大而长度较短的工件，（　　）适用于锥度较大且长度较长的工件。

A. 转动工作台法　　　B. 转动头架法　　　C. 转动砂轮架法

三、简答题

如图 2－2－44 所示，该零件为一典型轴类零件，试运用本项目所学知识，对该轴进行分析，编制其机械加工及检测工艺过程卡。

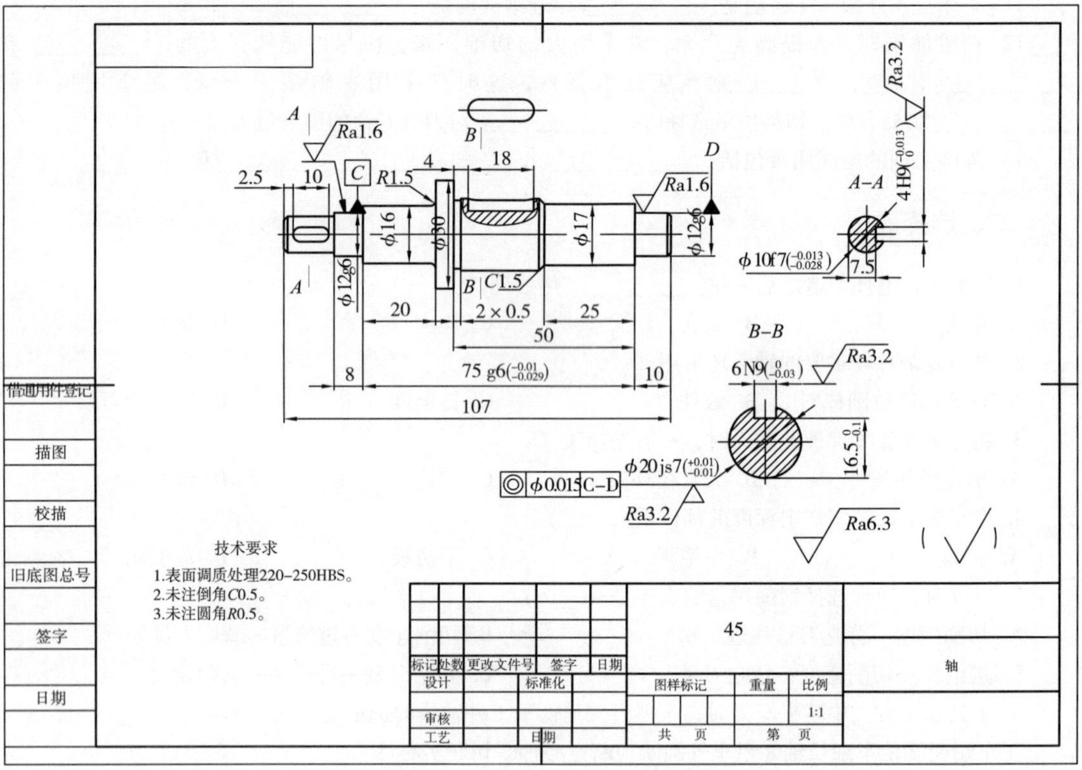

图 2－2－44　轴类零件图

项目三 齿轮和齿轮轴的加工与检测

任务一 齿轮和齿轮轴的常用材料与热处理

任务描述

该项目根据企业工作流程完成 ZDY80 减速机中齿轮、齿轮轴的加工制造与质量检验，让学生在完成任务的过程中，学习齿轮、齿轮轴常用材料、常用的热处理方法，识读齿轮、齿轮轴热处理工艺过程卡，体验企业工作过程，感知企业文化，培养综合职业能力。

任务目标

1. 能制定项目实施文件。
2. 能识读 ZDY80 减速机齿轮、齿轮轴零件图。
3. 能熟悉 ZDY80 减速机齿轮轴在减速机中的安装位置和作用。
4. 能正确选择 ZDY80 减速机齿轮、齿轮轴常用材料。
5. 能正确进行 ZDY80 减速机齿轮、齿轮轴毛坯的锻造。
6. 能掌握 ZDY80 减速机齿轮、齿轮轴常用的热处理方法。
7. 培养学生观察、思考和分析解决实际问题的能力。
8. 培养学生的创新意识、安全意识、规范意识、质量意识及沟通协调、团队协作能力。
9. 使学生熟悉企业生产的基本工艺流程和管理方法，感知企业文化，培养学生基本职业素养。

知识链接

齿轮是机械传动中应用广泛的零件之 ，它的功用是按规定的速比传递运动和动力。在工作中，它的受力情况比较复杂，齿轮的齿根部受交变弯曲应力，齿面承受大的接触应力并产生强烈的摩擦，在换挡、启动和啮合不良时，齿轮还承受一定的冲击载荷。在齿轮的制造过程中，合理选择材料与热处理工艺，是提高齿轮承载能力和延长使用寿命的必要保证。齿轮轴在转动时主要承受剪切应力、交变弯曲应力、冲击应力。在工作过程中，由于不同的应力作用，导致不同的失效形式，主要有疲劳磨损、裂纹、表面点蚀、弯曲疲劳折断、冲击折断等，因此对齿轮轴的心部有一定的强度和韧性要求，有较高的疲劳极限和抗多次冲击能力。表面还应具有一定的硬度和耐磨性。为了满足这些性能要求，材料要有很好的力学性能。

一、齿轮和齿轮轴的常用材料

1. 齿轮的常用材料

为了保证齿轮工作的可靠性，提高其使用寿命，齿轮的材料及其热处理应根据工作条件和材料的特点来选取。对齿轮材料的基本要求是应使齿面具有足够的硬度和耐磨性，齿心具有足够的韧性，以防止齿面的各种失效，同时应具有良好的冷、热加工的工艺性，以达到齿轮的各种技术要求。常用的齿轮材料为各种牌号的优质碳素结构钢、合金结构钢、铸钢、铸铁和非金属材料等。一般多采用锻件或轧制钢材。当齿轮结构尺寸较大，轮坯不易锻造时，可采用铸钢。开式低速传动时，可采用灰铸铁或球墨铸铁。低速重载的齿轮易产生齿面塑性变形，轮齿也易折断，宜选用综合性能较好的钢材。高速齿轮易产生齿面点蚀，宜选用齿面硬度高的材料。受冲击载荷的齿轮，宜选用韧性好的材料。对高速、轻载而又要求低噪声的齿轮传动，也可采用非金属材料，如夹布胶木、尼龙等。

常用齿轮材料及其力学性能见表 3-1-1。

表 3-1-1　常用齿轮材料及其力学性能

类别	材料牌号	热处理方法	抗拉强度 R_m/MPa	屈服强度 R_{eL}/MPa	硬度（HBS 或 HRC）
优质碳素钢	35	正火	500	270	150~180HBS
		调质	550	294	190~230HBS
	45	正火	588	294	169~217HBS
		调质	647	373	229~286HBS
		表面淬火			40~50HRC
	50	正火	628	373	180~220HBS
合金结构钢	40Cr	调质	700	500	240~258HBS
		表面淬火			48~55HRC
	35SiMn	调质	750	450	217~269HBS
		表面淬火			45~55HRC
	40MnB	调质	735	490	241~286HBS
		表面淬火			45~55HRC
	20Cr	渗碳淬火后回火	637	392	56~62HRC
	20CrMnTi		1079	834	56~62HRC
	38CrMnAlA	渗氮	980	834	>850HV

续表

类别	材料牌号	热处理方法	抗拉强度 R_m/MPa	屈服强度 R_{eL}/MPa	硬度（HBS 或 HRC）
铸　钢	ZG45	正火	580	320	156～217HBS
	ZG55		650	350	169～229HBS
灰铸铁	HT300		300		185～278HBS
	HT350		350		202～304HBS
球墨铸铁	QT600－3		600	370	190～270HBS
	QT700－2		700	420	225～305HBS
非金属	夹布胶木		100		25～35HBS

2. 齿轮轴常用材料

齿轮轴的常用材料与项目二中的输出轴相似，一般有碳素结构钢和合金结构钢两大类。

应用最多的是45钢，用45钢制造的轴类零件，一般需经调质、表面淬火等热处理，可以获得一定的强度、硬度、韧性和耐磨性，主要适用于中等复杂程度、一般重要的轴类零件。

对精度和转速较高的轴可采用中碳合金结构钢，如 40Cr、40MnB、35SiMn、38SiMnMo 等。

对在高转速、重载荷等恶劣条件下工作的轴，可采用渗碳合金结构钢，如 20Cr、20CrMnTi、20CrMnMo、20MnVB 等。

二、齿轮和齿轮轴的常用热处理方法

齿轮是依靠本身的结构尺寸和材料强度来承受外载荷的，这就要求材料具有较高强度、韧性和耐磨性。即齿面要有足够的硬度，以使齿面具有较高的抗磨损、抗点蚀、抗胶合和抗塑性变形的能力；齿心要有较高的强度、疲劳极限和足够的韧性，以使得轮齿具有足够的抗弯曲疲劳折断的能力。由于齿轮形状复杂，精度要求高，因此还要求材料具有良好的工艺性。

减速机中以钢制齿轮应用较为广泛，而常用的钢制齿轮根据热处理后齿面硬度的不同，可分为软齿面齿轮（≤350HBS）和硬齿面齿轮（＞350HBS）两种。对于一般要求的齿轮传动可采用软齿面齿轮，此时为了减小胶合的可能性，并使配对的大小齿轮寿命大体相当，通常使小齿轮的齿面硬度高出大齿轮齿面硬度 30～50HBS。传动比越大，硬度差也应越大。对于高速、重载或重要的齿轮传动，可采用硬齿面齿轮组合，大小齿轮齿面硬度可大致相同。

钢制齿轮可以通过不同的热处理方法获得不同的表面硬度。

1. 软齿面齿轮

软齿面齿轮常用的热处理方法为调质和正火。

（1）调质。调质一般用于中碳钢和中碳合金钢，如 45、40Cr、35SiMn 等。调质处理后齿面硬度一般为 220 ~ 280HBS。因硬度不高，故轮齿精加工可在热处理后进行。

（2）正火。正火能消除内应力，细化晶粒，改善力学性能和切削性能，因此对于机械强度要求不高的齿轮可采用中碳钢正火处理，大直径的齿轮可采用铸钢正火处理。

经调质处理后齿轮的强度、韧性和齿面强度均高于正火齿轮，而对于不宜调质、尺寸较大或不太重要的齿轮一般采用正火。

软齿面齿轮适用于对强度、速度和精度要求不高的齿轮传动，精度一般为 8 级，精切时可达 7 级。制造时，通常齿轮毛坯经过热处理后进行切齿，切制后即为成品，故软齿面齿轮具有制造经济、简便、生产率高等特点。

2. 硬齿面齿轮

硬齿面齿轮采用表面硬化处理方法，常用的有：

（1）表面淬火。常用材料为中碳钢和中碳合金钢，如 45、40Cr 钢等。表面淬火后，齿面硬度一般为 40 ~ 55HRC。特点是抗疲劳点蚀、抗胶合能力高，耐磨性好。由于齿心部未淬硬，齿轮仍有足够的韧性，能承受不大的冲击载荷。中小齿轮可采用中频或高频感应加热，大尺寸齿轮可采用火焰加热。感应加热使轮齿变形较小，对精度要求不太高的齿轮传动无须进行磨齿。火焰加热变形大，齿面不宜获得均匀的硬度，质量难以保证。

（2）渗碳淬火。常用的材料为低碳钢和低碳合金钢，如 20、20Cr 钢等。渗碳淬火后齿面硬度可达 56 ~ 62HRC，而齿心部仍保持较高的韧性，轮齿的抗弯强度和齿面接触强度高，耐磨性较好，常用于承受较大冲击载荷的重要齿轮传动。齿轮经渗碳淬火后，轮齿变形较大，应进行磨齿。

（3）渗氮。渗氮是一种表面化学热处理方法，渗氮后无需进行其他热处理，齿面硬度可达 700 ~ 900HV。由于渗氮处理后的齿轮硬度高，耐磨性好，工艺温度低，变形小，处理后无需磨齿，故适用于内齿轮和难以磨削的齿轮，常用于含铬、铜、铅等合金元素的渗氮钢，如 38CrMoAlA。但因氮化层较薄，其承载能力不如渗碳齿轮，且冲击载荷下易破碎，故其主要适用于载荷比较平稳且润滑良好的传动场合。

（4）碳氮共渗。适宜于处理各种中碳钢和中碳合金钢，表面硬度可达 62HRC ~ 67HRC，齿轮变形小，其抗接触疲劳和抗胶合的性能优于渗碳淬火。

（5）表面激光硬化。将激光束扫射齿面，使齿面组织细硬，硬度可达 HV950 以上，硬化后轮齿变形极小，便于处理大尺寸齿轮，适宜于各类中碳钢和中碳合金钢。

硬齿面齿轮表面硬度高，所以承载能力较大，结构紧凑。一般是在切齿后作表面硬化处理，再进行磨齿等精加工，精度可达 5 级或 4 级。此类齿轮承载能力强，加工精度高，但制造要求也高，故价格相对较贵。

ZDY80 型减速机属于硬齿面圆柱齿轮减速机，其齿轮和齿轮轴所采用的材料均为 20CrMnMo 钢，经渗碳、淬火、低温回火后可以达到所要求的性能。

齿轮和齿轮轴的材料 20CrMnMo 钢属于高强度的渗碳钢，先进行渗碳热处理，再加热至温度 840℃淬火后油冷，最后进行 180℃低温回火后空冷。热处理后具有良好的综合力学性能和低温冲击韧度，故常用于制造高硬度、高强度、高韧性的较大重要渗碳件，如曲轴、凸轮轴、连杆、齿轮轴、齿轮、销轴等，还可代替 12Cr2Ni4 使用。其强度高于

15CrMnMo，塑性及韧性稍低，淬透性及力学性能比20CrMnTi高，具有良好的切削加工性和热加工性。

三、齿轮和齿轮轴的锻造

锻造是利用锻压机械对金属坯料施加压力，使其产生塑性变形以获得具有一定机械性能、一定形状和尺寸锻件的加工方法。其目的是使坯料成形及控制其内部组织性能达到所需的几何形状、尺寸以及品质。锻造的基本工艺有自由锻、模锻、板料冲压等，其中自由锻和模锻是热塑性成型，而板料冲压是冷塑性成形，两者的基本原理相同。

1. 锻造的分类

锻造按成形方法可分为开式锻造（即自由锻）和闭模式锻造。自由锻是利用冲击力或压力使金属在上下两个砥铁（砧块）间产生变形以获得所需的部件，主要有手工锻造和机械锻造两种。自由锻是将加热好的金属坯料放在锻造设备的上、下砥铁之间，施加冲击力或压力，直接使坯料产生塑性变形，从而获得所需锻件的一种加工方法。自由锻由于锻件形状简单，操作灵活，适用于单件、小批量及重型锻件的生产。自由锻分手工自由锻和机器自由锻，手工自由锻生产效率低，劳动强度大，仅用于修配或简单、小型、小批锻件的生产。在现代工业生产中，机器自由锻已成为锻造生产的主要方法，在重型机械制造中，它具有特别重要的作用。例如水轮机主轴、多拐曲轴、大型连杆、重要的齿轮等零件在工作时都承受很大的载荷，要求具有较高的力学性能，常采用自由锻方法生产毛坯。将加热后的金属坯料放置在具有一定形状的锻模膛内受压变形而获得锻件称为模型锻造，简称模锻。模锻按锻模结构分为单模膛锻模和多模膛锻模。

2. 锻造加工优点

（1）改善金属的组织、提高力学性能。金属材料经压力加工后，其组织、性能都得到改善和提高，塑性加工能消除金属铸锭内部的气孔、缩孔和树枝状晶等缺陷，并由于金属的塑性变形和再结晶，可使粗大晶粒细化，得到致密的金属组织，从而提高金属的力学性能。在零件设计时，若正确选用零件的受力方向与纤维组织方向，可以提高零件的抗冲击性能。

（2）材料的利用率高。金属塑性成形主要是靠金属的体积重新分配，而不需要切除金属，因而材料利用率高。

（3）较高的生产率。塑性成形加工一般是利用压力机和模具进行成形加工的，生产效率高。例如，利用多工位冷镦工艺加工内六角螺钉效率比用棒料切削加工效率高出很多。

（4）毛坯或零件的精度较高。应用先进的技术和设备，可实现少切削或无切削加工。例如，精密锻造的锥齿轮齿形部分可不经切削加工直接使用，复杂曲面形状的叶片精密锻造后只需磨削便可达到所需精度。

3. 自由锻的工艺流程

不同的锻造方法有不同的流程，一般顺序为锻坯下料、锻坯加热、锻造成形、切边、中间检验、检验锻件的尺寸和表面缺陷、锻件热处理、清理、矫正、检查等，一般锻件要经过外观和硬度检查，重要锻件还要经过化学成分分析、力学性能、残余应力等检验和无损探伤。

（1）锻坯下料。根据客户要求的锻造比或锻件的重量在锻造前把棒料切成所需长度的工序。下料方法主要有切削下料和锻压设备下料两种。切削下料是用锯片、锯条、锯带、薄片砂轮和车刀切断锻坯，切削下料端面平整，但切口损耗材料，生产率低，多用于品种多、批量较小或对切口质量要求高的锻坯。锻压设备下料有剪切、折断、加热后用剁刀切等方法，刀口形状和棒料截面相似，小尺寸的棒料多用冷剪。对有些合金钢和尺寸较大的碳钢棒料，为防止断口产生裂纹，还须加热到350~550℃剪切。如果用多工位热锻自动机，也可在锻造温度下热切。剪切下料效率高，适用于大批生产，切口没有材料损耗，但剪切端面质量较差。采用精密剪切工艺和设备，可以改善剪切端面的平整度和减小下料的重量误差。提高剪切精度的办法因材料而异。主要方法有把棒料置于夹紧状态下剪切和高速剪切。剪切后的端面和轴线的不垂直度可小于1°，重量误差在0.5%~1%以内。锻件毛坯材料检验见表3-1-2。

表3-1-2　锻件毛坯材料检验

序号	检验内容	检验方法
1	原材料合格证及相关技术文件	目测
2	原材料成分及其含量	光谱分析、化学成分分析、金相组织检查
3	下料毛坯的规格、尺寸、表面质量、断口平整、重量是否符合工艺文件要求	目测、游标卡尺、电子秤、角度尺等
4	毛坯数量	计数、磅秤称重

（2）锻坯加热。基本上，金属强度随着温度的提高而降低，当金属加热到一定的温度后塑性提高，抗变形能力减小，锻造前加热的目的是为了消除金属内部应力，增加金属的塑性。

锻坯一般加热到金属的允许始锻温度，在合理范围内，温度越高，塑性越好。常用金属的锻造温度（始锻温度~终锻温度），碳钢：1200~800℃；合金钢1150~800℃；合金工具钢（高速钢）：1180~900℃；不锈钢：1300~850℃；铝合金：480~380℃；铜合金：900~700℃。

现代锻坯加热使用各种燃煤、燃油、燃气和电热式的工业炉，包括间歇式的室式炉、台车式炉、电阻炉、感应炉和连续式炉。感应炉具有加热速度快、温度均匀、占地小、便于自动控制等优点，已广泛应用于中小模锻件生产线中。为保证里外温度均匀，锻坯表面加热到所需温度后还应保温一定时间。保温时间与金属的导热系数、锻坯的截面尺寸和在炉内的放置状态有关。冷坯料加热的升温速度不宜太快，以防止表层与心部之间出现过大的温差和在心部出现大的热应力，心部热应力容易引起裂纹。常用的测温仪表有测炉温的热电耦，测金属表面温度的光学高温计。

（3）锻造成形。利用冲击力或压力使金属在上下砧面间各个方向自由变形，不受任何限制而获得所需形状及尺寸和一定机械性能的齿轮或齿轮轴坯。

自由锻工序包括基本工序、辅助工序和修整工序。基本工序是使金属坯料产生一定程度的塑性变形，以得到所需形状、尺寸或改善材料性能的工艺过程。它是锻件成形过程中必需的变形工序，如镦粗、拔长、弯曲、冲孔、切割、扭转和错移等。实际生产中最常用的是镦粗、拔长和冲孔三个工序。

1）镦粗。沿工件轴向进行锻打，使其长度减小，横截面积增大的操作过程。常用来锻造齿轮坯、凸缘、圆盘等零件，也可用来作为锻造环、套筒等空心锻件冲孔前的预备工序。镦粗可分为全镦粗和局部镦粗两种形式，如图 3－1－1 所示。

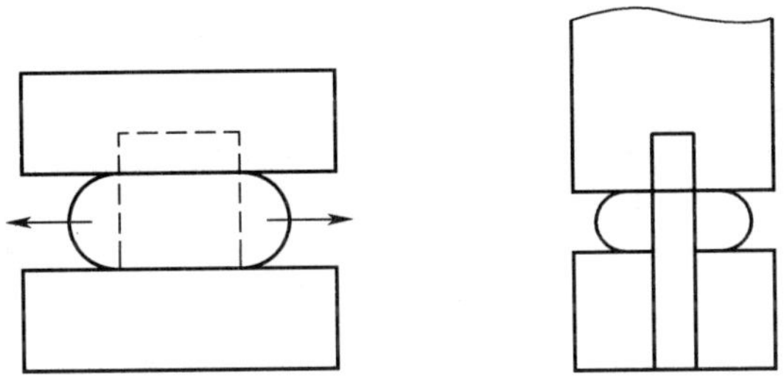

（a）全墩粗　　（b）局部墩粗

图 3－1－1　镦粗

镦粗时，坯料不能过长，高度与直径之比应小于 2.5，以免镦弯或出现细腰、夹层等现象。坯料镦粗的部位必须均匀加热，以防止出现变形不均匀。

2）拔长。拔长是沿垂直于工件的轴向进行锻打，以使其截面积减小，而长度增加的操作过程。常用于锻造轴类和杆类等零件。

对于圆形坯料，一般先锻打成方形后再进行拔长，最后锻成所需形状，或使用 V 形砧铁进行拔长，如图 3－1－2 所示，在锻造过程中要将坯料绕轴线不断翻转。

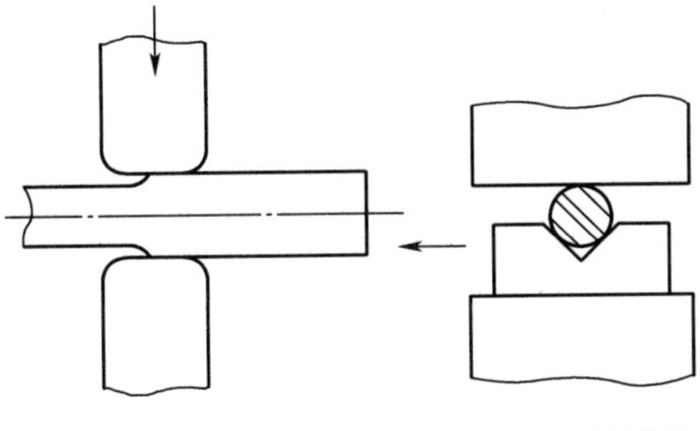

（a）打成方形拔长　　（b）V形砧铁拔长

图 3－1－2　拔长

3）冲孔。利用冲头在工件上冲出通孔或盲孔的操作过程。常用于锻造齿轮、套筒和圆环等空心锻件，对于直径小于 25mm 的孔一般不锻出，而是采用钻削的方法进行加工。在薄坯料上冲通孔时，可用冲头一次冲出。若坯料较厚时，可先在坯料的一边冲到孔深的 2/3 深度后，拔出冲头，翻转工件，从反面冲通，以避免在孔的周围冲出毛刺。

实心冲头双面冲孔时，圆柱形坯料会产生畸变。畸变程度与冲孔前坯料直径 D_0、高

度 H_0 和孔径 d_1 等有关。D_0/d_1 越小，畸变越严重，另外冲孔高度过大时，易将孔冲偏，因此用于冲孔的坯料直径 D_0 与孔径 d_1 之比（D_0/d_1）应大于2.5，坯料高度应小于坯料直径。冲孔如图 3－1－3 所示。

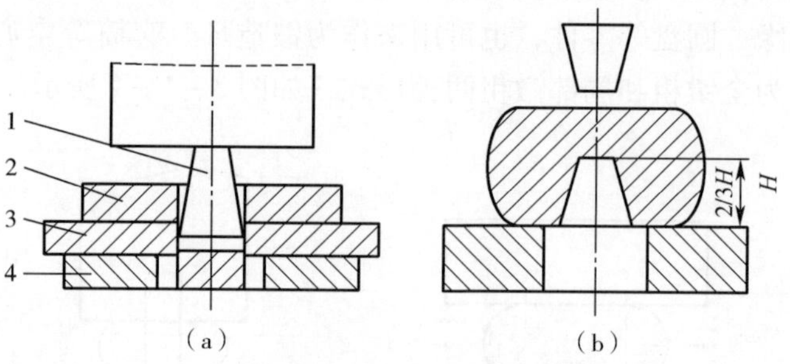

图 3－1－3　冲孔

1—冲头　2—坯料　3—垫环　4—心料

为使基本工序操作方便而进行的预变形工序称为辅助工序（压钳口、切肩等），用以减少锻件表面缺陷而进行的校正、滚圆、平整等工序称为修整工序。

（4）切边。即将锻造后的冗余料部分去除，达到与图纸相符的产品。

（5）中间检验。中间检验也称过程检验，依照客户要求的尺寸及重量进行检验，若尺寸及重量达不到客户要求还需要加热锻打以满足客户所要求的尺寸及重量要求，表面缺陷主要检验有无裂纹、表面是否凹凸不平等。检验内容见表 3－1－3。

表 3－1－3　　锻造时的检验

序号	检验内容	检验方法
1	生产用工艺技术资料是否齐全	
2	工、模具合格证	
3	工、模具预热及模具安装情况	
4	锻造时操作方法（毛坯放置方法、锤击快慢与轻重、润滑情况）	
5	始锻、终锻温度	
6	抽查锻件的尺寸、形状、表面质量	游标卡尺、目测、划线检验
7	锻件数量	
8	锻件的炉批及生产批次标记	

（6）锻件热处理。用以消除锻造应力，改善金属切削性能。根据锻件的用途不同，机械性能往往要求也不相同，通过热处理达到对锻件机械性能的调整。一般热处理大致有退火、正火、淬火和回火四种基本工艺。

在淬火及回火工艺中，根据冷却方式的不同，锻造件表面机械性能也略有不同。油冷却时间短，冷却表面温度较为均匀统一，使锻件表面晶体排列更加均匀致密，故其表面具有更强的硬度与耐磨性，而且在冷却过程当中不与空气接触，故不会造成氧化物的产生，从而节约了锻造件的材料；风冷却时间较长，冷却表面温度均匀，但冷却后锻造件表面晶体结构不够紧密，不具有强的硬度等，且其在冷却过程当中长时间暴露在空气当中，很容易在金属表面产生相应的氧化物，对锻造件的材料有一点浪费；水冷却其性质介于油冷却与风冷却之间，但其表面仍然会存在氧化，在机加工时会造成一定材料的浪费。锻件冷却和热处理检验见表3－1－4。

表3－1－4　锻件冷却和热处理检验

序号	检验内容	检验依据	检验方法
1	锻件规定的冷却方法	工艺卡片	目测
2	冷却后的锻件外观、形状	工艺文件	目测
3	锻件装、出炉情况	通用、专用技术条件	目测
4	热处理温度及保温时间	工艺文件	测温仪
5	锻件硬度	技术条件	硬度计
6	锻件冷却方法	工艺文件	目测
7	锻件的外观质量（氧化皮、变形、裂纹等）	技术条件	目测、游标卡尺
8	锻件数量或称重	生产计划	计数、磅秤

（7）清理。主要是去除表面氧化皮，在前面工序所加热的过程当中，工件完全暴露在空气当中，由于工件表面温度一直保持较高状态，易产生相应的氧化物，对于最终检验前须将表面氧化物清理干净以防止检验发生偏差。

（8）检查。一般锻件要经过外观和硬度检查，重要锻件还要经过化学成分分析、机械性能、残余应力等检验和无损探伤。锻件成品检验见表3－1－5。

表3－1－5　锻件成品检验

检查项目	检验内容	检验依据	检查方法
表面质量	检查锻件表面缺陷（裂纹、折叠、折皱、压坑、橘皮、起泡、斑疤、腐蚀坑、碰伤、外来物、未充满、凹坑、缺肉、划痕等）	锻件图纸及技术条件	目测、探伤
几何尺寸与形位公差	内径、外径、高端尺寸等；椭圆度、壁厚差、端面平行度等	依图纸	
内部质量检查	高倍显微镜检查锻件内部或断口上组织状态和各种缺陷	按GB/T 13299—1991《钢的显微组织检验方法》	选取试样做金相显微检查，观察切片试样的组织状态和各种微观缺陷（内部裂纹，非金属夹渣等），必要时拍片进行金相分析

续表

检查项目	检验内容	检验依据	检查方法
内部质量检查	低倍显微镜检查锻件的内部及截面上各种缺陷（试样取容易出现缺陷的部位）	按 GB/T 226—1991《钢的低倍组织及缺陷酸蚀方法》 硫印检验按 GB/T 4236—1984《钢的硫印检验方法》	酸浸检验夹渣、裂纹等缺陷 断口检验过热、过烧、白点等缺陷。 硫印检验金属偏析、硫分布不均等缺陷
机械性能检验	硬度试验 拉伸试验 冲击试验		

1）表面质量检查。锻件在进行表面质量检查前，应先进行锻件的清理，清理方法包括滚筒清理、振动光饰、喷砂、抛丸清理和酸洗等。在进行表面质量检查时，应将锻件置于自然光下或在相应的灯光照射下通过目视检验零件的表面是否存在裂纹、结疤、折叠杂物等缺陷。

2）硬度检验。一般所指的硬度即指表面维氏硬度或洛氏硬度、布氏硬度、韦氏硬度、劭氏硬度、肖氏硬度等。

3）化学成分分析。当接到客户询单时便确认材料的化学成分含量，以便根据化学成分进行炼钢或向钢厂订相应的坯料。化学成分的检验一般在炼钢时便进行，不定时地进行 2 ~ 3 次取样，以检验是否达到所要求的化学成分比例；最终锻造出成品后，在保证取样不影响产品最终使用要求的前提下，先从产品上取样，再通过光谱仪进行检验。

4）相关机械性能检验。测定材料在一定环境条件下受力或能量作用时所表现出的特性的试验，又称材料力学性能试验。试验的内容主要是测量材料的强度（即指材料在外力作用下，抵抗变形和破坏的一种性能。常用的强度指标有屈服强度和抗拉强度，是零件设计选材的重要依据）、硬度、刚性（即指材料是否有弹性）、塑性（在外力作用下产生明显形变而不被破坏的特性）、韧性（一般是相对脆性而言）等。材料机械性能的测定与机械产品的设计计算、材料选择、工艺评价和材质的检验等有密切的关系。测出的机械性能数据不仅取决于材料本身，还与试验的条件有关。取样的部位和方向、试样的形状和尺寸、试验时的加力特点（包括加载速度、环境介质的成分和温度）等，都会影响试验的结果。为了保证试验结果的相对可比性，通常都制定出统一的标准试验方法，对试验条件一一做出规定，以便试验时遵守。

5）残余应力测试。残余应力即物体在没有外力的作用下保持物体内部结构（或内部分子结构）平衡的力。在机械制造过程当中，大多制程工艺均会造成残留的应力，但一般原因大多为不均匀的塑性变形。不均匀的温度以及不均匀的相变，不适当的残余应力可能降低疲劳强度，产生应力腐蚀（应力与腐蚀介质共同作用下引起的断裂现象），失去尺寸精度，甚至造成产品变形等。所以往往要求最终产品都进行应力的调整或者是应力的消除，通常采用的方法是进行回火处理，利用残余应力的热松弛效应来减小或者消除残余应力。通常检测应力的方法为 X 射线衍射法，超声法和磁性法。

6）无损探伤检验。即在不损坏工件或原材料工作状态的条件下，对被检验部件的表面或者内部进行质量检查。常用的探伤方法有 X 光射线探伤、超声波探伤、磁粉探伤、渗透探伤、涡流探伤、γ 射线探伤、荧光探伤、着色探伤等方法。

①磁粉探伤。当工件磁化时，若工件表面有缺陷存在，由于缺陷处的磁阻增大而产生漏磁，形成局部磁场，磁粉便在此处显示缺陷的形状和位置，从而判断缺陷的存在。

②超声波探伤。超声波在被检测材料中传播时，材料的声学特性和内部组织的变化对超声波的传播产生一定的影响，通过对超声波受影响程度和状况的探测了解材料性能和结构变化的技术称为超声检测，超声检测方法通常有穿透法、脉冲反射法、串列法等。

③着色探伤。着色（渗透）探伤的基本原理是利用毛细现象使渗透液渗入缺陷，经清洗使表面渗透液去除，而缺陷中的渗透残留，再利用显像剂的毛细管作用吸附出缺陷中残留渗透液而达到检验缺陷的目的。

④荧光探伤。利用荧光物质在紫外线照射下发光的性质，将荧光物质涂在零件表面上，借助荧光检验零件表面缺陷，荧光探伤可用于磁性和非磁性材料的检验，也可用于非金属材料的检验。

⑤X 光射线探伤。通过 X 射线穿透被检验的金属，其内部结构是否存在缺陷便被显现出来，从而分辨出其内部及表面结构是否完整，是否存在缺陷等。

4. 锻造工具

自由锻造的主要设备有锻锤和液压机。锻锤是以冲击力使坯料变形，设备规格以落下部分的重量来表示。锻锤分为空气锤和蒸汽－空气锤两种。空气锤的吨位较小，只有 0.5～10kN，用于锻 100kg 以下的锻件；蒸汽－空气锤的吨位较大，可达 10～50kN，可锻 1500kg 以下的锻件。液压机是以液体产生的静压力使坯料变形，设备规格以最大压力来表示。液压机分为油压机和水压机。水压机的压力大，可达 5000～15000kN，是锻造大型锻件的主要设备。

任务实施

一、工作场地准备

学校和企业导师应深入企业锻造车间和热处理车间做好任务实施设备、材料、工具、量具、劳保用品等的准备，落实好组织管理措施及安全技术措施等，确保锻造和热处理任务正常开展。

二、技术资料准备

1. 识读零件图

ZDY80 减速机齿轮轴零件图见图 3－3－3。

2. 识读 ZDY80 减速机齿轮轴热处理工艺过程卡

ZDY80 减速机齿轮轴热处理工艺过程见表 3－1－10～表 3－1－13。

三、齿轮轴坯锻造

1. 绘制锻件图

锻件图是根据零件图的基本图样，结合锻造工艺特点考虑余块、锻件余量和锻造公差等因素绘制而成。阶梯轴材料为 20CrMnMo，生产批量小，采取自由锻锻造轴坯。轴上的键槽等部分，采用自由锻方法很难成形这些部位，因此考虑到技术上的可行性和经济性，决定不锻出，并采用附加余块简化锻件外形，以利于锻造。锻造出轴坯后可以进一步进行切削加工，最后成形。

某阶梯轴锻件图如图 3－1－4 所示，根据零件图的尺寸规格，对照相关表格中所列的零件高度和直径范围，可以查出齿环锻件加工余量和公差。由 $L=203$，$\phi=46$，对照《金属成形工艺设计》相关表格中所列的零件总长为 0 ~ 315mm、最大直径为 0 ~ 50mm，可查得锻造精度为 F 级的锻件余量及公差为（7 ±2） mm。然后按查得的公差数值，可绘阶梯轴的锻件图。

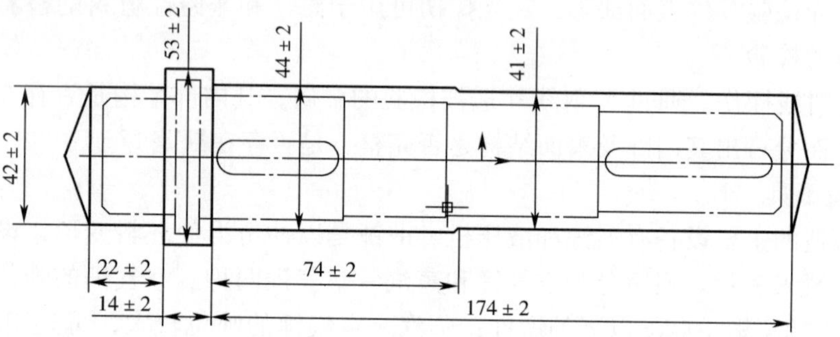

图 3－1－4　阶梯轴锻件图

2. 确定变形工艺

根据锻件形状、尺寸、技术要求等进行选择，并且先确定锻件成形所需的基本工序、辅助工序、修整工序，再选择所需的工具并确定工序顺序和工序尺寸等。

由于齿轮轴是形状较简单的轴杆类锻件，变形工艺简单，且材料为常用 20CrMnMo 钢，塑性较好、容易变形，因此其主要变形工艺一般为下料、拔长、镦粗、拔出锻件等，并按锻件图进行修整。

3. 计算坯料质量和尺寸

坯料质量包括锻件本身的质量、加热时氧化烧损、切头时的损失及冲孔时的心料损失等。

即：

$$M_{坯} = M_{锻} + M_{烧} + M_{心} + M_{切}$$

$M_{坯}$——坯料的重量；

$M_{锻}$——锻件的重量；

$M_{烧}$——加热时坯料表面氧化而烧损的质量；

$M_{心}$——冲孔心料损失的质量；

$M_{切}$——在锻造过程中修切端部产生的料头金属的质量。

计算锻件本身的质量：

$$M_{锻} = \rho V$$

式中：$M_{锻}$——锻件质量；

ρ——锻件材料的密度（kg/dm^3），取 $7.8kg/dm^3$；

V——锻件的体积（dm^3）。

$$M_{锻} = \pi/4\ (0.42^2 \times 0.22^2 + 0.53^2 \times 0.14 + 0.44^2 \times 0.7 + 0.41^2 \times 1)\ \times 7.8kg = 2.38kg$$

若将锻件置于煤气炉中加热，并一次锻成，烧损率按 $\delta = 2\%$ 计算，即：

$$M_{烧} = M_{锻} \times 2\% = 0.0476kg$$

因为没有冲孔，所以 $M_{心} = 0$。

截料损失按锻件质量的 4% 计算，即得：

$$M_{头} = M_{锻} \times 4\% = 0.0952kg$$

则坯料质量为 $M_{坯} = M_{锻} + M_{烧} + M_{心} + M_{切} = 2.38 + 0.0476 + 0.0952 = 2.57kg$

锻件以钢材为坯料，锻造比按1：3，可按锻件最大面积 $\phi = 53mm$，对照表所列热轧圆钢标准直径，选用 $\phi 63mm$ 的圆钢。再由 $m = V\rho$ 算出坯料体积为 $0.327dm^3$，再除以 $\phi 63mm$ 圆钢截面积，就可以得到坯料长度为 105mm。

4. 选定设备及规范

选定锻造设备的依据是锻件材料、尺寸和质量，同时还要适当考虑车间现有设备条件。若设备吨位太小，锻件内部锻不透，生产率也低，反而造成设备和动力的浪费，且操作不便也不安全，通常按经验类比法或查表法等确定。

由于坯料尺寸为 $\phi 63 \times 105mm$，坯料质量为 2.57kg，故根据《自由锻锤的锻造能力范围》查得设备应用 0.25t 的自由锻锤。

5. 确定锻造温度及规范

各类合金钢的锻造温度范围可以从表中查出，基本的原则是确保钢在锻造温度范围内具有良好的塑性和较低的变形抗力，能够锻造出优质锻件，且较宽的锻造温度范围和较少的加热次数，可以提高生产率。

阶梯轴材料 20CrMnMo 属于合金结构钢，查表可知始锻温度为 1200℃，终锻温度为 800℃。根据 20CrMnMo 钢的塑形、强度、导热及膨胀系数、组织特点、加热变化、断面尺寸、导热性能和直径等因素，可以确定采用火焰炉一段式加热。

6. 确定冷却方法及规范

中小型碳钢和低合金钢锻后均采取冷却速度较快的空冷方法。阶梯轴锻件是中小型低合金结构钢，可以采取空冷的冷却方式。

该齿轮轴锻造工艺见表 3－1－6 和表 3－1－7，ZDY80 减速机齿轮轴锻造工艺过程由读者参考表 3－1－7 自行完成，考虑到齿轮轴直径相差不大，也可直接锻造成圆柱形，再进行切削加工。

四、齿轮毛坯的锻造

齿轮毛坯锻造工艺流程见表 3－1－8。

表 3－1－6　　　　　　　　　　齿轮轴锻造工艺过程

齿轮轴锻造工艺过程卡	产品型号	××××	零件图号		共 1 页
	产品名称	减速机	零件名称	齿轮轴	第 1 页

锻件图

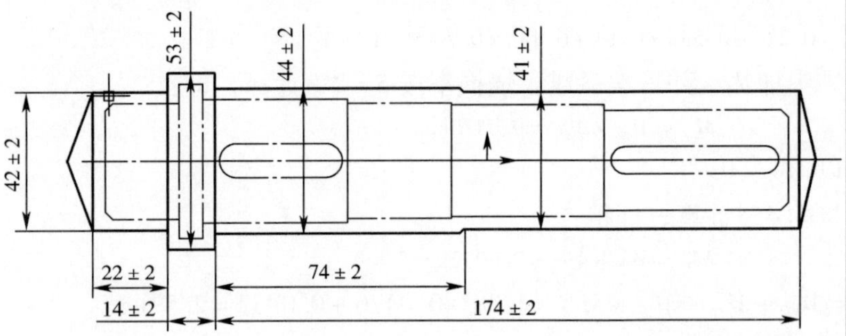

材料牌号	20CrMnMo
材料规格	棒料
坯料质量/kg	2.57
坯料可锻件数	1
锻件质量/kg	2.38
加热方式	中频加热
锻造火次	2
班产量/件	3
锻件热处理	调质处理

工序号	工序名称	使用设备	使用工装	始锻温度	终锻温度	冷却方式	锻造工时	备注
1	下料	带锯	无					
2	加热	220kW 缝隙式中频加热炉	无	1200	800			
3	预锻	0.25t 自由锻锤	阶梯轴预锻模					
4	终锻	0.25t 自由锻锤	阶梯轴终锻模					
5	切边	0.25t 自由锻锤	阶梯轴切边模					冷切
6	检验	游标卡尺						
7	入库							
标记	处数	更改文件号	签字		设计		日期	

表 3－1－7　　　　　　　　　　齿轮轴锻造过程表

锻件名称	齿轮轴
锻件材料	20CrMnMo
坯料质量	2.57kg
坯料尺寸	$\phi 63 \times 105$mm
锻造设备	0.25t 自由锻锤

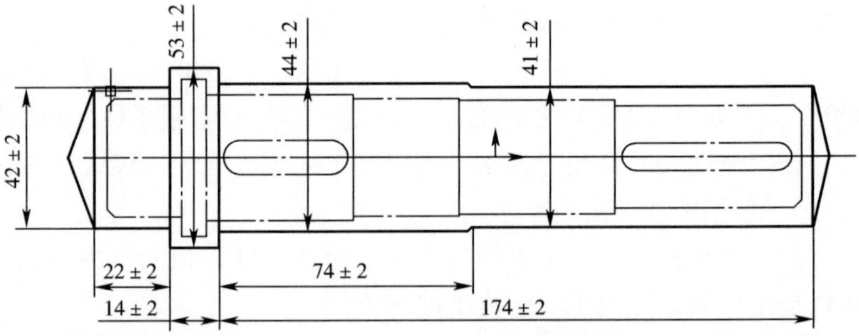

火次	序号	操作工序	工序简图	设备	工具	备注
1	1	下料	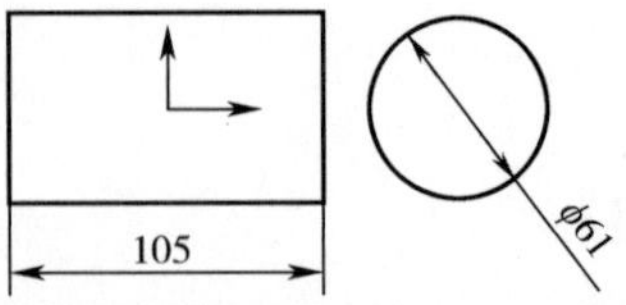	切割机，电锯或乙炔气焰切割		坯料质量与尺寸可由锻件图算出

续表

火次	序号	操作工序	工序简图	设备	工具	备注
1	2	整体拔长	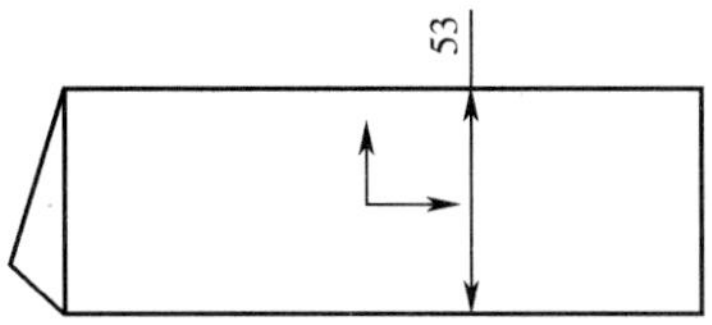	0.25t 自由锻锤		
	3	压肩拔长，切去余料	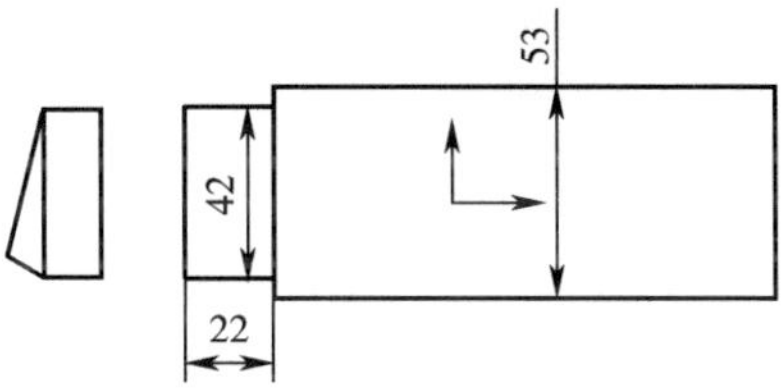	0.25t 自由锻锤		
2	4	右边压肩并拔长	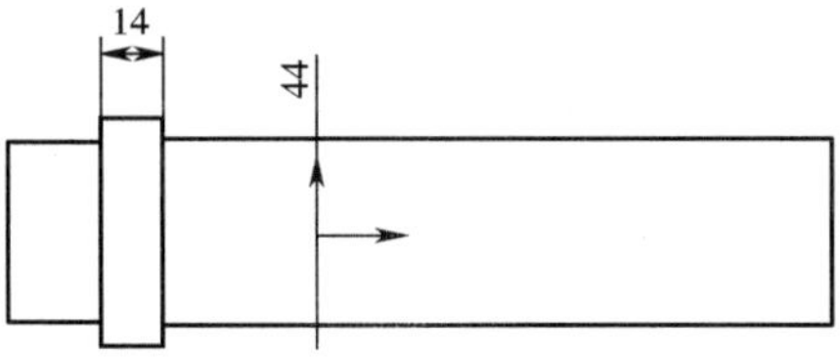	0.25t 自由锻锤		
	5	端部拔长并切料头	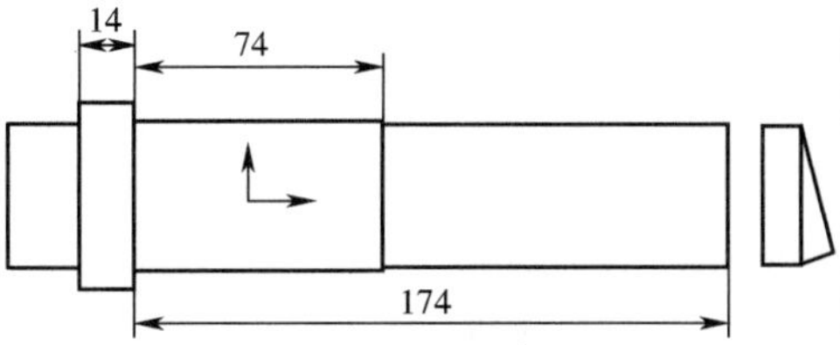	0.25t 自由锻锤		
	6	修整	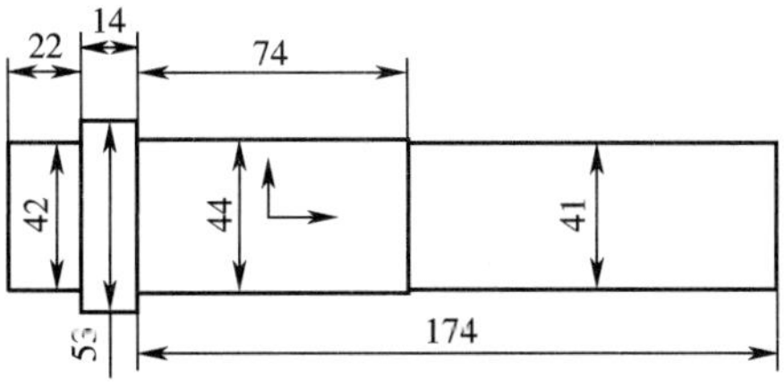			按锻件图进行修整
编制			审核		批准	

表 3-1-8　　齿轮毛坯锻造工艺流程

锻件名称		齿轮	（锻件图自行画出）
锻件材料		20CrMnMo	
坯料质量		18.7kg	
坯料尺寸		ϕ120mm×210mm	
锻造设备		0.5t 自由锻锤	
火次	操作工序	工序简图	备注
1	下料		坯料质量与尺寸可由锻件图算出，为 ϕ120mm×210mm
	加热		
	取料		
	镦粗	 	

续表

火次	操作工序	工序简图	备注
2	冲孔	 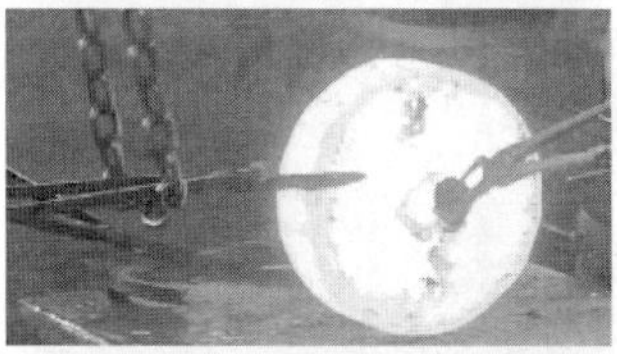 	注意冲子 $d_{冲}$ 尺寸
	冲头扩孔		必要时扩孔
	测量		钢直尺
	修整		按锻件图进行修整

续表

火次	操作工序	工序简图	备注
2	冷却	 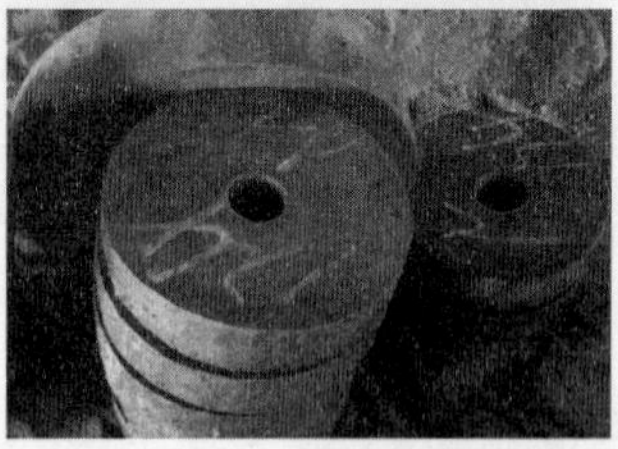	使用黄沙

五、热处理设备准备

表 3-1-9　　使用设备情况一览表

序号	设备名称	规格型号	单位	数量	设备图片	备注（作用）
1	正火炉	RJ2-60-9	台	1		
2	井式气体渗碳炉	RQ3-75-9D	台	1		渗碳
3	淬火加热炉	RJ-180-9 全纤维中温台车炉	台	1		淬火
4	回火炉	RJ2-120-6 井式回火炉	台	1		回火
5	监控记录仪		个	1		监控记录
6	淬火槽		个	3		2 个淬火时用，1 个备用
7	温度计		个	1		测温
8	硬度计	台式洛氏	台	1		测硬度
9	硬度计	便携式里氏	台	1		测硬度

六、齿轮轴的热处理方法

ZDY80 型减速机齿轮轴是材料为 20CrMnMo 的结构尺寸不太大的普通轴类零件，其主要技术要求为淬火低温回火后具有良好的综合力学性能和低温冲击韧度。渗碳淬火后具有较高的抗弯强度和耐磨性能，齿部有效硬化层深度为 0.2～0.4mm，齿面硬度为

HRC58～62，心部硬度为 HRC30～42。其热处理如下：

20CrMnMo 钢制成的齿轮轴热处理工艺流程：正火－渗碳－淬火－低温回火。

1. 正火

（1）正火的目的。

1）正火可以细化晶粒，使组织均匀化。

2）消除切削加工后的组织硬化现象和去除内应力。

3）消除共析钢中的网状硬化物，为热处理做好组织准备。

（2）加热温度。加热温度为（930±10）℃。因为 20CrMnMo 是亚共析钢，钢中含有碳化物形成元素。为使合金中难溶的特殊碳化物溶入奥氏体中，使奥氏体合金化程度增高，正火的加热温度为 A_{C_3} 以上 30～50℃，20CrMnMo 的含碳量为 0.20%，A_{C_3} 为 890℃，所以将钢件的加热温度确定为 930℃。

（3）加热方式。采用到温加热的方法，是指当炉温加热到指定的温度时，再将工件装进热处理炉进行加热，原因是加热速度过快，节约时间。齿轮轴正火工艺卡如表 3－1－10 所示。

表 3－1－10　齿轮轴正火工艺卡

热处理工艺卡	零件名称	齿轮轴	材料	20CrMnMo

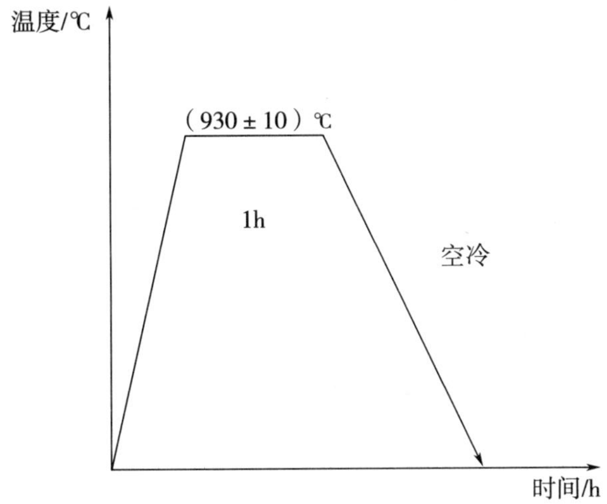

热处理类型	正火	热处理硬度		工艺设计	
加热温度	930℃	加热速度℃/h		审核	
保温时间	1h	冷却速度℃/h		日期	

2. 渗碳过程

（1）保温时间。采用的渗碳介质是煤油，并且渗碳保温时间是 5h。

公式为：$\delta = K\sqrt{t}$。式中 δ（mm）：渗碳层深度；K：与渗碳温度有关的系数。

（2）冷却方法。空冷。

（3）渗碳后的组织。表面为碳化物 + 珠光体，心部为珠光体。

（4）渗碳后的组织性能分析。降低渗碳温度，具有节能降耗、减小工件变形、减小材料晶粒粗化倾向、细化组织等优点，渗碳层硬度梯度趋于平缓。齿轮轴渗碳工艺卡见表 3－1－11。

表 3－1－11　　　　齿轮轴渗碳工艺卡

热处理工艺卡	零件名称	齿轮轴	材料	20CrMnMo

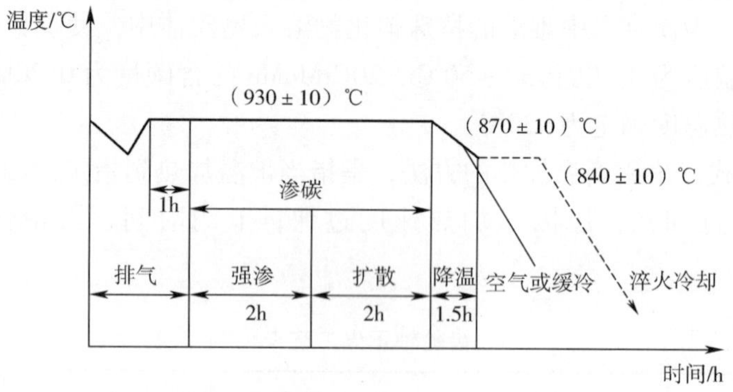

热处理类型	渗碳	热处理硬度		工艺设计	
加热温度	(930 ± 10)℃	加热速度℃/h		审核	
保温时间	5h	冷却速度℃/h		日期	

3. 淬火

（1）淬火的目的。提高硬度和耐磨性，如刃具、量具、模具等；提高强韧性，提高耐腐蚀性和耐热性。

（2）淬火事项。

1）淬火温度。(840 ± 10)℃，依据亚共析钢加热温度选用 A_{C_3} + （30～50℃），这样既能保证充分奥氏体化，又保持奥氏体晶粒细小。

2）保温时间。淬火加热时间包括升温和保温时间两个时间段，升温时间包括相变重结晶时间，保温时间实际上只考虑碳化物溶解和奥氏体成分均匀化所需要的时间。

$$t = \alpha KD$$

式中：t——保温时间（min）；

α——钢在不同介质中加热时的保温系数（min/mm）；

K——零件装炉调整系数；

D——零件有效厚度。

（3）淬火后组织。表面是高碳马氏体 + 碳化物 + 残余奥氏体；心部是低碳马氏体 + 残余奥氏体。

（4）淬火过程中组织转变分析。正常加热冷却：工件加热到 860℃后珠光体转变为奥氏体，保温时组织不变，晶粒细化，出炉油冷到室温可以获得马氏体和少量残余奥氏体，具有很高的耐磨性和硬度。齿轮轴淬火工艺卡见表 3－1－12。

表 3－1－12　　齿轮轴淬火工艺卡

热处理工艺卡	零件名称	齿轮轴	材料	20CrMnMo

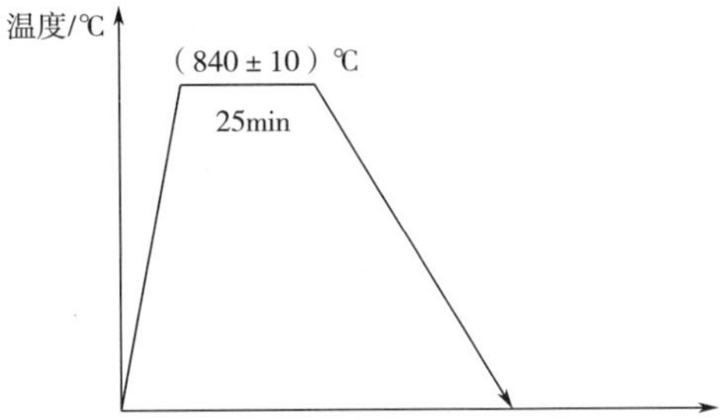

热处理类型	淬火	热处理硬度		工艺设计	
加热温度	(840±10)℃	加热速度℃/h		审核	
保温时间	25min	冷却速度℃/h		日期	

4. 低温回火

(1) 回火的目的。回火是将淬火后的零件加热到 A_{C_1} 以下的某一温度，保温一定时间后，以适当的形式冷却到室温的热处理工艺。回火的主要目的是使零件有高的硬度和耐磨性，消除了淬火应力与脆性，改善了零件淬火后的韧性及组织稳定性。并且，降低或消除淬火引起的残余应力。由于淬火马氏体和残余奥氏体都是不稳定组织，在工件中会发生分解，从而导致工件的尺寸不精确。某些碳含量较高的钢制大型零件或复杂零件甚至淬火后在等待回火的期间就发生突然爆裂。所以说，淬火零件不经回火就投入使用是危险的也是不允许的。

渗碳和碳氮共渗淬火后的零件，一般要进行低温回火处理。低温回火时，马氏体发生分解，得到回火马氏体，淬火内应力得到部分消除，淬火时产生的微裂纹也大部分得到愈合，因此低温回火也可以在很少降低硬度的同时使钢的韧性明显提高。齿轮轴低温回火工艺卡见表 3－1－13。

表 3－1－13　　齿轮轴低温回火工艺卡

热处理工艺卡	零件名称	齿轮轴	材料	20CrMnMo

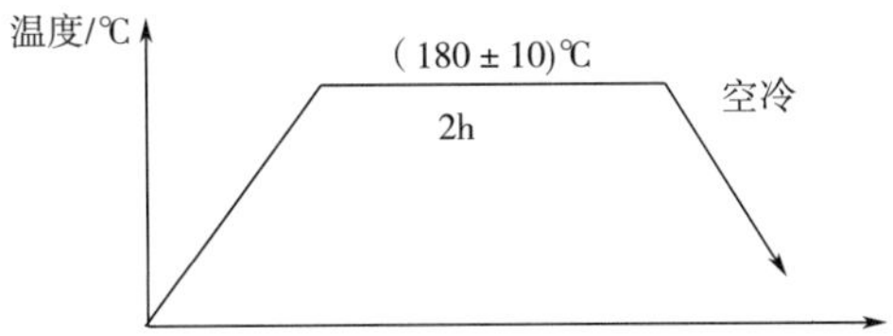

热处理类型	低温回火	热处理硬度		工艺设计	
加热温度	(180±10)℃	加热速度℃/h		审核	
保温时间	2h	冷却速度℃/h		日期	

（2）回火加热。回火温度选择（180±10）℃。

依据：在低温回火时马氏体发生分解，析出碳化物成为马氏体，淬火内应力得到部分消除，淬火时产生的微裂纹也大部分得到愈合，因此低温回火也可以在很少降低硬度的同时使钢的韧性明显提高。

（3）加热介质。空气。

（4）保温时间。确定回火保温时间一般的做法是根据工件的截面厚度而定，一般每25mm厚度保温1～2h，温度高可酌情缩短。回火的保温时间一般为1～3h。

（5）冷却方式。出炉空冷。

任务评价

齿轮和齿轮轴的常用材料与热处理工作任务实施评价见表3－1－14。

表3－1－14　　工作任务实施评价表

班级		学号	姓名	学校导师		企业导师		
评价项目	评价标准	评价细则	配分	评价方式				得分
				自评	互评	学校导师评价	企业导师评价	
				20%	20%	30%	30%	
专业能力	1. 能绘制ZDY80减速机齿轮和齿轮轴锻件图	每出现一处错误扣2分	60					
	2. 能制定齿轮和齿轮轴的锻造工艺	锻造工艺制定，每错一处扣2分						
	3. 能对齿轮和齿轮轴的锻造质量进行检测	每错检或漏检一处扣2分						
	4. 能识读ZDY80减速机齿轮和齿轮轴热处理工艺过程卡	热处理工艺过程不正确，每次扣10分						
	5. 能根据工艺文件确定热处理所需设备	设备选择每出现一次错误扣2分						
	6. 能对ZDY80减速机齿轮和齿轮轴进行热处理	热处理操作不当，每次扣5分						
方法能力	1. 会制定项目实施文件	实施文件每缺少一项扣2分	20					
	2. 能规范穿戴劳保用品，仪容仪表整洁	（1）劳保用品穿戴不规范扣5分 （2）仪容仪表不整洁扣5分						

续表

班级		学号	姓名		学校导师		企业导师	
评价项目	评价标准	评价细则	配分	评价方式				得分
				自评	互评	学校导师评价	企业导师评价	
				20%	20%	30%	30%	
方法能力	3. 能掌握新知识、新方法、新设备、新工艺	对新知识、新方法、新设备、新工艺缺乏了解，视情节酌情扣 5 ~ 10 分	20					
	4. 具有分析解决实际问题的能力和一定的创新精神和创造能力	分析问题不透彻，解决问题不到位，缺乏自己独到的见解，视情节酌情扣 5 ~ 10 分						
	5. 学会自主学习，根据所学举一反三	对提出优化方案的同学酌情加分						
社会能力	1. 严格遵守工作场所管理制度，认真执行 7S 管理	违反工作场所管理制度或任务结束未执行 7S 管理，每次视情节酌情扣 5 ~ 10 分	20					
	2. 具有一定的沟通协调和团队协作能力	未体现沟通协调和团队协作精神扣 3 分						
	3. 具有安全文明生产意识	准备过程中违反安全生产规程，视情节轻重酌情扣 10 ~ 20 分，出现人身、设备、工量具损坏等严重事故者，本次考核以零分计						
日期	年　月　日	导师签名					合计	

知识拓展

锻件常见缺陷

锻件常见缺陷包括下料时产生的缺陷、加热及热处理时产生的缺陷及锻造过程中产生的缺陷，见表 3 – 1 – 15。

表 3-1-15　　锻件常见缺陷

缺陷类别		产生原因
下料时产生的缺陷	下料切除	剪床上下刀口间隙调整不当；材料装夹不当；锯床使用锯片变形；下料时进刀太快
	端部弯曲	剪床上下刀口间隙过大；压紧力不够；剪切温度过高
	端面裂纹	剪切温度过低；刀片刃口半径过大
	端面毛刺	剪床上下刀口间隙过小，锯床下料时锯片磨损被撕裂
加热及热处理时产生的缺陷	过热	加热时温度高；高温区停留时间长
	过烧	加热时炉温过高；在高温区停留时间过长，锻造时会产生裂纹
	氧化	炉中有氧化气体；在高温区停留时间过长
	脱碳	加热时间太长，含碳量高的材料可用快速加热；与炉中气体成分有关
	裂纹	加热速度过快；大截面毛坯未先预热；毛坯中有残余应力
	凹穴	加热不当；毛坯表面氧化皮厚，未清除；炉膛清理不干净
锻造时产生的缺陷	未充满（凸起部分、圆角半径、筋部）	加热温度不够，塑性差；锻造设备吨位小；锻件设计有缺陷；模具内腔粗糙度差
	错移	锤头与导轨之间的间隙过大；锤杆弯曲变形；锻模设计有缺陷；模具调整不当或模具松动；毛坯尺寸及形状超差
	弯曲变形	长锻件起模时产生弯曲及薄小锻件易变形；切边或冲孔时易产生弯曲变形；冷却时放置不当，热态锻件随便抛掷
	切伤	锻模与切边模配合不当；切边时锻件未放正；操作不当
	毛刺	切边模与锻模配合不当；切边模间隙不合理；切边模磨损
	折叠	锻模设计不合理；毛坯尺寸大；模具产生错移；操作不当
	裂纹	毛坯质量差；加热不规范；温度低时继续锤击
	尺寸超差	锻模磨损；锻件冷却收缩考虑不当；模具制造超差；温度过高，氧化皮厚
	偏斜偏心	锻造工艺或操作不当；加热不均匀

巩固提高

一、填空题

1. 常用的齿轮材料主要有__________、__________、__________、铸铁和非金属材料等。

2. 齿轮轴的芯部要求有一定的__________和__________，有较高的疲劳极限和抗多次冲击能力。表面还应具有一定的__________和__________。

3. 低速重载的齿轮易产生齿面塑性变形，轮齿也易折断，宜选用__________较好的钢材。高速齿轮易产生齿面点蚀，宜选用__________高的材料。受冲击载荷的齿轮，宜选用__________好的材料。对高速、轻载而又要求低噪声的齿轮传动，可采用＿＿＿＿＿＿。

4. 轴类零件在毛坯锻造后安排正火处理，达到消除＿＿＿＿＿＿，改善＿＿＿＿＿＿的目的；粗加工后安排＿＿＿＿＿＿处理，以提高零件的＿＿＿＿＿＿性能。

5. 根据成形方式不同，锻造可分为＿＿＿＿＿＿和＿＿＿＿＿＿两大类，而后者又可分为＿＿＿＿＿＿和＿＿＿＿＿＿两类，其中适合于小批量且形状复杂锻件制造的是＿＿＿＿＿＿。

6. 自由锻常用的设备有＿＿＿＿＿＿和＿＿＿＿＿＿，分别用＿＿＿＿＿＿＿＿＿和＿＿＿＿＿＿表示其吨位。

二、选择题

1. 锻造毛坯在加工前一般安排的热处理是（　　）。

A. 回火　　B. 时效　　C. 表面淬火　　D. 正火

2. 轴类零件毛坯锻造之后安排＿＿＿＿＿＿热处理。（　　）

A. 正火　　B. 回火　　C. 淬火　　D. 调质

3. 自由锻造时，使坯料横截面减小而长度增加的工序为（　　）。

A. 镦粗　　B. 拔长　　C. 弯曲　　D. 扭转

4. 下列选项中不属锻造优点的是（　　）。

A. 锻造内外形状复杂的工件　　B. 适应性范围广

C. 能提高金属的力学性能　　D. 改善内部组织

5. 空气锤适用于＿＿＿＿＿＿锻制锻件。（　　）

A. 大型　　B. 特大型　　C. 中小型　　D. 都可以

6. 用15钢制造的齿轮，要求齿轮表面硬度高而芯部具有良好的韧性，应采用＿＿＿＿＿＿热处理。若改用45钢制造这一齿轮，则采用＿＿＿＿＿＿热处理。（　　）

A. 淬火＋低温回火　　B. 表面淬火＋低温回火

C. 渗碳＋淬火＋低温回火　　D. 淬火＋高温回火

三、简答题

1. 用45钢的锻件毛坯制造车床的主轴，生产过程中，主轴的加工工艺路线如下：

备料—锻造—热处理1—机械粗加工—热处理2—机械半精加工—热处理3—精加工。

试回答下列问题：

（1）热处理1是＿＿＿＿＿＿，其目的是为了消除毛坯的＿＿＿＿＿＿，降低＿＿＿＿＿＿，改善＿＿＿＿＿＿，同时＿＿＿＿＿＿组织，＿＿＿＿＿＿晶粒，为以后的热处理作准备。

（2）热处理2是＿＿＿＿＿＿，主要是使主轴＿＿＿＿＿＿，得到的组织为＿＿＿＿＿＿。

（3）热处理3是＿＿＿＿＿＿＿＿＿＿。

2. 坯料在自由锻过程中，因各种原因会产生不同缺陷，试回答下列问题。

（1）自由锻的常见缺陷包括裂纹、＿＿＿＿＿＿、＿＿＿＿＿＿、＿＿＿＿＿＿等。

（2）因＿＿＿＿＿＿、＿＿＿＿＿＿、＿＿＿＿＿＿、和＿＿＿＿＿＿等原因会使锻件产生裂纹。

（3）坯料锻造时坯料内部＿＿＿＿＿＿透或坯料整个截面＿＿＿＿＿＿透，变形只产生在坯料表面，造成锻件产生＿＿＿＿＿＿或＿＿＿＿＿＿缺陷。

任务二 齿轮的加工与检测

任务描述

该项目根据企业工作流程完成ZDY80减速器输出轴齿轮的加工与质量检测，让学生在完成任务的过程中，学习齿轮机械加工、热处理基本知识和基本技能，体验企业工作过程，感知企业文化，培养综合职业能力。

任务目标

1. 能制定项目实施文件。
2. 能识读ZDY80减速器齿轮零件图。
3. 能分析制定ZDY80减速机齿轮机械加工工艺过程卡。
4. 能根据工艺文件准备齿轮加工所需零部件、设备、工具、量具、辅助材料等。
5. 能在车床、拉床、滚齿机和磨齿机上合理安装齿轮工件，选择合适刀具和切削用量。
6. 会正确、安全、规范地进行齿轮的车削、拉削、滚削和磨削加工。
7. 会选用适当量具、量仪对齿轮线性尺寸精度、形位公差、表面质量和硬度等进行检测。
8. 能进行“7S”管理。

知识链接

一、齿轮传动基本知识

齿轮传动是现代机械中应用最广的一种机械传动形式，在工程机械、矿山机械、冶金机械、各种机床及仪器、仪表工业中被广泛地用来传递运动和动力。齿轮传动除传递回转运动外，也可以用来把回转运动转变为直线往复运动（如齿轮齿条传动）。齿轮是机械传动装置中的重要组成部分，主要传递力矩，承受弯曲和冲击等载荷。与摩擦轮传动、带传动和链传动等比较，齿轮传动具有如下特点。

1. 齿轮传动的特点

（1）能保证瞬时传动比的恒定，传动平稳性好，传递运动准确可靠，能传递任意夹角两轴间的运动。

（2）传递的功率和速度范围大。传递的功率小至低于1W（如仪表中的齿轮传动），大至5×10^4kW（如涡轮发动机的减速机），甚至高达1×10^5kW；其传动时圆周速度可达300m/s。

（3）传动效率高，一般传动效率 $\eta = 94\% \sim 99\%$。

（4）结构紧凑，工作可靠，寿命长。设计正确、制造精良、润滑维护良好的齿轮传动，可使用数年乃至数十年。

（5）制造、安装精度要求较高，工作时有噪声，无过载保护功能。

（6）齿轮的齿数为整数，能获得的传动比受到一定的限制，不能实现无级变速。

（7）中心距过大时将导致齿轮传动机构结构庞大、笨重，因此，不适宜中心距较大的场合。

2. 齿轮传动的基本要求

为了确保传动系统的寿命和运转稳定性，从传递运动和动力两个角度来考虑，齿轮传动应满足传动平稳和承载能力大两个基本要求。在齿轮传动过程中，应保证瞬时传动比恒定不变，以保持传动的平稳性，避免或减小传动中的冲击、振动和噪声。同时要求齿轮的结构尺寸小、体积小、质量轻，而承受载荷的能力强，即强度高，耐磨性好，寿命长。

3. 齿轮传动的分类

齿轮传动的分类见表 3－2－1。

表 3－2－1　齿轮传动的分类

序号	分类方法	类型		图例
1	按两齿轮轴线的相对位置及轮齿的形状	平行轴齿轮传动	直齿圆柱齿轮传动	
			斜齿圆柱齿轮传动	
			人字齿圆柱齿轮传动	
		相交轴齿轮传动	直齿圆锥齿轮传动	
			斜齿圆锥齿轮传动	

续表

序号	分类方法	类型		图例
1	按两齿轮轴线的相对位置及轮齿的形状	相交轴齿轮传动	曲齿圆锥齿轮传动	
		交错轴齿轮传动	交错轴斜齿圆柱齿轮传动	
			蜗轮蜗杆传动	
2	按齿轮啮合方式	外啮合齿轮传动		
		内啮合齿轮传动		
		齿轮齿条啮合		
3	按齿轮传动工作条件	闭式齿轮传动		
		开式齿轮传动		
		半开式齿轮传动		

续表

序号	分类方法	类型	图例
4	按齿轮圆周速度高低	极低速齿轮传动	$v \leqslant 0.5m/s$
		低速齿轮传动	0.5～3m/s
		中速齿轮传动	3～15m/s
		高速齿轮传动	$v \geqslant 15m/s$
5	按齿轮齿廓曲线的形状	渐开线齿轮传动	
		摆线齿轮传动	
		圆弧齿轮传动	
6	按齿面硬度分	软齿面齿轮	HBS≤350，或 HRC≤38
		硬齿面齿轮	HBS>350，或 HRC≥38

4. 直齿圆柱齿轮的各部分名称及基本尺寸

标准直齿圆柱齿轮几何尺寸，见表3－2－2。

表3－2－2　　标准直齿圆柱齿轮几何尺寸的计算公式

序号	名称	代号	计算公式
1	模数	m	根据齿轮强度计算和结构需要确定且符合规定
2	压力角	α	$\alpha = 20°$
3	分度圆直径	d	$d = mz$
4	齿顶高	h_a	正常齿：$h_a = m$，短齿：$h_a = 0.8m$
5	齿根高	h_f	正常齿：$h_f = 1.25m$，短齿：$h_f = 1.1m$
6	全齿高	h	正常齿：$h = 2.25m$，短齿：$h = 1.9m$
7	径向间隙	c	正常齿：$c = 0.25m$，短齿：$c = 0.3m$
8	齿顶圆直径	d_a	$d_a = d + 2h_a = m(z+2)$
9	齿根圆直径	d_f	$d_f = d - 2h_f = m(z-2.5)$
10	基圆直径	d_b	$d_b = d\cos\alpha$

续表

序号	名称	代号	计算公式
11	周节	p	$p=\pi m$
12	齿厚	s	$s=0.5\pi m$
13	齿宽	b	$b=(6\sim12)\ m$
14	标准中心距	a	$a=0.5\ (d_1+d_2)\ =0.5m\ (z_1+z_2)$

二、齿轮常用加工方法

齿轮加工的关键是齿面加工，其次是内孔和端面的加工。按照齿轮加工原理，可分为成形法和展成法两大类。成形法是采用与被切齿轮齿槽形状完全相符的成形刀具切出齿形的方法，如铣齿、成形法磨齿等。展成法是利用一对齿轮无侧隙啮合时两轮的齿廓互为包络线的原理加工齿轮，如滚齿、插齿、剃齿等。

1. 铣齿

铣齿属成形法加工齿轮，刀刃形状与齿轮齿槽形状一致，可用一把刀加工模数相同直径不同的多种齿轮。

（1）加工原理。加工时将齿坯套在心轴上安装于分度头和尾架顶尖中，刀具沿齿轮的齿槽方向进给，一个齿槽铣完，被加工齿轮分度后，再铣第二个齿槽，齿轮的齿节距由分度控制，如图 3－2－1 所示。由于齿轮的齿槽形状与齿轮的齿数、修正量，甚至齿厚公差有关，成形法铣齿难于实现刀具齿形与被加工齿轮齿槽都相同，实际上铣齿大都是近似齿形。

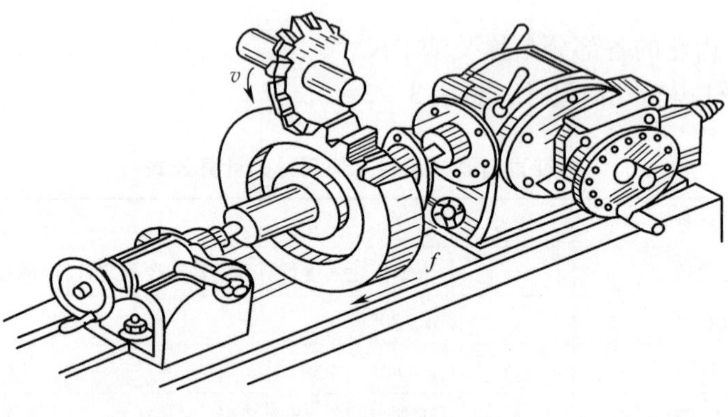

图 3－2－1　铣齿机加工图

（2）铣刀的选择。加工时，应选择与被加工齿轮模数、压力角相等的铣刀，同时按齿轮齿数根据表 3－2－3 选择合适号数的铣刀。加工模数较小的齿轮时，用盘状铣刀；模数较大时，用指状铣刀，如图 3－2－2 所示。

表 3-2-3　铣刀的选择

刀号	1	2	3	4	5	6	7	8
加工齿数范围	12~13	14~16	17~20	21~25	26~34	35~54	55~134	135 以上及齿条

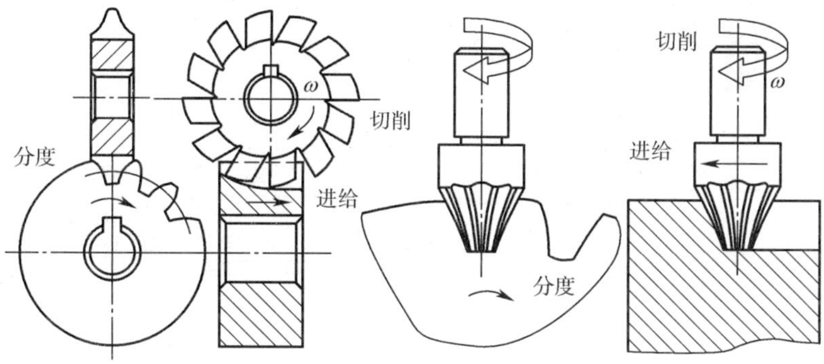

图 3-2-2　铣齿示意图

（3）铣齿的工艺特点。

①成本较低。齿轮铣刀结构简单，在普通的铣床上即可完成铣齿工作，铣齿的设备和刀具的成本较低。

②生产率低。铣齿过程不是连续的，每铣一个齿，都要重复消耗切入、切出、退刀和分度的时间。

③加工精度低。只能获得近似的齿形，产生齿形误差；另外铣床所用分度头是通用附件，分度精度不高。加工精度为 9 级或 9 级以下，齿面粗糙度值 Ra 为 6.3~3.2μm。

（4）铣齿适应范围。适用于单件小批生产或维修工作中加工精度不高的低速齿轮。

2. 滚齿

滚齿加工是用滚齿刀在滚齿机上加工齿轮的方法。齿轮加工精度为 8~7 级，齿面粗糙度 Ra 值为 1.6μm。在滚齿机上用蜗轮滚刀、链轮滚刀还能滚切蜗轮和链轮。

（1）常用滚齿机械。Y3150E 型滚齿机如图 3-2-3 所示，主要用于滚切直齿圆柱齿轮、斜齿圆柱齿轮、花键轴和用手动径向进给法滚切蜗轮。其由床身 1、立柱 2、刀架溜板 3、滚刀架 5、后立柱 8 和工作台 9 组成。

滚齿时齿廓的成形方法是展成法，成形运动是滚刀旋转运动和工件旋转运动组成的复合运动（$B_{11}+B_{12}$），这个复合运动称为展成运动。当滚刀与工件连续啮合转动时，便在工件整个圆周上依次切出所有齿槽。在这一过程中，齿面的形成与齿轮分度是同时进行的，因而展成运动也就是分度运动。再加上滚刀沿工件轴线垂直方向的进给运动，就可切出整个齿长。

在滚齿机上加工直齿圆柱齿轮必须具备两个运动，即形成渐开线齿廓的展成运动和形成直线齿面（导线）的运动。

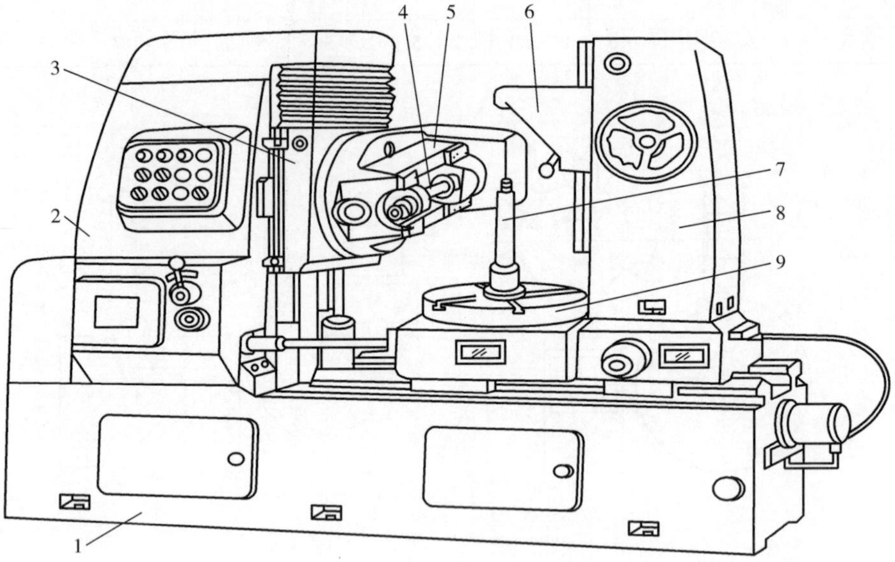

图 3－2－3　Y3150E 型滚齿机外形图

1—床身　2—立柱　3—刀架溜板　4—刀杆　5—滚刀架　6—支架　7—工件心轴　8—后立柱　9—工作台

滚切直齿圆柱齿轮时滚刀的旋转是主运动。运动源与滚刀相联系的外传动链称为主运动传动链。主运动传动链是联系动力源和滚刀主轴的传动链。主运动传动链为电动机—1—2—u_v—3—4—滚刀。这是一条外联系传动链，其中 u_v 是换置机构，用以改变滚刀的转速。滚切直齿圆柱齿轮传动原理如图 3－2－4 所示。

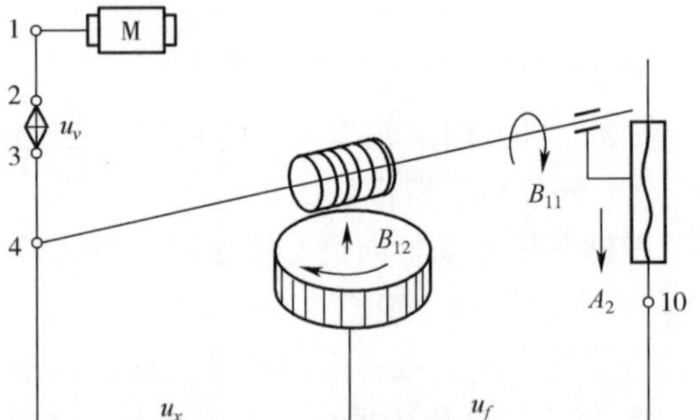

图 3－2－4　滚切直齿圆柱齿轮的传动原理图

滚切直齿圆柱齿轮时展成运动。联系滚刀主轴的旋转运动 B_{11} 和工件旋转运动 B_{12} 的传动链为展成运动传动链，展成运动传动链为滚刀（B_{11}）—4—5—u_x—6—7—工作台（B_{12}）。由此传动链保证工件和刀具之间严格的运动关系，其中 u_x 是换置机构，用于适应工件齿数和滚刀头数的变化。这是一条内联系传动链，它不仅要求传动比准确，而且要求滚刀和工件两者旋转方向必须符合一对交错轴螺旋齿轮啮合时相对运动方向。当滚刀旋转方向一定时，工作台的旋转方向与滚刀螺旋角的旋向有关，在该传动链中，设有工作台变向机构。

滚切直齿圆柱齿轮时垂直进给运动。为了切出整个齿宽，滚刀在自身旋转的同时，必须沿工件轴线作直线进给运动 A_2，轴向的直线运动是维持切削得以连续的运动，滚刀的垂直进给运动是由滚刀刀架沿立柱导轨移动实现的。将工作台和刀架联系起来的垂直进给运动传动链为工件—7—8—u_f—9—10—刀架升降丝杠（外），传动链中的换置机构 u_f 用于调整轴向进给量的大小和方向，以适应不同加工表面粗糙度的要求。由于刀架的垂直进给运动是简单运动，所以，这条传动链是外联系传动链。通常以工作台（工件）每转一转，刀架的位移来表示垂直进给量的大小。

滚切斜齿圆柱齿轮时所需运动如图 3－2－5 所示，传动原理如图 3－2－6 所示。切削运动为滚刀的旋转运动，即主运动 B_{11}，传动链（结构式）为电机—1—2—u_v—3—4—滚刀。

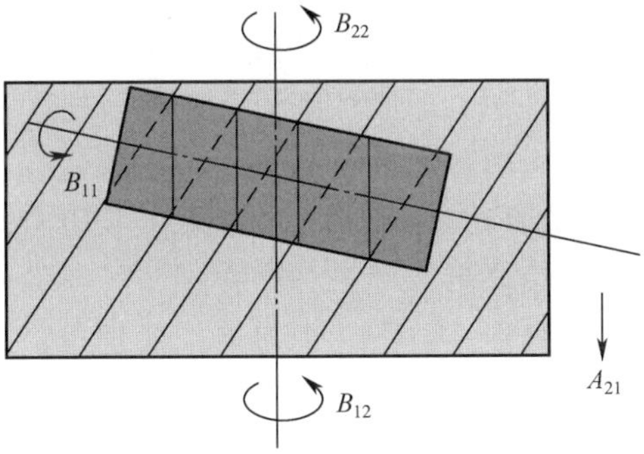

图 3－2－5　滚切斜齿轮所需运动

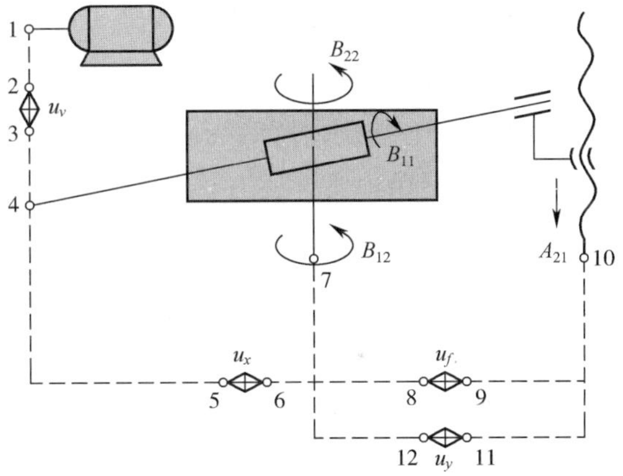

图 3－2－6　滚切斜齿轮的传动原理图

滚切斜齿圆柱齿轮时，展成运动由滚刀旋转运动 B_{11} 和齿坯工件旋转运动 B_{12} 共同实现。分齿运动即齿坯工件的旋转运动（B_{12}），其运动的速度必须与滚刀的旋转速度保持啮合关系。内传动链为滚刀—4—5—u_x—6—7—齿坯。对于单线滚刀，当滚刀每转 1 转时，被切齿坯需转过一个齿的相应角度，即 $1/Z$ 转（Z 为被加工齿轮的齿数），如图 3－2－7 所示。

滚切斜齿圆柱齿轮时，螺旋进给运动为滚刀的直线移动 A_{21} 和工件的附加转动 B_{22}。直线移动 A_{21}（外）传动链（结构式）为齿坯 B_{12}—7—8—u_f—9—10—A_{21}，附加转动传动链（结构式）为 B_{22} A_{21}—11—u_y—12—7—齿坯附加。转动 B_{22}（产生螺旋线的内传动链），u_y 按被切齿轮的螺旋角调整。

实际上必须用合成机构把展成运动要求工件转动 B_{12} 和差动链要求工件附加转动 B_{22} 叠加起来，然后再传给工作台。

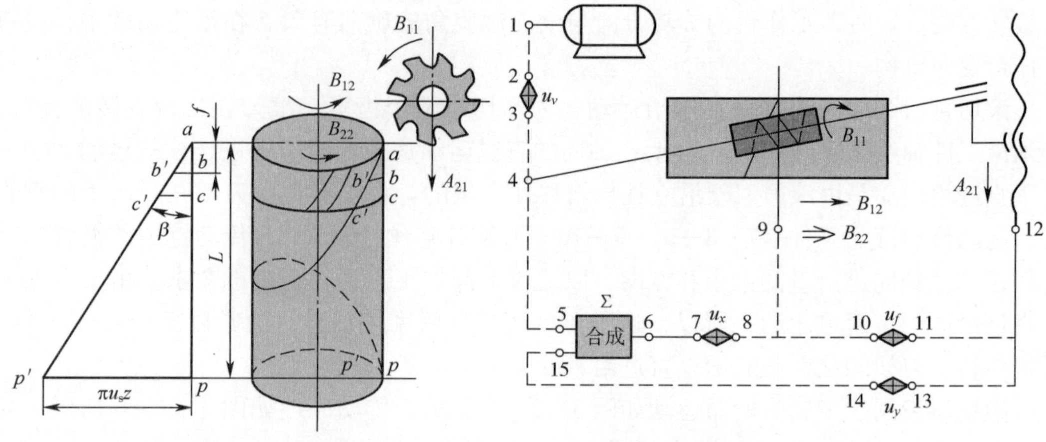

图 3-2-7　滚切斜齿轮的实际传动原理图

滚齿机是根据滚切斜齿轮的传动原理设计的。当滚切直齿轮时，将差动链断开，并把合成机构固定成一个整体。

（2）滚齿加工原理。滚齿加工是按照展成法的原理来加工齿轮的。用滚刀来加工齿轮相当于一对交错轴的螺旋齿轮啮合。在这对啮合的齿轮副中，一个齿数很少、只有一个或几个，螺旋角很大，就演变成了一个蜗杆状齿轮，为了形成切削刃，在该齿轮垂直于螺旋线的方向上开出容屑槽，磨前、后刀面，形成切削刃和前、后角，于是就变成了滚刀，如图 3-2-8 所示。滚刀与齿坯按啮合传动关系作相对运动，在齿坯上切出齿槽，形成了渐开线齿面，如图 3-2-9（a）所示。在滚切过程中，分布在螺旋线上的滚刀各刀齿相继切出齿槽中一薄层金属，每个齿槽在滚刀旋转中由几个刀齿依次切出，渐开线齿廓则由切削刃一系列瞬时位置包络而成，如图 3-2-9（b）所示。

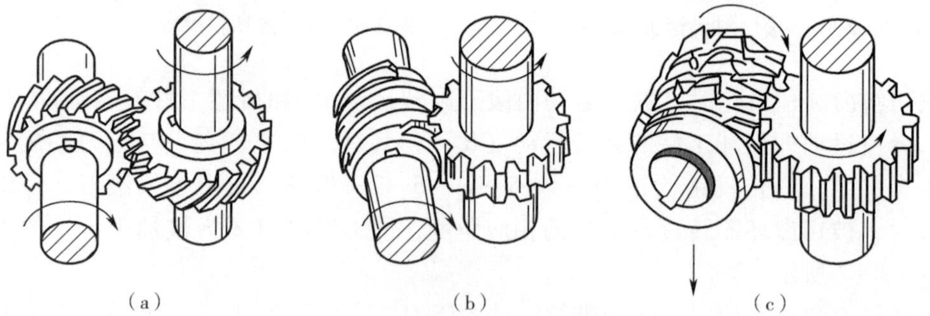

（a）　　（b）　　（c）

图 3-2-8　滚齿加工示意图

（3）滚刀及其安装。根据用途的不同，滚刀分为齿轮滚刀、蜗轮滚刀、非渐开线展成滚刀和定装滚刀等。齿轮滚刀是按展成法加工齿轮的刀具，可以用来加工外啮合齿轮的直齿轮、斜齿轮、标准齿轮和变位齿轮。它的加工范围很广，模数从 0.1～40 的齿轮，均可用滚刀加工，且同一把齿轮滚刀可以加工模数、压力角相同而齿数不同的齿轮。

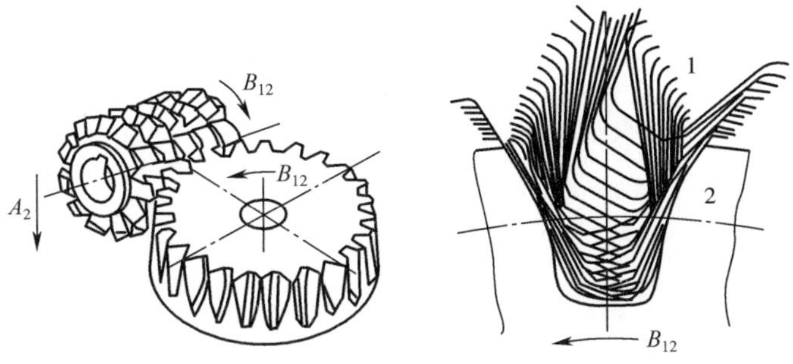

（a）　　　　　　　　（b）

图 3-2-9　渐开线齿面示意图

1）齿轮滚刀的选用。

齿轮滚刀的选用主要取决于被加工齿轮的精度等级，见表 3-2-4。

表 3-2-4　　　　齿轮滚刀的选用

被加工齿轮的精度等级	5 级或 5 级以上	6 级	7 级	8 级	9 级或 9 级以下
齿轮滚刀的精度等级	AAA	AA	A	B	C

2）滚刀的安装。

①滚刀刀杆的安装。滚刀安装时，要检查刀杆与滚刀的配合，以用手能将滚刀推入刀杆为准。间隙太大会引起滚刀的径向圆跳动。安装时，应将刀杆与锥度部分擦干净，装入机床主轴孔内并紧固。不准锤击滚刀，以免刀杆弯曲。滚刀安装好后，要在滚刀的两端凸台处检查滚刀的径向和轴向圆跳动误差，为了消除滚刀刀杆的径向圆跳动误差和轴向圆跳动误差，将刀杆转动 180°重新安装夹紧。如果滚刀杆轴向窜动超差，可调整主轴轴向间隙。安装刀垫及刀杆支架外轴瓦座时，为了减少安装滚刀的误差，垫圈数目越少越好，擦得越干净越好，垫圈端面不应有划痕，紧固螺母的端面及垫圈均应磨制而成。刀杆支架装入时配合间隙要适宜。过紧将导致轴瓦发热磨损，甚至研死；过松将在滚切过程中产生振动，影响工件质量。

②滚刀刀架安装角的确定。滚刀安装的正确性直接影响加工齿轮的精度。安装时，应将滚刀孔和端面、间隔环的端面、主轴锥孔及滚刀心轴的脏物、毛刺等清除干净。否则，滚刀心轴装入主轴锥孔后，会发生偏斜，甚至会拉伤主轴锥孔和滚刀心轴。

滚刀滚齿时，要求在切削部位滚刀的螺旋线方向与工件齿长方向一致，这是沿齿向进给切出全齿长的条件。因此加工前要调整滚刀轴线与水平线之间的夹角，即安装角 δ，见表 3-2-5。

表 3-2-5　　　　滚刀安装角及偏转方向

滚刀安装角 δ 滚刀螺旋升角 ω 工件螺旋角 β	右旋滚刀	左旋滚刀
	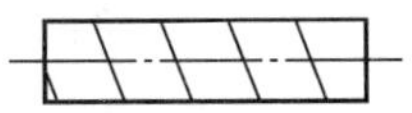	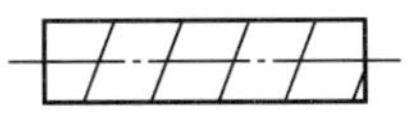

续表

直齿轮	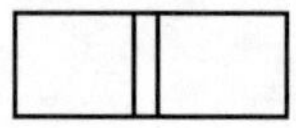	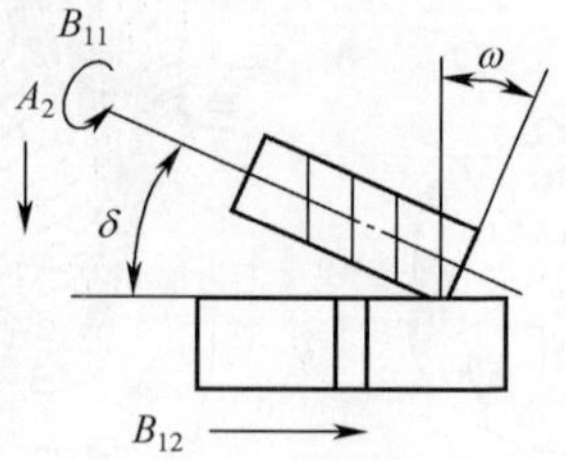	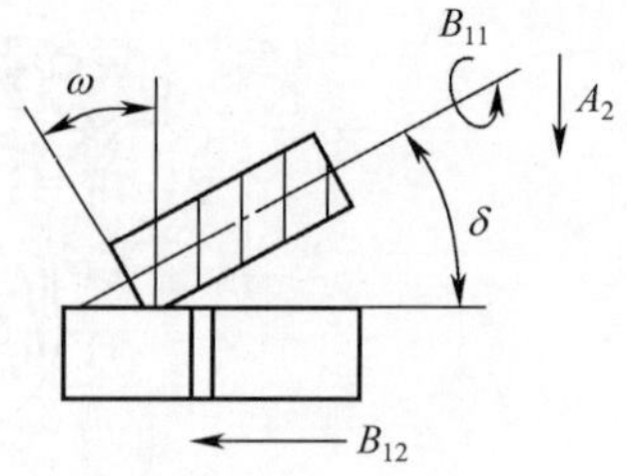
	滚刀安装角	$\delta=-\omega$	$\delta=+\omega$
斜齿轮	右旋 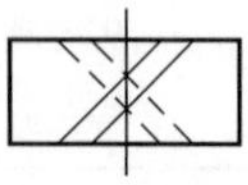	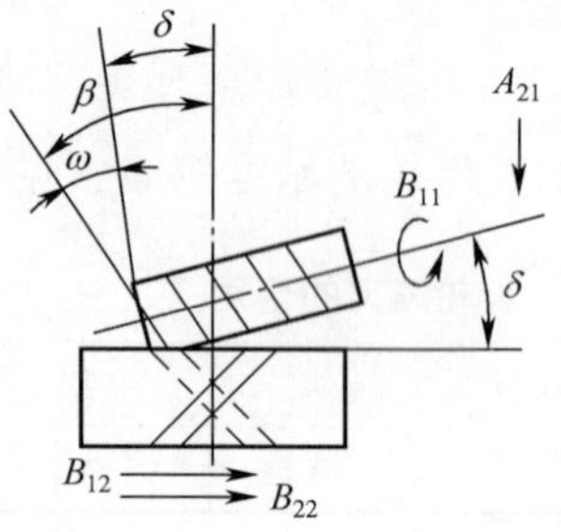	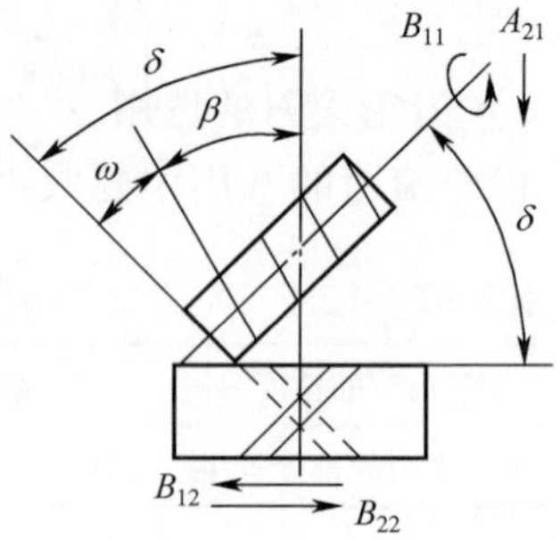
	滚刀安装角	$\delta=\beta-\omega$	$\delta=\beta+\omega$
	左旋 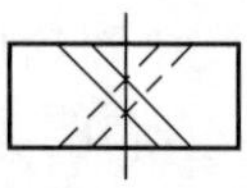	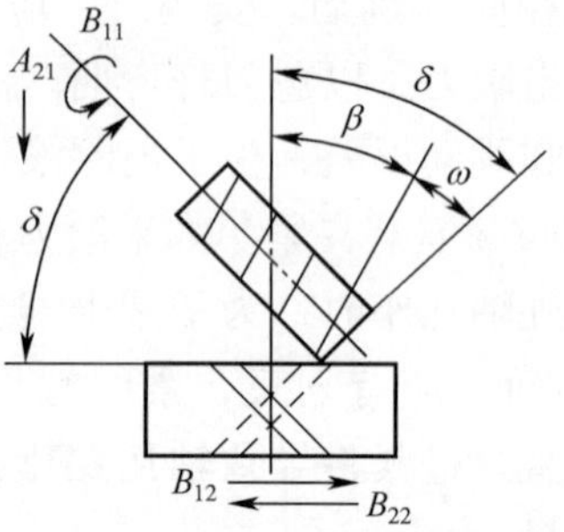	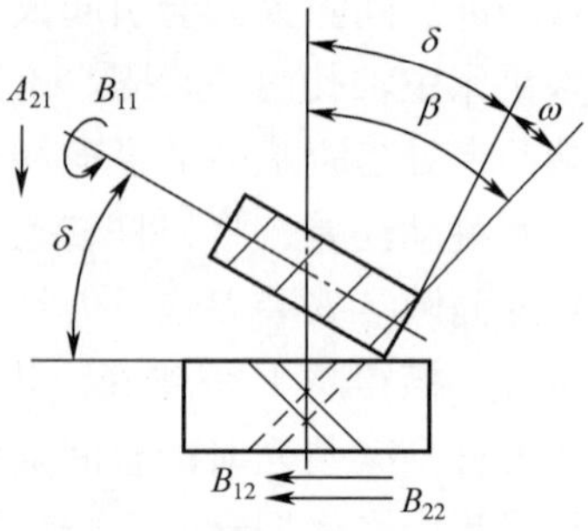
	滚刀安装角	$\delta=\beta+\omega$	$\delta=\beta-\omega$

从表3－2－5中不难看出，加工直齿轮时，因$\beta=0°$，则滚刀安装角δ为$\delta=\pm\omega$，其偏转方向决定于滚刀的螺旋升角ω的旋向，即左旋时逆时针偏转ω，右旋时顺时针偏转ω。

当加工斜齿圆柱齿轮时，若加工右旋齿轮，滚刀逆时针偏转；若加工左旋齿轮，滚刀顺时针偏转。滚刀安装角的偏转方向也符合“右逆左顺”这个规律。右逆左顺是指当加工右旋齿轮时，滚刀逆时针偏转安装角δ；加工左旋齿轮时，滚刀顺时针偏转安装角δ。例如用$\omega=2°$的左旋滚刀加工$\beta=20°$的左旋齿轮时，则对照口诀用“同减”和“左顺”来确定。即滚刀的安装角大小为$\delta=\beta-\omega=20°-2°=18°$，方向为顺时针偏转。如用$\omega=2°$的左旋滚刀加工$\beta=20°$的右旋齿轮时，则对照口诀用“异加”和“右逆”来计算和偏转。即滚刀的安装角大小为$\delta=\beta+\omega=20°+2°=22°$，方向为逆时针偏转。

（4）齿坯工件的装夹。加工的齿轮直径较小时，工件以内孔定位装夹在心轴上，心轴上端的圆柱体用后立柱支架上的顶尖或套筒支承，以加强工件的装夹刚度，如图 3－2－10（a）所示。加工直径较大的齿轮时，通常用带有较大端面的底座和心轴装夹，或者将齿轮直接装夹在滚齿机工作台上，如图 3－2－10（b）所示。

（a）　（b）

图 3－2－10　齿坯工件的装夹

（5）滚齿工艺特点。

1）滚刀的通用性好。一把滚刀可以加工与其模数、压力角相同而齿数不同的齿轮。

2）齿形精度及分度精度高。齿轮齿距误差小，但齿轮齿廓表面粗糙度较差。

3）生产率高。滚齿的整个切削过程是连续的。

4）设备和刀具费用高。滚齿机为专用齿轮加工机床，其调整费时。滚刀较齿轮铣刀的制造、刃磨要困难。

（6）滚齿适用范围。滚齿应用范围较广，主要用于加工直齿圆柱齿轮、斜齿圆柱齿轮和蜗轮等，但不能加工内齿轮和相距太近的多联齿轮。

3. 插齿

插齿主要用于加工直齿圆柱内、外齿齿轮或多联齿轮，内、外花键等，插削直齿圆柱内外齿轮如图 3－2－11 所示。

图 3－2－11　插削直齿圆柱内外齿轮

（1）插齿加工原理。插齿机的工作原理类似一对圆柱齿轮啮合，其中一个齿轮作为工件，另一个齿轮变为齿轮形的插齿刀具，如图3－2－12所示。插齿加工是按展成原理加工齿轮的。加工时所需的运动包括主运动、展成运动、圆周进给运动（刀具转动）、径向切入运动和让刀运动。其中展成运动为插齿刀旋转 B_{11} 和工件旋转 B_{12} 的部分，作用是形成渐开线齿廓。而插齿刀上下往复运动 A_2 是一个简单的成形运动，作用是形成轮齿齿槽线（直线）。

插齿时，首先是插齿刀相对于工件作径向切入运动，直到全齿深时停止切入，这时工件和插齿刀继续对滚（即插齿刀以 B_{11}，工件以 B_{12} 的相对运动关系转动），当工件再转过一圈后，全部轮齿即切削完。然后插齿刀与工件分开，机床停机。因此，插齿机除了两个成形运动外，还需要一个径向切入运动（辅助运动）。此外，插齿刀在往复运动的回程时不切削，为了减少刀刃的磨损，机床上还需要有让刀运动（辅助运动）。

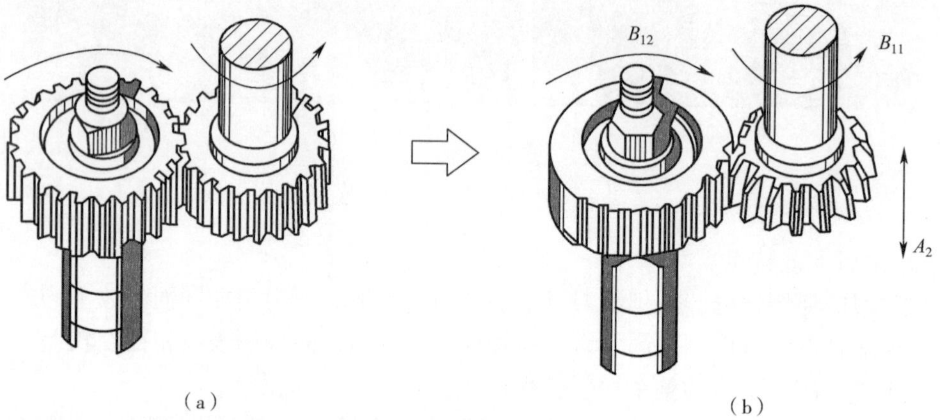

图3－2－12　插齿原理图

（2）插齿刀的类型。插齿刀实质上是一个端面磨有前角、齿顶及齿侧磨有后角的齿轮。插齿所用的直齿插齿刀主要有三种类型，分别是盘形直齿插齿刀、碗形直齿插齿刀和锥柄直齿插齿刀，如图3－2－13所示。采用特殊刀具和附件后，还可加工无声链轮、棘轮、内外花键、齿形皮带轮、扇形齿轮、非完整齿齿轮、特殊齿形结合子、齿条、端面齿轮和锥度齿轮等。

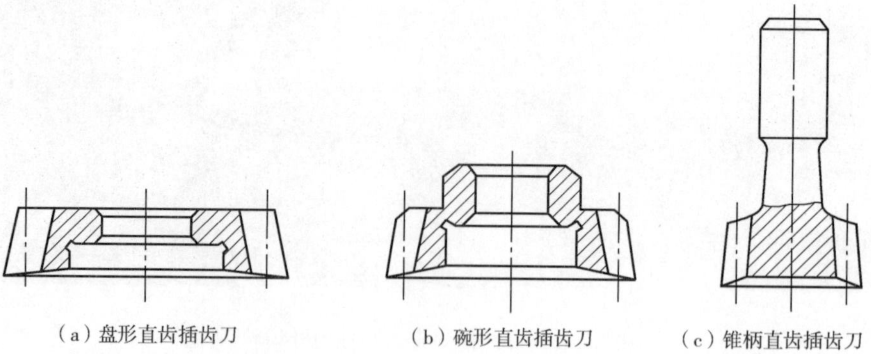

图3－2－13　插齿刀类型

（3）插齿加工的特点。

1）齿形精度高。

2）获得的齿廓表面粗糙度较细。

3）有利于提高工件的齿形精度和减小表面粗糙度。

4）工件公法线长度变动量较大。

5）生产率低。

6）加工斜齿轮很不方便，且不能加工蜗轮。

特别适合于加工内齿轮和多联齿轮。

4. 剃齿

剃齿常用于未淬火圆柱齿轮的精加工，生产效率很高，在成批、大量生产中得到广泛的应用。

（1）剃齿工作原理。剃齿加工是根据一对螺旋角不等的螺旋齿轮啮合的原理，加工时剃齿刀与被切齿轮的轴线空间交错成一个角度，作螺旋齿轮啮合，它们的啮合为无侧隙双面啮合的自由展成运动。

安装时，剃齿刀与工件轴线倾斜一个剃齿刀螺旋角 β。剃齿刀的圆周速度可以分解为沿工件齿向的切向速度和沿工件齿面的法向速度，从而带动工件旋转和轴向运动，使刀具在工件表面上剃下一层极薄的切屑。同时，工作台带动工件作往复运动，以剃削轮齿的全长。

（2）剃齿刀具。剃齿刀是一种精加工齿轮刀具，主要限制是不能加工淬硬的齿轮。剃齿刀按其结构可以分为齿条形剃齿刀、盘形剃齿刀、小模数剃齿刀和蜗轮剃齿刀，盘形剃齿刀如图 3－2－14 所示。

图 3－2－14　盘形剃齿刀

剃齿是一种高效齿轮精加工方法，和磨齿相比，剃齿具有效率高、成本低、齿面无烧伤和裂纹等优点。所以在成批生产的汽车、拖拉机和机床等齿轮加工中，得到广泛应用。对角剃齿法和径向剃齿法还可用于带台肩齿轮的精加工。

5. 珩齿

珩齿的加工原理与剃齿相同，是对淬硬齿形进行精加工的方法之一。主要用于去除热处理后齿面上的氧化皮，减小轮齿表面粗糙度值，表面粗糙度 $Ra0.4 \sim 0.2\mu m$，从而降低齿轮传动的噪声。生产效率高，一般用于大批量加工 8～6 级精度的淬火齿轮。

6. 磨齿

磨齿加工主要用于对高精度齿轮或淬硬的齿轮进行齿形的精加工，特别是硬齿面的齿轮。一般条件下，加工齿轮精度可达6～4级，表面粗糙度可达$Ra0.8 \sim 0.2\mu m$。

按齿廓的成形方法，磨齿分成形法和展成法两类。

（1）成形砂轮磨齿原理。成形砂轮的截面被修整成与工件齿槽的齿廓形状相同，磨齿的工作原理如图3－2－15所示。砂轮截面形状按专用样板进行修整，专用样板可按砂轮截面形状放大若干倍，通过缩放机构来控制修整砂轮的金刚石运动，这样有利于提高砂轮截面形状的精度。

磨齿时，砂轮高速旋转并沿工件轴线做往复运动。磨完一个齿后，进行分度，接着磨下一个齿。砂轮对工件的径向切入运动，由工件与砂轮间的相对径向移动来完成。

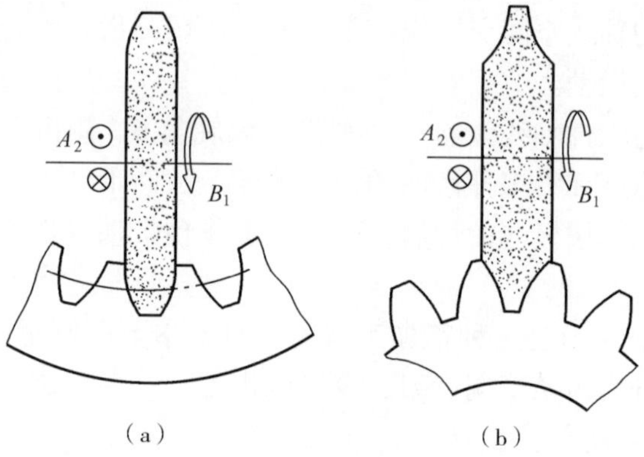

图3－2－15　成形砂轮磨齿原理

（2）展成法磨齿原理。有连续磨齿和分度磨齿两类。连续磨齿的工作原理与滚齿相似，如图3－2－16（a）所示。

蜗杆形砂轮相当于滚刀，砂轮与工件间靠展成运动形成渐开线。工件做轴向直线往复运动，以磨削出整个齿。连续磨削的磨齿机生产率高，但修整砂轮费时，常用于大批量生产。

分度磨齿原理是利用齿轮和齿条啮合的原理，以砂轮代替齿条来磨齿，如图3－2－16（b）、（c）、（d）所示。砂轮形状有碟形砂轮、大平面砂轮和锥形砂轮三种。砂轮截面的形状按照齿条的直线齿廓修整，修整方便。图3－2－16（b）为两个碟形砂轮代替齿条一个齿的两个侧面。图3－2－16（c）为大平砂轮的端面代替齿条的一个齿侧面。图3－2－16（d）为锥形砂轮的侧面代替齿条的一个齿。

由于磨齿采用砂轮与工件强制啮合的运动方式，不仅修正齿轮误差的能力强，而且特别适合加工齿面硬度很高的齿轮。但是除蜗杆形砂轮磨齿外，一般磨齿加工效率均较低，设备结构较复杂，调整设备困难，加工成本较高，尤其是大尺寸的齿轮。所以提高磨齿效率，降低费用是当前的主要研究方向。近年来磨齿方面的新技术有双面磨削法、立方氮化硼砂轮高效磨齿、连续成型磨齿技术和超高速磨削技术等。

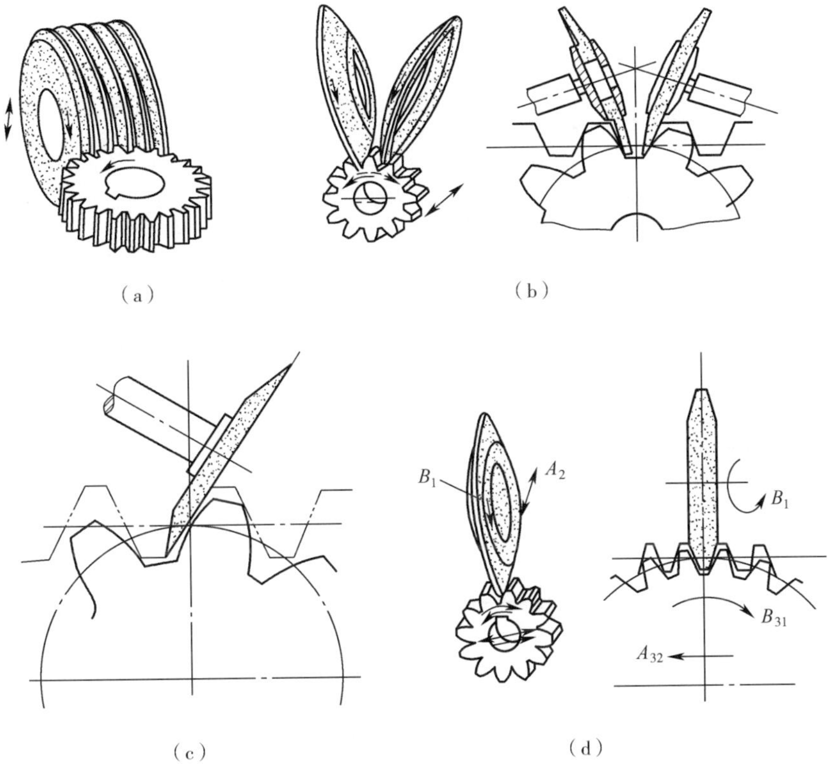

图 3－2－16 展成法磨齿原理

7. 刨齿

刨齿一般是用刨齿刀加工直齿圆柱齿轮、锥齿轮或齿条等的齿面。刨刀的运动包括刨刀的直线切削往复运动和刨刀随摇台的平面回转运动，刀具与被加工锥齿轮的运动关系，相当于一个平顶或平面齿轮的齿与被加工锥齿轮的啮合。刀具展成切齿循环一次，加工出一个齿，被加工锥齿轮分度后，加工第二个齿。

8. 梳齿

梳齿是用齿条刀插削圆柱齿轮。特点是加工精度高，可达 DIN5 级。由于刀具结构简单、制造刃磨方便，精度高、刃磨次数多，便于采用硬质合金刀片和立方氮化硼刀片加工淬硬齿轮。

综合齿轮齿形的加工方法，见表 3－2－6。

表 3－2－6　　齿轮齿形的常用切削方法

加工方法		刀具	机床	加工精度及适应范围
仿形法	成形铣	盘形铣刀	铣床	加工精度和生产效率都较低
		指形铣刀	滚齿机或铣床	同上，是大型无退刀槽人字齿轮的加工方法
	拉齿	齿轮拉刀	拉床	加工精度和生产率较高，拉刀专用，适用于大批生产，尤其是内齿轮加工

续表

加工方法		刀具	机床	加工精度及适应范围
展成法	滚齿	齿轮滚刀	滚齿机	加工精度 6 ~ 10 级，*Ra*6.3 ~ *Ra*3.2 常用于加工直齿轮、斜齿轮及蜗轮
	插齿和刨齿	插齿刀 刨齿刀	插齿机 刨齿机	加工精度 7 ~ 9 级，*Ra*6.3 ~ *Ra*3.2 适用于加工内外啮合的圆柱齿轮，双联齿轮、三联齿轮，齿条和锥齿轮等
	剃齿	剃齿刀	剃齿机	加工精度 6 ~ 7 级，常用于滚齿、插齿后，淬火前的精加工
	珩齿	珩磨轮	珩齿机 剃齿机	加工精度 6 ~ 7 级，常用于剃齿后或高频淬火后的齿形精加工
	磨齿	砂轮	磨齿机	加工精度 3 ~ 6 级，*Ra*1.6 ~ *Ra*0.8，常用于齿轮淬火后的精加工

三、齿轮键槽常用加工方法

齿轮键槽的加工主要采用插削、拉削和线切割三种方式。

1. 键槽的插削

（1）插削加工。插削加工是在插床上用插刀加工工件的方法。主要用于单件小批量生产中加工零件的内表面，如键槽、花键槽、多边形孔等，其中应用较为广泛的是插削各种内键槽。也可以加工某些不便于铣削或刨削的外表面。

（2）插削设备。插削的主要设备是插床，其实质上是立式牛头刨床，如图 3 - 2 - 17 所示。插刀随滑枕在垂直方向上作直线往复运动是主运动，工作台带动工件可在横向、纵向或圆周三个方向分别所作的间歇运动是进给运动。在垂直方向上的直线往复运动是主运动，工件沿纵向、横向及圆周方向作间歇进给运动。插床的生产效率较低，加工表面粗糙度 *Ra* 为 6.3 ~ 1.6μm，加工面的垂直度为 0.025/300mm。

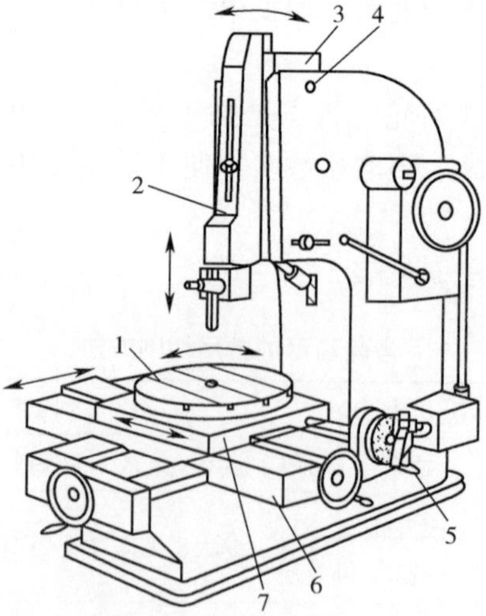

图 3 - 2 - 17　插床

1—圆工作台　2—滑枕　3—滑枕导轨座　4—销轴　5—分度装置　6—床鞍　7—滑板

（3）工件的装夹与找正。工件可用三爪自定心卡盘装夹，或用压板和平行垫铁直接装夹在插床工作台上。装夹时，先轻压紧工件，用划线盘或百分表按外圆或内孔找正，使工件中心与工作台中心重合，然后把工件夹紧。

（4）刀具的选用与安装。高速钢整体插刀，一般用于插削较大孔径内的键槽；柱形刀杆，在径向方孔内安装高速钢刀头，刚性较好，可用于加工各种孔径的内键槽。在插削较窄的键槽时，刀头宽度等于或略大于键槽宽度的最小极限尺寸；插削较宽的键槽时，先用宽度小于键槽宽度的插刀粗插，然后用切削刃宽度等于或小于键槽宽度的最小极限尺寸的插刀精插。为了保证键槽精度要求，在刃磨或安装插刀时切削刃必须与插刀中心线垂直。

插刀中心线与工作台中心线重合的找正方法，主要是将百分表固定在工作台上，使百分表测头触及插刀侧面，纵向移动工作台，测得插刀侧面的最高点后退出；将工作台旋转 180°。测得插刀另一侧面的最高点，前后两次读数差的一半即为插刀与工作台中心的不重合误差。最后横向移动工作台至正确位置。对于精度要求不高的键槽，也可以将刀头贴紧孔的内表面，以画好的中心线为依据，观察插刀是否对准键槽。

（5）插削方法。内键槽插削如图 3－2－18 所示，在插削前需在工件端面上画出键槽加工线，把鞍板固定在一定位置，横向移动工作台，用装在刀架上的划针在工件端面上划一条线；将工作台转动适当角度，再横向移动工作台，划另一条与之前的线相交成直角的直线；然后将工作台返回转动之前角的一半，纵向移动工作台，划出平分线，这条平分线就是工件的中心线。然后再移动工作台，利用刻度环读数划出键槽的宽度加工线，最后划出键槽深度尺寸线。划线后校正工件位置，然后根据工件孔的长度（键槽长度）和孔口位置，手动调整滑枕和插刀的行程长度和起点及终点位置，防止插刀在工作中冲撞工作台而造成事故。键槽插削一般应分为粗插和精插，以保证键槽的尺寸精度和键槽对工件孔轴线的对称度要求。插削时手动进给试插，插削至深度 0.5mm 时，停机检验键槽宽度及键槽对工件中心线的对称度。符合要求后继续插削至要求深度。

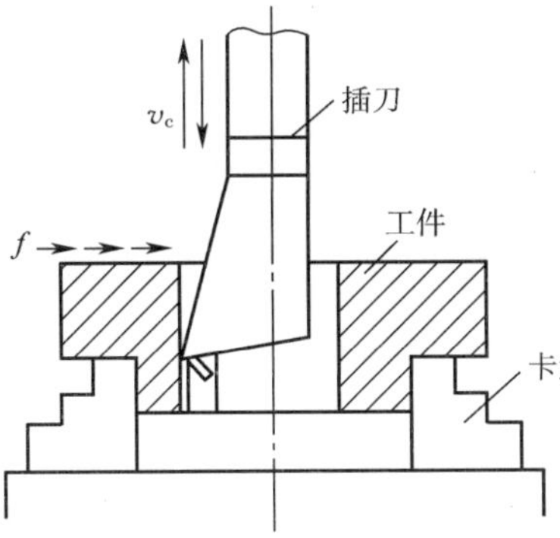

图 3－2－18　内键槽插削图

2．键槽的拉削

拉床是用拉刀作为刀具加工工件通孔、平面和成形表面的机床。在拉床上用拉刀加工工件的方法称为拉削加工。拉削加工能获得较高的尺寸精度和较小的表面粗糙度，生产率高，适用于成批大量生产。

大多数拉床只有拉刀作直线拉削的主运动，进给运动是依靠拉刀的后一个刀齿高出前一个刀齿来实现的，刀齿的高出量称为齿升量 a_f。按加工表面不同，拉床可分为内拉床和外拉床。内拉床用于拉削内表面，如花键孔、方孔等。工件贴住端板或安放在平台上，传动装置带着拉刀作直线运动，并由主溜板和辅助溜板接送拉刀。内拉床有卧式和立式之分。前者应用较普遍，可加工大型工件，占地面积较大；后者占地面积较小，但拉刀行程受到限制。卧式拉床如图 3－2－19 所示。床身内装有液压驱动油缸，活塞拉杆的右端装有随动支架和刀夹，用以支承和夹持拉刀。工作前，拉刀支持在滚轮和拉刀尾部支架上，工件由拉刀左端穿入。当刀夹夹持拉刀向左作直线移动时，工件贴靠在“支撑”上，拉刀即可完成切削加工。

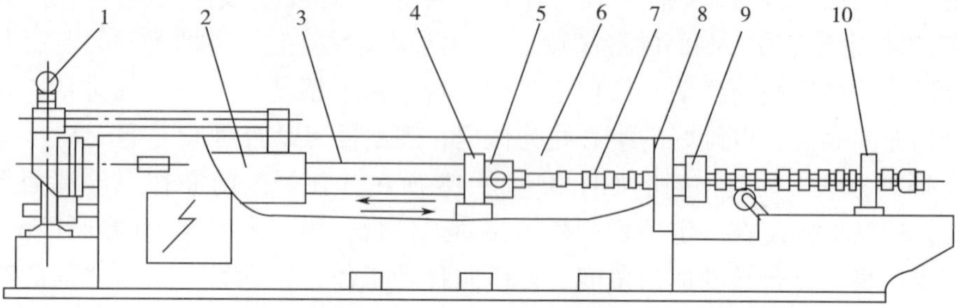

图 3－2－19　卧式拉床

1—油压表　2—油缸　3—活塞杆　4—随动支架　5—刀夹

6—床身　7—拉刀　8—支撑架　9—工件　10—拉刀尾部支架

拉刀是一种高精度、高效率的多齿刀具，可用于加工各种形状的内、外表面。其中，硬质合金可转位拉刀具有切削效率高、使用寿命长等特点，其应用日趋广泛。由于拉削加工方法应用广泛，拉刀的种类也很多。按受力不同可分为拉刀和推刀。按加工工件的表面不同可分为内拉刀和外拉刀。内拉刀是用于加工工件内表面的，常见的有圆孔拉刀、键槽拉刀及花键拉刀等，如图 3－2－20 所示为圆孔拉刀。

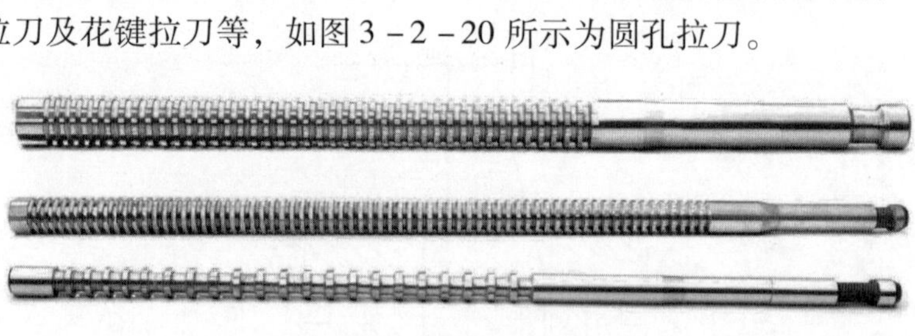
图 3－2－20　圆孔拉刀

键槽拉刀呈扁平状，上部为刀齿，工作时由导向元件的矩形槽定位，以保证键槽和孔的相对位置。一般键槽拉刀的刀体制成与键槽等宽，如果键槽宽度很小拉刀强度不够，可加宽刀体。键槽的键侧不是由主切削刃切出，而是由副切削刃（即刀齿侧刃）切出，它的每一刀齿的副切削刃都参与槽侧的成形。拉削内键槽如图 3－2－21 所示，拉刀导向元件的圆柱 1 插入拉床端部孔内，圆柱 2 用以安放工件，槽 3 安放拉刀。

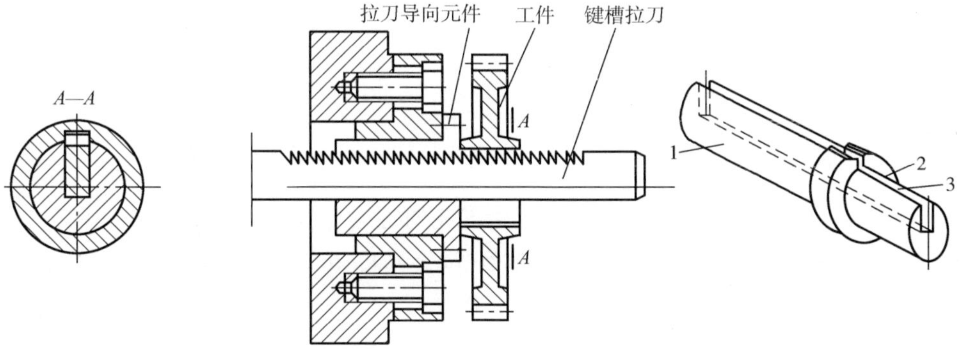

（a）拉削方法　　（b）键槽拉刀导向元件

图 3－2－21　拉削内键槽

拉削的工艺特点：

（1）拉削时拉刀多齿同时工作，在一次行程中完成粗精加工，因此生产率高。

（2）拉刀为定尺寸刀具，且有校准齿进行校准和修光；拉床采用液压系统，传动平稳，拉削速度很低（2～8m/min），切削厚度薄，不会产生积屑瘤，因此拉削可获得较高的加工质量。

（3）拉刀制造复杂，成本昂贵，一把拉刀只适用于一种规格尺寸的孔或键槽，因此拉削主要用于大批量生产或定型产品的成批生产。

（4）拉削不能加工台阶孔和盲孔。由于拉床的工作特点，某些复杂零件的孔也不宜进行拉削，例如箱体上的孔。

3. 数控电火花线切割

（1）数控电火花线切割机床结构。数控电火花线切割机床结构主要由机床本体、控制系统、脉冲电源、运丝机构、工作液循环机构和辅助装置（自动编程系统）组成。

（2）数控电火花线切割加工原理。数控电火花线切割加工的基本原理是利用连续移动的细金属导线（电极丝）作为工具电极（负电极），被切割的工件为工件电极（正电极），在金属丝与工件间施加脉冲电流，产生放电腐蚀，对工件进行切割加工，如图 3－2－22 所示。

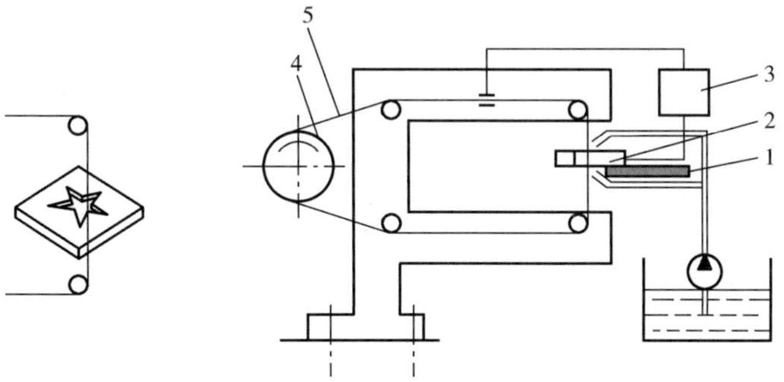

（a）加工示意图　　（b）线切割加工原理示意图

图 3－2－22　线切割加工图

1—绝缘底板　2—工件　3—脉冲电源　4—滚丝筒　5—电极丝

将钼丝穿在孔里，打开自动找中心的功能，要重复几次，选择几次数据一致的点作为孔的中心，找中心时，要将孔壁擦干净，这样找出的孔中心误差比较小。将穿丝孔设置在工件对称中心，这样对编程计算和电极丝定位都比较方便。

四、圆柱齿轮加工工艺

圆柱齿轮的加工工艺过程一般应包括齿轮毛坯加工、齿面加工、热处理工艺及齿面的精加工。在编制工艺过程中，常因齿轮结构、精度等级、生产批量和生产环境的不同，而采取各种不同的工艺方案。

编制齿轮加工工艺过程大致可以划分如下几个阶段：

①齿轮毛坯的形成：锻件、棒料或铸件。

②粗加工：切除较多的余量。

③半精加工：车、滚、插齿。

④热处理：调质、渗碳淬火、齿面高频感应加热淬火等。

⑤精加工：精修基准、精加工齿形。

1. 基准的选择

对于齿轮加工基准的选择常因齿轮的结构形状不同而有所差异。带轴齿轮主要采用顶点孔定位；对于空心轴，则在中心内孔钻出后，用两端孔口的斜面定位；孔径大时则采用锥堵。顶点定位的精度高，且能做到基准重合和统一。对带孔齿轮在齿面加工时常采用以下两种定位、夹紧方式。

（1）以内孔和端面定位。这种定位方式是以工件内孔定位，确定定位位置，再以端面作为轴向定位基准，并对着端面夹紧。这样可使定位基准、设计基准、装配基准和测量基准重合，定位精度高，适合于批量生产。但对于夹具的制造精度要求较高。

（2）以外圆和端面定位。当工件和夹具心轴的配合间隙较大时，采用千分表校正外圆以确定中心的位置，并以端面进行轴向定位，从另一端面夹紧。这种定位方式因每个工件都要校正，故生产率低；同时对齿坯的内、外圆同轴要求高，而对夹具精度要求不高，故适用于单件、小批生产。

综上所述，为了减少定位误差，提高齿轮加工精度，在加工时应满足以下要求：

①应选择基准重合、统一的定位方式。

②内孔定位时，配合间隙应尽可能小。

③定位端面与定位孔或外圆应在一次装夹中加工出来，以保证垂直度要求。

2. 齿轮毛坯的加工

齿面加工前的齿轮毛坯加工，在整个齿轮加工过程中占有很重要的地位。因为齿面加工和检测所用的基准必须在此阶段加工出来，同时齿坯加工所占工时的比例较大，无论从提高生产率，还是从保证齿轮的加工质量，都必须重视齿轮毛坯的加工。

在齿轮图样的技术要求中，如果规定以分度圆选齿厚的减薄量来测定齿侧间隙时，应注意齿顶圆的精度要求，因为齿厚的检测是以齿顶圆为测量基准的。齿顶圆精度太低，必然使测量出的齿厚无法正确反映出齿侧间隙的大小，所以，在这一加工过程中应注意以下三个问题：

①当以齿顶圆作为测量基准时，应严格控制齿顶圆的尺寸精度。

②保证定位端面和定位孔或外圆间的垂直度。

③提高齿轮内孔的制造精度，减少与夹具心轴的配合间隙。

3. 齿形及齿端加工

齿形加工是齿轮加工的关键，其方案的选择取决于多方面的因素，如设备条件、齿轮精度等级、表面粗糙度、硬度等。

齿轮的齿端加工有倒圆、倒尖、倒棱和去毛刺等方式。经倒圆、倒尖后的齿轮在换挡时容易进入啮合状态，减少撞击现象。倒棱可除去齿端尖角和毛刺。倒圆时，铣刀高速旋转，并沿圆弧作摆动，加工完一个齿后，工件退离铣刀，经分度再快速向铣刀靠近加工下一个齿的齿端。

齿端加工必须在淬火之前进行，通常都在滚（插）齿之后，剃齿之前安排齿端加工。

4. 齿轮加工过程中的热处理要求

在齿轮加工工艺过程中，热处理工序的位置安排十分重要，它直接影响齿轮的力学性能及切削加工性。齿轮加工工艺路线见表3－2－7。

表3－2－7　　齿轮加工工艺路线

序号	工序名称	技术内容
1	下料	
2	毛坯制造	锻造：①自由锻造：用于品种多，单件小批量生产 ②模锻：主要用于大批量生产 铸造：用于铸铁齿轮毛坯生产
3	齿坯加工	轴类齿坯加工：①铣两端面；②打两中心孔；③精车轴颈、外圆、圆锥和端面；④磨工艺轴颈和定位端面 盘类齿坯加工：①车端面，镗内孔，粗精加工分两道工序完成；②车端面，镗内孔，粗精加工在一次装夹中完成；③拉内孔，车端面和外圆工艺
4	加工花键、键槽、螺纹等	根据生产规模，设备情况和精度要求，可以灵活采用多种组合方案；根据不同精度要求选择相应的加工方法，如拉、插、车、磨等
5	齿形粗加工和半精加工	根据精度要求，从整体毛坯上切出齿槽，有时在槽侧留出适当的精加工余量 圆柱齿轮：成形铣削、滚齿、插齿等 直齿圆锥齿轮：成形铣削、精锻、粗拉齿、刨齿等 曲线齿锥齿轮：精锻，专用粗切机铣齿等
6	齿形精加工（热处理前）	圆柱齿轮：滚、插、剃、挤 直齿圆锥齿轮：刨齿、双刀盘铣齿、圆拉法拉齿 曲线圆锥齿轮：铣齿

续表

序号	工序名称	技术内容
7	齿端倒角 去毛刺	换挡齿轮：齿端按一定要求修整成一定形状 一般齿轮：去掉齿两边锐边、毛刺
8	齿轮几何 精度检验	不要求热处理的齿轮，本工序为终检，否则为中间检验
9	热处理	根据材料不同，要求不同而异，常用：调质、渗碳淬火、高频淬火
10	安装基准面的 精加工	轴类齿轮：精磨各安装轴颈和定位端面，修整中心孔 盘类齿轮：精磨内孔及定位端面 本工序多用于分度圆或分度圆锥作定位基准
11	齿形加工 （热处理后）	根据齿轮的精度要求、生产批量和尺寸形状选择加工方法 磨齿：用于精度要求较高的圆柱、圆锥齿轮，生产效率低 珩齿：用于降低表面粗糙度，降低噪声，生产效率很高，主要用于大批量生产 研齿：用于曲线齿锥齿轮，可降低表面粗糙度，降低噪声及改善接触区
12	强力喷丸	提高齿轮的弯曲疲劳强度和接触疲劳强度
13	磷化处理	为减小齿面间的摩擦，齿面最好进行磷化处理 作用：降低摩擦系数；在高载荷下防止擦面胶合
14	清理齿面	去除齿面的毛刺、污物
15	成品齿轮的配对 检验或最终检验	圆柱齿轮：按图纸要求检验其几何精度、接触区、噪声 圆锥齿轮：在滚动检验机上配对，检验接触区位置、大小和形状，并检验噪声，按配对齿轮打上标记，以便成对装配使用
16	防锈和包装入库	

五、齿轮部分检测项目的检测方法

进行圆柱齿轮精度设计时，为了其三项精度和适当的侧隙需要，一般标注下列的公差和极限偏差：①齿轮齿距累积总偏差 ΔF_P 的允许值 F_P；②齿轮单个齿距偏差 Δf_{Pt} 的允许值（极限偏差） $\pm f_{Pt}$；③齿轮齿廓总偏差 ΔF_α 的允许值 F_α；④齿轮螺旋线总偏差 ΔF_β 的允许值 F_β；⑤齿轮跨齿数 k，公称公法线长度及其上、下偏差；⑥齿轮公称弦齿高 h_c 和公称弦齿厚 s_{nc} 及其上、下偏差。ZDY80 减速器齿轮标注的相关数据参数见表 3－2－8。

表 3－2－8　　ZDY80 减速机齿轮相关参数

序号	主要参数	代号	数值
1	法向模数	m_n	1.5
2	齿数	Z	86
3	法向压力角	α_n	20

续表

序号	主要参数		代号	数值
4	齿顶高系数		$ha*$	1
5	螺旋角及旋向		β	13°右旋
6	变位系数		X	0. 194
7	精度等级		6	ISO 1328 - 1：1995
8	齿距累计总偏差允许值		F_p	0. 026
9	单个齿距偏差允许值		$\pm f_{pt}$	0. 0075
10	齿廓总偏差		f_α	0. 0085
11	螺旋线总偏差允许值		f_β	0. 012
12	法向公法线长度	跨齿数	K	11
		公称值及其偏差	$W^{+E_{WS}}_{-E_{WI}}$	$48.641^{-0.010}_{-0.144}$
13	配对齿轮的齿数		Z_1	17
14	齿轮副中心距及其极限偏差		$\alpha \pm f_\alpha$	80 ±0. 015

1. 齿轮公法线长度测量

齿轮公法线长度变动 ΔF_w 是指实际公法线长度的最大值与最小值之差，即 $\Delta F_w = W_{max} - W_{min}$，它是评定齿轮运动准确性的指标之一。

公法线平均长度偏差 ΔE_{wm}（公法线长度偏差 ΔE_w）是指齿轮在一周范围内，各条实际公法线长度的平均值与公称值之差，即 $\Delta E_{wm} = W_{平均} - W_{公称}$，它是用来控制齿轮啮合时的齿侧间隙。

公法线长度可用公法线千分尺、公法线指示卡规或万能测齿仪等计量器具测量，本次采用公法线千分尺测量。公法线千分尺是在普通外径千分尺测头上安装两个大平面测头，其读数方法与普通千分尺相同，如图 3 - 2 - 23 所示。具体检测步骤如下，检测合格条件为 $E_{wmi} \leqslant \Delta E_{wm} \leqslant E_{wms}$。

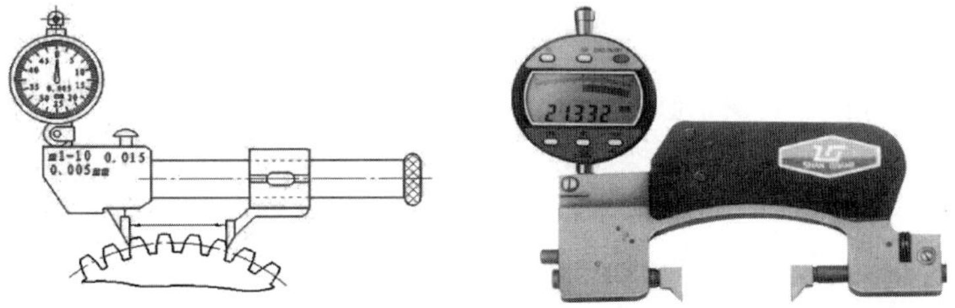

（a）用公法线千分尺测量的公法线　（b）用公法线指示卡规测量齿轮的公法线

图 3 - 2 - 23　公法线长度测量

①根据被测齿轮参数，查齿轮零件图中公法线公称值 W 和跨齿数 K。

②校对公法线千分尺零位值。

③依次测量齿轮公法线长度值（测量全齿圈），记下读数。

④求出公法线长度的平均值及平均值与公称值之差，即公法线平均长度偏差 ΔE_{wm}。

⑤根据被测齿轮的图纸要求，查出公法线长度变动公差 F_W，齿圈径向跳动公差 F_R，齿厚上偏差 E_{ss} 和下偏差 E_{si} 值。按测量报告书中公式计算公法线平均长度的上、下偏差。

⑥记录的公法线长度最大值与最小值之差，即为公法线长度的变动值。

⑦判断零件的合格性，做出测量报告。

2. 齿轮基节偏差（齿距偏差）和齿形误差（齿廓总偏差）的测量

齿距累积误差 ΔF_p 是在分度圆上任意两个同侧齿廓之间的实际弧长与公称弧长之差的最大绝对值。

齿距偏差 Δf_{pt} 是指在分度圆上（允许在齿高中部测量），实际齿距（分度圆上相邻两齿同侧齿廓的弧长）与公称齿距之差。齿距累积误差和齿距偏差往往采用相对测量法测量，它是以某一实际齿距为基准，测量同一圆上其余各齿距对基准齿距之差，此差值称为齿距相对偏差。然后将各个齿距相对偏差取代数和，除以齿轮齿数得平均值，再将各齿距相对偏差减去平均值，得到各齿距偏差 Δf_{pt}，其合格条件为 $-f_{pt} \leqslant \Delta f_{pt} \leqslant +f_{pt}$。齿形误差 Δf_f（齿廓总偏差 ΔF_α）是指齿轮端截面上，齿形工作部分内（齿顶倒棱部分除外），包容实际齿形的且距离为最小的两条设计齿形间的法向距离，如图 3－2－24 所示。检测仪器为渐开线测量仪，如图 3－2－25 所示，合格条件为 $\Delta f_f \leqslant f_f$。

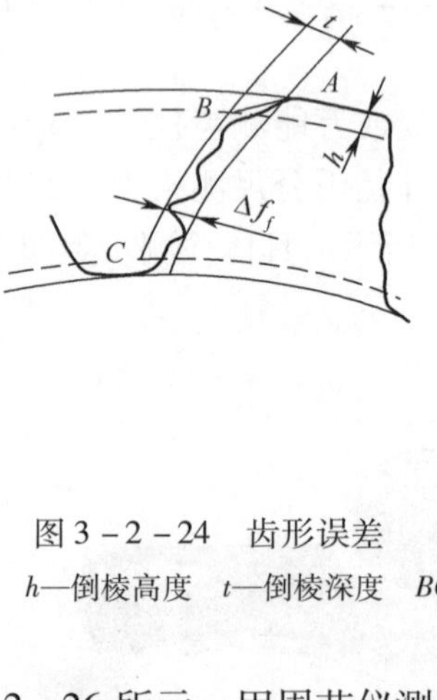

图 3－2－24 齿形误差

AB—倒棱部分 *h*—倒棱高度 *t*—倒棱深度 *BC*—工作部分

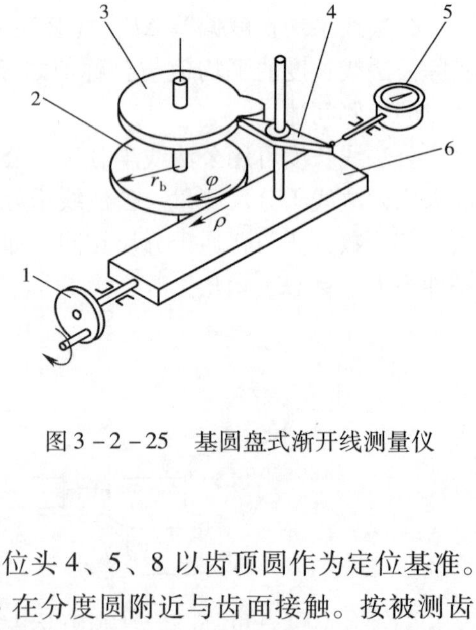

图 3－2－25 基圆盘式渐开线测量仪

如图 3－2－26 所示，用周节仪测量齿距，定位头 4、5、8 以齿顶圆作为定位基准。测量前，调整好定位头的相对位置，使测头 2、3 在分度圆附近与齿面接触。按被测齿轮模数调整固定测头 2 的位置，将活动测头 3 与指示表 7 相连，测量齿距时，齿距误差通过测头 3 的杠杆传给指示表 7。

万能测齿仪是应用比较广泛的齿轮测量仪器，除测量圆柱齿轮的齿距、基节、齿圈径向圆跳动和齿厚外，还可以测量圆锥齿轮和蜗轮，其测量基准是齿轮的内孔。万

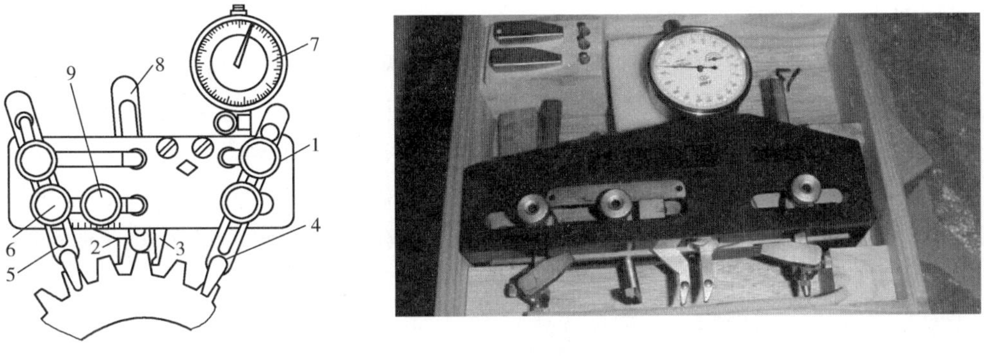

图 3－2－26 周节仪

能测齿仪的外形如图 3－2－27 所示。仪器的弧形支架 7 可绕基座 1 的垂直轴心线旋转，将被测齿轮的心轴安装在弧形架的顶尖上，支架 2 可以在水平面内作纵向和横向移动，支架 2 上装有工作台，工作台上装有能作径向移动的滑板 4，借锁紧装置 3 可以将滑板 4 固定在任意位置上，当松开锁紧装置 3，在弹簧的作用下，滑板 4 能匀速地移到测量位置，这样就能进行逐齿测量。测量装置 5 上有指示表 6，其分度值为 0.001mm。在测量时，其测量力是由安装在齿轮心轴上的重锤来保证，如图 3－2－28 所示。

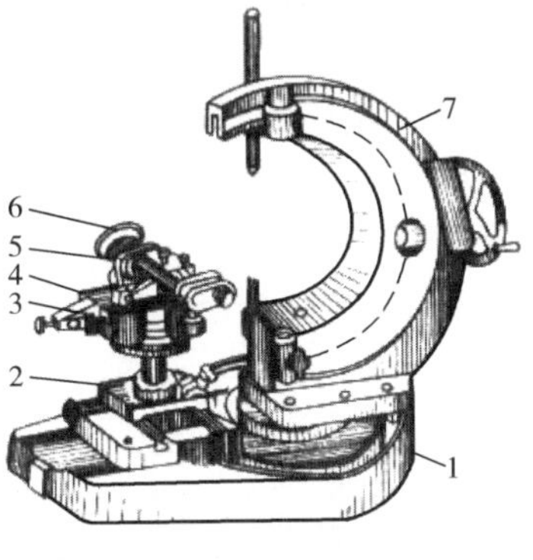

图 3－2－27 万能测齿仪外形图

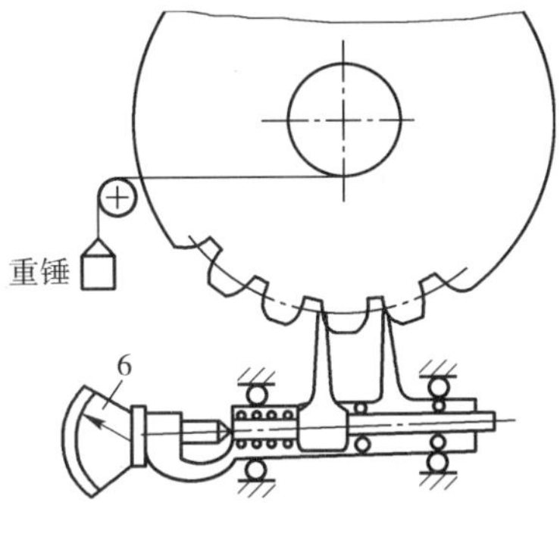

图 3－2－28 万能测齿仪测量原理

（1）周节仪测量齿距。

①如图 3－2－26 所示，按被测齿轮的模数调节周节仪的测头 3，使其上刻线与被测齿轮的模数值对齐，拧紧螺钉 5。

②调整定位头 4、5、8 与被测齿轮的齿顶接触，并使两测头 2、3 与两相邻同侧齿廓接触，且处于齿高中部的同一圆周上（两个触点到齿顶距离基本相等），拧紧螺钉 1、6。调节指示表 7 的位置，使指针预转半圈，拧紧指示表 7 的紧定螺钉。

③一手拿着周节仪，另一手拿住齿轮，相互推紧，保持定位头 1 和测头 3、4 与齿轮同时接触，再相互拉开少许又重新接触，如此重复多次，如指示表示值基本一致，说明测量稳定，可以开始读数，此时，将指示表指针调到零。

④逐齿测量各个齿距，记录读数。

（2）万能测齿仪测量齿距。

①如图 3－2－27 所示，将被测齿轮套在心轴上（无间隙），并一起安装在仪器上的上、下顶针间。调整仪器的工作台和测量装置，使两测头位于齿高中部的同一圆周上，与两相邻同侧齿面接触。在齿轮心轴上挂一重锤，使产生测力，让齿面紧靠测头。调整指示表6，使指针在刻度尺中部。测第一齿距时，将指针微调至零。

②一手扶住齿轮，另一手拉滑板，退出测头，脱离齿面，再慢放滑板，推进测头，接触齿面，避免撞击后放开双手，读取指示表上的示值。如此重复多次，示值基本一致，说明测量稳定，方可开始计数。

③重复步骤②，逐齿测量，记录读数。

（3）数据处理。为计算方便，将测得数据列成表格形式，见表3－2－9（以12个齿的齿轮为例）。齿距相对偏差 $\Delta f_{pt相对}$ 记入表中第二列，根据 $\Delta f_{pt相对}$ 逐齿累积，记入第三列，称为相对齿距累积误差。按下式计算 K（第一齿距对公称齿距的偏差）：

$$K=\frac{\sum\Delta f_{pt相对}}{Z}$$

表3－2－9　　齿距测量记录表

<table>
<tr><td>一</td><td>二</td><td>三</td><td>四</td><td colspan="2">五</td></tr>
<tr><td>齿序</td><td>齿距相对偏差</td><td>相对齿距累积误差</td><td>齿距偏差</td><td colspan="2">齿距累积偏差</td></tr>
<tr><td>n</td><td>$\Delta f_{pt相对}$</td><td>$\Sigma\Delta f_{pt相对}$</td><td>$\Delta f_{pt相对}-K$</td><td colspan="2">ΔF_p</td></tr>
<tr><td>1</td><td>0</td><td>0</td><td>-0.5</td><td colspan="2">-0.5</td></tr>
<tr><td>2</td><td>-1</td><td>-1</td><td>-1.5</td><td colspan="2">-2.0</td></tr>
<tr><td>3</td><td>-2</td><td>-3</td><td>-2.5</td><td colspan="2">-4.5</td></tr>
<tr><td>4</td><td>-1</td><td>-4</td><td>-1.5</td><td colspan="2">-6.0</td></tr>
<tr><td>5</td><td>-2</td><td>-6</td><td>-2.5</td><td colspan="2">-8.5</td></tr>
<tr><td>6</td><td>+3</td><td>-3</td><td>+2.5</td><td colspan="2">-6.0</td></tr>
<tr><td>7</td><td colspan="2">+2</td><td>-1</td><td>+1.5</td><td>-4.5</td></tr>
<tr><td>8</td><td colspan="2">+3</td><td>+2</td><td>+2.5</td><td>-2.0</td></tr>
<tr><td>9</td><td colspan="2">+2</td><td>+4</td><td>+1.5</td><td>-0.5</td></tr>
<tr><td>10</td><td colspan="2">+4</td><td>+8</td><td>+3.5</td><td>+3.0</td></tr>
<tr><td>11</td><td colspan="2">-1</td><td>+7</td><td>-1.5</td><td>+1.5</td></tr>
<tr><td>12</td><td colspan="2">-1</td><td>+6</td><td>-1.5</td><td>0</td></tr>
</table>

各齿距相对偏差 $\Delta f_{pt相对}-K$ 为各齿距偏差，记入第四列。其中最大的绝对值即为被测齿轮的齿距偏差 Δf_{pt}，根据各齿距偏差逐齿累积，求得各齿的齿距累积偏差，记在表中第五列，该列中最大值和最小值之差为被测齿轮的齿距累积误差。

$$\Delta f_{pt}=3.5\mu m$$

$$\Delta F_p=+3-(-8.5)\ \mu m$$

（4）做出实训报告。

3. 螺旋线总偏差的测量

齿向误差 ΔF_β（螺旋线总偏差 ΔF_β）是指齿线的方向及形状误差，在基圆柱切平面上，齿宽有效范围内（端部倒角部分除外），包容实际齿线且距离最小的两条设计齿线之间的端面距离，其是影响载荷分布均匀性的误差项目，可用螺旋线偏差测量仪来进行检测，如图 3－2－29 所示。

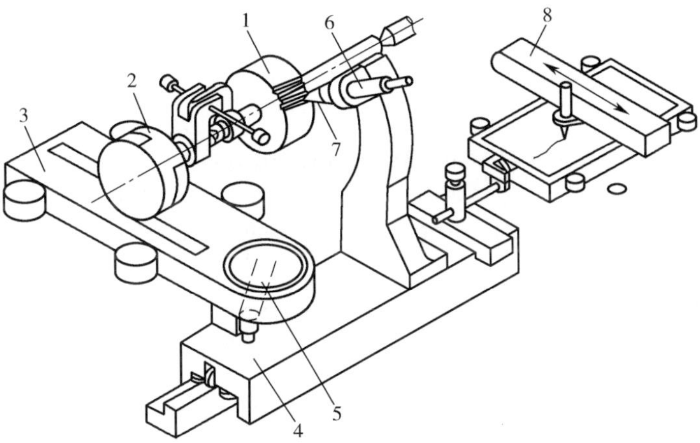

图 3－2－29　齿轮螺旋线偏差测量仪的原理图

1—被测齿轮　2—主轴滚轮　3—横向滑台　4—纵向滑台
5—带导槽的分度盘　6—传感器　7—测头　8—记录器

（1）齿圈径向跳动误差 ΔF_r。是指在齿轮一转范围内，测头在齿槽内或在轮齿上，与齿高中部双面接触，测头相对齿轮轴线的最大变动量，即最大值和最小值之差。它可以用齿圈径向跳动检查仪，也可用万能测齿仪等具有顶针架的仪器测量。

图 3－2－30 所示为齿圈径向跳动检查仪外形图。心轴 11 装入被测齿轮后，安装在左右顶针 5 之间，两顶针架在滑板 1 上。转动手轮 2 可使滑板 1 及其上之承载物一起左右移动。在底座后方螺旋立柱 6 上有一表架，百分表 10 装在表架前弹性夹头中。拨动抬升器 9 可使百分表测量头 13 放入齿槽或退出齿槽。齿圈径向跳动检查仪还附有不同直径的测量头，用于测量各种模数的齿轮。附有各种杠杆，用于测量锥齿轮和内齿轮的齿圈跳动。

（2）齿圈径向跳动误差 ΔF_r 测量。

①根据被测齿轮的模数选取合适的测量头 13，并将测量头 13 装在百分表测杆的下端。

②将被测齿轮 11 套在心轴上（零间隙），并装在齿圈跳动检查仪两顶针 5 之间，松紧合适（无轴向窜动，又能转动自如），锁紧螺钉 4。

③转动手轮 2，移动滑板 1，使被测齿轮齿宽中间处于百分表测量头的位置，锁紧螺钉 3。压下抬升器 9，然后转动调节螺母 7，调节表架高度，但勿让表架转位，放下抬升

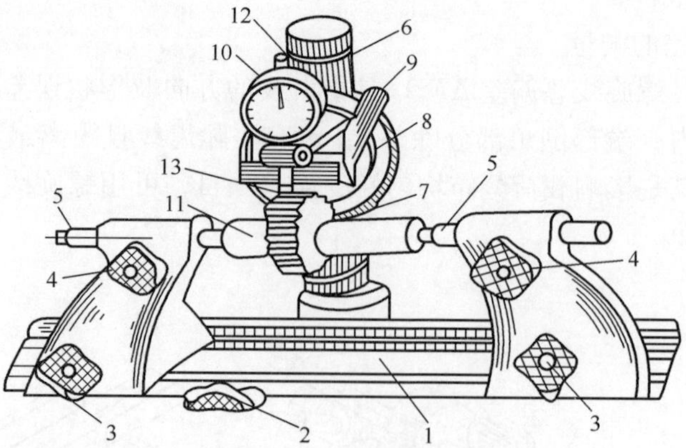

图 3-2-30　齿圈径向跳动检查仪外形图

器 9，使测量头与齿槽双面接触，并压表 0.2 ~ 0.3mm，然后将表调至零位。

④压下抬升器 9，使百分表测量头离开齿槽，然后将被测齿轮转过一齿，放下抬升器 9，读出百分表的数值并记录，如图 3-2-31 所示。

⑤重复步骤④，逐齿测量并记录。

⑥将数据中的最大值减去最小值即为齿圈径向跳动误差 ΔF_r。

⑦做出测量报告。

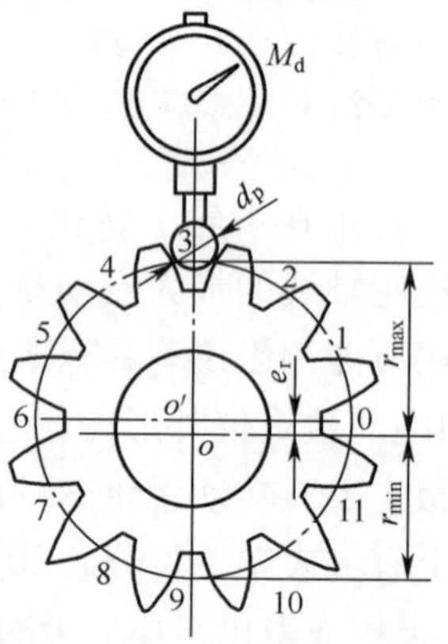

图 3-2-31　齿圈径向跳动测量

4. 齿厚偏差 ΔE_s 和 ΔE_{sn} 的测量

侧隙是指一对齿轮啮合时，非工作齿面间的间隙。侧隙可用改变齿轮副中心距的大小或把齿轮轮齿切薄（与切削深度有关）来获得。GB 规定评定齿厚的参数有两项：ΔE_s 和 ΔE_{sn}。

齿厚偏差 ΔE_s 是指在分度圆柱面上，齿厚实际值与公称值之差。对于斜齿轮，指法向实际齿厚与公称齿厚之差，用 ΔE_{sn} 表示。它是控制齿轮副隙侧的基本指标之一。如图 3-2-32 所示，为测量齿厚的游标卡尺。它由两套相互垂直的游标卡尺组成，垂直游标尺用于控制被测齿轮的弦齿高，水平游标尺则用于测量实际弦齿厚。

检测仪器：游标测齿卡尺

合格条件：$E_{si} \leqslant \Delta E_s \leqslant E_{ss}$

测量时，垂直游标以齿顶圆为基准，而分度圆的实际弦齿高：

$$h = \bar{h}_a + \frac{\Delta E_d}{2}$$

式中：$\bar{h}_a$——标准弦齿高；

ΔE_d——实际齿顶圆直径 - 齿顶圆公称直径。

①用外径千分尺或游标卡尺测量齿顶圆直径，并记录。

②计算分度圆实际弦齿高 $h = \bar{h}_a + \dfrac{\Delta E_d}{2}$。

式中：$\bar{h}_a$——标准弦齿高，可以查机械设计手册或按下式计算：

$$\bar{h} = h_a + \frac{mZ}{2} - \frac{mZ \times \cos\left(\frac{\pi}{2Z}\right)}{2}$$

式中：h_a——标准齿顶高。

③按 h 值调整齿厚卡尺的垂直游标。

④如图 3 - 2 - 32 所示，将齿厚卡尺置于被测齿轮上，使垂直游标尺的定位尺和齿顶接触。然后移动水平游标尺的卡脚，使卡脚紧靠齿廓（注：游标卡尺测量脚及定位块与齿廓及齿顶的接触良好，即三个面需同时接触），从水平游标尺上读出实际弦齿厚。

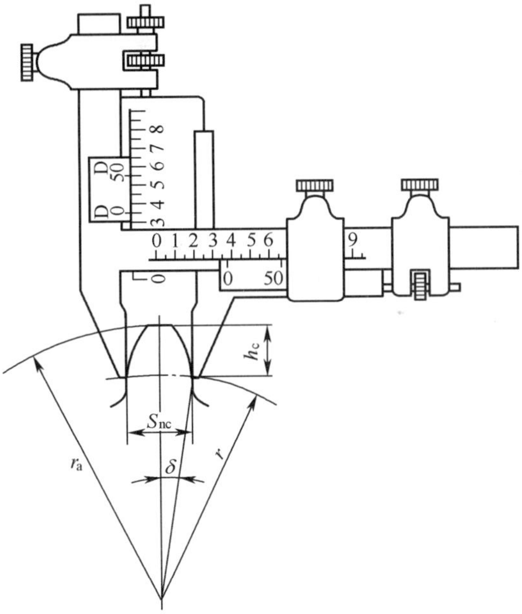

图 3 - 2 - 32　齿厚卡尺测量弦齿厚

⑤沿齿轮外圆，重复步骤④，均匀测量 6 ~ 8 点，记录数据。

⑥做出测量报告。

5. 齿距累积误差 ΔF_p 的测量

齿距累积误差 ΔF_p是指在齿轮分度圆上，任意两个同侧齿面间的实际弧长与公称弧长的最大差值。K 个齿距累积误差 ΔF_{pK}是指在分度圆上，任意 K 个齿距间的实际弧长与公称弧长的最大差值。K 为 2 到小于 $Z/2$ 之间的整数。该项误差主要由几何偏心及运动偏心引起。

检测仪器：齿距仪（相对法）、万能测齿仪（绝对法）。

合格条件：$\Delta F_p \leqslant F_p$、$\Delta F_{pK} \leqslant F_{pK}$。

6. 径向综合误差 $\Delta F''_i$ 测量

径向综合误差 $\Delta F''_i$ 是指被测齿轮和理想精确齿轮（标准齿轮）双面啮合时，在被测齿轮一转内，双面啮合中心距的最大值和最小值之差。一齿径向综合误差 $\Delta f''_i$ 是指被测齿轮与标准齿轮双向啮合时，被测齿轮一齿距角内，双啮中心距的最大变动量。图 3－2－33 为双面啮合检查仪的外形图，它能测量圆柱齿轮、圆锥齿轮和蜗轮副。仪器的底座 1 上安放着浮动滑板 2 和固定滑板 3。浮动滑板 2 受压缩弹簧的作用，使两齿轮紧密啮合，其位置由凸轮 10 控制，固定滑板 3 与标尺 4 连接，可用手轮 6 调整位置。仪器的读数与记录装置由指示表 11、记录器 12、记录笔 13、记录滚轮 14 和摩擦盘 15 组成。

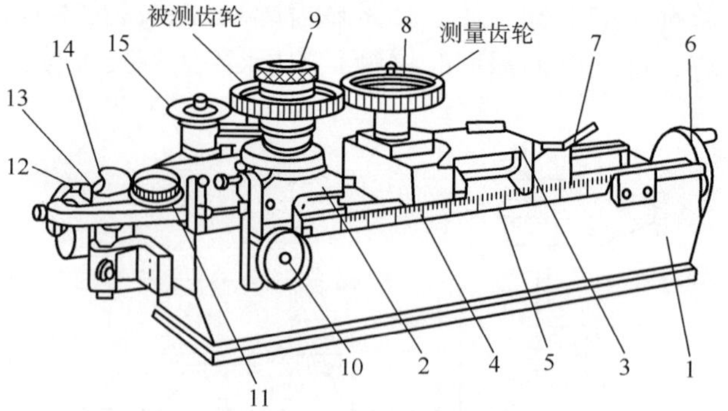

图 3－2－33　双面啮合检查仪

测量时，径向误差直接由指示表 11 读出。被测齿轮安装在浮动滑板 2 的心轴 9 上，标准（理想精确）齿轮安装在固定滑板 3 的心轴 8 上。由于被测齿轮存在各种误差（如基节偏差、周节偏差、齿圈径向跳动误差和齿形误差等），当两个齿轮啮合转动时，这些误差通过浮动滑板上的一套装置反映在指示表上。

①将仪器各工作表面、被测齿轮、理想精确或标准齿轮擦净，待安装。

②把控制浮动滑板 2 的手柄（即凸轮 10 上）拨到正上方，装上指示表 11，使指针转过一圈后用螺钉紧固，并调整百分表使指针与零线重合，然后将手柄拨到左边。

③转动手轮 6 把固定滑板 3 调整到两齿轮的理论中心距（数值按标尺 4 和游标 5 的示值），再用固定滑板 3 前的手柄锁紧。

④标准齿轮安装在心轴 8 上，被测齿轮安装在心轴 9 上，然后将凸轮 10 上的手柄拨到右侧（未装齿轮时凸轮 10 的手柄不能拨到右侧），使浮动滑板 2 靠向固定滑板 3，保

证标准齿轮和被测齿轮紧密啮合。

⑤用手轻微而均匀地转动被测齿轮，在转动一周或一齿的过程中观察指示表的示值变化，该变化量就是一转或一齿内中心距变动量，在转动一周中指示表的最大值和最小值之差即为该齿轮的径向综合误差。

⑥当第一个被测齿轮检测完毕后，将浮动滑板架（凸轮 10 的手柄）前的手柄拨到左边，使标准齿轮和被测齿轮脱开，然后取下被测齿轮。

⑦做出实训报告。

7. 基节偏差 Δf_{pb} 的测量

基节偏差 Δf_{pb} 是实际基节与公称基节之差。测量基节偏差的原理如图 3－2－34 所示，测头 1 和 2 的工作面均面向被测齿廓，与相邻两齿面接触时两测头之间的距离为实际基节，公称基节由标准量块来校准。指示表 4 上的读数和公称基节读数的差值为基节偏差。

如图 3－2－34（b）所示为公称基节调零用量块夹。图 3－2－34（a）中，测头 1 和定位头 3 在一个部件上，其跨度用螺杆 8 调节。旋转螺杆 7 可使此部件沿仪器本体 5 平移，测头 2 的摆动通过杠杆传给指示表 4。测头 1 和 2 的间距利用量块夹中量块组 10 校准以达到公称基节值。

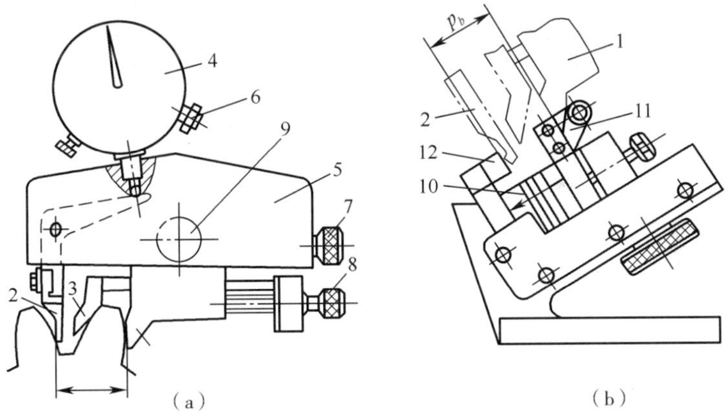

图 3－2－34　基节偏差的测量

①根据被测齿轮的参数按公式 $P_b = \pi \times m \times \cos\alpha$ 计算公称基节值。

②按 P_b 值选择合适的量块，将之搭配，依图 3－2－34（b）装入量块夹中（图中 10 为量块），用螺钉固紧。

③将基节仪的测头 1 插入量块夹上带销的测头 11 中，使两测头的平面紧贴，转动基节仪的螺杆 7，使测头 2 和量块夹 12 接触，直到指示表 4 上指针转折时，拧紧基节仪背面的螺钉 9，再微动表上小轮 6，使指针对准零位。

④把基节仪从量块夹中轻轻取出，依图 3－2－34（a）的方式，使测头 1 和定位头 3 架在一齿的上部。转动螺杆 8，使测头 1 和 2 与齿面接触点处在重叠区内。微微摆动基节仪，使测头 2 沿齿面上、下滑动，当测头 1 和 2 的间距最小时，从表上读取指针转折

点处的读数，即得到基节偏差 Δf_{pb}。

⑤在齿轮圆周四等分处，重复③步骤，测量左、右齿廓的基节偏差，记录数据。根据齿轮的技术参数，查出基节的极限偏差。

⑥做出实训报告。

8. 齿轮硬度检测

①检测前的准备。清理检测环境并检查是否满足检测要求，清洗被测件及辅助工具，确定检查项目为齿面硬度和心部硬度，测量工具为超声波硬度计，如图 3－2－35 所示，熟练掌握并使用。

②采集记录数据。安装被测件，按照设计预案采集测量数据并规范地做好原始记录。本次任务是直接测量，应在齿面和心部的不同位置测量 3～5 处，记下读数，填入表 3－2－10 齿轮硬度检测报告单。

图 3－2－35　齿轮硬度检测

表 3－2－10　　齿轮硬度检测报告单

测量项目	图纸要求	实测值					实测结果	结论
齿面硬度								
心部硬度								

③记录数据处理。对检测数据进行计算和处理，获得检测结果。

④填报检测结果。根据齿轮硬度检测报告单的检测结果及有关的原始记录，做出合格性的判定。

任务实施

一、ZDY80 减速机齿轮的机械加工

ZDY80 减速机齿轮零件图如图 3－2－36 所示，加工工艺过程见表 3－2－11。

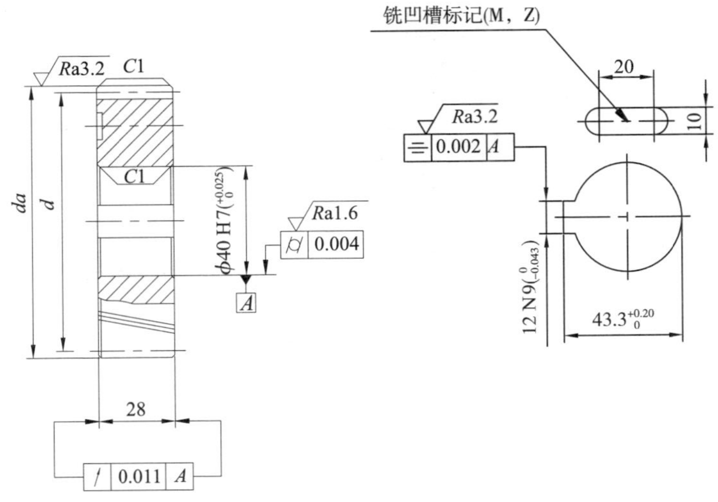

法向模数	m_n	见表
齿数	Z	见表
法向压力角	α_n	20
齿顶高系数	h_a^*	1
螺旋角	β	13
旋向		右
变位系数	X	见表
跨距及其偏差	$W_{k\,Ebni}^{\,Ebns}$	见表
跨齿数	K	见表
精度等级	6	ISO1328-1:1995
齿轮副中心距及极限偏差	$a \pm f_a$	80±0.015
配对齿轮	图号	
	齿数	

允许值	单个齿距偏差	$\pm f_{pt}$	0.0075
	k个齿齿距累积偏差	$\pm F_{pk}$	见表
	齿距累积总偏差	F_p	0.026
	齿廓总偏差	f_α	0.0085
	螺旋线总偏差	f_β	0.012
检验辅助值	齿廓有效长度 L_{AE} 见表	齿廓计值范围 L_α	见表
	齿廓形状偏差	$f_{f\alpha}$	0.0065
	齿廓斜率偏差	$\pm f_{H\alpha}$	0.0055
	螺旋线计值范围	L_β	25.2
	螺旋线形状偏差	$f_{f\beta}$	0.0085
	螺旋线斜率偏差	$\pm f_{f\beta}$	0.0085

齿　轮　参　数　表

图号	ZBJ19004-1.1.38	ZBJ19004-1.1.39	ZBJ19004-1.1.41	ZBJ19004-1.1.42	ZBJ19004-1.1.43	ZBJ19004-1.1.44	ZBJ19004-1.1.45	ZBJ19004-1.1.46	ZBJ19004-1.1.47	ZBJ19004-1.1.48	ZBJ19004-1.1.49	ZBJ19004-1.1.51	ZBJ19004-1.1.52	ZBJ19004-1.1.53
速比 I	1.25	1.4	1.6	1.8	2	2.24	2.5	2.8	3.15	3.55	4	4.5	5	5.6
齿数 Z	42	44	47	49	51	53	54	56	58	59	82	84	86	88
法向模数 m_n	2	2	2	2	2	2	2	2	2	2	1.5	1.5	1.5	1.5
变位系数 X	0.585	0.585	0.585	0.585	0.585	0.585	0.585	0.585	0.585	0.585	0.194	0.194	0.194	-0.03
分度圆直径 d	ø86.210	ø90.315	ø96.473	ø100.578	ø104.683	ø108.788	ø110.841	ø114.946	ø119.051	ø121.104	ø126.235	ø129.314	ø132.393	ø135.472
齿顶圆直径 d_a	ø92.211 $^{0}_{-0.054}$	ø96.317 $^{0}_{-0.054}$	ø102.474 $^{0}_{-0.054}$	ø106.580 $^{0}_{-0.054}$	ø110.685 $^{0}_{-0.054}$	ø114.790 $^{0}_{-0.054}$	ø116.843 $^{0}_{-0.054}$	ø120.948 $^{0}_{-0.054}$	ø125.053 $^{0}_{-0.054}$	ø127.106 $^{0}_{-0.063}$	ø129.771 $^{0}_{-0.063}$	ø132.850 $^{0}_{-0.063}$	ø135.929 $^{0}_{-0.063}$	ø138.369 $^{0}_{-0.063}$
跨齿数 K	6	7	7	7	8	8	8	8	8	9	11	11	11	11
跨齿距 W_{Ebni}^{Ebns}	34.541 $^{-0.100}_{-0.144}$	40.506 $^{-0.100}_{-0.144}$	40.596 $^{-0.100}_{-0.144}$	40.657 $^{-0.100}_{-0.144}$	46.621 $^{-0.100}_{-0.144}$	46.682 $^{-0.100}_{-0.144}$	46.712 $^{-0.100}_{-0.144}$	46.772 $^{-0.100}_{-0.144}$	46.832 $^{-0.100}_{-0.144}$	52.767 $^{-0.100}_{-0.144}$	48.550 $^{-0.100}_{-0.144}$	48.595 $^{-0.100}_{-0.144}$	48.641 $^{-0.100}_{-0.144}$	48.452 $^{-0.100}_{-0.144}$
齿距累积误差 F_{pk}	0.0122	0.0123	0.0125	0.0126	0.0127	0.0129	0.0129	0.0130	0.0132	0.0132	0.0145	0.0145	0.0146	0.0147
齿廓有效长度 L_{AE}	13.72	13.71	13.67	13.64	13.59	13.25	13.51	13.44	13.35	13.30	10.08	9.97	9.89	8.49
齿廓计值范围 L_α	12.63	12.61	12.58	12.55	12.51	12.19	12.43	12.36	12.28	12.24	9.27	9.17	9.10	7.81
有效硬化层深 mm	0.3~0.6	0.3~0.6	0.3~0.6	0.3~0.6	0.3~0.6	0.3~0.6	0.3~0.6	0.3~0.6	0.3~0.6	0.3~0.6	0.2~0.4	0.2~0.4	0.2~0.4	0.2~0.4

技术要求

1.齿部渗碳淬火，有效硬化层深见表，齿面硬度HRC54~58，芯部硬度HRC30~42；
2.齿面磨削均匀，磨齿后进行探伤，不得有裂纹、夹渣等缺陷；
3.齿顶沿齿长方向倒圆R0.15；
4.锐角倒钝。

Ra12.5 (√)

ZDY80齿轮	ZBJ19004-1.1.38-53A	1:1
20CrMnMo	XX减速机股份有限公司	

图3-2-36　齿轮零件图

表 3－2－11　　ZDY80 减速器齿轮加工工艺过程

工序号	工序名称	工序内容	工艺装备	工序图例
1	备料	备料	锯床	
2	锻造	根据图纸尺寸锻造毛坯，留足加工余量	锻床	
3	热处理	回火，消除锻造应力	井式电阻炉	
4	粗车	粗车齿坯外圆，留 4mm 余量，内孔留 5mm 余量，总厚度留 5mm 余量，倒角；要求外圆光滑接刀	车床	
5	探伤	超声波探伤，检查齿坯的内部缺陷		
6	热处理	热处理正火	正火炉	

续表

工序号	工序名称	工序内容	工艺装备	工序图例
7	精车	1）三爪夹外圆，校正外圆跳动≤0.2mm夹紧，车平端面，端面画线作基准，车外圆比基本尺寸小0.2mm，车内孔至$\phi 39.5_{-1.15}^{1}$，车凹槽至尺寸，倒角 2）掉头夹另一端外圆，靠平端面，校正已加工外圆跳动≤0.2mm夹紧，车端面总厚度至29，车凹槽至尺寸，车外圆光整接刀，倒角	车床	
8	检验	检验车加工工序各部分尺寸，留余量是否达到图纸要求		
9	拉键槽	工件上拉床，校正夹紧，拉键槽至尺寸，注意深度含磨量	拉床	
10	滚齿	专用胎具装夹，基准面朝下，校正夹紧，调整机床用B级留磨滚刀滚齿，公法线长度留0.02mm余量，去毛刺	滚齿机	
11	热处理	热处理渗碳，渗碳层深度0.5～0.8mm。要求工件放平，随炉放试棒试块		

续表

工序号	工序名称	工序内容	工艺装备	工序图例
12	热处理	热处理淬火，齿部硬度 54 ~ 58HRC，心部硬度 30 ~ 42HRC，淬火后回火	高频感应淬火机	
13	检验	检验热处理工序质量符合图纸要求		
14	磨平面	1）工件上工作台，基准面朝下，磨去平面 0.5mm 2）翻转工件，磨基准面，保证总厚度尺寸至 28mm，表面粗糙度 $Ra1.6\mu m$	平面磨床	
15	磨内孔	三爪卡盘夹外圆，校正节圆，端面跳动≤0.015mm 并夹紧，磨内孔至 $\phi40H7^{+0.025}_{0}$，表面粗糙度 $Ra1.6\mu m$	内孔磨床	
16	磨齿	上胎具基准面朝下，校正内孔及端面跳动≤0.004mm 夹紧，精磨齿面，要求齿面两侧磨削均匀，公法线长度至尺寸，表面粗糙度 $Ra1.6\mu m$	磨齿机	
17	探伤	磁粉探伤后退磁		
18	检验	检查各部尺寸及精度		

续表

工序号	工序名称	工序内容	工艺装备	工序图例
19	清洗	清洗以去除表面的油污及其他杂物并做好防锈工作		
20	入库	包装入库		

二、ZDY80 减速器齿轮加工质量检测

1. 齿轮检测指导书

ZDY80 减速机齿轮检测指导书见表 3－2－12。

表 3－2－12　　ZDY80 减速机齿轮检测指导书

<table>
<tr><td colspan="3">××减速机有限公司</td><td>题目</td><td>齿轮检测指导书</td><td>产品：ZDY80 减速机</td></tr>
<tr><td colspan="2">产品类别</td><td rowspan="2">齿轮</td><td>检验目的</td><td colspan="2">使公司内部使用的齿轮检验项目有标准可依，同时提高产品的质量及持续改善</td></tr>
<tr><td colspan="2">（名称与图号）</td><td>检验范围</td><td colspan="2">公司内部及外协的各种齿轮检验</td></tr>
<tr><td>No.</td><td>检测项目</td><td>检测方式</td><td colspan="2">检测要求与判定标准</td><td>检测等级</td></tr>
<tr><td>1</td><td>齿数</td><td>目测</td><td colspan="2">齿轮的加工齿数必须与图纸要求的一致</td><td>★★</td></tr>
<tr><td>2</td><td>齿顶圆径</td><td>游标卡尺</td><td colspan="2">①齿数是偶数的可直接测量，齿数是奇数的先测量齿顶到配合孔边的距离，用所测数据乘 2 再加配合孔的直径；②测的数据必须符合图纸的公差要求，并依图纸要求进行判定处理</td><td>★★★</td></tr>
<tr><td>3</td><td>齿宽</td><td>游标卡尺/
千分尺</td><td colspan="2">齿轮的宽度必须符合图纸的公差要求，并依图纸要求进行判定处理</td><td>★★</td></tr>
<tr><td>4</td><td>配合
孔径</td><td>内径百分表/
千分尺/光面塞规</td><td colspan="2">①用内径百分表配合千分尺成“米”字形测量孔径或用光面塞规检测（通规通，止规止）；②测的数据必须符合图纸的公差要求，并依图纸要求进行判定处理</td><td>★★★★</td></tr>
</table>

续表

No.	检测项目	检测方式	检测要求与判定标准	检测等级
5	键槽宽度 键槽深度	键槽塞规 千分块游标卡尺	①键槽宽度用键槽塞规或千分块检测；②键槽深度用游标卡尺检测；③检验的数据必须严格按图纸的公差要求进行判定处理	★★★
6	公法线	公法线 千分尺	①公法线检测时必须进行最少四段的检测（根据齿数的数量可以适当增加）；②多段公法线的检测数值都必须符合图纸的公差要求，依据图纸进行判定	★★★★
7	端面跳动 齿跳动	百分表/磁性表座/ 标准量棒/偏摆仪	①用标准的锥度心棒塞在配合孔里，偏摆仪双顶在心棒的中心孔上，用磁性表座配合百分表检测工件的端面跳动；②用标准的量棒放齿轮的槽里，用磁性表座配合百分表检测工件的齿跳动；③测的数据必须符合图纸的公差要求，并依图纸要求进行判定处理	★★★★
8	硬度	硬度计	根据图纸或技术要求的硬度选用不同的硬度计在工件表面打三个点进行检测（三点的平均值）。检测的硬度应符合图纸或技术要求	★★★
9	粗糙度 外观	目测/粗糙度 对比块/检测仪	①表面粗糙度必须符合图纸要求（用目测，粗糙度对比块或粗糙度检测仪进行检测），齿轮表面毛刺须打磨干净，不得有气孔，砂眼，材质夹渣，裂纹等缺陷；②图纸要求做标记的需做标记（如画线，刻图号等）	★★
检测注意事项：检测等级按 GB/T 2828 抽检标准执行，检测等级分类，★～★★放宽检测，★★★正常检测，★★★★全检				

制定		审核		核准		版次	修订内容	日期
日期		日期		日期				

2．齿轮检测记录表

ZDY80 减速机齿轮检测记录见表 3－2－13。

表3－2－13　　ZDY80减速机齿轮检测记录表

××减速机有限公司减速机齿轮检测记录表

型号		供应商		进货日期		进货单号	
进货数量		抽检数		检验日期		检验员	
公法线 W_n：		W_{max}：　W_{min}： 公法线变动量允许值：			跨齿数		

径向跳动允许值：　孔径要求：　键槽宽度要求：　键槽深度要求：　齿顶圆：

检测值	公法线测试数据				公法线变动量	径向跳动	孔径	键槽宽度	键槽深度	齿顶圆	齿轮厚度	判断
组号	1	2	3	4								
备注												
检测判定	□合格　□不合格											
不合格品评审处理	品质部意见											
	主管		日期		厂长		日期					

任务评价

ZDY80 减速机齿轮的加工与检测工作任务实施评价见表 3－2－14。

表 3－2－14　工作任务实施评价表

<table>
<tr><td>班级</td><td></td><td>学号</td><td></td><td>姓名</td><td></td><td>学校导师</td><td></td><td>企业导师</td><td></td></tr>
<tr><td rowspan="3">评价项目</td><td rowspan="3">评价标准</td><td rowspan="3">评价细则</td><td rowspan="3">配分</td><td colspan="4">评价方式</td><td rowspan="3">得分</td></tr>
<tr><td>自评</td><td>互评</td><td>学校导师评价</td><td>企业导师评价</td></tr>
<tr><td>20%</td><td>20%</td><td>30%</td><td>30%</td></tr>
<tr><td rowspan="4">专业能力</td><td>1. 能识读 ZDY80 减速机齿轮的零件图，进行加工工艺分析</td><td>（1）读错一处扣 2 分，共计 10 分
（2）正确进行加工工艺分析</td><td rowspan="4">60</td><td></td><td></td><td></td><td></td><td></td></tr>
<tr><td>2. 能制定 ZDY80 减速机齿轮机械加工工艺过程</td><td>不能正确说出加工顺序扣 10 分</td><td></td><td></td><td></td><td></td><td></td></tr>
<tr><td>3. 能根据齿轮机械加工工艺过程确定加工所需设备、工具、量具等</td><td>（1）不会安全操作车床扣 5 分
（2）不会安全操作滚齿机扣 5 分
（3）不会安全操作插床扣 5 分
（4）不会正确使用常用的工量具，每发现一次扣 2 分</td><td></td><td></td><td></td><td></td><td></td></tr>
<tr><td>4. 能对齿轮进行加工质量检测</td><td>（1）不会制定合理检测方案及选择合理测量工具扣 5 分
（2）检测项目不齐全，每缺一处扣 2 分
（3）不会对测量数据进行分析，每出现一次扣 2 分</td><td></td><td></td><td></td><td></td><td></td></tr>
<tr><td rowspan="4">方法能力</td><td>1. 会制定项目实施文件</td><td>实施文件每缺少一项扣 2 分</td><td rowspan="4">20</td><td></td><td></td><td></td><td></td><td></td></tr>
<tr><td>2. 能规范穿戴劳保用品，仪容仪表整洁</td><td>（1）劳保用品穿戴不规范扣 5 分
（2）仪容仪表不整洁扣 5 分</td><td></td><td></td><td></td><td></td><td></td></tr>
<tr><td>3. 能掌握新知识、新方法、新设备、新工艺</td><td>对齿轮加工中出现的新知识、新方法、新设备、新工艺等缺乏了解视情节酌情扣 5～10 分</td><td></td><td></td><td></td><td></td><td></td></tr>
<tr><td>4. 具有分析解决实际问题的能力和一定创新精神和创造能力</td><td>分析问题不透彻，解决问题不到位，缺乏自己独到的见解，视情节酌情扣 5～10 分</td><td></td><td></td><td></td><td></td><td></td></tr>
</table>

续表

<table>
<tr><td>班级</td><td></td><td>学号</td><td colspan="2"></td><td>姓名</td><td></td><td>学校导师</td><td></td><td>企业导师</td><td></td></tr>
<tr><td rowspan="3">评价项目</td><td rowspan="3" colspan="2">评价标准</td><td rowspan="3" colspan="2">评价细则</td><td rowspan="3">配分</td><td colspan="4">评价方式</td><td rowspan="3">得分</td></tr>
<tr><td>自评</td><td>互评</td><td>学校导师评价</td><td>企业导师评价</td></tr>
<tr><td>20%</td><td>20%</td><td>30%</td><td>30%</td></tr>
<tr><td rowspan="3">社会能力</td><td colspan="2">1. 严格遵守工作场所管理制度，认真执行7S管理</td><td colspan="2">违反工作场所管理制度或任务结束未执行7S管理，每次视情节酌情扣5～10分</td><td rowspan="3">20</td><td></td><td></td><td></td><td></td><td></td></tr>
<tr><td colspan="2">2. 具有一定的沟通协调和团队协作能力</td><td colspan="2">未体现沟通协调和团队协作精神扣3分</td><td></td><td></td><td></td><td></td><td></td></tr>
<tr><td colspan="2">3. 具有安全文明生产意识</td><td colspan="2">准备过程中违反安全生产规程，视情节轻重酌情扣10～20分，出现人身、设备、工量具损坏等严重事故者，本次考核以零分计</td><td></td><td></td><td></td><td></td><td></td></tr>
<tr><td>日期</td><td colspan="2">年　月　日</td><td colspan="2">导师签名</td><td colspan="4"></td><td>合计</td><td></td></tr>
</table>

知识拓展

粉末冶金

粉末冶金是制取金属粉末或用金属粉末（或金属粉末与非金属粉末的混合物）作为原料，经过成形和烧结，制取金属材料、复合材料以及各种类型制品的工业技术。目前，粉末冶金技术已被广泛应用于交通、机械、电子、航空航天、兵器、生物、新能源、信息和核工业等领域，成为新材料科学中具有发展活力的分支之一。粉末冶金技术具备显著节能、省材、性能优异、产品精度高且稳定性好等一系列优点，非常适合于大批量生产。另外，部分用传统铸造方法和机械加工方法无法制备的材料和复杂零件也可用粉末冶金技术制造，因而备受工业界的重视。

广义的粉末冶金制品业涵括了铁石刀具、硬质合金、磁性材料以及粉末冶金制品等。狭义的粉末冶金制品业仅指粉末冶金制品，包括粉末冶金零件（占绝大部分）、含油轴承和金属射出成型制品等。

粉末冶金工艺的基本工序是：

①原料粉末的制备。现有的制粉方法大体可分为两类：机械法和物理化学法。而机械法可分为机械粉碎及雾化法；物理化学法又分为电化腐蚀法、还原法、化合法、还原－化合法、气相沉积法、液相沉积法以及电解法。其中应用最为广泛的是还原法、雾化法和电解法。

②粉末成型为所需形状的坯块。成型的目的是制得一定形状和尺寸的压坯，并使其具有一定的密度和强度。成型的方法基本上分为加压成型和无压成型。加压成型中应用最多的是模压成型。此外还可使用3D打印技术进行坯块的制作。

③坯块的烧结。烧结是粉末冶金工艺中的关键性工序。成型后的压坯通过烧结使其得到所要求的最终物理机械性能。烧结又分为单元系烧结和多元系烧结。对于单元系和多元系的固相烧结，烧结温度比所用的金属及合金的熔点低；对于多元系的液相烧结，烧结温度一般比其中难熔成分的熔点低，而高于易熔成分的熔点。除普通烧结外，还有松装烧结、熔浸法、热压法等特殊的烧结工艺。

④产品的后序处理。烧结后的处理，可以根据产品要求的不同，采取多种方式。如精整、浸油、机加工、热处理及电镀。此外，近年来一些新工艺如轧制、锻造也应用于粉末冶金材料烧结后的加工，取得较理想的效果。

巩固提高

一、填空题

1. 齿轮是机械传动装置中的重要组成部分，主要＿＿＿＿＿＿，承受＿＿＿＿＿＿和＿＿＿＿＿＿等载荷。

2. 滚齿是利用＿＿＿＿＿＿原理进行切削的。

3. 加工渐开线齿轮的滚刀，理论上相当一个＿＿＿＿＿＿的蜗杆，经开槽和铲背后形成＿＿＿＿＿＿。

4. 滚齿机的种类较多，按照机床加工精度分，主要有＿＿＿＿＿＿和＿＿＿＿＿＿两种。

5. 磨齿前齿形的加工，必须采用＿＿＿＿＿＿。

6. 齿坯的夹紧必须牢固、可靠，但夹紧力不应过大，以防造成＿＿＿＿＿＿。

7. 剃齿是一种高效齿轮精加工方法，和磨齿相比，剃齿具有＿＿＿＿＿＿、成本低、＿＿＿＿＿＿和＿＿＿＿＿＿等优点。

8. 根据用途的不同，滚刀分为＿＿＿＿＿＿、＿＿＿＿＿＿、＿＿＿＿＿＿和定装滚刀等。

9. 齿轮加工的关键是齿面加工，其次是内孔和端面的加工。按照齿轮加工原理，可分为＿＿＿＿＿＿和＿＿＿＿＿＿两大类。

10. 齿轮键槽常用的加工方法有＿＿＿＿＿＿、＿＿＿＿＿＿、＿＿＿＿＿＿三种。

二、选择题

1. 按齿轮齿廓曲线的形状分类的齿轮形式中不包括（　　）。

A. 渐开线齿轮传动　B. 摆线齿轮传动　C. 圆弧齿轮传动　D. 半开式齿轮传动

2. 主要用于直齿圆柱齿轮、斜齿圆柱齿轮和蜗轮齿形加工的方法是（　　）。

A. 铣齿　B. 滚齿　C. 剃齿　D. 梳齿

3. 对于为淬火圆柱齿轮常用的齿形精加工方法是（　　）。

A. 铣齿　B. 滚齿　C. 剃齿　D. 磨齿

4. 插齿所用的直齿插齿刀主要有三种类型，下面不属于直齿插齿刀的是（　　）。

A. 盘形直齿插齿刀　B. 碗形直齿插齿刀　C. 锥柄直齿插齿刀　D. 球形直齿插齿刀

5. 特别适合于内齿轮和多联齿轮加工的方法是（　　）。

A. 铣齿　　B. 滚齿　　C. 插齿　　D. 磨齿

三、判断题

1. 滚刀与被加工齿轮如同蜗轮蜗杆一样做对滚啮合运动。（　　）
2. 滚齿齿形不对称，主要原因是滚刀安装不对中。（　　）
3. 切削用量选择太大会造成齿面出现鱼鳞。（　　）
4. 齿坯精度对齿轮齿部的加工精度无影响。（　　）
5. 当工件与滚刀螺旋方向相同时，螺旋角应相加。（　　）
6. 速度交换挂轮的中间轮是改变滚刀的旋转方向。（　　）
7. 滚齿机的顺滚和逆滚是靠差动交换齿轮改变的。（　　）
8. 啮合间隙都会影响加工齿轮的质量。（　　）
9. 滚切时，首件加工一般不一次切至全齿高，要留有一定的余量以便检查。（　　）
10. 在滚齿加工中，粗滚齿一般使用逆滚，精滚齿一般采用顺滚。（　　）

四、简答题

1. 简述滚刀刀架安装角的确定方法。
2. 简述滚齿加工的特点。
3. 简述齿轮公法线长度测量的主要工具及流程。
4. 简述齿轮齿厚的测量方法。

任务三　齿轮轴的加工与检测

任务描述

该项目根据企业工作流程完成 ZDY80 减速机齿轮轴的加工与质量检测，让学生在完成任务的过程中，学习车削、铣削、磨削、滚齿、磨齿加工及热处理等基本知识和基本技能，体验企业工作过程，感知企业文化，培养综合职业能力。

任务目标

1. 能制定项目实施文件。
2. 能识读 ZDY80 减速机齿轮轴零件图。
3. 能分析制定 ZDY80 减速机齿轮轴机械加工工艺过程卡和工序卡。
4. 能根据工艺文件准备齿轮轴加工所需零部件、设备、工具、量具、辅助材料等。
5. 能在车床、铣床、磨床、滚齿机、磨齿机上合理安装齿轮轴工件，选择合适刀具和切削用量。
6. 会正确、安全、规范地进行齿轮轴的车削、铣削、磨削、滚齿和磨齿加工。

7. 会选用适当量具、量仪对齿轮轴加工的尺寸精度、形位公差和表面质量等进行检测。

8. 能进行“7S”管理。

知识链接

一、ZDY80减速机齿轮轴类零件工艺路线

齿轮轴类零件是旋转零件，其长度大于直径，一般由外圆柱面、圆锥面、内孔、螺纹及相应端面等组成。加工表面通常除了内外圆表面、圆锥面、螺纹、端面外，还有花键、键槽、横向孔、沟槽等。

1. 零件作用分析

该零件为一齿轮轴，如图3-3-1所示，是轴类零件中比较常见的一种，作为减速机的输入轴，它的主要功用是通过联轴器与电动机主轴连接，将运动和动力传递给输出轴，并带动负载工作。由图3-3-2可以看出，该轴上装有轴承、平键等标准件。

图3-3-1　齿轮轴零件

图3-3-2　齿轮轴部件

2. 零件材料分析

齿轮轴在动力传输过程中，既要承受弯矩，又要承受转矩，并且产生的应力多为交变应力，所以失效形式多为疲劳损坏，因此齿轮轴材料要有足够的疲劳强度、较小的应力集中敏感性和良好的加工性能，因此选择的零件材料为高强度的高级渗碳钢20CrMnMo，强度高于15CrMnMo，塑性及韧性稍低，淬透性及力学性能比20CrMnTi高，淬火低温回火后具有良好的综合力学性能和低温冲击韧度。渗碳淬火后具有较高的抗弯强度和耐磨性能，齿部有效硬化层深度为0.2~0.4mm，齿面硬度为HRC58~62，心部硬度为HRC30~42。

3. 零件工艺分析

该齿轮轴图纸如图3-3-3所示，可以看出该齿轮轴由圆柱、阶梯轴、键槽、斜齿轮、倒角、圆角等组成。由于装配要求，该齿轮轴有较高的尺寸精度和表面粗糙度要求，还有多处圆柱度、同轴度等形位公差要求。支承轴颈是两个直径为ϕ20m6和ϕ20m7的圆柱面，分别与两个单列圆锥滚子轴承相配合。支承轴颈是输出轴部件的装配基准，

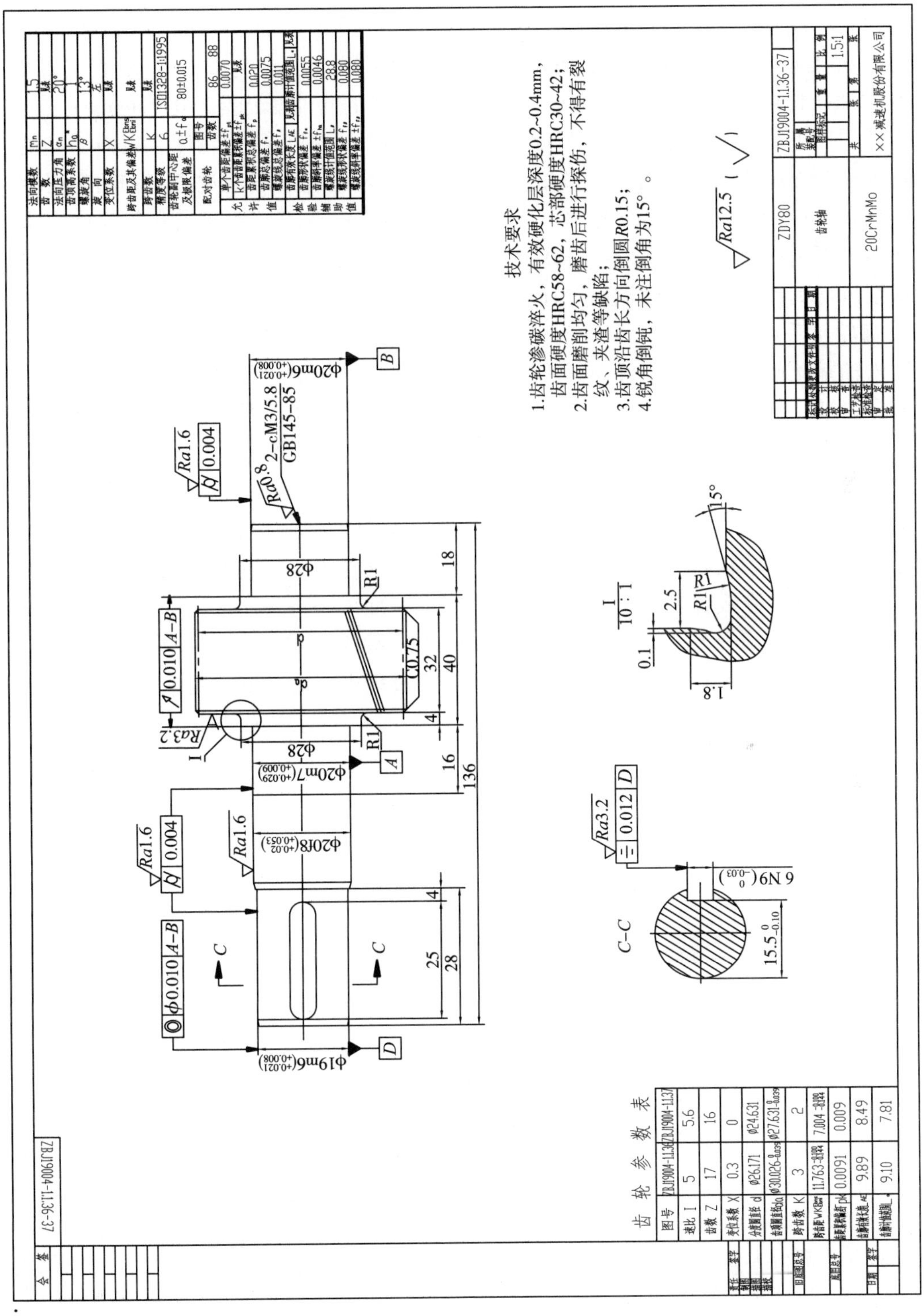
技术要求
1.齿轮渗碳淬火，有效硬化层深度0.2~0.4mm，齿面硬度HRC58~62，芯部硬度HRC30~42；
2.齿面磨削均匀，磨齿后进行探伤，不得有裂纹、夹渣等缺陷；
3.齿顶沿齿长方向倒圆R0.15；
4.锐角倒钝，未注倒角为15°。
齿轮参数表
C–C
20CrMnMo
ZBJ19004-1.1.36-37
××减速机股份有限公司

图3-3-3　齿轮轴零件图

其精度直接影响输出轴部件的回转精度，尺寸精度为 IT6 ~ IT7。配合轴颈是与齿轮轴和电机联轴器连接的 ϕ19m6 的外圆表面，其尺寸精度为 IT6，采用键连接。两支承轴颈与配合轴颈的圆柱度公差均为 0.004mm，表面粗糙度 Ra 值不大于 1.6μm。ϕ28 两圆柱端面相对于两支承轴颈 ϕ20m6 和 ϕ20m7 轴线的端面圆跳动公差为 0.01mm，配合轴颈 ϕ19m6 的轴线相对于两支承轴颈 ϕ20m6 和 ϕ20m7 轴线的同轴度公差为 0.01mm。

零件的加工制造需要考虑尺寸精度、几何形状精度、相互位置精度、表面粗糙度、热处理等多个方面的因素。由设计图纸可知，该齿轮轴的外形可通过粗车和精车得到，由于左端 ϕ20m7 和右端 ϕ20m6 的轴上要安装轴承，有较高的尺寸要求和粗糙度要求，因此要通过磨削得到。键槽可以在铣床上铣出，倒角、圆角等可由车床车出，齿轮通过滚齿机滚齿得到，除此外，两端面、轴肩部位需要磨，还有多道热处理工序。

4. 齿轮轴毛坯选择

输入轴是减速机的重要零件，其质量将直接影响减速机的工作精度和使用寿命；结构为多台阶轴，且零件各台阶直径相差不是很大，因此为提高生产效率，保证加工质量，选用 $\phi42 \times 145$mm 的棒料作为毛坯，以保证输出轴的力学性能。

5. 定位基准的选择

齿轮轴主要表面的加工顺序，主要取决于定位基准的选择。当轴类零件各加工表面间相互位置精度要求较高时，根据其结构特征，以轴线作为定位基准是最理想的，因此最好在一次装夹中完成各表面的加工，这样既保证基准统一，又使定位基准与设计基准重合。粗车时由于切削力大，为提高工件加工时工艺系统的刚度，可只用外圆表面定位或用外圆表面和一端中心孔作为定位基准，在加工过程中，应交替使用轴的外圆和一端中心孔作为定位基准，以满足相互位置精度要求。而精车时主要是为了去除少许的余量，一般以两端中心孔为精基准，采取“双顶”的方式。

根据上述定位基准选择分析，进行该齿轮轴加工时，可先以外圆表面作为粗基准钻端面中心孔，为粗车准备定位基准；而粗车外圆则为后续加工准备定位基准；此后为了给半精加工、精加工外圆准备定位基准，可先加工好前、后顶尖孔作定位基准；齿轮轴齿形加工也采用顶尖孔作为定位基准，以很好地体现基准统一和基准重合原则。

6. 主要表面的加工方法选择

（1）支承轴颈。粗车 – 半精车 – 磨削。

（2）配合轴颈。粗车 – 半精车 – 铣键槽 – 磨削。

7. 热处理安排

在齿轮轴加工的整个工艺过程中，应安排足够的热处理工序，以保证齿轮轴力学性能及加工精度要求，并改善工件加工性能。一般在齿轮轴毛坯锻造后首先安排正火处理，以消除锻造内应力，细化晶粒，改善机加工时的切削性能。在粗加工后安排调质处理。在粗加工阶段，经过粗车等工序，齿轮轴的大部分加工余量被切除。粗加工过程中切削力和发热都很大，在力和热的作用下，轴产生很大内应力，通过调质处理可消除内应力，代替时效处理，同时可以得到所要求的韧性。同时作为表面淬火的预备热处理，为表面淬火准备良好的金相组织，确保表面淬火质量。对于轴上的支承轴颈、齿面等重要的且在工作中经常摩擦的表面，为提高其耐磨性均需表面淬火处理，表面淬火安排在精加工前进行，以通过精加工去除淬火过程中产生的氧化皮，修正淬火变形。

8. 加工顺序安排

机加工顺序的安排根据基面先行、先粗后精、先主后次的原则进行。对齿轮轴零件一般是钻好端面中心孔后，先加工外圆，再加工其他部分，并注意粗、精加工分开进行。在齿轮轴加工工艺中，以热处理为标志，调质处理前为粗加工，淬火处理前为半精加工，淬火后为精加工。经过阶段划分，既保证了最后进行主要表面的精加工，又不致因其他表面加工时产生的应力影响主要表面精度。

齿轮轴的齿形粗加工应安排在各外圆完成半精加工之后，因为对齿轮轴来讲，齿形加工是该零件加工过程中工作量和加工难度均比较大的加工内容，其加工位置适当放后一些，可提高定位基准的定位精度，而齿形精加工应安排在该零件各外圆等表面全部加工好后进行，从而消除齿形局部淬火产生的热处理变形。齿轮轴上的键槽等次要表面的加工一般应安排在外圆精车或粗磨之后、精磨外圆前进行。如果在精车前就铣键槽，由于断续切削而产生振动，既影响加工质量又容易损坏刀具，同时键槽的尺寸要求也难以保证。若安排在主要表面精磨后进行，会破坏主要表面精度。

二、齿轮轴的损伤与检验

齿轮轴的损伤主要包括轴颈与键齿磨损、弯扭变形和断裂等。轴颈磨损是由于轴颈与轴承之间相对运动产生摩擦造成的。磨损过大时，不但使齿轮轴轴线偏移，轮齿啮合间隙增大，导致减速机工作时产生异响和加速轮齿磨损，而且还会使轴颈烧蚀损坏。因此，当轴颈磨损超过最小极限尺寸0.1mm（可用测微器测量）时，应换新或修复。键齿磨损多发生在与花键套或连接凸缘的内键齿不是过盈配合的轴端键齿上，因这样配合的键齿，在转速变化时要承受冲击、挤压等负荷，故在受力一侧产生较为严重的磨损。检查时，可用相配的花键套或连接凸缘装上检查，要求无旷量感。否则，应更换。齿轮轴变形多由于负荷过大所造成，对工作影响较大的是弯扭变形。检验时，可将两端轴颈置于两V形铁上，用千分表测量其径向跳动量，超过规定时，应更换或进行校正。齿轮轴折断多发生在阶梯轴台肩圆角处，因该处若加工不当（如留有刀痕），容易产生应力集中。齿轮轴的检验除上述外，还应注意轴端和螺纹不应有压伤、磨平和滑扣等现象。

任务实施

一、ZDY80减速器齿轮轴的机械加工

1. 工作场地准备

学校和企业导师应深入企业相关车间做好任务实施设备、材料、工具、量具、劳保用品等的准备，落实好组织管理措施及安全技术措施等，并与企业相关负责人取得联系，确保任务实施与生产活动无冲突。实施设备包括锯床、锻床、车床、铣床、磨床、滚齿机、磨齿机、热处理设备等，确保任务正常开展。

2. 技术资料准备

（1）ZDY80 齿轮轴零件图。

（2）ZDY80 齿轮轴机械加工工艺过程卡和工序卡。

3. 材料准备

ZDY80 减速机齿轮轴毛坯见表 3－3－1。

表 3－3－1　ZDY80 减速机齿轮轴毛坯

名称	规格	数量
20CrMnMo	ϕ42×145mm	1

4. 设备准备

ZDY80 减速机齿轮轴加工设备见表 3－3－2。

表 3－3－2　ZDY80 减速机齿轮加工设备

序号	名称	规格型号	数量
1	车床	CA6140	1
2	铣床	X6132A	1
3	磨床	M7140	1
4	滚齿机	Y3150	1
5	磨齿机	Y7132A	1
6	正火炉	RC	1
7	高频淬火机	DSGP－120	1
8	回火炉	RT3	1

5. 工、量、刃辅助准备

ZDY80 减速机齿轮轴加工所需工具、量具、刃具及夹具见表 3－3－3。

表 3－3－3　ZDY80 减速机齿轮加工所需工具、量具、刃具及夹具准备情况一览表

序号	设备名称	规格型号	单位	数量	主要用途
1	外圆车刀	90°	把	1	精车外圆
2	外圆车刀	75°	把	1	粗车外圆、端面
3	外圆车刀	45°	把	1	粗车端面、倒角
4	键槽铣刀		把	1	铣键槽
5	中心钻及钻夹头	A1，ϕ1～13	支	各 1	钻中心孔
6	砂轮		只	1	磨外圆
7	固定顶尖		个	1	夹持工件
8	活动顶尖及钻套		个	各 1	夹持工件
9	游标卡尺	0.02/0～150			测量长度

续表

序号	设备名称	规格型号	单位	数量	主要用途
10	外径千分尺	0.01/0～25 0.01/25～50	把	各1	测量直径
11	百分表及表座	0.01/0～10	只	各1	校正
12	卡盘扳手		把	1	卡盘卡爪松紧
13	刀架扳手		把	1	刀架刀具松紧
14	钻夹头扳手		把	1	钻头松紧

6. 加工工艺过程

ZDY80减速器齿轮轴零件机械加工工艺过程见表3-3-4。

表3-3-4　　ZDY80减速器齿轮轴机械加工工艺过程

工序号	工序名称	工序内容	工艺装备
1	备料	备料	锯床
2	锻造	反射炉加热后，根据图纸尺寸锻造毛坯，留足加工余量	锻床
3	热处理	正火，消除锻造应力	
4	粗车	三爪卡盘夹右端外圆，校正左端外圆夹紧，车平左端面，钻CM3/5.8中心孔，顶中心孔，依次粗车各部分外圆，车 ϕ19m6（$^{+0.021}_{+0.008}$）至 ϕ23，长30mm；车 ϕ20f8（$^{-0.02}_{-0.053}$）、ϕ20m7（$^{+0.029}_{+0.009}$）至 ϕ24，长50mm；车 ϕ28至 ϕ34，长4mm；车 ϕ30.026（$^{0}_{-0.039}$）至 ϕ34，长36mm；各台阶处锐角倒钝 调头夹左端外圆，校正右端外圆夹紧，车端面定总长140mm；钻CM3/5.8中心孔，顶中心孔，依次粗车各部分外圆，车 ϕ20M6（$^{+0.021}_{+0.008}$）至 ϕ24，长20mm；车 ϕ28至 ϕ34，长4mm；各台阶处锐角倒钝	车床
5	探伤	超声波探伤，检查齿轴坯的内部缺陷	
6	热处理	热处理正火，消除内应力	
7	精车	三爪卡盘夹右端外圆，校正左端外圆跳动≤0.1mm夹紧，车去左端面2mm，钻中心孔CM3/5.8，顶中心孔，依次精车各部分外圆，车 ϕ19m6（$^{+0.021}_{+0.008}$）至 ϕ19.4，长28.8mm；车 ϕ20f8（$^{-0.02}_{-0.053}$）、ϕ20m7（$^{+0.029}_{+0.009}$）至 ϕ20.4，长50mm；车 ϕ28至尺寸，长4.2mm；车 ϕ30.026（$^{0}_{-0.039}$）至 ϕ30.5，长32mm；各台阶处车 *R* 弧，倒角如图，表面粗糙度 *Ra*3.2μm 调头夹另一端端外圆，校正已加工外圆跳动≤0.010mm夹紧，车端面定总长136mm；钻CM3/5.8中心孔，顶中心孔，车 ϕ20m6（$^{+0.021}_{+0.008}$）至 ϕ20.4，长22mm；车 ϕ28至尺寸，长4.2mm；各台阶处车 *R* 弧，倒角如图，表面粗糙度 *Ra*3.2μm	车床
8	检验	检验车加工工序各部分尺寸，留余量是否符合要求	

续表

工序号	工序名称	工序内容	工艺装备
9	铣键槽	分度头夹轴右端，顶左端，校正上母线及侧母线≤0.012mm，按图铣键槽，宽度和长度至尺寸，深度含磨削加工余量，去毛刺，表面粗糙度 $Ra3.2\mu m$	铣床
10	滚齿	三爪垫夹左端外圆，去中心孔中杂物，加润滑脂，校正轴承挡外圆跳动≤0.010mm 夹紧，调整机床，用 B 级留磨滚刀滚齿，公法线长度留 0.02mm 余量，跨齿数 $K=3$，一次进刀滚削，修端面齿形棱边倒角，去毛刺	滚齿机
11	热处理	热处理渗碳，渗碳层深度 0.2～0.4mm，除齿部外，其余要求涂防渗剂	
12	热处理	热处理淬火，齿面硬度 HRC 58～62，心部硬度 HRC30～42，淬火后回火	
13	检验	检验热处理工序质量符合图纸要求	
14	磨外圆	上鸡心夹头，去两中心孔杂物，加润滑脂，顶两中心孔，校正顶紧，粗、精磨各外圆至图纸要求，靠磨各端面，表面粗糙度 $Ra1.6\mu m$	外圆磨床
15	磨齿	鸡心夹头夹轴右端，校轴承挡外圆跳动≤0.010mm 夹紧，粗、精磨齿面，要求齿面两侧磨削均匀，公法线长度至图纸尺寸，齿轮精度达图纸要求，表面粗糙度 $Ra1.6\mu m$	磨齿机
16	探伤	磁粉探伤，磁粉探伤后退磁	
17	检验	检查各加工尺寸、形位公差、表面粗糙度及齿部精度达图纸要求	
18	入库	入库	

二、ZDY80 减速器齿轮轴的加工质量检测

1. 检测方法

ZDY80 减速机齿轮轴检测方法见表 3－3－5。

表 3－3－5　　ZDY80 减速机齿轮轴检测方法

序号	测量对象	测量工具	测量步骤
1	长度尺寸	游标卡尺（分度值：0.02mm）	1. 首先用软布将量爪擦干净，使其并拢，查看游标和主尺身的零刻度线是否对齐 2. 如果对齐就可以进行测量，如没有对齐则要记取零误差。游标的零刻度线在尺身零刻度线右侧的叫正零误差，在尺身零刻度线左侧的叫负零误差（这种规定方法与数轴的规定一致，原点以右为正，原点以左为负） 3. 测量时，右手拿住尺身，大拇指移动游标，左手拿待测外径（或内径）的物体，使待测物位于外测量爪之间，当与量爪紧紧相贴时，即可读数

续表

序号	测量对象	测量工具	测量步骤
2	轴颈	外径千分尺（分度值：0.01mm）	1. 测量前将被测物擦干净，松开千分尺的锁紧装置，转动旋钮，使测砧与测微螺杆之间的距离略大于被测物体 2. 一只手拿千分尺的尺架，将待测物置于测砧与测微螺杆的端面之间，另一只手转动旋钮，当螺杆要接近物体时，改旋测力装置直至听到喀喀声。旋紧锁紧装置（防止移动千分尺时螺杆转动），即可读数
3	圆角	半径规（*R* 规）	*R* 规是利用光隙法测量圆弧半径的工具。测量时必须使 *R* 规的测量面与工件的圆弧完全地紧密地接触，当测量面与工件的圆弧中间没有间隙时，工件的圆弧度数则为此时对应的 *R* 规上所表示的数字。由于是目测，故准确度不是很高，只能作定性测量
4	表面粗糙度	表面粗糙度样块	采用表面粗糙度样块比较
5	端面圆跳动	偏摆仪、百分表（分度值：0.01mm）	1. 将测量器具和被测工件擦干净，然后把被测零件支撑在偏摆仪上 2. 安装好百分表、表座、表架，调节百分表，使测头与工件外表面接触并保持垂直，并将指针调零，且有一定的压缩量 3. 缓慢而均匀地转动工件一周，记录百分表的最大读数 M_{max} 与最小读数 M_{min}。按上述方法，在被测端面四个不同直径处测量（直径 A、B、C、D），取测量端面不同直径上测得的跳动量中的最大值，作为该零件的端面圆跳动误差。
6	同轴度	V 形架法	本方法只适用于各种规格的零件进行同轴度误差的测量 测量步骤：1. 将被测零件放在 V 形架上 2. 按选定的基准轴线体现方法确定基准轴线的位置 3. 测量实际被测要素各正截面轮廓的半径差值，计算轮廓中心点的坐标 4. 根据中心轴线的位置及实际被测轴线上各点的测量值，确定被测要素的同轴度误差
		顶尖法	本方法只适用于轴类零件及盘套类零件（加配带中心孔的心轴）的同轴度误差的测量 测量步骤：1. 将被测零件装夹在测量仪器的两顶尖上 2. 按选定的基准轴线体现方法确定基准轴线的位置 3. 测量实际被测要素各正截面轮廓的半径差值，计算轮廓中心点的坐标 4. 根据中心轴线的位置及实际被测轴线上各点的测量值，确定被测要素的同轴度误差
7	键槽对称度尺寸的检测	键槽塞规 千分块 游标卡尺	用普通计量器具来测量大批量生产时键槽宽度可以用量块或光滑极限量规来检验
8	对称度误差	轴键槽对称度检测仪	轴键槽中心平面对基准轴线的对称度公差采用独立原则来测量

2. 检测结果

ZDY80 减速机齿轮轴检测结果见表 3－3－6。

表 3－3－6　××减速机有限公司减速机齿轮轴检测记录表

<table>
<tr><td>型号</td><td></td><td>供应商</td><td colspan="2"></td><td>进货日期</td><td></td><td>进货单号</td><td></td></tr>
<tr><td>进货数量</td><td></td><td>抽检数</td><td colspan="2"></td><td>检验日期</td><td></td><td>检验员</td><td></td></tr>
<tr><td>公法线 W_n:</td><td></td><td colspan="5">W_{max}:　　W_{min}:
公法线变动量允许值:</td><td>跨齿数</td><td></td></tr>
<tr><td>测量对象</td><td colspan="2">允许值</td><td colspan="2">测量值</td><td colspan="2">测量工具</td><td colspan="2">裁定</td></tr>
<tr><td rowspan="9">长度</td><td colspan="2">136</td><td colspan="2"></td><td colspan="2"></td><td colspan="2"></td></tr>
<tr><td colspan="2">28</td><td colspan="2"></td><td colspan="2"></td><td colspan="2"></td></tr>
<tr><td colspan="2">25</td><td colspan="2"></td><td colspan="2"></td><td colspan="2"></td></tr>
<tr><td colspan="2">4</td><td colspan="2"></td><td colspan="2"></td><td colspan="2"></td></tr>
<tr><td colspan="2">16</td><td colspan="2"></td><td colspan="2"></td><td colspan="2"></td></tr>
<tr><td colspan="2">4</td><td colspan="2"></td><td colspan="2"></td><td colspan="2"></td></tr>
<tr><td colspan="2">40</td><td colspan="2"></td><td colspan="2"></td><td colspan="2"></td></tr>
<tr><td colspan="2">32</td><td colspan="2"></td><td colspan="2"></td><td colspan="2"></td></tr>
<tr><td colspan="2">18</td><td colspan="2"></td><td colspan="2"></td><td colspan="2"></td></tr>
<tr><td rowspan="4">直径</td><td colspan="2">$\phi19m6\ (^{+0.021}_{+0.008})$</td><td colspan="2"></td><td colspan="2"></td><td colspan="2"></td></tr>
<tr><td colspan="2">$\phi20f8\ (^{-0.02}_{-0.053})$</td><td colspan="2"></td><td colspan="2"></td><td colspan="2"></td></tr>
<tr><td colspan="2">$\phi20m7\ (^{+0.029}_{+0.009})$</td><td colspan="2"></td><td colspan="2"></td><td colspan="2"></td></tr>
<tr><td colspan="2">$\phi20m6\ (^{+0.021}_{+0.008})$</td><td colspan="2"></td><td colspan="2"></td><td colspan="2"></td></tr>
<tr><td>齿顶圆</td><td colspan="2">$\phi30.026\ (^{0}_{-0.039})$</td><td colspan="2"></td><td colspan="2"></td><td colspan="2"></td></tr>
<tr><td>公法线变动量</td><td colspan="2">$48.641^{-0.010}_{-0.144}$</td><td colspan="2"></td><td colspan="2"></td><td colspan="2"></td></tr>
<tr><td>键槽宽度</td><td colspan="2">$6N9\ (^{0}_{-0.03})$</td><td colspan="2"></td><td colspan="2"></td><td colspan="2"></td></tr>
<tr><td>键槽深度</td><td colspan="2">$15.5\ (^{0}_{-0.10})$</td><td colspan="2"></td><td colspan="2"></td><td colspan="2"></td></tr>
<tr><td>键槽对称度</td><td colspan="2">0.012</td><td colspan="2"></td><td colspan="2"></td><td colspan="2"></td></tr>
<tr><td>齿轮厚度</td><td colspan="2"></td><td colspan="2"></td><td colspan="2"></td><td colspan="2"></td></tr>
<tr><td>端面跳动量</td><td colspan="2">0.010</td><td colspan="2"></td><td colspan="2"></td><td colspan="2"></td></tr>
<tr><td>同轴度</td><td colspan="2">0.010</td><td colspan="2"></td><td colspan="2"></td><td colspan="2"></td></tr>
<tr><td>圆柱度</td><td colspan="2">0.004</td><td colspan="2"></td><td colspan="2"></td><td colspan="2"></td></tr>
<tr><td>备注</td><td colspan="8"></td></tr>
<tr><td>检测判定</td><td colspan="8">☐ 合格　　　☐ 不合格</td></tr>
<tr><td rowspan="2">不合格品
评审处理</td><td>品质部意见</td><td colspan="7"></td></tr>
<tr><td>主管</td><td></td><td>日期</td><td></td><td>厂长</td><td></td><td>日期</td><td></td></tr>
</table>

任务评价

ZDY80 减速机齿轮轴的加工与检测任务实施评价见表 3－3－7。

表 3－3－7　　工作任务实施评价表

班级		学号		姓名		学校导师		企业导师	
评价项目	评价标准	评价细则	配分	评价方式				得分	
				自评	互评	学校导师评价	企业导师评价		
				20%	20%	30%	30%		
专业能力	1. 能编制 ZDY80 减速机齿轮轴加工工艺路线	不能正确制定工艺路线，每错一处扣 5 分	60						
	2. 能对齿轮轴进行车削加工	不能正确操作车床加工扣 10 分							
	3. 能对齿轮轴进行铣削加工	不能正确操作铣床加工扣 10 分							
	4. 能对齿轮轴进行滚齿加工	不能正确操作滚齿机加工扣 10 分							
	5. 能对齿轮轴进行磨齿加工	不能正确操作磨齿机加工扣 10 分							
	6. 能对齿轮轴加工质量进行检测	每错检或漏检一处扣 2 分							
方法能力	1. 会制定项目实施文件	实施文件每缺少一项扣 2 分	20						
	2. 能规范穿戴劳保用品，仪容仪表整洁	（1）劳保用品穿戴不规范扣 5 分 （2）仪容仪表不整洁扣 5 分							
	3. 能掌握新知识、新方法、新设备、新工艺	对新知识、新方法、新设备、新工艺缺乏了解，视情节酌情扣 5～10 分							
	4. 具有分析解决实际问题的能力和一定的创新精神和创造能力	分析问题不透彻，解决问题不到位，缺乏自己独到的见解，视情节酌情扣 5～10 分							
	5. 学会自主学习，根据所学举一反三	对提出优化方案的同学酌情加分							

续表

班级		学号		姓名		学校导师		企业导师
评价项目	评价标准	评价细则	配分	评价方式				得分
				自评	互评	学校导师评价	企业导师评价	
				20%	20%	30%	30%	
社会能力	1. 严格遵守工作场所管理制度，认真执行7S管理	违反工作场所管理制度或任务结束未执行7S管理，每次视情节酌情扣5～10分	20					
	2. 具有一定的沟通协调和团队协作能力	未体现沟通协调和团队协作精神扣3分						
	3. 具有安全文明生产意识	准备过程中违反安全生产规程，视情节轻重酌情扣10～20分，出现人身、设备、工量具损坏等严重事故者，本次考核以零分计						
日期	年 月 日	导师签名					合计	

知识拓展

基于三坐标测量机的齿轮参数测量

齿轮作为机械行业一个非常重要的零件，其质量直接影响到整台产品的性能和寿命。对于一个未知齿轮，其参数的传统测量方法主要依靠游标卡尺等手工工具，对测出的数据进行计算得出该齿轮的模数、压力角等参数值，这种测量方法需要步骤较多，占用的时间较长，效率不高。近年来，把数字图像处理技术运用到齿轮参数测量上也得到了很好的发展，其具有测量时间短、无须接触齿轮、测量的齿轮信息多等优点，但是需要CCD摄像机、光学照明系统、计算机、图像采集系统及相应的软件设备。

近年来，三坐标测量机已普遍应用于航空、航天、机械制造和模具等领域，同时配合相关齿轮测量软件可实现在数控坐标测量机上按要求在直齿、斜齿、圆柱齿轮上采集各项测量数据并保存成数据文件，对所选的测量项目进行评定，绘制各项误差曲线图形并给出误差评定数据。也可评定由手动坐标测量机或其他测量仪器测得的符合要求的齿轮测量数据。评定的误差项目有：齿距误差、齿距累积误差、齿厚误差、齿圈径向跳动误差、基节误差、齿廓误差、螺旋线误差等。

巩固提高

一、填空题

1. 对高转速、重载荷条件下工作的轴，可采用____________且经渗碳淬火处理后，一方面能使心部保持良好的____________，另一方面能获得较高的____________。

2. 轴类零件的最主要表面为轴颈，与轴上传动零件相配合的轴颈称为____________，与轴承相配合的轴颈称为____________。

3. 轴类零件最主要的相互位置精度是指____________相对____________同轴度或配合轴颈相对支承轴颈轴线的____________，以及轴肩端面对____________的____________。

4. 轴上的花键、键槽应安排在外圆经____________或____________后、____________前或____________前进行加工。

二、选择题

1. 轴类零件粗加工后安排调质处理可提高零件的（　　）。

A. 硬度　　B. 耐磨性　　C. 强度　　D. 综合力学性能

2. 轴类零件切削加工时最常用的定位基准是（　　）。

A. 中心孔　　B. 外圆表面　　C. 内孔表面　　D. 都可以

3. 粗加工轴类零件时，一般以____________作为定位基准。（　　）

A. 中心孔　　B. 外圆

C. 中心孔与外圆　　D. 不受限制

4. 轴上的花键、键槽、螺纹等表面的加工，一般放在____________进行。（　　）

A. 外圆精加工以后　　B. 外圆粗加工以后，精加工以前

C. 外圆半精加工以后，精加工之前　　D. 无限制要求

5. 对于中碳钢轴类零件为提高轴颈的耐磨性，通常要安排（　　）热处理。

A. 正火　　B. 调质

C. 渗碳　　D. 表面淬火

6. 齿轮、机床主轴等力学性能要求较高的钢质零件，其毛坯应选用（　　）。

A. 铸件　　B. 型材　　C. 锻件　　D. 焊接件

三、简答题

1. 如图 3－3－4 所示为某轴的加工图，要求：大量生产，且在高速重载下工作。试回答下列问题：

（1）轴类零件的毛坯加工方法为____________（选填“铸件”“模锻件”“型材”），材料为____________（选填“45 钢”“20Cr”）。

（2）该零件选择的主要定位基准是____________。轴线是轴上各外圆表面的设计基准，以此作为精基准，符合____________原则和____________原则。

（3）粗车外圆时，切削力大，考虑采用____________装夹。加工时，轴上的螺纹加工，一般应安排在外圆____________之后，____________之前进行。

（4）该零件主要位置精度是____________相对于____________的同轴度和____________相对于____________圆跳动。

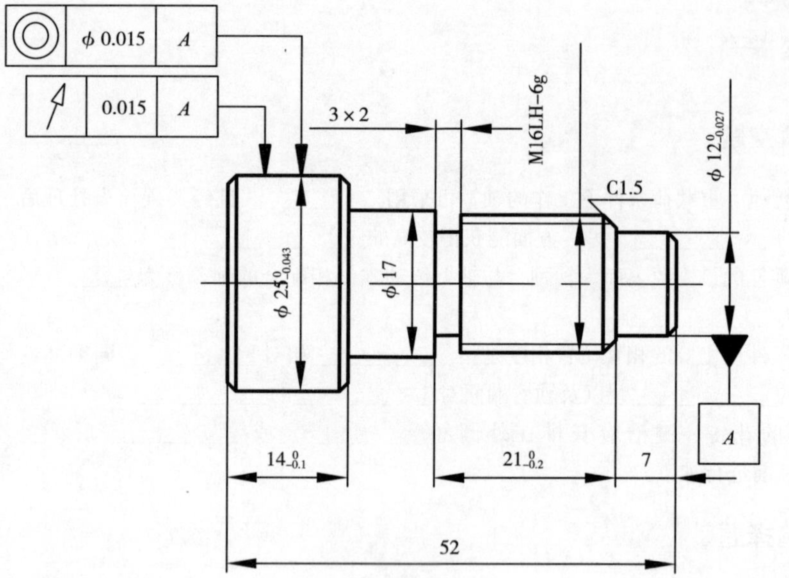

图 3－3－4　轴加工图

2. 简述齿轮轴同轴度的检测方法。

项目四 减速机整机装配与测试

任务一 装配前准备

任务描述

该项目根据企业工作流程完成ZDY80减速机的装配与整机性能测试，让学生在完成任务的过程中，学习装配钳工基本知识和基本技能，体验企业工作过程，感知企业文化，培养综合职业能力。

任务目标

1. 能制定项目实施文件。
2. 能识读ZDY80减速机装配图。
3. 能识读ZDY80减速机装配工艺过程卡。
4. 能根据工艺文件准备装配所需零部件、设备、工具、量具、辅助材料等。
5. 能正确规范装配减速机，会进行装配质量检查和整机性能测试。
6. 培养学生观察、思考和分析解决实际问题的能力。
7. 培养学生的创新意识、安全意识、规范意识、质量意识及沟通协调、团队协作能力。
8. 使学生熟悉企业生产的基本工艺流程和管理方法，感知企业文化，培养学生基本职业素养。

知识链接

一、装配的基本概念和装配工艺规程的制定

1. 装配的基本概念

装配是指根据规定的技术要求，将零件或部件进行配合和连接，使之成为半成品或成品的过程。减速机的装配是减速机制造过程中的最后一个环节，它包括装配、调整、

5. 制定装配工艺过程的相关要求

（1）“预处理工序”先行，如零件的清洗、倒角、去毛刺、油漆等工序要安排在前。

（2）“先下后上”，即先装处于机器下部的零部件，再装处于机器上部的零部件，使机器在整个装配过程中其重心始终处于稳定状态。

（3）“先内后外”，可使先装部分不会成为后续作业的障碍。

（4）“先难后易”，即先装难以装配的零部件。因为，开始装配时活动空间较大，便于安装、调整、检测及机器的翻转。

（5）“先重大后轻小”，即先安装体积、重量较大的零部件，后安装体积、重量较小的零部件。

（6）“先精密后一般”，即先将影响整台机器精度的零部件安装、调试好，再装一般要求的零部件。

（7）安排必要的检验工序，特别是对产品质量和性能有影响的工序，在它的后面一定要安排检验工序，检验合格后方可进行后续的装配。

（8）电线、液压油管，润滑油管的安装工序应合理穿插在整个装配过程中，不能疏忽。

二、装配图的识读方法和步骤

装配图是制定装配工艺规程，进行装配、检验、安装与维修的技术文件，其主要内容包括一组视图、必要的尺寸、技术要求、零件序号、标题栏和明细栏。识读装配图是工程技术人员必备的一种能力，其主要目的是了解机器或部件的名称、用途、性能、结构和工作原理，以及零件之间的装配关系、传动路线、装拆顺序和技术要求等。

识读装配图的一般方法和步骤如下：

（1）看标题栏和明细栏。概要了解装配体的名称、性能、用途及各组成零件的种类、名称、材料、数量及其在装配图中的大致位置。

（2）分析视图。弄清各个视图的名称、所采用的表达方式、所表达的主要内容、所反映的装配关系、所呈现的零件之间的连接方式及视图间的投影关系。

（3）分析零件。了解各零件的主要作用和结构形状，以便弄清装配体的工作原理和运动情况。

（4）分析配合关系。根据装配图上标注的尺寸，分析零件的配合要求、基准制、配合类别和配合精度等。

（5）定位与调整。分析零件的加工面、定位面，有没有间隙需要调整，如何调整。

（6）连接与固定。分析零件之间的连接方式，零件固定方式和定位方式，是可拆还是不可拆。

（7）密封与固定。弄清运动件的润滑和储油装置、进出油孔、输油油路以及密封方式。

（8）装拆顺序。在看懂全部装配图后，弄清楚装配顺序和零件加工顺序。

（9）了解技术要求。包括组装后的检测技术指标、使用时对工作条件的要求等。

（10）总结。通过上面的分析，总结出装配体的工作原理等。

任务实施

一、工作场地准备

学校和企业导师应深入学校机械拆装室或企业装配车间做好任务实施设备、材料、工具、量具、劳保用品等的准备，落实好组织管理措施及安全技术措施等，并与实训室管理员或车间主任取得联系，确保任务实施期间与其他教学活动或生产活动无冲突。保证实训场所整洁、明亮、专业和企业文化特色鲜明，实训设施完善、教学设备完备，确保任务正常开展。

二、技术资料准备

1. 识读装配图

ZDY80 减速机装配图如图 4－1－2 所示。

2. 识读装配工艺过程卡

ZDY80 减速机装配工艺卡。

三、零部件、标准件和通用件准备

根据装配图至仓库领取零部件、标准件和通用件，并核对数量、检查质量，领取情况见表 4－1－1 和表 4－1－2。

表 4－1－1　零部件领取情况一览表

序号	装配图中序号	零部件名称	数量	作用	数量核对	质量检查
1	1	机体	1	组合成箱体，起支撑输入轴和输出轴作用		
2	2	机盖	1			
3	10	视孔盖	1	观察箱体内齿轮运转情况		
4	18	输出轴透盖	1	固定于箱体上实现轴承的轴向定位		
5	18	输出轴闷盖	1			
6	19	输出轴调整环	2	调整输出轴轴承外圈与闷盖间间距		
7	21	输出轴定距环	1	确定输出轴轴肩与轴承内圈间距		
8	25	齿轮轴闷盖	1	固定于箱体上实现轴承的轴向定位		
9	25	齿轮轴透盖	1			
10	26	齿轮轴调整环	2	调整齿轮轴轴承外圈与闷盖间间距		
11	26	齿轮轴调整环	2	调整齿轮轴轴承外圈与透盖间间距		
12	28	齿轮轴轴承套	2	实现轴承外圈的轴向固定		
13	31	齿轮轴 $M_n=1.5$，$Z=17$	1	与输出轴上齿轮配合实现运动和动力的传递		
14	32	齿轮 $M_n=1.5$，$Z=86$	1	与齿轮轴配合实现运动和动力的传递，达到规定速比		
15	33	输出轴	1	支撑齿轮、轴承，传递运动和动力		

××减速机有限公司

领　料　单

领料部门＿＿＿＿＿＿＿＿＿　　No：Y0003300

生产单号＿＿＿＿＿＿＿＿＿＿＿＿＿＿＿　日期　年　月　日

序号	物料编号	物料名称	规格型号	单位	数量	单价	金额	备注
1								
2								
3								
4								
5								
6								
7								
8								
9								
10								
合计：							¥：	

批准：　　领料员：　　制表：

第一联存根　第二联仓库　第三联财务

图 4-1-3　企业领料单

五、装配辅助工作准备

（1）辅助设备。主要包括加热器、压力机、顶开门、低温箱等，辅助设备情况见表 4-1-3。

表 4-1-3　辅助设备情况一览表

序号	辅助设备名称	数量	作用
1	加热器	1	烘焙轴承、齿轮
2	压力机	1	装配轴承
3	顶开门	1	
4	低温箱	1	

（2）辅助工具。主要包括抛光机、电磨、紫铜棒、橡胶锤、活络扳手、梅花扳手、套筒扳手等，辅助工具情况见表 4-1-4。

表 4-1-4　辅助工具情况一览表

序号	辅助设备名称	数量	作用
1	抛光机	1	去毛刺、倒角、飞边
2	电磨	1	去毛刺、倒角、飞边
3	紫铜棒	1	二者配合装配平键、透盖、闷盖等
4	橡胶锤	1	
5	活络扳手	1	装拆螺栓
6	梅花扳手	1	装拆螺栓
7	套筒扳手	1	装拆螺栓

（3）辅助量具。主要包括深度游标卡尺、游标卡尺、千分尺、塞尺等，辅助量具情况见表 4－1－5。

表 4－1－5　　辅助量具情况一览表

序号	辅助设备名称	数量	作用
1	深度游标卡尺	1	测量箱体尺寸
2	游标卡尺	1	测量孔、轴尺寸
3	千分尺	1	测量调整环尺寸
4	塞尺	1	检测轴肩与轴承、轴肩与齿轮间的间隙

（4）辅助材料。主要包括纱布、煤油或柴油、防锈底漆、耐油漆、锡丝、红丹粉等，辅助材料情况见表 4－1－6。

表 4－1－6　　辅助材料情况一览表

序号	辅助材料名称	数量	作用
1	纱布	若干	清理着色剂、防锈油、擦洗箱体内箱
2	煤油或柴油	1 桶	清洗零部件
3	防锈底漆	1 桶	箱体防锈
4	耐油漆	1 桶	箱体耐油
5	毛刷	2 把	涂刷防锈底漆和耐油漆
6	锡丝	1 卷	检测齿轮轴与齿轮啮合间隙
7	红丹粉	1 袋	检测齿轮轴与齿轮接触斑点

任务评价

装配前准备工作任务实施评价见表 4－1－7。

表 4－1－7　　工作任务实施评价表

<table>
<tr><td>班级</td><td></td><td>学号</td><td></td><td>姓名</td><td></td><td>学校导师</td><td></td><td>企业导师</td><td></td></tr>
<tr><td rowspan="3">评价项目</td><td rowspan="3">评价标准</td><td rowspan="3">评价细则</td><td rowspan="3">配分</td><td colspan="4">评价方式</td><td rowspan="3">得分</td></tr>
<tr><td>自评</td><td>互评</td><td>学校导师评价</td><td>企业导师评价</td></tr>
<tr><td>20%</td><td>20%</td><td>30%</td><td>30%</td></tr>
<tr><td>专业能力</td><td>1. 能识读 ZDY80 减速机装配图</td><td>（1）部件的名称、用途、性能和工作原理，每说错一个扣 2 分
（2）各零件的结构形状及作用未能弄清，每说错一个扣 2 分
（3）未能弄清各零件间的相对位置、装配关系和装拆顺序扣 10 分</td><td>60</td><td></td><td></td><td></td><td></td><td></td></tr>
</table>

续表

班级		学号		姓名		学校导师		企业导师	

评价项目	评价标准	评价细则	配分	评价方式				得分
				自评	互评	学校导师评价	企业导师评价	
				20%	20%	30%	30%	
专业能力	2. 能分析制定 ZDY80 减速机装配工艺	不能正确说出装配顺序扣 10 分	60					
	3. 能根据工艺文件领取装配所需零部件、设备、工具、量具等	（1）领取材料时每缺少一个零部件扣 5 分 （2）未及时发现制造缺陷每处扣 5 分 （3）设备、工量具不能正常使用每发现一次扣 2 分						
	4. 能去除零部件毛刺、飞边、油污、杂物等，会清理、清洗零部件	（1）每发现一处毛刺、飞边、油污或杂物扣 2 分 （2）未倒角每发现一处扣 2 分 （3）零部件未清洗到位每件扣 2 分						
方法能力	1. 会制定项目实施文件	实施文件每缺少一项扣 2 分	20					
	2. 能规范穿戴劳保用品，仪容仪表整洁	（1）劳保用品穿戴不规范扣 5 分 （2）仪容仪表不整洁扣 5 分						
	3. 能掌握新知识、新方法、新设备、新工艺	对新知识、新方法、新设备、新工艺缺乏了解，视情节酌情扣 5～10 分						
	4. 具有分析解决实际问题的能力和一定创新精神和创造能力	分析问题不透彻，解决问题不到位，缺乏自已独到的见解，视情节酌情扣 5～10 分						
社会能力	1. 严格遵守工作场所管理制度，认真执行 7S 管理	违反工作场所管理制度或任务结束未执行 7S 管理，每次视情节酌情扣 5～10 分	20					
	2. 具有一定的沟通协调和团队协作能力	未体现沟通协调和团队协作精神扣 3 分						
	3. 具有安全文明生产意识	准备过程中违反安全生产规程，视情节轻重酌情扣 10～20 分，出现人身、设备、工量具损坏等严重事故者，本次考核以零分计						
日期	年 月 日	导师签名					合计	

知识拓展

7S 现场管理法

7S 现场管理法简称 7S。“7S”是整理（Seiri）、整顿（Seiton）、清扫（Seiso）、清洁（Seiketsu）、素养（Shitsuke）、安全（Safety）和速度/节约（Speed/Saving）这 7 个词的缩写。因为这 7 个词日语和英文中的第一个字母都是“S”，所以简称为“7S”，开展以整理、整顿、清扫、清洁、素养、安全和节约为内容的活动，称为“7S”活动，某企业 7S 现场管理看板如图 4－1－4 所示。

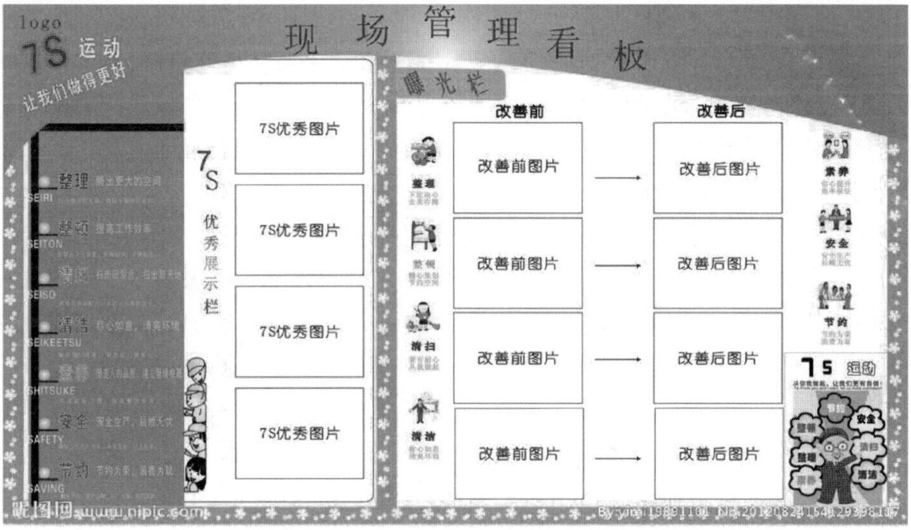

图 4－1－4　某企业 7S 现场管理看板

1. 整理

就是彻底地将要与不要的东西区分清楚，并将不要的东西加以处理，它是改善生产现场的第一步。需对“留之无用，弃之可惜”的观念予以突破，必须挑战“好不容易才做出来的”“丢了好浪费”“可能以后还有机会用到”等传统观念。经常对“所有的东西都是要用的”观念加以检讨。

整理的目的是：改善和增加作业面积；现场无杂物，行道通畅，提高工作效率；消除管理上的混放、混料等差错事故；有利于减少库存、节约资金。

2. 整顿

把经过整理出来的需要的人、事、物加以定量、定位，简而言之，整顿就是人和物放置方法的标准化。整顿的关键是要做到定位、定品、定量。

抓住了上述几个要点，就可以制作看板，做到目视管理，从而提炼出适合本企业的东西放置方法，进而使该方法标准化。

3. 清扫

就是彻底地将自己的工作环境四周打扫干净，设备异常时马上维修，使之恢复正常。清扫活动的重点是必须按照相关规定决定清扫对象、清扫人员、清扫方法、准备清扫器具，实施清扫的步骤实施，方能真正起到作用。

清扫活动应遵循下列原则：

（1）自己使用的物品如设备、工具等，要自己清扫而不要依赖他人，不增加专门的清扫工。

（2）对设备的清扫，着眼于对设备的维护保养，清扫设备要同设备的点检和保养结合起来。

（3）清扫的目的是为了改善工作环境，当清扫过程中发现有油水泄露等异常状况发生时，必须查明原因，并采取措施加以改进，而不能听之任之。

4. 清洁

清洁是指对整理、整顿、清扫之后的工作成果要认真维护，使现场保持完美和最佳状态。清洁，是对前三项活动的坚持和深入。清洁活动实施时，需要秉持三个观念：

（1）只有在“清洁的工作场所才能产生高效率、高品质的产品”。

（2）清洁是一种用心的行为，千万不要在表面上下功夫。

（3）清洁是一种随时随地的工作，而不是上下班前后的工作。清洁的要点原则是：坚持“三不要”的原则——不要放置不用的东西，不要弄乱，不要弄脏；不仅物品需要清洁，现场工人同样需要清洁；工人不仅要做到形体上的清洁，而且要做到精神的清洁。

5. 素养

要努力提高人员的素养，养成严格遵守规章制度的习惯和作风，素养是“7S”活动的核心，没有人员素质的提高，各项活动就不能顺利开展，就是开展了也坚持不了。

6. 节约

就是对时间、空间、能源等方面合理利用，以发挥它们的最大效能，从而创造一个高效率的、物尽其用的工作场所。节约是对整理工作的补充和指导，在企业中秉持勤俭节约的原则。

7. 安全

就是要维护人身与财产不受侵害，以创造一个零故障，无意外事故发生的工作场所。实施的要点是：不要因小失大，应建立健全各项安全管理制度；对操作人员的操作技能进行训练；勿以善小而不为，勿以恶小而为之，全员参与，排除隐患，重视预防。

巩固提高

一、填空题

1. 装配是指根据规定的____________，将____________或____________进行配合和连接，使之成为____________或____________的过程。

2. 减速机的装配是减速机制造过程中最后一个环节，它包括__________、__________、__________和__________等工作。

3. 识读装配图是工程技术人员必备的一种能力，其主要目的是了解机器或部件的__________、__________、__________、__________和工作原理，以及零件之间的__________、__________、__________和技术要求等。

4. 产品的装配总是从__________开始，从__________到__________，从__________到__________，从__________到__________，以不影响下道工序为原则，并以装配系统图的形式表示出来。

二、判断题

1. 装配过程也是一种工艺过程。(　　)
2. 即使是全部合格的零件，如果装配不当，往往也不能形成质量合格的产品。(　　)
3. 简单的产品可由零件直接装配而成。复杂的产品则须先将若干零件装配成部件。(　　)
4. 只有合理地将产品分解为可进行独立装配的单元后，才能合理安排装配顺序和划分装配工序。(　　)
5. 当结构比较简单、组成产品的零部件较少时，可以只绘制产品装配系统图。(　　)

三、简答题

1. 简述装配工艺规程制定的基本原则。
2. 简述装配工艺规程的内容。
3. 简述识读装配图的一般方法和步骤。

任务二　减速机部件组装

任务描述

该任务主要完成ZDY80减速机的部件组装，为下一步整机总装做好准备，让学生在部件组装的过程中，学习装配钳工基本知识和基本技能，体验企业工作过程，感知企业文化，培养综合职业能力。

任务目标

1. 能组装输入轴部件。
2. 能组装输出轴部件。
3. 能正确使用设备、工具、量具等。
4. 会进行轴承装配质量的检测。
5. 会进行齿轮装配质量的检测。
6. 会使用感应加热器加热轴承。

7. 能在工作现场执行7S管理。

知识链接

一、滚动轴承的安装

1. 滚动轴承安装方法

（1）利用铜棒和手锤配合安装。中小型轴承的安装通常采用此法。当轴承内圈为紧配合，外圈为较松配合时，将铜棒紧贴轴承内圈端面，用手锤直接敲击铜棒，通过铜棒传力，将轴承徐徐装至轴上。当轴承内圈较大时，应在轴承内圈端面周围对称敲击，切忌只敲打轴承一侧，也不能用力过猛，以免装斜或击裂轴承。

当轴承外圈为紧配合，内圈为较松配合时，将铜棒紧贴轴承外圈端面，用手锤直接敲击铜棒，将轴承压入轴承座中，最后再装到轴上，此法不易损伤机件。安装过程中要注意不要使铜屑等异物落入轴承滚道内，不要直接用锤子或套筒直接敲打轴承的内外圈，以免影响轴承的配合精度或造成轴承损坏。

（2）利用套筒和手锤配合安装。此法与利用铜棒安装轴承原理相同。当轴承装在轴上时利用套筒直接压在轴承内圈端面上，如图4－2－1（a）所示；当轴承装在箱体孔内时利用套筒压在轴承外圈端面上，如图4－2－1（b）所示。当轴承的内、外圈与轴和轴承座孔均为紧配合时，可将套筒的一端端面制成双环，或用单环套筒下加圆盘安装轴承，如图4－2－1（c）所示。

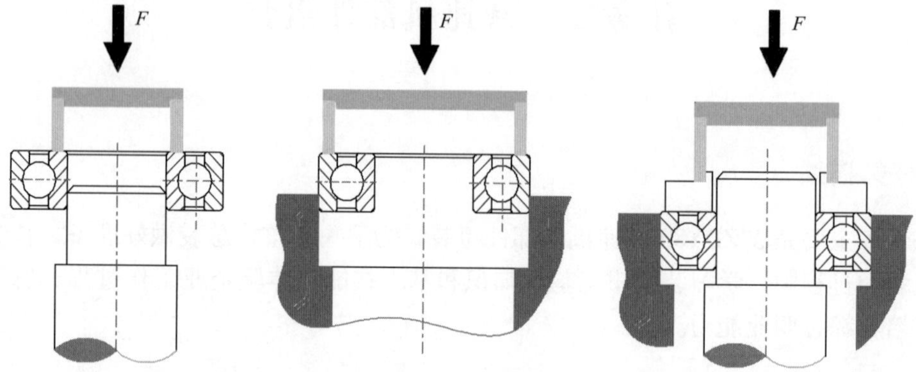

（a）施力于内圈端面　　（b）施力于外环端面　　（c）施力于内外环端面

图4－2－1　滚动轴承的装配

采用手锤敲击套筒，将轴承安装到轴上或轴承座孔中，安装省时省力，质量可靠。安装所用的套筒应为铜或低碳钢管等软金属制造。若轴承安装在轴上时，套筒内径应略大于轴颈1～4mm，外径略小于轴承内圈挡边直径，或以套筒厚度为准，其厚度应制成等于轴承内圈厚度的2/3～4/5，且套筒两端应平整并与筒身垂直。若轴承安装在座孔内时，套筒外径应略小于轴承外径。

利用套筒安装轴承时，如机件不大，可置于台虎钳上安装，此时为防轴被夹伤，可在钳口垫以铜片或铝片。如机件尺寸较大，应放在木架上安装，此时应先将轴承装到轴上，再安装套筒，然后用手锤均匀敲击套筒慢慢装合。当套筒端盖为平顶时，手锤应沿其圆周依次均匀敲击套筒。

（3）利用套筒和压机配合安装。对于过盈公差较大的轴承，可用螺旋压力机或液压机配合套筒对轴承加压。在加压前应使压机机杆中心线与套筒和轴承的中心线重合，要将轴和轴承放平，并涂上少许润滑油，压入速度不宜过快，轴承到位后要迅速撤去压力，防止损坏轴承或轴。其特点是轴承不受敲击，与轴承相配的密封装置等零件不会受损伤。

（4）加热安装。对于安装过盈量较大的轴承或大尺寸轴承，为了便于安装，可利用热胀冷缩原理，将轴承加热后用铜棒、套筒和手锤安装。加热温度一般控制在 85 ~ 90°C 较为合适，但不能超过 100°C，冷却最低温度不得低于零下 50°C。温度过高时，易造成轴承套圈滚道和滚动体退火，影响硬度和耐磨性，导致轴承寿命降低及过早报废。

2. 圆锥滚子轴承的安装

圆锥滚子轴承因内外圈可以分开，故属于可分离型轴承，安装时可将内圈保持架滚动体组件压装于轴上，外圈单独装入轴承座孔内。在利用套筒压装时，必须使套筒一端置于外圈端面，不得置于倾斜的滚道面上，以免损坏轴承。

圆锥滚子轴承多为成对安装使用。在安装过程中应在选择安装配合、调整轴向游隙、进行试运转和检测温度三个方面进行重点把握。

（1）选择安装配合。圆锥滚子轴承的外圈与轴承座壳体孔不宜采用过盈配合，内圈与轴颈的配合也不宜过紧，要求在安装中使用螺母调整时应能使其产生较灵活的轴向位移。因为圆锥滚子轴承若采用过盈配合，易使轴承的接触角改变，造成轴承载荷分布不均，引起较高温升。因此，此类轴承的内圈与轴颈、外圈与轴承座壳体孔的安装配合，一般应以双手大拇指能将轴承刚刚推入轴颈与壳体孔为最好。

（2）调整轴向游隙。对于圆锥滚子轴承的安装轴向游隙，可用轴颈上的调整螺母、调整垫片和轴承座孔内的螺纹，或用预紧弹簧等方法进行调整。轴向游隙的大小，与轴承安装时的布置、轴承间的距离、轴与轴承座的材料有关，可根据工作条件确定。对于高速重载的圆锥滚子轴承，调整游隙时，必须考虑温升对轴向游隙的影响，将温升引起的游隙减小量估算在内，即轴向游隙要适当地调整得大一点。对于低转速和承受振动的轴承，应采取无游隙安装，或施加预载荷安装。

其目的是使圆锥滚子轴承的滚子和滚道产生良好接触，载荷均匀分布，防止滚子和滚道受振动冲击遭到破坏。调整后，轴向游隙的大小用千分表检验。方法是先将千分表固定在机身或轴承座上，使千分表触头顶住轴的光洁表面，沿轴向左右推轴，表针的最大摆动量即为轴向游隙值。

（3）进行试运转和检测温度。为使圆锥滚子轴承的滚子与滚道接触良好，并获得合适的轴向游隙，在圆锥滚子轴承安装和每次调整游隙后，均应进行试运转和检测温度。方法是先低速运转 2 ~ 8min，再中速试转 2h，然后逐级提至高速。每级转速试运转不得少于 30min，温升率每小时不能超过 5℃，最后的稳定温度不得超过 70℃。

此外，在圆锥滚子轴承的安装和调整游隙中，还应注意，必须使圆锥滚子与内圈大挡边接触良好。

3. 轴承安装注意事项

（1）保持作业场地、所用的设备工具、润滑材料、轴承本身的清洁。

（2）安装时不允许在轴承上钻孔、刻槽、倒角、车端面。否则，容易引起轴承套圈变形，影响轴承精度及寿命，同时切削掉的金属容易进入轴承的工作表面，加速滚道和滚动体的磨损，润滑油要干净，避免轴承运转受到磨损擦伤及锈蚀。

（3）安装时不允许用手锤直接敲打轴承套圈。轴承的基准端面应朝内紧靠轴肩安装。轴承的基准端面是根据轴承端面有无打字来区分的，深沟球轴承、调心球轴承、圆柱滚子轴承、调心滚子轴承和滚针轴承，以无字端面为基准面；角接触球轴承和圆锥滚子轴承，以有字端面为基准面。

（4）安装时压力应加在有安装过盈配合的套圈端面上，即装在轴上时，压力应加在轴承内圈端面上；装入轴承座孔内时，压力应加在轴承外圈端面上。不允许通过滚动体保持传递压力。

（5）对于内圈为紧配合、外圈为滑配合的轴承，安装时，属不可分离型者，应先将轴承装于轴上，再将轴连同轴承一起装入轴承座壳体孔内；可分离型者，内、外圈可分别单独安装。

（6）为防止轴承安装倾斜，安装时轴和轴承孔的中心线必须重合。如安装不正，需重新安装时，必须通过内圈端面将轴承拉出。

4. 滚动轴承安装后检验

轴承安装正确与否将直接影响其寿命及主机精度。若安装不当，轴承不仅会出现振动、噪声大、精度低、温升高等现象，甚至会出现卡死烧坏；反之，安装正确，不仅能保证精度，而且能提升寿命。因此，轴承安装之后，必须对其安装质量进行检验。

（1）安装位置检验。轴承安装后，首先检验运转零件与固定零件是否相碰，润滑油能否畅通地流入轴承，密封装置与轴向紧固装置安装是否正确。

（2）径向游隙检验。除安装带预过盈的轴承外，都应检验径向游隙。深沟球轴承可用手转动检验，以平稳灵活、无振动，无左右摆动为好。圆柱滚子和调心滚子轴承可用塞尺检验，将塞尺插进滚子和轴承套圈之间，塞尺插入深度应大于滚子长度的1/2。当轴承的径向游隙无法用塞尺测量时，可测量轴承在轴向的移动量，来代替径向游隙的减小量。通常情况下，如轴承内圈为圆锥孔，则在圆锥面上的轴向移动量大约是径向游隙缩小量的15倍。

轴承的径向游隙，有些安装后不合格是可以调整的，如角接触球轴承、圆锥滚子轴承；有些则是在制造时已按标准规定调好，安装后不合格也不能再调整，如深沟球轴承、调心球轴承、圆柱滚子轴承、调心滚子轴承等。这类轴承安装后经检验若不合格，径向装配游隙太小，则说明轴承的配合选择不当，或装配部位加工不正确。此时，必须将轴承卸下，查明原因，加以消除后重新安装。当然轴承游隙过大也不行。

（3）轴承与轴肩的靠紧程度检验。

1）灯光法。即将电灯对准轴承和轴肩处，依据漏光情况进行判断。若不漏光，说明安装正确；若沿轴肩周围均匀漏光，说明轴承未与轴肩靠紧，应对轴承施加压力使之靠紧；若有部分漏光，说明轴承安装倾斜，可用手锤、铜棒或套筒敲击轴承内圈，慢慢安正。

2）厚薄规检验法。检验时由0.03mm厚度的厚薄规开始，在轴承内圈端面和轴肩的整个圆周上试插几处，如发现有间隙且很均匀，说明轴承安装不到位，应对轴承内圈加压使其靠紧轴肩。如压力加大也无法靠紧，说明轴颈圆角部位的圆角太大卡住轴承，应修整圆角使其变小；如发现轴承内圈端面与轴承肩个别部位厚薄规能通过，说明不符合标准，须拆卸予以修整后再重新安装。

如果轴承以过盈配合安装在轴承座孔内，轴承外圈被壳体孔挡肩固定时，其外圈端面与壳体孔挡肩端面是否靠紧，安装是否正确，也可用厚薄规检验。

二、轴承感应加热器

轴承感应加热器又叫轴承加热器、电磁感应加热器，感应加热器是加热工具的一种。加热元件与平台一体化，安全、可靠、使用方便，主要用于对轴承、齿轮、衬套、轴套、直径环、滑轮、收缩环、连接器等多种类型的金属件进行加热，轴承加热器通过加热使之膨胀，达到过盈装配的需要。常用的型号有GJ30H等，功能包括快速设定平板温度、报警温度、实时温度显示、超温自动保护、自动保温等。

1. 工作原理

轴承加热器的工作原理是利用金属在交变磁场中产生涡流而使本身发热，通常用在金属热处理等方面，如图4－2－2所示。原理是主机为一特殊结构的变压器，可移动的轭铁用以直接穿套轴承或其他被加热工件（相当于副边绕组），较厚的金属处于交变磁场中时，会由于电磁感应现象而产生电流。而较厚的金属其产生电流后，电流会在金属内部形成螺旋形的流动路线，这样由于电流流动而产生的热量就都被金属本身吸收了，会导致金属很快升温。

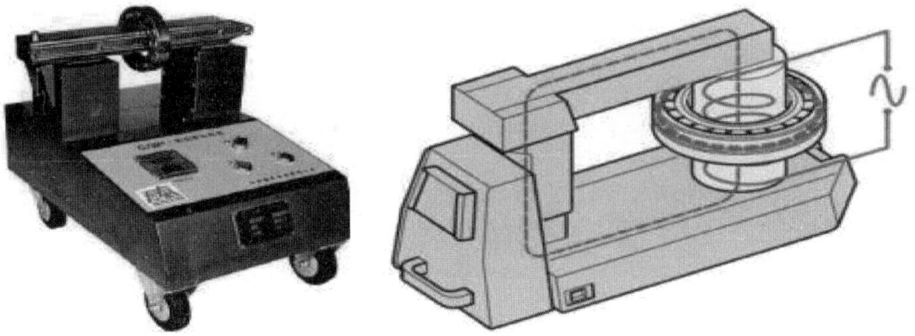

图4－2－2　轴承感应加热器

2. 操作程序

（1）根据轴承的内径，选择相应的轭铁，将串套上轴承的轭铁放置到主机铁心端面上，应吻合平正。

（2）在加热过程中，用点温计测量轴承内圈端平面处温升。当温升符合要求，看准时间记数，停止加热，移开轭铁，取下轴承即可装配。

（3）连续加热同一规格轴承，将功能选择开关拨到时控位置，设定加热时间，当轴承被加热到所设时间即自动关断电源。

（4）工作完成后，将功能选择开关拨到停止位置，切断加热。

3. 适用范围

轴承加热器适用于发电厂、纺织厂、造纸、化学工业、石油、机械、矿山维护等领域的机械制造和维修，能用作轴承、连接器、齿轮、机械衬套等圆状工件的加热并自动退磁，使工件圆柱形膨胀，实现过盈装配的要求。现加热器使用微电脑控制，能使加热器自动检测设备故障、自动调整加热器功率、软启动、停机。

三、齿轮装配步骤

1. 装配前的清洗、检查

清洗齿轮和转轴，检查配合面有无毛刺、伤痕，键和键槽配合是否符合要求等。用游标卡尺或千分尺测量轴的外径和轴孔的直径，偏差应符合标准规定；轴孔端面应与轴线垂直；检查齿轮的齿数、顶圆直径、模数应与技术文件要求相符；键、楔与键槽配合良好。

2. 齿轮与轴装配

齿轮和轴配合主要是动配合和过渡配合，动配合装配比较方便，过渡配合一般应用压入法或锤击法装配。圆柱齿轮传动装配的主要技术要求是保证齿轮传递运动的准确性，相啮合的轮齿表面接触良好以及齿侧间隙符合规定等。

为保证齿轮传递运动的准确性，齿轮装到轴上后，齿圈的径向跳动和端面跳动应控制在公差范围内。在单件小批生产时，可把装有齿轮的轴放在两顶尖之间，检验时，应在检验架上旋转，用百分表在径向和轴向两个方向上测量，如图 4－2－3 所示。

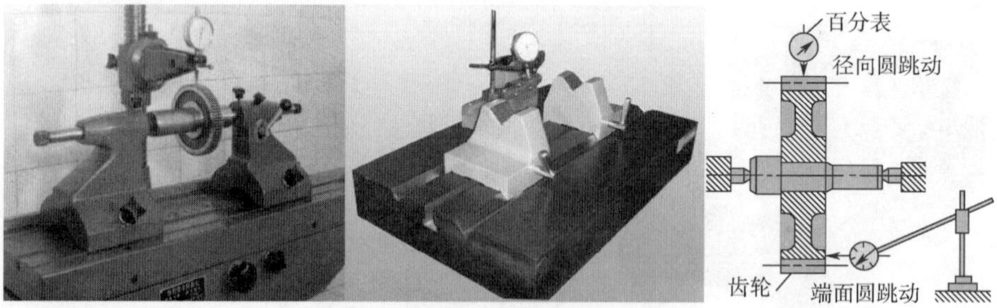

图 4－2－3　用百分表检验齿轮

径向跳动量检查时，将齿轮轴架在两顶尖或 V 形铁上，使轴与平板平行，把圆柱规放在齿轮的齿间，将百分表的触头抵在圆柱规上并读数，然后转动齿轮，每隔 3 ~ 4 齿检查一次，在齿轮旋转一周内，百分表的最大读数与最小读数之差，即为齿轮的径向跳动误差。

端面跳动量检查时，齿轮轴只能用顶尖顶住，并使百分表的触头抵在齿轮端面上，在齿轮旋转一周内，百分表的最大读数与最小读数之差即为齿轮的端面跳动量。

任务实施

一、ZDY80 减速机部件组装

ZDY80 减速机部件组装工艺见表 4－2－1 所示。

表 4－2－1　　ZDY80 减速机部件组装

工序号	工序名称	工序内容	工艺装备
1	组装输入轴	（1）加热两只圆锥滚子轴承，温度控制在 80～100℃，并压装到输入轴两端，使轴承内圈紧贴轴肩，用 0.05mm 塞尺检查不入 （2）待全部冷却到室温后，清洗干净，按序放在干净的纸垫或橡皮垫上；保证不碰伤，以待组装 （3）装挡圈、调整环、圆螺母、止退垫圈。用手转动轴承应灵活	
2	组装输出轴	（1）将所配平键压装或用手锤配合紫铜棒敲入到输出轴键槽内，敲击时应注意敲打方法及敲击力度，保证平键两侧面与键槽接触均匀 （2）加热所配大齿轮并压装到输出轴上（规范加热温度和时间），确保基准面紧贴轴肩，用 0.05mm 塞尺检查不入 （3）套装定距环于齿轮与轴承内圈之间 （4）加热两只圆锥滚子轴承，并压装到输出轴两端，使轴承内圈一端紧贴定距环，另一端紧贴轴肩，用 0.05mm 塞尺检查不入。保证轴承安装到位，用手转动灵活 （5）待全部冷却到室温后，清洗干净，按序放在干净的纸垫或橡皮垫上；保证不碰伤，以待组装	
3	组装侧盖	将油封压装到可通端盖止口内，油封必须平整，不得损坏，并在油封唇口加黄油。组装完毕后，放在干净的纸垫或橡皮垫上	

组装后的输入轴和输出轴如图 4－2－4 和图 4－2－5 所示。

图 4－2－4　组装后输入轴

图 4－2－5　组装后输出轴

二、ZDY80 减速器部件组装质量检测

1. 检查输入轴组装质量

（1）检查轴承内圈是否紧贴轴肩，用 0.05mm 塞尺检查不入。

（2）检查轴承转动是否灵活。

2. 检查输出轴组装质量

（1）检查大齿轮基准面是否紧贴轴肩，用 0.05mm 塞尺检查不入。

（2）检查轴承内圈一端是否紧贴定距环，另一端是否紧贴轴肩，用 0.05mm 塞尺检查不入。

（3）检查轴承转动是否灵活。

3. 检查侧盖组装质量

检查压装到可通端盖止口内的油封是否损坏。

任务评价

部件组装工作任务实施评价见表 4－2－2。

表 4－2－2　　工作任务实施评价表

<table>
<tr><td>班级</td><td colspan="2"></td><td>学号</td><td></td><td>姓名</td><td></td><td>学校导师</td><td></td><td>企业导师</td></tr>
<tr><td rowspan="3">评价项目</td><td rowspan="3">评价标准</td><td rowspan="3">评价细则</td><td rowspan="3">配分</td><td colspan="4">评价方式</td><td rowspan="3">得分</td></tr>
<tr><td>自评</td><td>互评</td><td>学校导师评价</td><td>企业导师评价</td></tr>
<tr><td>20%</td><td>20%</td><td>30%</td><td>30%</td></tr>
<tr><td rowspan="4">专业能力</td><td>1. 会正确组装输入轴</td><td>未能弄清各零件间的相对位置、装配关系和装拆顺序扣 10 分</td><td rowspan="4">60</td><td></td><td></td><td></td><td></td><td></td></tr>
<tr><td>2. 会正确组装输出轴</td><td>未能弄清各零件间的相对位置、装配关系和装拆顺序扣 10 分</td><td></td><td></td><td></td><td></td><td></td></tr>
<tr><td>3. 会正确使用设备、工具、量具等</td><td>设备、工量具等不能正确使用每发现一次扣 2 分</td><td></td><td></td><td></td><td></td><td></td></tr>
<tr><td>4. 会正确检验安装质量</td><td>（1）未正确检验轴承的安装扣 10 分
（2）未正确检验齿轮的安装扣 10 分</td><td></td><td></td><td></td><td></td><td></td></tr>
<tr><td>方法能力</td><td>1. 会制定项目实施文件</td><td>实施文件每缺少一项扣 2 分</td><td>20</td><td></td><td></td><td></td><td></td><td></td></tr>
</table>

续表

班级		学号		姓名		学校导师		企业导师	

<table>
<tr><td rowspan="3">评价项目</td><td rowspan="3">评价标准</td><td rowspan="3">评价细则</td><td rowspan="3">配分</td><td colspan="4">评价方式</td><td rowspan="3">得分</td></tr>
<tr><td>自评</td><td>互评</td><td>学校导师评价</td><td>企业导师评价</td></tr>
<tr><td>20%</td><td>20%</td><td>30%</td><td>30%</td></tr>
<tr><td rowspan="3">方法能力</td><td>2. 能规范穿戴劳保用品，仪容仪表整洁</td><td>（1）劳保用品穿戴不规范扣5分
（2）仪容仪表不整洁扣5分</td><td rowspan="3">20</td><td></td><td></td><td></td><td></td><td></td></tr>
<tr><td>3. 能掌握新知识、新方法、新设备、新工艺</td><td>对新知识、新方法、新设备、新工艺缺乏了解，视情节酌情扣5～10分</td><td></td><td></td><td></td><td></td><td></td></tr>
<tr><td>4. 具有分析解决实际问题的能力和一定创新精神和创造能力</td><td>分析问题不透彻，解决问题不到位，缺乏自己独到的见解，视情节酌情扣5～10分</td><td></td><td></td><td></td><td></td><td></td></tr>
<tr><td rowspan="3">社会能力</td><td>1. 严格遵守工作场所管理制度，认真执行7S管理</td><td>违反工作场所管理制度或任务结束未执行7S管理，每次视情节酌情扣5～10分</td><td rowspan="3">20</td><td></td><td></td><td></td><td></td><td></td></tr>
<tr><td>2. 具有一定的沟通协调和团队协作能力</td><td>未体现沟通协调和团队协作精神扣3分</td><td></td><td></td><td></td><td></td><td></td></tr>
<tr><td>3. 具有安全文明生产意识</td><td>准备过程中违反安全生产规程，视情节轻重酌情扣10～20分，出现人身、设备、工量具损坏等严重事故者，本次考核以零分计</td><td></td><td></td><td></td><td></td><td></td></tr>
<tr><td>日期</td><td>年　月　日</td><td>导师签名</td><td colspan="4"></td><td>合计</td><td></td></tr>
</table>

知识拓展

轴承失效形式分析与对策

滚动轴承在运转过程中可能会由于各种原因引起损坏，如装配不当、润滑不良、水分和异物侵入、腐蚀和过载等都可能会导致轴承过早损坏。即使在安装、润滑和使用维护都正常的情况下，经过一段时间运转，轴承也会出现疲劳剥落和磨损而不能正常工作。总之，滚动轴承的故障原因是十分复杂的。滚动轴承的主要失效形式与原因如下。

1. 疲劳剥落

滚动轴承的内外滚道和滚动体表面既承受载荷又相对滚动，由于交变载荷的作用，首先在表面下一定深度处（最大剪应力处）形成裂纹，继而扩展到接触表面使表层发生剥落坑，最后发展到大片剥落，这种现象就是疲劳剥落。疲劳剥落会造成运转时的冲击载荷、振动和噪声加剧。通常情况下，疲劳剥落往往是滚动轴承失效的主要原因，一般所说的轴承寿命就是指轴承的疲劳寿命，轴承的寿命试验就是疲劳试验。试验规程规定，在滚道或滚动体上出现面积为 $0.5mm^2$ 的疲劳剥落坑即可认为轴承寿命终结。滚动轴承的疲劳寿命分散性很大，同一批轴承中，其最高寿命与最低寿命可以相差几十倍乃至上百倍，这从另一角度说明了滚动轴承故障监测的重要性。

2. 磨损

由于尘埃、异物的侵入，滚道和滚动体相对运动时会引起表面磨损，润滑不良也会加剧磨损，磨损的结果使轴承游隙增大，表面粗糙度增加，降低了轴承运转精度，因而也降低了机器的运动精度，振动及噪声也随之增大。对于精密机械轴承，往往是磨损量限制了轴承的寿命。

此外，还有一种微振磨损。在轴承不旋转的情况下，由于振动的作用，滚动体和滚道接触面间有微小的、反复的相对滑动而产生磨损，在滚道表面上形成振纹状的磨痕。

3. 塑性变形

当轴承受到过大的冲击载荷或静载荷时，或因热变形引起额外的载荷，或有硬度很高的异物侵入时，都会在滚道表面上形成凹痕或划痕。这将使轴承在运转过程中产生剧烈的振动和噪声。而且一旦有了压痕，压痕引起的冲击载荷会进一步引起附近表面的剥落。

4. 锈蚀

锈蚀是滚动轴承严重的问题之一，高精度轴承可能会由于表面锈蚀导致精度丧失而不能继续工作。水分或酸、碱性物质直接侵入会引起轴承锈蚀。当轴承停止工作后，轴承温度下降达到露点，空气中水分凝结成水滴附在轴承表面上也会引起锈蚀。此外，当轴承内部有电流通过时，电流有可能通过滚道和滚动体上的接触点处，很薄的油膜引起电火花而产生电蚀，在表面上形成搓板状的凹凸不平。

5. 断裂

过高的载荷可能会引起轴承零件断裂。磨削、热处理和装配不当都会引起残余应力，工作时热应力过大也会引起轴承零件断裂。另外，装配方法、装配工艺不当，也可能造成轴承套圈挡边和滚子倒角处掉块。

6. 胶合

所谓胶合是指一个零部件表面上的金属黏附到另一个零件部件表面上的现象。在润滑不良、高速重载情况下工作时，由于摩擦发热，轴承零件可以在极短时间内达到很高的温度，导致表面烧伤及胶合。

7. 保持架损坏

由于装配或使用不当可能会引起保持架发生变形，增加其与滚动体之间的摩擦，甚至使某些滚动体卡死不能滚动，也有可能造成保持架与内外圈发生摩擦等。这一损伤会进一步使振动、噪声与发热加剧，导致轴承损坏。

不通过拆卸检查，即可识别或预测运转中的轴承有无故障，对提高生产率和经济性是十分重要的，主要的识别方法如下：

（1）通过声音进行识别。通过声音进行识别需要有丰富的经验。必须经过充分的训练达到能够识别轴承声音与非轴承声音。为此，应尽量由专人来进行这项工作。用听音器或听音棒贴在外壳上可清楚地听到轴承的声音。

采用测声器对运转中的轴承的滚动声的大小及音质进行检查，轴承即使有轻微的剥离等损伤，也会发出异常音和不规则音，用测声器能够分辨。

轴承若处于良好的运转状态会发出低低的呜呜声音。若是发出尖锐的嘶嘶音、吱吱音及其他不规则的声音，经常表示轴承处于不良的运转状况。

尖锐的吱吱噪声可能是由于不适当的润滑所造成的。不适当的轴承间隙也会造成金属声。轴承外圈轨道上的凹轨道的凹痕会引起振动，并造成平顺清脆的声音。若是由于安装时所造成的敲击伤痕也会产生噪声，此噪声会随着轴承转速的高低而不同。

若是有间歇性的噪声，则表示滚动件可能受损。此声音是发生在当受损表面被辗压过时，轴承内若有污染物常会引起嘶嘶音。严重的轴承损坏会产生不规则并且巨大的噪声。

（2）通过工作温度进行识别。该方法属比较识别法，仅限于用在运转状态不太变化的场合。为此，必须进行温度的连续记录。出现故障时，不仅温度升高，还会出现不规则变化。

轴承的温度，一般由轴承室外面的温度就可推测出来，如果利用油孔能直接测量轴承外圈温度，则更为合适。

通常，轴承的温度随着轴承运转开始慢慢上升，1 ~ 2h 后达到稳定状态。轴承的正常温度因机器的热容量、散热量、转速及负载而不同。如果润滑、安装不合适，则轴承温度会急骤上升，会出现异常高温，这时必须停止运转，采取必要的防范措施。

（3）通过润滑剂的状态进行识别。对润滑剂采样分析，通过其污浊程度、是否混入异物或金属粉末等进行判断。该方法对不能靠近观察的轴承或大型轴承尤为有效。

（4）通过测量仪器监测识别。对运转中的轴承进行振幅、振速、加速度、频谱进行监测。该方法对鉴别轴承的运转情况非常有效。

巩固提高

一、填空题

1. 当轴承外圈为紧配合，内圈为较松配合时，将铜棒紧贴轴承__________端面，用手锤直接敲击铜棒，将轴承压入__________中，最后再装到轴上。

2. 安装轴承用的套筒应为__________或__________等软金属制造。

3. 若轴承安装在轴上时，套筒内径应略__________轴颈 1 ~ 4mm，外径略__________轴承内圈挡边直径，或以__________为准，其厚度应制成等于轴承内圈厚度的__________，且套筒两端应平整并与__________垂直。

4. 对于过盈公差较大的轴承，可用__________或__________配合套筒对轴承加压。

5. 加热温度一般控制在__________较为合适，但不能超过__________，冷却最低温度不得低于__________。

6. 对于圆锥滚子轴承的安装轴向游隙，可用轴颈上的__________、__________和轴承座孔内的螺纹，或用__________等方法进行调整。

7. 圆柱齿轮传动装配的主要技术要求是____________，____________以及____________等。

二、选择题

1. 加热清洗轴承时，油温应达到（　　）度。

A. 50　　B. 80　　C. 110　　D. 250

2. 齿侧间隙的大小与下列哪些因素没有关系。（　　）

A. 间隙等级　　B. 中心距　　C. 齿数　　D. 模数

3. 下列密封件只能适用动密封的有（　　）。

A. 密封垫　　B. 油封　　C. 密封胶　　D. O 型密封圈

4. 当轴承与轴为紧配合，与座体孔为松配合时，应先将轴承装至（　　）上。

A. 孔　　B. 轴　　C. 同时装到孔、轴　　D. 无所谓

5. 轴承的基准端面是根据轴承端面有无打字来区分的，下列轴承以有字端面为基准面的是（　　）。

A. 深沟球轴承　　B. 调心球轴承　　C. 圆柱滚子轴承　　D. 圆锥滚子轴承

三、判断题

1. 当轴承内圈较大时，应在轴承内圈端面周围对称敲击，切忌只敲打轴承一侧。（　　）

2. 若轴承安装在座孔内时，套筒外径应略小于轴承外径。（　　）

3. 利用套筒安装轴承时，如机件不大，可置于台虎钳上安装，此时为防轴被夹伤，可在钳口垫以铜片或铝片。（　　）

4. 轴承的基准端面应朝内紧靠轴肩安装。（　　）

5. 为防止轴承安装倾斜，安装时轴和轴承孔的中心线必须重合。（　　）

6. 装配滚动轴承时不能直接敲击滚动轴承内外圈、保持架，只能敲击滚动体。（　　）

四、简答题

1. 简述滚动轴承的装配注意事项。

2. 简述齿轮安装到轴上后，齿圈的径向跳动和端面跳动测量方法。

任务三　整机总装与试机验收

任务描述

该任务主要完成 ZDY80 减速机的整机总装和性能测试，让学生在安装过程中感知整台减速机的安装工艺流程和性能测试方法，掌握圆锥滚子轴承间隙调整和齿轮啮合精度的检测方法，为学生掌握同类减速机或类似机械设备的安装奠定坚实的基础。

任务目标

1. 能正确安装输入轴。
2. 能正确安装输出轴。
3. 能完成减速机的整机安装。

4. 会进行减速机装配质量检测和整机性能测试。
5. 会使用各种安装工具和量具。
6. 能建立装配现场的“7S”管理意识。

知识链接

一、减速机输入轴和输出轴中心距和平行度的测量

减速机输入轴和输出轴安装完毕后，可用内径千分尺在转轴两端测量中心距和平行度偏差，如图4-3-1所示。但两处测量的轴径不一定相同，其实测中心距和平行度可按下式计算：

$$A_a = l_a + (d_{a1} + d_{a2})/2$$

$$A_b = l_b + (d_{b1} + d_{b2})/2$$

式中：A_a、A_b——两轴 a 端和 b 端实测中心距（mm）；
l_a、l_b——两轴 a 和 b 处实测轴间距离（mm）；
d_{a1}、d_{a2}——测点 a 处两轴的直径（mm）；
d_{b1}、d_{b2}——测点 b 处两轴的直径（mm）。

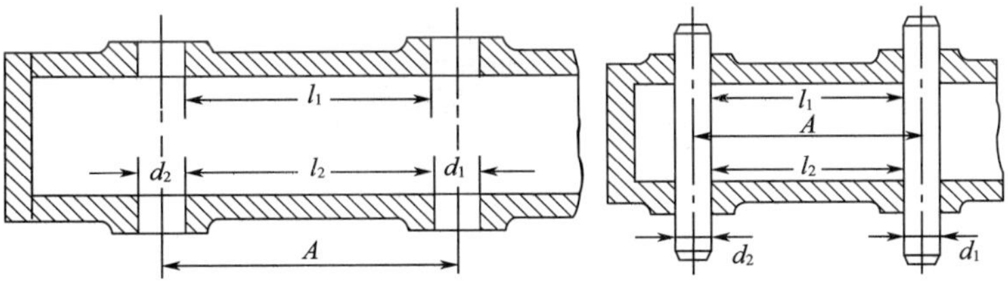

（a）用游标卡尺或内径千分尺测量　　（b）检验心棒和千分尺测量

图4-3-1　齿轮箱轴孔距测量

中心距应符合表4-3-1的偏差规定，若超差需进行刮研调整。

表4-3-1　正齿轮传动中心距允许偏差（mm）

名称	中心距							
	≤50	>50～80	>80～120	>120～200	>200～320	>320～500	>500～800	>800～1250
允许偏差	±0.06	±0.08	±0.09	±0.105	±0.12	±0.16	±0.18	±0.2

二、齿轮装配质量检验

为保证齿轮传递运动的准确性、平稳性，确保齿轮表面接触斑点、齿侧间隙等满足装配要求，须对齿轮装配质量进行检验。检验主要包括齿轮啮合精度和啮合间隙两项。

1. 齿轮啮合精度质量检验

齿轮装配完成后，一般采用涂色法检验齿轮啮合精度，其接触面应在齿全高的中部

（节圆处）位置，不能偏向齿顶部和齿根部，接触宽度在全齿宽的大部分位置，不能偏向一端。

采用涂色法检验啮合精度时，先在主动轮的工作齿面上涂上红丹粉（用机油调和），使相啮合的齿轮在轻微制动下转动 2～3 圈，正反转的齿轮也必须正反转转动检查。然后仔细观察从动轮啮合齿面上接触斑痕位置和面积大小来确定啮合精度。

接触色斑可能出现的情况如图 4－3－2 所示，正常色斑如图 4－3－3 所示，啮合精度要求详见表 4－3－2。

图 4－3－2　圆柱齿轮接触斑痕

当检验接触精度达不到要求时，根据色斑或斑痕的实际位置偏差，调整轮轴中心距和平行度，直至满足要求为止。

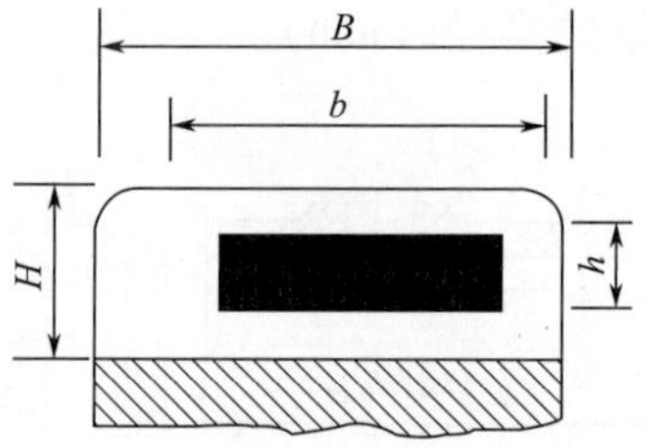

图 4－3－3　正常齿面接触斑痕

表 4－3－2　　齿面接触痕迹标准

齿轮类别		测量部位	精度等级						
			5	6	7	8	9	10	11
			接触斑点（面积）百分值，不应小于						
圆柱齿轮	渐开线齿形	齿高	55	50	45	40	30	25	20
		齿长	80	70	60	50	40	30	25
	圆弧齿形	齿高	—	70	65	60	50	—	—
		齿长	—	90	85	80	75	—	—

2. 齿轮啮合间隙检测

啮合间隙检测可用塞尺法或压铅法等进行测量。

（1）塞尺法测量齿侧和齿顶间隙。使齿轮工作面紧密接触，用塞尺插入非工作侧面测量齿侧间隙，插入齿顶部测量顶间隙，齿侧间隙应符合表 4－3－3 的要求，齿顶间隙正常为 0.25m（m 为模数）。

表 4-3-3　　圆柱齿轮侧间隙（mm）

齿轮模数	2	3	4	5	6	8	10
1、2 级精度齿轮	0. 12 ~ 0. 20	0. 18 ~ 0. 35	0. 24 ~ 0. 35	0. 3 ~ 0. 4	0. 35 ~ 0. 5	0. 4 ~ 0. 6	0. 5 ~ 0. 7
3、4 级精度齿轮	0. 12 ~ 0. 25	0. 18 ~ 0. 35	0. 24 ~ 0. 35	0. 35 ~ 0. 5	0. 35 ~ 0. 6	0. 4 ~ 0. 7	0. 5 ~ 0. 8

（2）压铅法测量齿接触间隙。用直径为顶间隙的 1.5 倍左右的软铅丝三段，铅丝的长度一般为 3 ~ 5 个齿距，分别沿齿宽的左、中、右三处，用油脂粘住。铅丝放好后，均匀转动齿轮，铅丝被压扁，取出后用外径千分卡测量受压铅丝厚度，厚度小的是工作侧隙，厚度最厚的是齿顶间隙，厚度较大的是非工作侧隙。齿的工作侧隙和非工作侧隙之和即为齿侧间隙。此法简单适用，测量结果比较准确，应用较多。

3. 滚动轴承的间隙调整

滚动轴承的间隙对保证轴承的正常运转尤为重要，间隙过大或过小都会造成运转故障，引起润滑不良、发热、振动和冲击，加速设备磨损和损坏。滚动轴承的间隙调整，主要是调整径向间隙和轴向间隙至规定值，以保证工作时能补偿热膨胀，并形成良好的润滑状态。

（1）垫片调整法。如图 4-3-4（a）所示，在轴承端盖与轴承座端面之间填放一组软材料（软钢片、铜皮、弹性纸）垫片。调整时拆去轴承端盖原有垫片后装上轴承端盖，一面均匀地拧紧轴承端盖上的螺钉，一面用手转动轴，直到轴承内、外圈与滚动体间没有间隙为止。用塞尺测量端盖内端面与座孔端面的轴向间隙值 K，再加上轴承在正常工作时所需的轴向间隙 S，即为应垫垫片的总厚度，拆下端盖，然后把准备好的垫片置于轴承端盖与轴承座端面之间，拧紧端盖螺钉。

（2）螺钉调整法。此法是将压盖压在轴承的外圈上，用垂直顶在压盖上的调整螺钉加压，如图 4-3-4（b）所示。在调整前将端盖上的调整螺钉螺母松开，并测量好调整螺钉的螺距，然后把调整螺钉逐渐旋紧压紧压盖，压盖将轴承外圈向内推进，直到轴承内没有间隙为止。根据轴承要求的间隙值、螺钉的螺距，将调整螺钉倒转一定角度 α，

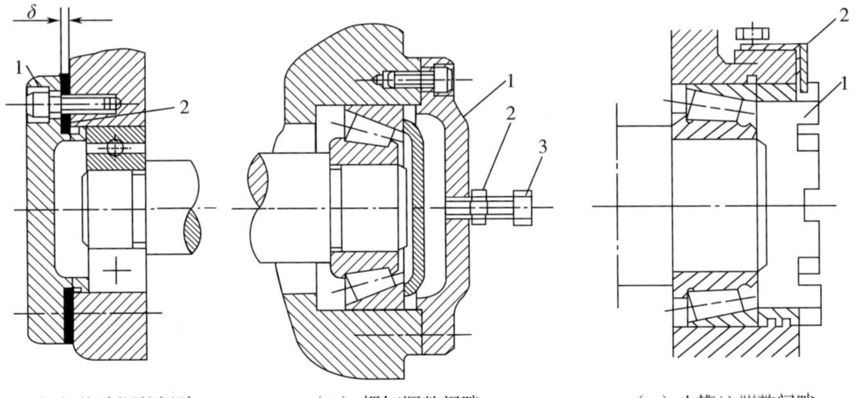

（a）垫片调整间隙　　（b）螺钉调整间隙　　（c）止推环调整间隙

1—轴承压盖　2—垫片　　1—压盖　2—锁紧螺母　3—调整螺钉　　1—止推环　2—止动片

图 4-3-4　轴承间隙调整

使之等于要求的间隙值，调整后拧紧螺钉上的螺母。调整螺钉倒转角度与轴承间隙值和螺钉螺距的关系式为：

$$\alpha = \frac{C}{t} \times 360°$$

式中：C——轴承间隙值（mm）；

t——调整螺钉的螺距（mm）；

α——螺钉倒转的角度（°）。

（3）止推环调整法。如图4－3－4（c）所示，将具有外螺纹的止推环1拧紧，直到轴不能转动为止。根据轴向间隙值，将止推环倒转一定角度，当其达到规定的轴向间隙后用止动片2固定。

任务实施

一、ZDY80减速机整机装配

ZDY80减速机整机装配工艺过程见表4－3－4。

表4－3－4　ZDY80减速机整机装配

工序号	工序名称	工序内容	工艺装备
1	组装装配	（1）将所配轴承外圈套装到输入轴两端，根据装配型式，将高速轴组件装入箱体内 （2）将所配轴承外圈套装到输出轴两端，并装入箱体内 （3）按图纸要求调整啮合长度，利用软铅丝检测齿轮啮合的最小侧隙。利用红丹粉检测齿轮啮合精度，要求齿面接触斑点，沿齿高不少于70%，沿齿长不少于90%。配装调整环及侧盖，调整各级圆锥滚子轴承的轴向间隙	
2	总装合成	（1）组装箱盖与箱体，装上定位销，上紧固螺丝，并拧紧、压紧侧盖，各结合面涂609密封胶，紧固螺钉必须涂乐泰胶 （2）装透气帽、透视镜、游标及油塞，油塞处加垫尼龙密封圈	
3	试机验收	减速机装配完毕后，箱体油池内必须注入所需润滑油，油面应至油尺规定的上、下限刻线之间的高度。减速机应按技术文件选用润滑油或润滑脂，油量适当，油压正常 在额定转速下试机，高速轴输入转速为750～1000r/min，进行正反转试车，不少于2h，并符合以下要求： （1）试车运行平稳，各连接件无松动现象 （2）各密封处、结合面不得有漏油、渗油现象 （3）利用ND10声计进行噪声测试，应符合国家标准	

续表

工序号	工序名称	工序内容	工艺装备
4	清洗、订标牌	试车合格后，放净机油，用高压油枪冲洗干净后钉铭牌，铭牌应注明产品型号、速比、装配型式、出厂日期及编号	
5	油漆	将铭牌、输入、输出轴、螺帽等包好，刮腻子、磨平，喷漆，要求表面光滑无流注、气泡等缺陷	
6	终检入库	对安装完后的减速机进行全面检查，确认无误后入库	

减速机输入轴与输出轴安装如图 4 -3 -5 所示；配装调整环如图 4 -3 -6 所示；装配 3D 爆炸图如图 4 -3 -7 所示；成品如图 4 -3 -8 所示。

图 4 -3 -5　输入轴与输出轴安装

图 4 -3 -6　配装调整环

图 4 -3 -7　减速机装配 3D 爆炸图

图 4 -3 -8　减速机成品

二、ZDY80 减速器装配质量检验

1. 常规检查

(1) 内腔外观检验

1) 目测润滑油(脂),颜色纯正、干净,无污物、其他杂物;

2) 焊缝打磨光滑;

3) 箱体未加工内表面应涂刷耐油底漆;

4) 不应有明显凸起、凹陷、粗糙不平、其他损伤;

5) 传动机件用目测或触摸法检查,外观应洁净,啮合或运动部位无金属屑和其他杂物。

(2) 齿面粗糙度。齿面粗糙或有毛刺,会造成啮合时产生振动和噪声明显。用粗糙度仪或粗糙度比对样块检查,应符合图纸或技术文件要求;若图纸或技术文件未明确规定,可参照表 4-3-5 要求检查。

表 4-3-5　各精度等级的齿轮副表面粗糙度要求

齿轮精度等级	齿面粗糙度 *Ra* (μm)	
	硬化	调质
4 级	≤0.4	≤0.8
5 级	≤0.8	≤1.6
6 级	≤0.8	≤1.6
7 级	≤1.6	≤3.2
8 级	≤3.2	≤6.3
9 级	≤3.2	≤6.3

(3) 齿面硬度。齿面硬度不良,会造成齿面磨损,齿面变形,进而啮合时产生敲击声和齿面接触不良,产生噪声异常,缩短齿轮寿命。

用便携式里式硬度计(用硬度标准样块修正)检查,符合图纸或技术文件要求;若图纸或技术文件未明确规定,可参照表 4-3-6 要求检查。

表 4-3-6　各精度等级的齿轮副,齿面硬度要求

齿面类型	齿轮种类	啮合齿轮齿面硬度差	小齿轮齿面硬度	大齿轮齿面硬度
软齿面	直齿	HBS20~25	HBS240~270	HBS180~220
	斜齿人字齿	≥HBS40~50	HBS260~330	HBS220~280
软/硬组合齿面	斜齿人字齿	硬度差值很大	HRC45~50	HBS200~260
			HRC56~62	HBS270~330
硬齿面	直齿斜齿人字齿	硬度大致相同	HRC45~50	HRC45~50
			HRC56~62	HRC56~62

（4）接触斑点。综合反映齿轮制造误差（螺旋线误差，齿廓误差）、齿轮副的安装误差对齿面接触的影响，影响齿轮副载荷分布的均匀性和运转噪声。

可采用着色法检验，把涂料（红丹油）均匀涂抹在两齿轮齿面，涂料粒度≤M10级，厚度2～3μm，齿轮副转动一周或几周，查看啮合痕迹，应符合图纸或技术文件要求；若符合图纸或技术文件未明确规定，应参照表4－3－7要求。

表4－3－7　各精度等级的齿轮副接触斑点占齿面的比例

精度等级	小齿轮		大齿轮	
	齿宽占比	齿高占比	齿宽占比	齿高占比
4级以上	50%	50%	40%	30%
5～6级	45%	40%	35%	30%
7～8级	35%	50%	35%	30%
9～12级	25%	50%	25%	30%

（5）侧隙。侧隙大小，反映了齿轮副的瞬时传动比和载荷分布的均匀性。侧隙变动量大，会造成运转噪声增大。

检验时将齿轮副的一个齿轮固定，另外一个齿轮任意一齿的分度圆切线方向装上杠杆千分表，用手晃动该齿轮，杠杆千分表指针的摆动量即为齿轮副的圆周侧隙。或将铅丝塞入齿轮副啮合部位，齿轮不能晃动，抽出铅丝，用外径千分尺测量其厚度，即为齿轮副圆周侧隙。侧隙大小，不得超过图纸及其他技术文件要求的规定要求。

2. 外观检验

（1）铸件不允许有明显的披缝、凹陷、飞边、胀箱等缺陷；

（2）焊缝符合图纸要求，表面光滑平整，无裂纹、焊瘤、焊渣、飞溅；

（3）经过喷砂（丸）处理，表面质量等级应达到Sa2级，经过手工或机械打磨，表面质量应达到St2级；

（4）外露结合面边缘整齐、均匀，不应有明显的错位；

（5）表面漆膜厚度，遵从技术文件要求，油漆无流挂、漏涂、污物、剥落现象；

（6）装入沉孔的螺钉不应高于零件表面，其头部与沉孔之间不得有明显偏心；固定销、螺栓尾端应略高于零件表面；外露轴端略高于包容件的端面，内孔表面与壳体凸缘间的壁厚应均匀对称；

（7）外露件表面不应有磕碰、锈蚀、锐角、飞边、毛刺、残漆、油污、型砂，外露的螺钉、螺母、定位销等紧固件应完整，不得有扭伤锤伤划痕，安装牢固，不应有松动现象；

（8）电机等配套件型号、规格与要求一致，外观无损伤、碰伤、掉漆；

（9）外形尺寸及安装孔位符合图纸要求。

3. 空运转试验

试验前，检查油位，加注润滑油。试验在无负荷状态下进行，试验条件与减速机产品工况一致，试验不少于4h，正反各2h。用以检验减速机的运转状态、温度变化、功率消耗，以及运转动作的灵活性、平稳性、可靠性、安全性，测试台如图 4－3－9 所示。检验项目和内容如下：

（1）轴承温度检测。运转开始和结束时，用红外测温仪在轴承端盖处检测轴承温度。轴承温度及温升应符合技术协议及相关技术文件要求，如无明确规定，可参考以下指标：室温下，滚动轴承温度不高于 80℃，温升不超过 40℃。

（2）传动噪声检测。用声级计进行检测，测点位置的确定按下列原则：先估算设备尺寸，根据尺寸确定测点的位置。

①设备最大尺寸 $D<1$m，测试点离设备表面 30cm；

②设备最大尺寸 $D=1$m，测试点离设备表面 100cm；

③设备最大尺寸 $D>1$m，测试点离设备表面 300cm。

噪声应在最高转速时检测，数据应符合技术协议及相关技术文件要求，如无明确规定，可参考以下指标：空运转噪声不大于 80dB，不得呈周期性变化。

（3）密封性和渗漏检查。在运转前、运转中和运转后，检查以下内容；

①箱体和箱盖应紧密接触，紧固后 0.05mm 的塞尺不应塞入结合面宽度的 1/3。

②目视检查法兰、端盖、油窗、放油孔，以及其他密封部位，不得漏油或渗油。

③目视检查加胶密封部位不得开裂、软化、剥落，不得漏油或渗油。

若空运转试验中①、②、③有一项不合格，应做开箱检查。

图 4－3－9　减速机性能测试台

任务评价

整机总装与试机验收工作任务实施评价见表 4－3－8。

表 4-3-8　　工作任务实施评价表

班级		学号		姓名		学校导师		企业导师		
评价项目	评价标准	评价细则	配分	评价方式				得分		
				自评	互评	学校导师评价	企业导师评价			
				20%	20%	30%	30%			
专业能力	1. 会安装输入轴	不能正确安装输入轴扣 10 分	60							
	2. 会安装输出轴	不能正确安装输出轴扣 10 分								
	3. 会进行安装质量检测	(1) 未进行齿轮啮合长度检测扣 5 分 (2) 未进行齿轮啮合侧隙检测扣 5 分 (3) 未进行齿轮啮合精度检测扣 5 分 (4) 未进行圆锥滚子轴承轴向间隙调整，每处扣 5 分								
	4. 会进行合箱安装及其他部件安装	(1) 未装定位销扣 2 分 (2) 未安装紧固螺钉，一处扣 2 分 (3) 未压紧侧盖扣 2 分 (4) 结合面未涂 609 密封胶，紧固螺钉未涂乐泰胶，每处扣 2 分 (5) 透气帽、透视镜、游标及油塞安装，每遗漏一处扣 2 分 (6) 未正确使用工量具，每发现一次扣 2 分								
	5. 会进行整机性能测试	(1) 未正确注入所需润滑油扣 2 分 (2) 试车过程中出现连接件松动现象，每处扣 2 分 (3) 试车过程中结合面或密封处出现漏油现象，每处扣 2 分 (4) 试车过程中噪声超过国家规定标准扣 2 分								

续表

班级		学号		姓名		学校导师			企业导师	
评价项目	评价标准		评价细则		配分	评价方式				得分
						自评	互评	学校导师评价	企业导师评价	
						20%	20%	30%	30%	
方法能力	1. 会制定项目实施文件		实施文件每缺少一项扣2分		20					
	2. 能规范穿戴劳保用品，仪容仪表整洁		（1）劳保用品穿戴不规范扣5分 （2）仪容仪表不整洁扣5分							
	3. 能掌握新知识、新方法、新设备、新工艺		对新知识、新方法、新设备、新工艺缺乏了解，视情节酌情扣5~10分							
	4. 具有分析解决实际问题的能力和一定创新精神和创造能力		分析问题不透彻，解决问题不到位，缺乏自己独到的见解，视情节酌情扣5~10分							
社会能力	1. 严格遵守工作场所管理制度，认真执行7S管理		违反工作场所管理制度或任务实施过程中未执行7S管理，每次视情节酌情扣5~10分		20					
	2. 具有一定的沟通协调和团队协作能力		未体现沟通协调和团队协作精神扣3分							
	3. 具有安全文明生产意识		实施过程中违反安全生产规程，视情节轻重酌情扣10~20分，出现人身、设备、工量具损坏等严重事故者，本次考核以零分计							
日期	年 月 日		导师签名						合计	

知识拓展

减速机常见故障及处理方法

切实提升减速机的管理与维护水平，保持其良好的机械性能和正常运转，是设备管理的重点之一。减速机常见故障及处理方法见表4-3-9。

表 4-3-9 减速机常见故障及处理方法

故障内容	可能原因	处理方法
异常发热	润滑油不良	更换油品
	润滑油过少或过多	依指示加入适量润滑油
	超负载运转	减少负载
	启动、停止过多	减少启停频率
	轴承磨损	修理或更换
	电压过高或过低	确认电压是否正常
噪声太大	声音大且持续：轴承损坏，齿轮磨损	开盖检查处理
	偶尔声音大：齿轮损伤，有异物卡住	
振动太大	传动装置固定不良	将传动装置固定
	齿轮、轴承磨损	开盖检查处理
	固定不良，螺丝松动	重新紧固
异常的不稳定的运转噪声	油已污染或油量不足	检查油颜色、浓度、油位
漏油	螺丝松动	重新锁紧
	密封圈损坏	进行更换
通气塞处漏油	油量太多	校正油量
	通气塞安装不正确	正确安装通气塞
	频繁冷启动（油产生泡沫）或油位太高	将通气塞换成排气阀
电机转动时输出轴不转	减速机轴键连接破坏	送专业工厂修理

巩固提高

一、填空题

1. 啮合间隙检测可用__________或__________等进行测量。
2. 减速机空运转时的检验项目主要包括__________、__________、__________和__________。
3. 滚动轴承的间隙调整，主要是调整径向间隙和轴向间隙至规定值，主要有__________、__________和__________。

二、选择题

1. 装配后用涂色法检查齿轮的啮合情况，下图所示中心距歪斜的是（　　）。

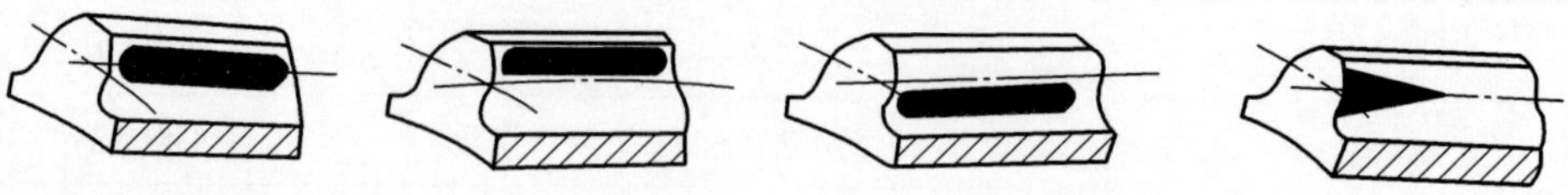

A.　　B.　　C.　　D.

2. 压铅法测量齿接触间隙时，用直径为顶间隙的（　　）倍左右的软铅丝三段。

A. 1.5　　B. 2　　C. 3　　D. 4

3. 压铅法测量齿接触间隙时，用外径千分卡测量受压铅丝厚度，厚度小的是（　　）。

A. 齿顶间隙　　B. 工作侧隙　　C. 非工作侧隙　　D. 齿侧间隙

4. 减速机装配完毕后，箱体油池内，必须注入所需润滑油，油面应至于油尺规定的（　　）。

A. 上刻线以上　　B. 下刻线以下　　C. 上、下刻线之间　　D. 无所谓

三、判断题

1. 检测轴承温度时可用红外测温仪在轴承端盖处检测。（　　）
2. 检测减速机传动噪声时，可用声级计在任意位置进行检测。（　　）
3. 箱体未加工内表面应涂刷耐油底漆。（　　）
4. 减速机应按技术文件选用润滑油或润滑脂，油量适当，油压正常。（　　）
5. 减速机安装时，各结合面涂 609 密封胶，紧固螺钉必须涂乐泰胶。（　　）

四、简答题

1. 简述涂色法检验齿轮啮合精度的步骤。
2. 简述压铅法测量齿接触间隙的步骤。

参考文献

[1] 人力资源和社会保障部教材办公室. 机械制造工艺基础 [M]. 北京：中国劳动社会保障出版社，2014.

[2] 王樑，郑文喜. 机械制造技术 [M]. 长春：吉林大学出版社，2011.

[3] 杨壮凌，许瑞利，朱晓东，朱宏安. 机械制造技术基础 [M]. 北京：中国地质大学出版社，2015.

[4] 魏康民. 机械制造技术 [M]. 北京：机械工业出版社，2011.

[5] 林承全，严义章. 机械制造——基于工作工程 [M]. 北京：机械工业出版社，2010.

[6] 刘铁石. 模具装配、调试、维修与检验 [M]. 北京：电子工业出版社，2012.

[7] 姜大源. 工作过程导向的高职课程开发探索与实践. 国家示范性高等职业院校课程开发案例汇编 [M]. 北京：高等教育出版社，2008.

[8] 蒋增福，谭雪松. 基础常识与技能训练 - 金属加工与实训 [M]. 北京：人民邮电出版社，2010.

[9] 王英杰，陈礁. 金属加工与实训：基础常识与技能训练 [M]. 北京：高等教育出版社，2010.

[10] 乐为，陈飞. 金属加工与实训（基础常识）[M]. 北京：北京理工大学，2015.